머 리 말

전기자기학은 전기공학, 전자공학 및 정보통신공학을 전공하는 학생들에게는 가장 기초이며 최초로 배우는 과목으로, 전기자기학에 대한 이해는 이와 관련된 분야를 습득하고 응용하는 데 가장 중요한 밑거름이 될 것입니다. 그러나 전자기의 제반 현상은 대부분 추상적인 것이어서 이를 이해하고 습득하는 데는 많은 어려움이 있습니다.

따라서 이 책에서는 전자기 현상에 대한 이론적인 접근이나 어려운 수식적 유도보다는 명확한 개념의 확립에 중점을 두었으며, 각 장별로 예제나 연습문제를 다루어 전자기학에 대한 이해나 응용에 자신을 갖도록 하였습니다.

비록 많지 않은 시간에 최선을 다해 집필하였지만, 그러나 아직은 미흡한 점이 많이 있으리라 생각되며, 이것은 앞으로 독자제현의 고언을 받아 계속 충실하게 보완해 갈 것을 약속드리며 아울러 여러분의 많은 지도와 편달을 바랍니다.

끝으로 이 책의 출판을 위해 물심양면으로 협조해 주신 도서출판 상학당 남승우 사장님 이하 여러분께 감사를 드립니다.

저자 씀

전기자기학

윤 현 상
최 병 수 공저
김 규 수

도서출판 상 학 당

차 례

제1장 벡 터

제2장 정 전 계

제 3장 도체계와 정전용량

제4장 유 전 체

제5장 전 류

제 6장 정 자 계

제 7장 전류에 의한 자계

제 8장 자 성 체

제 9장 Faraday 전자유도 법칙

제 10장 인덕턴스

제11장 전 자 계

제 1 장

벡 터

1-1 스칼라량과 벡터량

일반적으로 물리적인 양(量 : quantity)을 표현하는데 있어서 길이, 온도, 체적, 밀도, 단위체적당 저항치, 전하, 시간, 각도, 질량 등과 같이 단순히 크기만을 가지고 있어 크기만으로, 즉 하나의 실수(實數)만으로 그 성질을 나타낼 수 있는 것들을 **스칼라량**(scalar quantity)이라 하며, 힘, 속도, 가속도, 전계, 전계의 세기 및 변위등과 같이 크기와 방향으로 그 양을 완전하게 나타낼 수 있는 물리량, 즉 공간 내에서 크기와 방향을 갖는 양(量)을 **벡터량**(vector quantity)이라 한다.

스칼라량과 벡터량은 문자로 나타낼 때 스칼라 표시는 A, B, C 처럼 이탤릭 문자로서, 벡터 표시는 **A, B, C** 등과 같은 고딕문자로 나타내며, 벡터 **A**의 스칼라량, 즉 크기를 |**A**| 또는 이탈릭 문자 A 로 나타낸다. 또한 이탤릭 문자만을 사용할 경우에 벡터 표시는 벡터량의 표시 위에 줄을 긋거나 화살표를 한다.

1-2 벡터의 표시

벡터를 그림으로 표시하면 화살표의 선분의 길이로 나타내는 벡터의 크기와 기준방향(reference direction)에 대한 화살표의 각도(θ)로 표현되는 벡터의 방향으로 나타낸다.

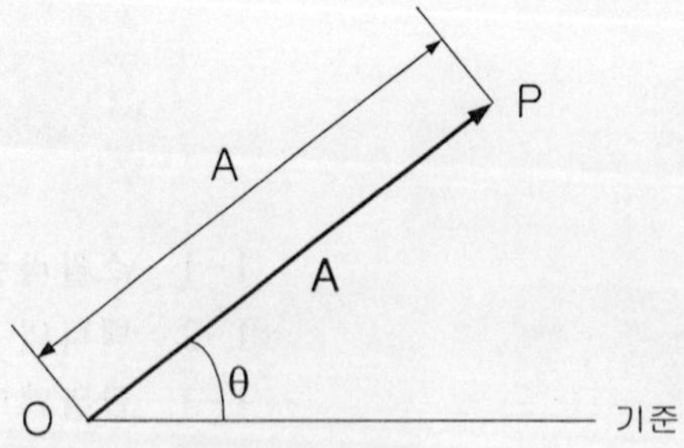

[그림 1-1] 벡터의 도시

[그림 1-1]과 같이 벡터 **A**는 기준방향에 대하여 θ의 각을 갖고 있는 화살표의 방향으로 벡터의 방향과 화살표의 선분길이로 벡터의 크기를 표시하며, 이때 점 O를 벡터 **A**의 시점, 점 P를 벡터 **A**의 종점이라 한다.

[그림 1-1]의 벡터를 문자로 표시하면 크기는 A이고 방향은 $\angle\theta$이며, 벡터 **A**는 다음과 같이 나타낸다.

$$\mathbf{A} = A\angle\theta = |\boldsymbol{A}|\angle\theta \tag{1.1}$$

1-3 단위벡터

벡터량의 크기가 1인 단위크기 a와 기준에 대한 임의의 방향 θ인 벡터를 식 (1.1)과 같이 식으로 나타내면

$$\boldsymbol{a} = a\angle\theta = 1\angle\theta \tag{1.2}$$

로 쓸 수 있으며, 여기서 $\boldsymbol{a}$를 단위벡터(unit vector)라 한다.

식 (1.1)에서 표시한 임의의 벡터 **A**와 단위벡터 $\boldsymbol{a}$와의 관계는 [그림 1-2]와 같이 크기 A는 단위크기 a의 A배가 되고, 방향은 같은 방향으로 되기 때문에 단위벡터의 A배를 취하면 되며 다음과 같이 쓸 수 있다.

$$\mathbf{A} = A\boldsymbol{a} \tag{1.3}$$

식 (1.3)으로부터 단위벡터 $\boldsymbol{a}$는 다음과 같이 쓸 수 있다.

$$\boldsymbol{a} = \frac{\boldsymbol{A}}{A} \tag{1.4}$$

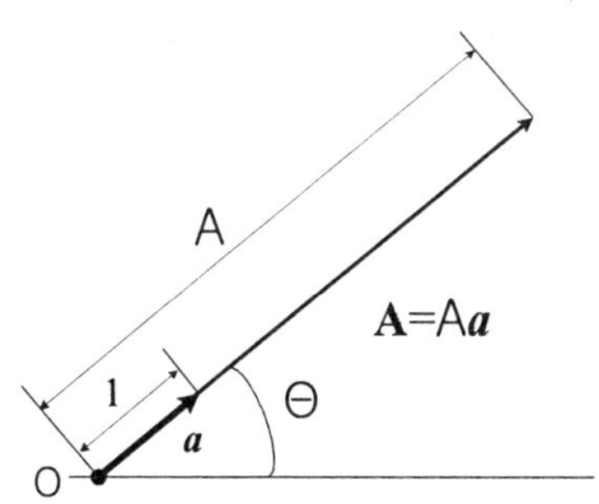

[그림 1-2] 벡터 A와 단위벡터 $\boldsymbol{a}$의 관계

1-4 법선벡터

[그림 1-3]과 같은 평면 S를 생각하면, 평면 S에 대한 수직방향으로 크기가 1인 벡터를 법선벡터(normal vector)라 정의한다. 일반적으로 법선벡터는 [그림 1-3]처럼 어떤 폐곡면에 대하여 오른나사의 회전방향

인 화살표 방향을 따라서 회전할 때 오른나사의 진행방향이 양(+)의 방향이 되며, 다면체의 각 면에서의 법선벡터는 보통 내부에서 외부로 향하는 벡터를 사용한다. 또한 이것과 반대되는 경우는 음(−)의 방향으로 취한다.

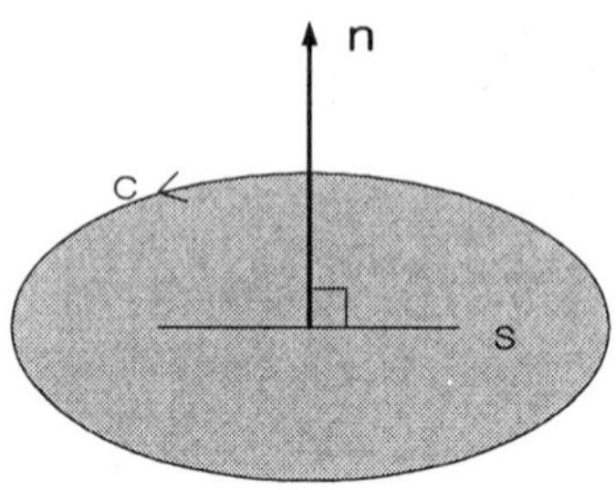

[그림 1-3] 법선벡터

1-5 기본벡터

3개의 직선축이 서로 수직하는 직각좌표계를 고려하면 축 상에서 같은 척도로 축으로부터 좌표가 (1, 0, 0), (0, 1, 0), (0, 0, 1)인 단위점(unit point)은 직각좌표계상 원점(原點)에서 같은 거리를 갖는다. 이와 같이 얻은 직각좌표를 직각좌표계(直角座標系)라 부른다.

[그림 1-4]와 같이 크기가 1이고 x, y, z축의 양의 방향을 갖는 각각의 단위벡터를 **i**, **j**, **k**로 정의하며, 이것을 기본벡터(fundamental vector)라 부른다.

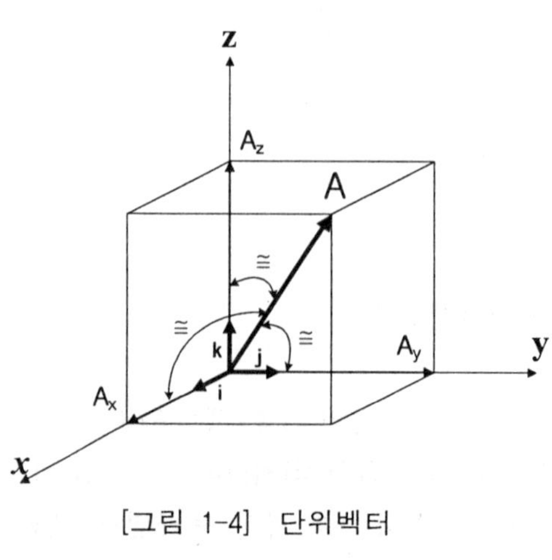

[그림 1-4] 단위벡터

또한 x, y, z축에서의 벡터 **A**의 정사영(正射影)이 각각 A_x, A_y, A_z이면 벡터 **A**는

$$\mathbf{A} = \mathbf{i}A_x + \mathbf{j}A_y + \mathbf{k}A_z \tag{1.5}$$

와 같이 나타낼 수 있으며, 여기서 크기 A_x, A_y, A_z는 벡터 **A**의 x, y, z방향의 스칼라 성분(scalar components) 또는 방향성분(方向成分)이다.

벡터 **A**의 크기 A는 스칼라 성분을 사용하여

$$A = |\mathbf{A}| = \sqrt{A_x^2 + A_y^2 + A_z^2} \tag{1.6}$$

이 된다. 벡터 **A**와 x, y, z축과의 사이각이 각각 α, β, γ이라면 벡터 **A**는 다음과 같이 표시된다.

$$\left.\begin{aligned} A_x &= A\cos\alpha \\ A_y &= A\cos\beta \\ A_z &= A\cos\gamma \end{aligned}\right\} \tag{1.7}$$

여기서 $\cos\alpha$, $\cos\beta$, $\cos\gamma$는 벡터 **A**의 방향여현(directional cosine)이며, 이들을 각각 l, m, n으로 표시하면 다음과 같다.

$$\begin{aligned} l &= \cos\alpha = \frac{A_x}{A} = \frac{A_x}{\sqrt{A_x^2 + A_y^2 + A_z^2}} \\ m &= \cos\beta = \frac{A_y}{A} = \frac{A_y}{\sqrt{A_x^2 + A_y^2 + A_z^2}} \\ n &= \cos\gamma = \frac{A_z}{A} = \frac{A_z}{\sqrt{A_x^2 + A_y^2 + A_z^2}} \end{aligned} \tag{1.8}$$

벡터 **A**의 단위벡터 $\boldsymbol{a}$는 식 (1.4)에 의하여

$$\boldsymbol{a} = \frac{\mathbf{A}}{A} = \frac{A_x}{A}\,\mathbf{i} + \frac{A_y}{A}\,\mathbf{j} + \frac{A_z}{A}\,\mathbf{k} \tag{1.9}$$

로 된다. 여기서 단위벡터 $\boldsymbol{a}$의 각 축성분은 벡터 **A**의 방향여현을 식 (1.7)에 의해 다음과 같이 나타낼 수 있다.

$$\boldsymbol{a} = \cos\alpha\ \mathbf{i} + \cos\beta\ \mathbf{j} + \cos\gamma\ \mathbf{k} \tag{1.10}$$

또, 식 (1.8)에 의해

$$\boldsymbol{a} = l\ \mathbf{i} + m\ \mathbf{j} + n\ \mathbf{k} \tag{1.11}$$

로 주어지며, 다음처럼 방향여현의 관계식이 성립함을 알 수 있다.

$$l^2 + m^2 + n^2 = \cos^2\alpha + \cos^2\beta + \cos^2\gamma = 1 \tag{1.12}$$

예제 1-1

A벡터는 크기가 3, 방향은 x방향, **B**벡터는 크기가 4, 방향은 y방향이면 벡터 **C=A+B**일 때 C방향의 단위벡터 $\boldsymbol{a}_c$를 구하여라.

풀이 $\mathbf{A}=3\mathbf{i}$, $\mathbf{B}=4\mathbf{j}$

벡터 : $\mathbf{C}=3\mathbf{i}+4\mathbf{j}$

크기 : $C=\sqrt{3^2+4^2}=5$

단위벡터 : $\boldsymbol{a}_c=\dfrac{\mathbf{C}}{C}=\dfrac{3\mathbf{i}+4\mathbf{j}}{5}=0.6\,\mathbf{i}+0.8\mathbf{j}$

예제 1-2

다음과 같은 경우 벡터 **C**와 **C**의 크기, 단위벡터 $\boldsymbol{a}_c$ 및 y축 방향 성분 C_y를 구하여라.

(1) $\mathbf{A}=8\mathbf{i}$, $\mathbf{B}=6\mathbf{j}$일 때 $\mathbf{C}=\mathbf{A}+\mathbf{B}$

(2) $\mathbf{A}=10\mathbf{i}+7\mathbf{j}$, $\mathbf{B}=6\mathbf{i}+4\mathbf{j}$일 때 $\mathbf{C}=\mathbf{A}-\mathbf{B}$

풀이 (1) $\mathbf{C}=\mathbf{A}+\mathbf{B}=8\mathbf{i}+6\mathbf{j}$

$C=|\mathbf{C}|=\sqrt{8^2+6^2}=\sqrt{100}=10$

$\boldsymbol{a}_c=\dfrac{\mathbf{C}}{C}=\dfrac{8\mathbf{i}+6\mathbf{j}}{10}=\dfrac{4}{5}\mathbf{i}+\dfrac{3}{5}\mathbf{j}$

$C_y=6$

(2) $\mathbf{C}=\mathbf{A}-\mathbf{B}=(10-6)\,\mathbf{i}+(7-4)\,\mathbf{j}=4\,\mathbf{i}+3\,\mathbf{j}$

$C=\sqrt{4^2+3^2}=\sqrt{25}=5$

$\boldsymbol{a}_c=\dfrac{\mathbf{C}}{C}=\dfrac{4}{5}\mathbf{i}+\dfrac{3}{5}\mathbf{j}$

$C_y=3$

1-6 벡터의 계산

1-6-1 가 감 법

벡터의 합성은 두 가지 기하학적 방법이 있다.

① 벡터는 어느 위치로 이동하여도 크기와 방향은 변하지 않는다는 벡터의 동등성에 의하여 [그림 1-5]의 두 벡터 **A**, **B**를 [그림 1-6](a)

와 같이 평행이동시켜 출발 O를 일치시킨 후 두 벡터 **A**와 **B**를 양변변으로 하는 평행사변형을 그렸을 때 대각선을 두 벡터의 합성 벡터 **C**(=**A**+**B**)로 나타낸다. 이 작도법을 평행사변형법이라 한다.

② [그림 1-6](b)와 같이 벡터 **B**를 평행이동시켜 벡터 **A**의 종점에 벡터 **B**의 출발점 O를 놓은 후 벡터 **A**의 출발점과 벡터 **B**의 종점을 연결하였을 때 그려지는 삼각형의 빗변을 합성벡터 **C**(=**A**+**B**)로 나타낸다. 이와 같은 작도법을 삼각형법이라 한다.

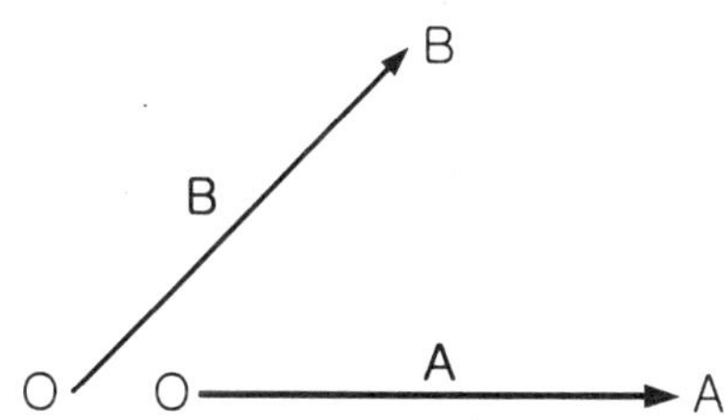

[그림 1-5] 두 벡터

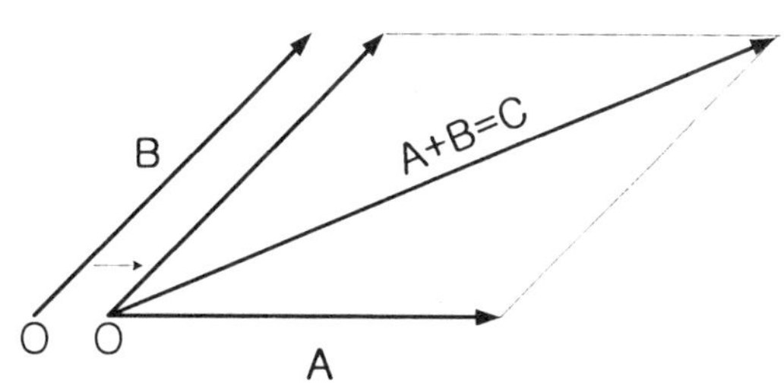

(a) 평행사변형법

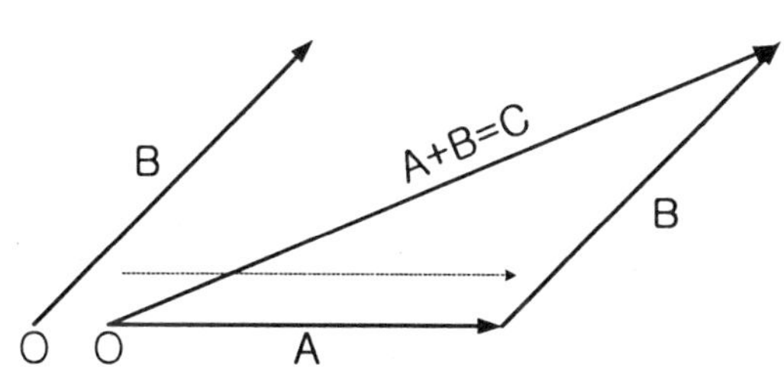

(b) 삼각형법

[그림 1-6] 두 벡터의 합성

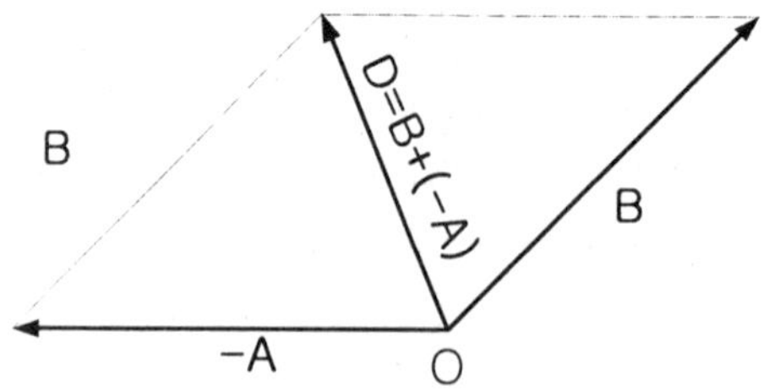

[그림 1-7] 두 벡터의 차

벡터의 감법(減法)은 식 $\mathbf{B}-\mathbf{A}=\mathbf{B}+(-\mathbf{A})$처럼 벡터 $\mathbf{B}$에 벡터 $-\mathbf{A}$를 더한 것과 같으며 [그림 1-7]에 도식적으로 나타내었다.

그리고 대수적인 방법으로 직각 좌표상의 벡터합 또는 차는 벡터의 각 축에 대한 단위벡터를 같은 항으로 하는 대수합과 차를 구한다.

$$\left.\begin{aligned}\mathbf{A}&=\mathbf{i}A_x+\mathbf{j}A_y+\mathbf{k}A_z\\ \mathbf{B}&=\mathbf{i}B_x+\mathbf{j}B_y+\mathbf{k}B_z\end{aligned}\right\}\qquad(1.13)$$

$$\mathbf{A}\pm\mathbf{B}=(A_x\pm B_x)\,\mathbf{i}+(A_y\pm B_y)\,\mathbf{j}+(A_z\pm B_z)\,\mathbf{k}\qquad(1.14)$$

벡터계에서는 임의의 두 벡터 $\mathbf{A}$, $\mathbf{B}$의 합을 $\mathbf{C}$라 할 때 식 (1.15)의 교환법칙(commutative law)과 식 (1.16)의 결합법칙(associative law)가 성립한다.

$$\mathbf{A}+\mathbf{B}=\mathbf{B}+\mathbf{A}\qquad(1.15)$$

$$(\mathbf{A}+\mathbf{B})+\mathbf{C}=\mathbf{A}+(\mathbf{B}+\mathbf{C})\qquad(1.16)$$

예제 1-3

$\mathbf{A}=2\mathbf{i}+3\mathbf{j}-4\mathbf{k}$, $\mathbf{B}=\mathbf{i}-2\mathbf{j}+3\mathbf{k}$일 때 다음 문제의 $\mathbf{C}$와 그 방향을 나타내는 $\boldsymbol{a}_c$를 구하여라. (a) $\mathbf{C}=\mathbf{A}+\mathbf{B}$ (b) $\mathbf{C}=\mathbf{A}-\mathbf{B}$

풀이 (a) $\mathbf{C}=\mathbf{A}+\mathbf{B}$

$$=(2+1)\mathbf{i}+(3-2)\mathbf{j}+(-4+3)\mathbf{k}=3\mathbf{i}+\mathbf{j}-\mathbf{k}$$

$$\boldsymbol{a}_c=\frac{\mathbf{C}}{C}=\frac{3\mathbf{i}+\mathbf{j}-\mathbf{k}}{\sqrt{3^2+1^2+(-1)^2}}=\frac{3\mathbf{i}+\mathbf{j}-\mathbf{k}}{\sqrt{11}}$$

(b) $\mathbf{C}=\mathbf{A}-\mathbf{B}$

$$=(2-1)\mathbf{i}+\{3-(-2)\}\mathbf{j}+\{(-4)-3\}\mathbf{k}=\mathbf{i}+5\mathbf{j}-7\mathbf{k}$$

$$\boldsymbol{a}_c=\frac{\mathbf{C}}{C}=\frac{\mathbf{i}+5\mathbf{j}-7\mathbf{k}}{\sqrt{1^2+5^2+(-7)^2}}=\frac{\mathbf{i}+5\mathbf{j}-7\mathbf{k}}{\sqrt{75}}=\frac{\mathbf{i}+5\mathbf{j}-7\mathbf{k}}{5\sqrt{3}}$$

1-6-2 벡터의 곱(product)

(1) 스칼라와 벡터의 곱

임의의 벡터량 **B**에 스칼라량 a를 곱하면 벡터량 **C**가 되며 벡터량 **C**는 벡터 **B**의 a배 만큼 큰 벡터량이 된다. 식으로 표시하면 다음과 같다.

$$\mathbf{C}=a\mathbf{B} \tag{1.17}$$

(2) 벡터량의 곱

■ 스칼라 곱

스칼라 곱은 **A · B**로 표기되며,

$$\mathbf{A}\cdot\mathbf{B}=AB\cos\theta \tag{1.18}$$

로 정의된다.

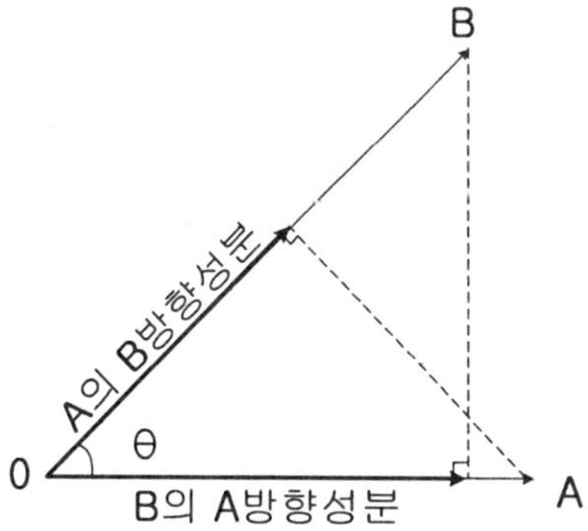

[그림 1-8] 벡터의 방향성분

두 벡터의 스칼라 곱은 두 벡터의 사이각 $\theta(0\leq\theta\leq\pi)$에 따라 달라진다.

$$\left.\begin{aligned}\theta=0^\circ &: \mathbf{A}\cdot\mathbf{B}=AB\cos 0^\circ=AB\\ \theta=90^\circ &: \mathbf{A}\cdot\mathbf{B}=AB\cos 90^\circ=0\\ \theta=180^\circ &: \mathbf{A}\cdot\mathbf{B}=AB\cos 180^\circ=-AB\end{aligned}\right\} \tag{1.19}$$

또한, 스칼라 곱에서는 다음과 같이 연산법칙이 성립한다.

$$\left.\begin{aligned}&\mathbf{A}\cdot\mathbf{B}=\mathbf{B}\cdot\mathbf{A} && \text{(교환법칙)}\\ &\mathbf{A}\cdot(\mathbf{B}+\mathbf{C})=\mathbf{A}\cdot\mathbf{B}+\mathbf{A}\cdot\mathbf{C} && \text{(결합법칙)}\end{aligned}\right\} \tag{1.20}$$

[그림 1-9]에서 **i**, **j**, **k**는 식 (1.18)에 의하여 다음과 같은 결과를 얻는다.

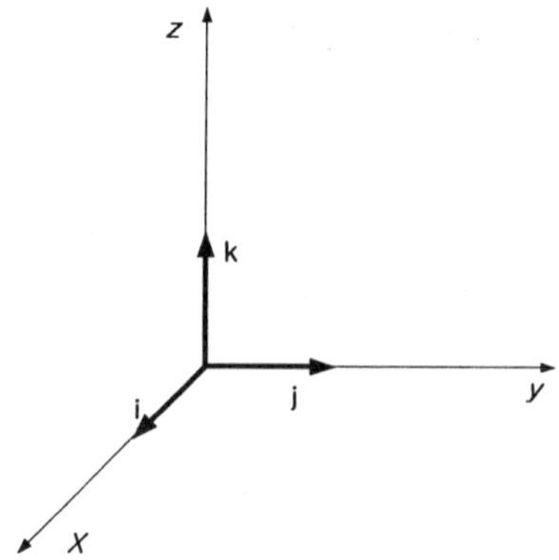

[그림 1-9] 단위벡터

$$\left.\begin{aligned} \mathbf{i}\cdot\mathbf{i}=\mathbf{j}\cdot\mathbf{j}=\mathbf{k}\cdot\mathbf{k}=1\times1\times\cos0^\circ=1 \\ \mathbf{i}\cdot\mathbf{j}=\mathbf{j}\cdot\mathbf{k}=\mathbf{k}\cdot\mathbf{i}=1\times1\times\cos90^\circ=0 \end{aligned}\right\} \tag{1.21}$$

두 벡터 **A**, **B**의 스칼라 곱은 식 (1.21)을 적용하면 다음과 같다.

$$\mathbf{A}=\mathbf{i}A_x+\mathbf{j}A_y+\mathbf{k}A_z$$

$$\mathbf{B}=\mathbf{i}B_x+\mathbf{j}B_y+\mathbf{k}B_z$$

$$\mathbf{A}\cdot\mathbf{B}=(\mathbf{i}A_x+\mathbf{j}A_y+\mathbf{k}A_z)\cdot(\mathbf{i}B_x+\mathbf{j}B_y+\mathbf{k}B_z)$$
$$=A_xB_x+A_yB_y+A_zB_z \tag{1.22}$$

예제 1-4

$\mathbf{A}=\mathbf{i}+4\mathbf{j}+3\mathbf{k}$, $\mathbf{B}=4\mathbf{i}+2\mathbf{j}-4\mathbf{k}$일 때 스칼라곱 $\mathbf{A}\cdot\mathbf{B}$를 계산하라. 그리고 이 때 두 벡터의 방향은 서로 어떤 상태인가?

풀이

$$\begin{aligned}\mathbf{A}\cdot\mathbf{B}&=(\mathbf{i}+4\mathbf{j}+3\mathbf{k})\cdot(4\mathbf{i}+2\mathbf{j}-4\mathbf{k})\\ &=(1\times4)\mathbf{i}\cdot\mathbf{i}+(1\times2)\mathbf{i}\cdot\mathbf{j}+(1\times(-4))\mathbf{i}\cdot\mathbf{k}\\ &\quad+(4\times4)\mathbf{j}\cdot\mathbf{i}+(4\times2)\mathbf{j}\cdot\mathbf{j}+(4\times(-4))\mathbf{j}\cdot\mathbf{k}\\ &\quad+(3\times4)\mathbf{k}\cdot\mathbf{i}+(3\times2)\mathbf{k}\cdot\mathbf{j}+(3\times(-4))\mathbf{k}\cdot\mathbf{k}\\ &=4+8-12=0\end{aligned}$$

$\mathbf{A}\cdot\mathbf{B}=AB\cos\theta=0$이므로

$\cos\theta=0$이면 사이각 $\theta=90^\circ$

∴ 수직상태임

■ 벡 터 곱

두 벡터의 외적(外積 : vector product)의 표기방법은 다음과 같다.

$$\mathbf{C} = \mathbf{A} \times \mathbf{B} \tag{1.23}$$

벡터의 외적은 오른나사 회전방향으로 곱하며 결과는 오른나사 진행방향의 벡터 **C**가 된다. 또한 벡터 **C**의 크기는 **A**벡터의 크기 A와 **B**벡터의 크기 B를 서로 곱한 후에 A벡터와 B벡터와의 사이각 θ에 sin을 취하여 곱하면 되며 나음 식과 같다.

$$C = |\mathbf{A} \times \mathbf{B}| = AB\sin\theta \tag{1.24}$$

[그림 1-10]은 벡터의 외적을 도시적으로 나타낸 것으로 벡터의 외적 결과의 크기는 A와 B 사이에 이룬 평행사변형의 면적과 같다. 또 벡터**C**의 방향은 평행사변형의 면에 수직방향으로 나타낸다. 이러한 벡터 곱을 외적(外積 : vector product)이라 하며, 벡터 곱의 특성은 다음과 같다.

① **A**벡터와 **B**벡터가 같은 방향($\theta = 0°$)

$$C = |\mathbf{A} \times \mathbf{B}| = AB\sin 0° = 0 \tag{1.25}$$

② **A**벡터와 **B**벡터가 서로 수직($\theta = 90°$)

$$C = |\mathbf{A} \times \mathbf{B}| = AB\sin 90° = AB \tag{1.26}$$

③ **A**벡터와 **B**벡터가 서로 반대방향($\theta = 180°$)

$$C = |\mathbf{A} \times \mathbf{B}| = A \cdot B\sin 180° = 0 \tag{1.27}$$

④ 두 벡터의 벡터곱은 교환법칙과 결합법칙이 성립하지 않는다.

$$\left.\begin{aligned} &\mathbf{A} \times \mathbf{B} \neq \mathbf{B} \times \mathbf{A} = -(\mathbf{A} \times \mathbf{B}) && (\text{교환법칙}) \\ &\mathbf{A} \times (\mathbf{B} \times \mathbf{C}) \neq (\mathbf{A} \times \mathbf{B}) \times \mathbf{C} && (\text{결합법칙}) \\ &\mathbf{A} \times (\mathbf{B} + \mathbf{C}) = \mathbf{A} \times \mathbf{B} + \mathbf{A} \times \mathbf{C} && (\text{분배법칙}) \end{aligned}\right\} \tag{1.28}$$

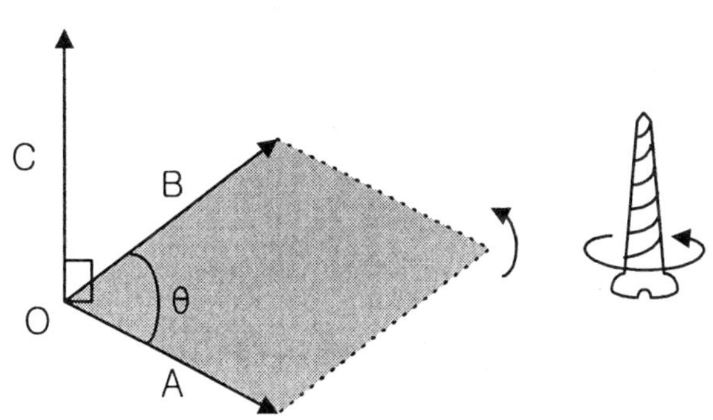

[그림 1-10] 벡터의 외적

⑤ 직각 좌표계의 기본벡터 **i**, **j**, **k**의 벡터곱은 다음과 같다. 같은 두 벡터 곱은 방향이 같으므로 $|\mathbf{i}\times\mathbf{i}|=1\times1\times\sin 0°=0$이 된다. 따라서

$$\mathbf{i}\times\mathbf{i}=\mathbf{j}\times\mathbf{j}=\mathbf{k}\times\mathbf{k}=0 \tag{1.29}$$

이다.

서로 다른 두 벡터 벡터곱은

$$|\mathbf{i}\times\mathbf{j}|=1\times1\times\sin 90°=1 \tag{1.30}$$

이 된다.

그러므로 [그림 1-11]과 같이 크기가 1이고 방향은 **i**에서 **j** 방향으로 회전시킬 때 오른나사의 진행방향인 z축 방향의 기본벡터 **k**가 된다. 따라서 세 기본벡터 **i**, **j**, **k** 간의 벡터곱은 다음과 같다.

$$\left.\begin{aligned}\mathbf{i}\times\mathbf{j}&=-\mathbf{j}\times\mathbf{i}=\mathbf{k}\\ \mathbf{j}\times\mathbf{k}&=-\mathbf{k}\times\mathbf{j}=\mathbf{i}\\ \mathbf{k}\times\mathbf{i}&=-\mathbf{i}\times\mathbf{k}=\mathbf{j}\end{aligned}\right\} \tag{1.31}$$

임의의 두 벡터 **A**, **B**의 벡터곱은 인수분해전개식에 의하여

$$\begin{aligned}\mathbf{A}\times\mathbf{B}&=(A_x\,\mathbf{i}+A_y\,\mathbf{j}+A_z\,\mathbf{k})\times(B_x\,\mathbf{i}+B_y\,\mathbf{j}+B_z\,\mathbf{k})\\ &=A_xB_x\,\mathbf{i}\times\mathbf{i}+A_xB_y\,\mathbf{i}\times\mathbf{j}+A_xB_z\,\mathbf{i}\times\mathbf{k}\\ &\quad+A_yB_x\,\mathbf{j}\times\mathbf{i}+A_yB_y\,\mathbf{j}\times\mathbf{j}+A_yB_z\,\mathbf{j}\times\mathbf{k}\\ &\quad+A_zB_x\,\mathbf{k}\times\mathbf{i}+A_zB_y\,\mathbf{k}\times\mathbf{j}+A_zB_z\,\mathbf{k}\times\mathbf{k}\\ &=A_xB_y\,\mathbf{k}-A_xB_z\,\mathbf{j}-A_yB_x\,\mathbf{k}+A_yB_z\,\mathbf{i}\\ &\quad+A_zB_x\,\mathbf{j}-A_zB_y\,\mathbf{i}\\ &=(A_yB_z-A_zB_y)\,\mathbf{i}+(A_zB_x-A_xB_z)\,\mathbf{j}\\ &\qquad+(A_xB_y-A_yB_x)\,\mathbf{k}\end{aligned} \tag{1.32}$$

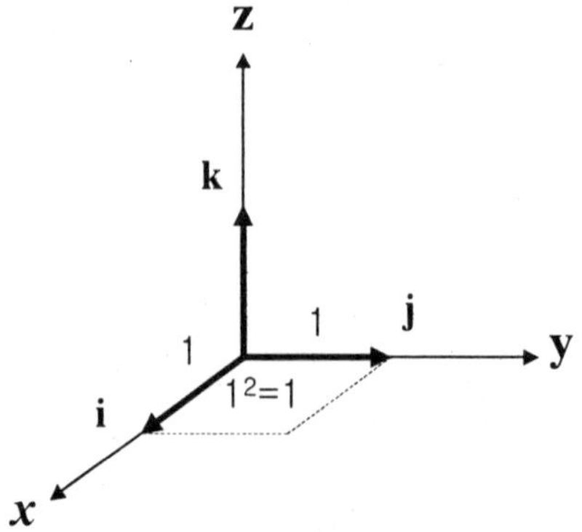

[그림 1-11] 기본벡터의 곱

로 된다. 식 (1.32)는 행렬식을 이용하면 간단히 전개할 수 있다.

$$\mathbf{A}\times\mathbf{B} = \begin{vmatrix} \mathbf{i} & \mathbf{j} & \mathbf{k} \\ A_x & A_y & A_z \\ B_x & B_y & B_z \end{vmatrix}$$

$$= \mathbf{i}\begin{vmatrix} A_y & A_z \\ B_y & B_z \end{vmatrix} - \mathbf{j}\begin{vmatrix} A_x & A_z \\ B_x & B_z \end{vmatrix} + \mathbf{k}\begin{vmatrix} A_x & A_y \\ B_x & B_y \end{vmatrix}$$

$$= (A_yB_z - A_zB_y)\,\mathbf{i} + (A_zB_x - A_xB_z)\,\mathbf{j}$$

$$+ (A_xB_y - A_yB_x)\,\mathbf{k} \qquad (1.33)$$

예제 1-5

$\mathbf{A}=\mathbf{i}+2\mathbf{j}+3\mathbf{k}$, $\mathbf{B}=2\mathbf{i}+3\mathbf{j}+4\mathbf{k}$일 때 벡터곱 $\mathbf{A}\times\mathbf{B}$ 및 **A**와 **B**가 이루는 각을 구하시오.

풀이

$$\mathbf{A}\times\mathbf{B} = \begin{vmatrix} \mathbf{i} & \mathbf{j} & \mathbf{k} \\ 1 & 2 & 3 \\ 2 & 3 & 4 \end{vmatrix} = \mathbf{i}\begin{vmatrix} 2 & 3 \\ 3 & 4 \end{vmatrix} - \mathbf{j}\begin{vmatrix} 1 & 3 \\ 2 & 4 \end{vmatrix} + \mathbf{k}\begin{vmatrix} 1 & 2 \\ 2 & 3 \end{vmatrix}$$

$$= -\mathbf{i}+2\mathbf{j}-\mathbf{k}$$

$|\mathbf{A}\times\mathbf{B}| = AB\sin\theta$ 이므로

$$\sin\theta = \frac{|\mathbf{A}\times\mathbf{B}|}{AB} \frac{\sqrt{(-1)^2+2^2+(-1)^2}}{\sqrt{1^2+2^2+3^2}\cdot\sqrt{2^2+3^2+4^2}} = \frac{\sqrt{6}}{\sqrt{14}\sqrt{29}}$$

$$\therefore \theta = \sin^{-1}\frac{\sqrt{6}}{\sqrt{14}\sqrt{29}} \fallingdotseq 6.98\,°$$

■ 세 벡터곱

① **A**(**B** · **C**)는 스칼라량인 **B** · **C**에 벡터 **A**배한 것이므로 그 결과는 벡터량이다.

② **A** · (**B**×**C**)는 벡터량인 **B**×**C**의 결과에 벡터 **A**를 스칼라 곱한 것이므로 스칼라량이 된다.

$$\mathbf{B}\times\mathbf{C} = \mathbf{i}(B_yC_z - B_zC_y) + \mathbf{j}(B_zC_x - B_xC_z)$$

$$+ \mathbf{k}(B_xC_y - B_yC_x)$$

$$\mathbf{A}\cdot(\mathbf{B}\times\mathbf{C}) = (A_x\,\mathbf{i} + A_y\,\mathbf{j} + A_z\,\mathbf{k})\cdot\{\mathbf{i}(B_yC_z - B_zC_y)$$

$$+ \mathbf{j}(B_zC_x - B_xC_z) + \mathbf{k}(B_xC_y - B_yC_x)\} \qquad (1.34)$$

앞 식은 행렬식으로 간단히 표시될 수 있다.

$$\mathbf{A}\cdot(\mathbf{B}\times\mathbf{C})=\begin{vmatrix} A_x & A_y & A_z \\ B_x & B_y & B_z \\ C_x & C_y & C_z \end{vmatrix} \tag{1.35}$$

$\mathbf{A}\cdot(\mathbf{B}\times\mathbf{C})$의 크기는 **A**, **B**, **C**를 세 변으로 하는 평행육면체의 체적이 된다.

1-7 벡터의 미분연산

1-7-1 기 울 기

[그림 1-12]와 같이 스칼라 A는 좌표 $P(x, y, z)$에 의해서 결정되는 P점의 위치에너지이며, P점의 좌표 $P(x, y, z)$에서 미소변위 Δl에 대한 A의 변화량 Δv는 각 축 방향 변화량의 합이므로 다음과 같이 주어진다.

$$\Delta v = \frac{\partial A}{\partial x}\Delta x + \frac{\partial A}{\partial y}\Delta y + \frac{\partial A}{\partial z}\Delta z \tag{1.36}$$

여기서 미소변위 Δl은 x, y, z축의 기본벡터 **i**, **j**, **k**에 의해 각 축방향 성분으로 다음과 같이 표현된다.

$$\Delta \boldsymbol{l} = \mathbf{i}\Delta x + \mathbf{j}\Delta y + \mathbf{k}\Delta z$$

따라서, 식 (1.36)의 Δv를 식 (1.23)의 두 벡터의 스칼라곱으로 나타내면

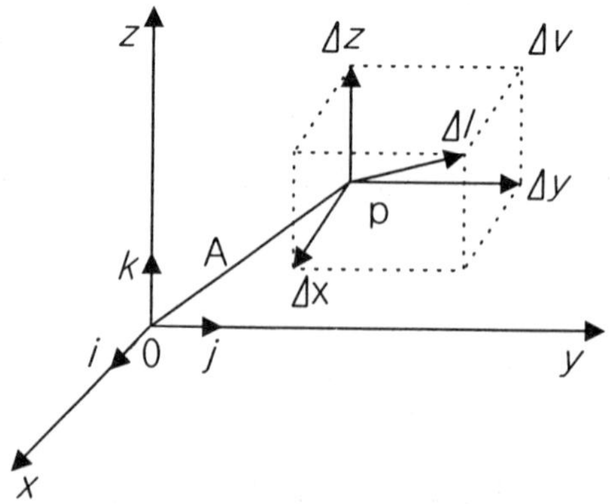

[그림 1-12] 벡터의 증분변화

$$\begin{aligned}\Delta v &= \left(\mathbf{i}\frac{\partial A}{\partial x} + \mathbf{j}\frac{\partial A}{\partial y} + \mathbf{k}\frac{\partial A}{\partial z}\right)\cdot(\mathbf{i}\Delta x + \mathbf{j}\Delta y + \mathbf{k}\Delta z)\\ &= \left(\mathbf{i}\frac{\partial A}{\partial x} + \mathbf{j}\frac{\partial A}{\partial y} + \mathbf{k}\frac{\partial A}{\partial z}\right)\cdot \Delta \boldsymbol{l} \qquad (1.37)\\ &= \left(\mathbf{i}\frac{\partial}{\partial x} + \mathbf{j}\frac{\partial}{\partial y} + \mathbf{k}\frac{\partial}{\partial z}\right)A\cdot \Delta \boldsymbol{l}\end{aligned}$$

이며, $\mathbf{i}\frac{\partial A}{\partial x} + \mathbf{j}\frac{\partial A}{\partial y} + \mathbf{k}\frac{\partial A}{\partial z}$로 표시되는 새로운 좌표의 벡터함수를 점 P에 내한 A의 기울기라 하며, 다음식 ∇는 해밀턴의 연산자 또는 나블라(nabla)라 부른다.

$$\nabla = \mathbf{i}\frac{\partial}{\partial x} + \mathbf{j}\frac{\partial}{\partial y} + \mathbf{k}\frac{\partial}{\partial z} \qquad (1.38)$$

공간영역 내의 한 점 (x, y, z)에 대한 스칼라함수 $A(x, y, z)$의 기울기는 ∇A가 되며, 따라서 다음 식이 된다.

$$\begin{aligned}\nabla A &= gradA = \left(\mathbf{i}\frac{\partial}{\partial x} + \mathbf{j}\frac{\partial}{\partial y} + \mathbf{k}\frac{\partial}{\partial z}\right)A\\ &= \mathbf{i}\frac{\partial A}{\partial x} + \mathbf{j}\frac{\partial A}{\partial y} + \mathbf{k}\frac{\partial A}{\partial z}\end{aligned} \qquad (1.39)$$

1-7-2 벡터의 발산

[그림 1-13]과 같이 유체가 분포중인 공간에 자리한 미소육면체 각 변의 길이가 $\Delta x, \Delta y, \Delta z$일 때 유체 A의 x방향성분 A_x가 미소면 $Oefg$로 유입하는 유량은

$$A_x \Delta y \Delta z$$

가 되며, O점에서 Δx만큼 떨어진 곳에 x방향 성분의 변화량은

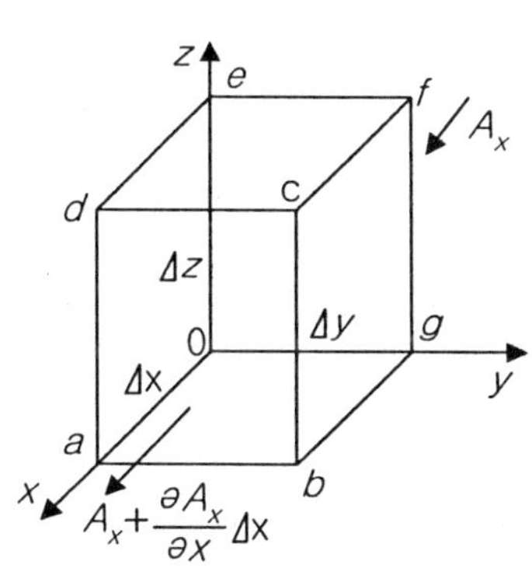

[그림 1-13] 유체의 발산

$$A_x + \frac{\partial A_x}{\partial x}\Delta x$$

이 된다. 또한 *abcd* 면으로 유출되는 양은 다음과 같다.

$$\left(A_x + \frac{\partial A_x}{\partial x}\Delta x\right)\Delta y \Delta z \tag{1.40}$$

따라서 x방향의 유량의 변화량은 식 (1.40)의 x방향으로 유출되는 양에서 유입하는 양의 차가 된다. 즉,

$$\left(A_x + \frac{\partial A_x}{\partial x}\Delta x\right)\Delta y \Delta z - A_x \Delta y \Delta z = \frac{\partial A_x}{\partial x}\Delta x \Delta y \Delta z \tag{1.41}$$

가 되며, y방향과 z방향의 유량의 변화량은 동일한 방법에 의해

$$\left.\begin{aligned} &\frac{\partial A_y}{\partial y}\Delta x \Delta y \Delta z \\ &\frac{\partial A_z}{\partial z}\Delta x \Delta y \Delta z \end{aligned}\right\} \tag{1.42}$$

가 되어, 미소체적 Δv의 총 유량의 변화량은

$$\mathbf{A} \cdot \mathbf{n}\, dS = \left(\frac{\partial A_x}{\partial x} + \frac{\partial A_y}{\partial y} + \frac{\partial A_z}{\partial z}\right)\Delta x \Delta y \Delta z \tag{1.43}$$

가 된다. 식 (1.43)에서 우변 항 중에 $\left(\frac{\partial A_x}{\partial x} + \frac{\partial A_y}{\partial y} + \frac{\partial A_z}{\partial z}\right)$을 취하여 해밀턴의 연산자인 nabla를 사용하면, 즉

$$\begin{aligned} &\frac{\partial A_x}{\partial x} + \frac{\partial A_y}{\partial y} + \frac{\partial A_z}{\partial z} \\ &= \left(\mathbf{i}\frac{\partial}{\partial x} + \mathbf{j}\frac{\partial}{\partial y} + \mathbf{k}\frac{\partial}{\partial z}\right) \cdot (\mathbf{i}A_x + \mathbf{j}A_y + \mathbf{k}A_z) \\ &= \nabla \cdot \mathbf{A} \\ &= \operatorname{div} \mathbf{A} \end{aligned} \tag{1.44}$$

로 스칼라량이 되며, 벡터 **A**의 발산(發散)이라고 한다. 식 (1.43)은

$$\mathbf{A} \cdot ndS = \operatorname{div} \mathbf{A}\, \Delta v \tag{1.45}$$

가 되며, 이 식을 미소체적 dv로 적용하면 유체가 공간적으로 분포하고 있는 공간의 한 점에서 단위체적당 발산하는 다음 식의 유체의 양이 되며

$$\lim_{\Delta v \to 0} \frac{1}{\Delta v}\, \mathbf{A} \cdot \mathbf{n}\, dS = \operatorname{div} \mathbf{A} \tag{1.46}$$

여기서, **n**은 폐곡면상의 외향법선 벡터이며, 양변을 적분하면

$$\iint \mathbf{A} \cdot \mathbf{n}\, dS = \iiint \mathrm{div}\,\mathbf{A}\, dv \tag{1.47}$$

가 된다.

이 식은 임의의 폐곡면 내의 단위 체적당 발산하는 유량의 체적에 대한 총합은 체적의 전표면을 통하여 유출하는 양과 같다는 것을 의미하며 이 관계를 발산정리(發散定理 : divergence theorem)라 부른다.

예제 1-6

벡터 $\mathbf{A} = \mathbf{i}3x^2 + \mathbf{j}2xy^2 + \mathbf{k}x^2yz$의 $\mathrm{div}\,\mathbf{A}$를 구하여라.

풀이

$$\begin{aligned} \mathrm{div}\,\mathbf{A} = \nabla \cdot \mathbf{A} &= \left(\mathbf{i}\frac{\partial}{\partial x} + \mathbf{j}\frac{\partial}{\partial y} + \mathbf{k}\frac{\partial}{\partial z} \right) \cdot (\mathbf{i}3x^2 + \mathbf{j}2xy^2 + \mathbf{k}x^2yz) \\ &= \frac{\partial}{\partial x}(3x^2) + \frac{\partial}{\partial y}(2xy^2) + \frac{\partial}{\partial z}(x^2yz) \\ &= 6x + 4xy + x^2y \end{aligned}$$

1-7-3 벡터의 회전

x, y, z의 함수인 벡터 $\mathbf{A}$의 미소면적 ΔS의 주변 C'에 대한 $\mathbf{A}$의 선적분(線積分)은 다음과 같다.

$$\oint_{C'} \mathbf{A} \cdot d\mathbf{l} \tag{1.48}$$

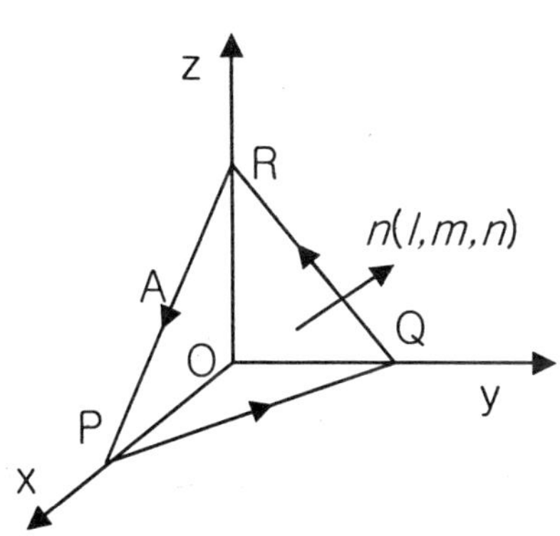

[그림 1-14] 벡터의 회전

ΔS를 [그림 1-14]의 삼각형 PQR이라 하면 폐곡선 $C'=PQRP$의 선적분은 각각 $OPQO$, $OQRO$, $ORPO$의 선적분의 합과 같다. 이 세 개의 폐곡선에서 OP, OQ, OR상의 적분은 중복되어 상쇄되고 $PQRP$의 적분만 남게 되기 때문이다. 따라서 다음 관계식이 성립한다.

$$\oint_{PQRP} \mathbf{A}\cdot d\mathbf{l} = \oint_{OPQO} \mathbf{A}\cdot d\mathbf{l} + \oint_{OQRO} \mathbf{A}\cdot d\mathbf{l} + \oint_{ORPO} \mathbf{A}\cdot d\mathbf{l} \quad (1.49)$$

[그림 1-15]와 같이 xy 평면상의 선적분인 식 (1.49)의 우변 제 1항을 얻기 위하여 벡터 $\mathbf{A}$의 O, P, Q 점에 대한 값을 취하면

O점 $(A_x,\ A_y,\ A_z)$

P점 $\left(A_x+\dfrac{\partial A_x}{\partial x}\Delta x,\ A_y+\dfrac{\partial A_y}{\partial x}\Delta x,\ A_z+\dfrac{\partial A_z}{\partial x}\Delta x\right)$

Q점 $\left(A_x+\dfrac{\partial A_x}{\partial y}\Delta y,\ A_y+\dfrac{\partial A_y}{\partial y}\Delta y,\ A_z+\dfrac{\partial A_z}{\partial y}\Delta y\right)$

가 되며, OP의 선적분은 다음 식이 된다.

$$\frac{A_x+\left(A_x+\dfrac{\partial A_x}{\partial x}\Delta x\right)}{2}\Delta x \quad (1.50)$$

QO에 대한 적분은 y의 음의 방향이므로

$$\frac{A_y+\left(A_y+\dfrac{\partial A_y}{\partial y}\Delta y\right)}{2}(-\Delta y) \quad (1.51)$$

가 되며, PQ에 대한 선적분을 위한, $-x$방향 적분은

$$\frac{\left(A_x+\dfrac{\partial A_x}{\partial x}\Delta x\right)+\left(A_x+\dfrac{\partial A_x}{\partial y}\Delta y\right)}{2}(-\Delta x) \quad (1.52)$$

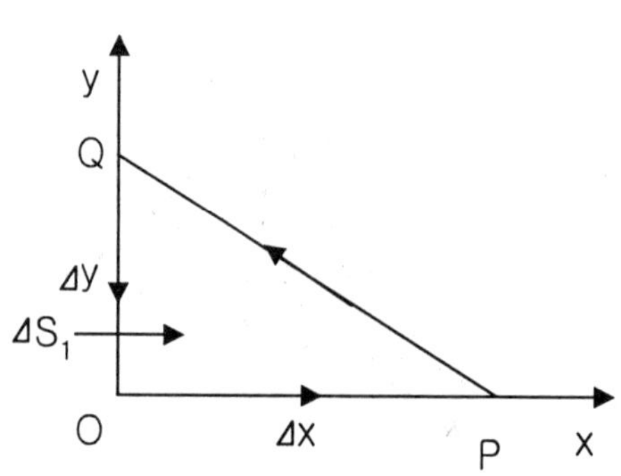

[그림 1-15] OPQO에 대한 적분

이며, $+y$ 방향의 적분은

$$\frac{\left(A_y+\frac{\partial A_y}{\partial x}\Delta x\right)+\left(A_y+\frac{\partial A_y}{\partial y}\Delta y\right)}{2}(\Delta y) \tag{1.53}$$

가 된다. 따라서 $OPQO$에 대한 $\mathbf{A}$의 선적분은 식 (1.50)으로부터 식 (1.53)까지의 총합이 되며 다음과 같이 얻어진다.

$$\begin{aligned}\oint_{OPQO}\mathbf{A}\cdot d\mathbf{l} &= \frac{1}{2}\left(\frac{\partial A_y}{\partial x}\Delta x\Delta y-\frac{\partial A_x}{\partial y}\Delta x\Delta y\right)\\ &=\left(\frac{\partial A_y}{\partial x}-\frac{\partial A_x}{\partial y}\right)\cdot\Delta S_1\end{aligned} \tag{1.54}$$

ΔS_1은 ΔPQR이 xy평면상에 투사된 면적 ΔOPQ이며, ΔPQR면의 법선에 대한 방향여현이 l, m, n이면, $\Delta S_1 = n\Delta S$이므로

$$\oint_{OPQO}\mathbf{A}\cdot d\mathbf{l} = n\left(\frac{\partial A_y}{\partial x}-\frac{\partial A_x}{\partial y}\right)\cdot\Delta S \tag{1.55}$$

가 되고, 같은 방법으로 $OQRO$ 및 $ORPO$에 대해 벡터 $\mathbf{A}$의 선적분을 하면 각각 다음과 같은 결과를 얻는다.

$$\oint_{OQRO}\mathbf{A}\cdot d\mathbf{l} = l\left(\frac{\partial A_z}{\partial y}-\frac{\partial A_y}{\partial z}\right)\cdot\Delta S \tag{1.56}$$

$$\oint_{ORPO}\mathbf{A}\cdot d\mathbf{l} = m\left(\frac{\partial A_x}{\partial z}-\frac{\partial A_z}{\partial x}\right)\cdot\Delta S \tag{1.57}$$

따라서 식 (1.49)에 식 (1.55), (1.56), (1,57)을 대입하여 정리하면

$$\begin{aligned}\oint\mathbf{A}\cdot d\mathbf{l}=&\left\{l\left(\frac{\partial A_z}{\partial y}-\frac{\partial A_y}{\partial z}\right)+m\left(\frac{\partial A_x}{\partial z}-\frac{\partial A_z}{\partial x}\right)\right.\\ &\left.+n\left(\frac{\partial A_y}{\partial x}-\frac{\partial A_x}{\partial y}\right)\right\}\Delta S\end{aligned} \tag{1.58}$$

가 된다. 따라서 식 (1.58)로부터 다음의 결과식을 얻을 수 있다.

$$\begin{aligned}&\lim_{\Delta S\to 0}\frac{1}{\Delta S\to 0}\oint_C\mathbf{A}\cdot d\mathbf{l}\\ &=\left\{l\left(\frac{\partial A_z}{\partial y}-\frac{\partial A_y}{\partial z}\right)+m\left(\frac{\partial A_x}{\partial z}-\frac{\partial A_z}{\partial x}\right)\right.\\ &\quad\left.+n\left(\frac{\partial A_y}{\partial x}-\frac{\partial A_x}{\partial y}\right)\right\}\end{aligned} \tag{1.59}$$

ΔS에 대한 법선벡터 $\mathbf{n}$는

$$\mathbf{n}=\mathbf{i}l+\mathbf{j}m+\mathbf{k}n \tag{1.60}$$

이며, 직각좌표상의 단위벡터 **i**, **j**, **k**로 표현되는 벡터 **B**를 가정하면

$$\mathbf{B}= \mathbf{i}\left(\frac{\partial A_z}{\partial y}-\frac{\partial A_y}{\partial z}\right)+ \mathbf{j}\left(\frac{\partial A_x}{\partial z}-\frac{\partial A_z}{\partial x}\right) + \mathbf{k}\left(\frac{\partial A_y}{\partial x}-\frac{\partial A_x}{\partial y}\right) \tag{1.61}$$

가 되고, 따라서 식 (1.59)의 우변은 **B**와 **n**의 스칼라곱과 같다.

$$\begin{aligned}\mathbf{B}\cdot\mathbf{n} &=\left\{ \mathbf{i}\left(\frac{\partial A_z}{\partial y}-\frac{\partial A_y}{\partial z}\right)+ \mathbf{j}\left(\frac{\partial A_x}{\partial z}-\frac{\partial A_z}{\partial x}\right)\right.\\ &\quad\left.+ \mathbf{k}\left(\frac{\partial A_y}{\partial x}-\frac{\partial A_x}{\partial y}\right)\right\}\cdot(\mathbf{i}l+\mathbf{j}m+\mathbf{k}n)\\ &=\left\{l\left(\frac{\partial A_z}{\partial y}-\frac{\partial A_y}{\partial z}\right)+m\left(\frac{\partial A_x}{\partial z}-\frac{\partial A_z}{\partial x}\right)\right.\\ &\quad\left.+n\left(\frac{\partial A_y}{\partial x}-\frac{\partial A_x}{\partial y}\right)\right\}\end{aligned}$$

위식으로부터 식 (1.59)는 다음 관계식을 성립한다.

$$\lim_{\Delta S\to 0}\frac{1}{\Delta S}\oint_{c'}\mathbf{A}\cdot d\mathbf{l}=\mathbf{B}\cdot\mathbf{n} \tag{1.62}$$

벡터 **B**는 벡터 **A**와 나블라 ∇의 외적(벡터곱)으로 계산된다.

$$\begin{aligned}\mathbf{B} &=\nabla\times\mathbf{A}\\ &=\left(\mathbf{i}\frac{\partial}{\partial x}+\mathbf{j}\frac{\partial}{\partial y}+\mathbf{k}\frac{\partial}{\partial z}\right)\times(\mathbf{i}A_x+\mathbf{j}A_y+\mathbf{k}A_z)\\ &=\mathbf{i}\left(\frac{\partial A_z}{\partial y}-\frac{\partial A_y}{\partial z}\right)+\mathbf{j}\left(\frac{\partial A_x}{\partial z}-\frac{\partial A_z}{\partial x}\right)+\mathbf{k}\left(\frac{\partial A_y}{\partial x}-\frac{\partial A_x}{\partial y}\right)\\ &=\begin{vmatrix} i & j & k\\ \frac{\partial}{\partial x} & \frac{\partial}{\partial y} & \frac{\partial}{\partial z}\\ A_x & A_y & A_z\end{vmatrix}\end{aligned} \tag{1.63}$$

이것은 **A** 방향으로 그려진 자력선이 전류주위를 회전하고 있다는 물리적인 의미를 가지므로 벡터 **A**의 회전이라 하며, 다음과 같이 표시된다.

$$\mathbf{B}=\nabla\times\mathbf{A}=\mathrm{rot}\,\mathbf{A}=\mathrm{curl}\,\mathbf{A} \tag{1.64}$$

식 (1.58)를 **B**, **n**으로 대입하여 정리하면

$$\oint_{C'}\mathbf{A}\cdot d\mathbf{l}=\mathbf{B}\cdot\mathbf{n}\Delta S=\mathrm{rot}\,\mathbf{A}\cdot\mathbf{n}\Delta S \tag{1.65}$$

가 된다.

또한 벡터 **A**로 주어지는 계(界 : field) 내에 폐곡선 C를 둘러싸인 임

의면 S를 미소한 면적으로 분할하여, 각각의 미소면에 대하여 식 (1.65)를 적용한 후 전체 면적 S에 대하여 합하면

$$\sum \oint_{C'} \mathbf{A} \cdot d\,\mathbf{l} = \sum \mathrm{rot}\,\mathbf{A} \cdot \mathbf{n}\Delta S \tag{1.66}$$

가 된다. 그런데 이 식의 우변은 전체 면적 S에 대한 적분이므로

$$\sum \mathrm{rot}\,\mathbf{A} \cdot \mathbf{n}\Delta S = \int\int_S \mathrm{rot}\,\mathbf{A} \cdot \mathbf{n}\,dS$$

가 된다.

여기서, 좌변은 [그림 1-16]에서 미소면적의 폐곡선 C'에 대한 적분을 전체 면적 S에 대하여 합한 것으로 미소면 사이의 접촉면 부분은 상쇄되고 면적 S의 폐곡선 C에 대한 선적분만 남게 되므로

$$\sum \oint_{C'} \mathbf{A} \cdot d\,\mathbf{l} = \oint_C \mathbf{A} \cdot d\mathbf{l}$$

가 되어, 다음 관계가 얻어진다.

$$\oint_C \mathbf{A} \cdot d\,\mathbf{l} = \int\int_S rot\ \mathbf{A} \cdot \mathbf{n}\,dS \tag{1.67}$$

이 식을 스토크스의 정리(Stokes' theorem)라 한다.

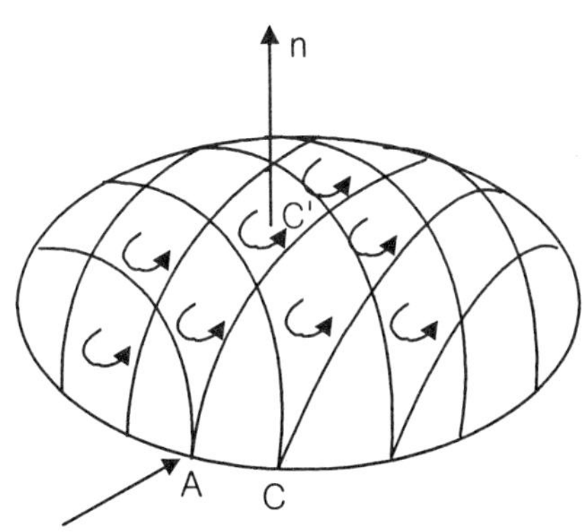

[그림 1-16] 스토크스의 정리

예제 1-7

$\mathbf{A} = x\ \mathbf{i} + y\ \mathbf{j} + z\ \mathbf{k}$, $f = xyz$일 때 점(1. 2. 3)에서의 rot($f\mathbf{A}$)를 구하여라.

풀이 $rot(f\ \mathbf{A}) = \nabla \times (x^2yz\ \mathbf{i} + xy^2z\ \mathbf{j} + xyz^2\ \mathbf{k})$

$$= \left(\frac{\partial}{\partial x}\ \mathbf{i} + \frac{\partial}{\partial y}\ \mathbf{j} + \frac{\partial}{\partial z}\ \mathbf{k}\right) \times (x^2yz\ \mathbf{i} + xy^2z\ \mathbf{j} + xyz^2\ \mathbf{k})$$

$$= \begin{vmatrix} \mathbf{i} & \mathbf{j} & \mathbf{k} \\ \dfrac{\partial}{\partial x} & \dfrac{\partial}{\partial y} & \dfrac{\partial}{\partial z} \\ x^2yz & xy^2z & xyz^2 \end{vmatrix}$$

$$= \mathbf{i}\left[\frac{\partial}{\partial y}(xyz^2) - \frac{\partial}{\partial z}(xy^2z)\right] - \mathbf{j}\left[\frac{\partial}{\partial x}(xyz^2) - \frac{\partial}{\partial z}(x^2yz)\right]$$

$$+ \mathbf{k}\left[\frac{\partial}{\partial x}(xy^2z) - \frac{\partial}{\partial y}(x^2yz)\right]$$

$$= \mathbf{i}(xz^2 - xy^2) - \mathbf{j}(yz^2 - x^2y) + \mathbf{k}(y^2z - x^2z)$$

$$rot(f\,\mathbf{A})\,|_{\,x=1,\,y=2,\,z=3} = \mathbf{i}(9-4) - \mathbf{j}(18-2) + \mathbf{k}(12-3)$$

$$= 5\,\mathbf{i} - 16\,\mathbf{j} + 9\,\mathbf{k}$$

연습문제

■ 주관식 ■

1. 벡터 $\mathbf{A}=2\mathbf{i}-3\mathbf{j}+4\mathbf{k}$의 크기 A와 단위벡터 $\mathbf{a}_A$를 구하여라.

2. $\mathbf{A}=5\mathbf{i}+2\mathbf{j}+3\mathbf{k}$, $\mathbf{B}=2\mathbf{i}-3\mathbf{j}+4\mathbf{k}$일 때, $\mathbf{A}\cdot\mathbf{B}$ 및 두 벡터의 사이각을 구하여라.

3. $\mathbf{A}=\mathbf{i}-\mathbf{j}+\mathbf{k}$, $\mathbf{B}=3\mathbf{i}+4\mathbf{j}-5\mathbf{k}$일 때, $\mathbf{C}=\mathbf{A}\times\mathbf{B}$ 및 크기 C 및 단위벡터 $\boldsymbol{a}_C$와 C의 x축 성분을 구하여라.

4. 벡터가 $\mathbf{A}=2\mathbf{i}+2\mathbf{j}-4\mathbf{k}$, $\mathbf{B}=-3\mathbf{i}+2\mathbf{j}+3\mathbf{k}$, $\mathbf{C}=2\mathbf{i}-4\mathbf{j}-5\mathbf{k}$일 때 $(\mathbf{A}\times\mathbf{B})\cdot\mathbf{C}$의 값을 구하여라.

5. 점 $A(3,\ -2,\ 4)$[m] 에서 점 $B(2,\ 4,\ -3)$[m]에 이르는 변위 벡터를 하여라.

6. 두 벡터 $\mathbf{A}=2\mathbf{i}-6\mathbf{j}-4\mathbf{k}$, $\mathbf{B}=-\mathbf{i}+3\mathbf{j}+5\mathbf{k}$일 때

(a) $\mathbf{A}+\mathbf{B}$ (b) $2\mathbf{A}-\mathbf{B}$ (c) $|\mathbf{A}-\mathbf{B}|$

7. 힘 $\mathbf{F}=-6\mathbf{i}+4\mathbf{j}+2\mathbf{k}$[N]에 의하여 점 $P(2,\ 3\ ,4)$[m]에서 점 $Q(5,\ 2,\ 1)$[m]로 질량체가 이동되었을 때의 일은 몇 [J]인가?

8. 어떤 평행 사변형의 대각선 벡터가 $\mathbf{P}=-3\mathbf{i}+4\mathbf{j}+\mathbf{k}$, $\mathbf{Q}=2\mathbf{i}-3\mathbf{j}+2\mathbf{k}$일 때, 이 평행 사변형의 면적을 구하여라.

9. 스칼라량 $\Phi=x^2y^2z^2$일 때, 점 P(3, 4, 5)에서의 $\nabla\Phi$는 얼마인가?

10. 벡터 $\mathbf{A}=2x\,\mathbf{i}-y^2\,\mathbf{j}+3z^2x\,\mathbf{k}$일 때, 한 점 $P(2,\ 2,\ 2)$에서 벡터 $\mathbf{A}$의 발산을 구하여라.

11. 벡터 $\mathbf{A}=3x\,\mathbf{i}+2xy\,\mathbf{j}-3xyz^2\,\mathbf{k}$로 주어질 때 한 점 $P(3,\ 2,\ 1)$에서 rot**A**를 구하여라.

12. 어떤 물체에 $\mathbf{F}_1=-\mathbf{i}+2\mathbf{j}-3\mathbf{k}$, $\mathbf{F}_2=2\mathbf{i}-3\mathbf{j}+4\mathbf{k}$의 힘이 작용하고 있을 때, 이 물체가 움직이지 않도록 하기 위해서 가해야 하는 힘 $\mathbf{F}_3$를 구하여라.

■ 객관식 ■

1. 어떤 물체에 $\mathbf{F}_1 = -3i + 4j - 5k$와 $\mathbf{F}_2 = 6i + 3j - 2k$의 힘이 작용하고 있다. 이 물체에 $\mathbf{F}_3$을 가했을 때 세 힘이 평형이 되기 위한 F_3은?

㉮ $\mathbf{F}_3 = -3i - 7j + 7k$ ㉯ $\mathbf{F}_3 = 3i + 7j - 7k$
㉰ $\mathbf{F}_3 = 3i - j - 7k$ ㉱ $\mathbf{F}_3 = 3i - j + 3k$

2. $\mathbf{A} = -7i - j$, $\mathbf{B} = -3i - 4j$의 두 벡터가 이루는 각은 몇 도인가?

㉮ 30° ㉯ 45° ㉰ 60° ㉱ 90°

3. 다음 중 옳지 않은 것은?

㉮ $\mathbf{i} \cdot \mathbf{i} = \mathbf{j} \cdot \mathbf{j} = \mathbf{k} \cdot \mathbf{k} = 0$ ㉯ $\mathbf{i} \cdot \mathbf{j} = \mathbf{j} \cdot \mathbf{k} = \mathbf{k} \cdot \mathbf{i} = 0$
㉰ $\mathbf{A} \cdot \mathbf{B} = AB\cos\theta$ ㉱ $\mathbf{i} \times \mathbf{i} = \mathbf{j} \times \mathbf{j} = \mathbf{k} \times \mathbf{k}$

4. 스토크스(stokes) 정리를 표시하는 일반식은?

㉮ $\int_v (rot\ \mathbf{E}) dv = \int_s div\ \mathbf{E} \cdot ds$ ㉯ $\int_s \mathbf{E} ds = \int_v div\ \mathbf{E} \cdot dv$
㉰ $\oint_c \mathbf{E} dl = \int_s rot\ \mathbf{E} \cdot ds$ ㉱ $\oint_c \mathbf{E} dl = \int_v rot\ \mathbf{E} \cdot dv$

5. 벡터 $\mathbf{A}$, $\mathbf{B}$의 값이 $\mathbf{A} = \mathbf{i} + 2\mathbf{j} + 3\mathbf{k}$, $\mathbf{B} = -\mathbf{i} + 2\mathbf{j} + \mathbf{k}$일 때 $\mathbf{A} \cdot \mathbf{B}$는 얼마인가?

㉮ 2 ㉯ 4 ㉰ 6 ㉱ 8

6. $\mathbf{A} = 10\mathbf{i} - 10\mathbf{j} + 5\mathbf{k}$, $\mathbf{B} = 4\mathbf{i} - 2\mathbf{j} + 5\mathbf{k}$는 어떤 평행 사변형의 두 변을 5시하는 벡터이다. 이 평행 사변형의 면적의 크기는? 단, $\mathbf{i}$: x 축 방향의 기본벡터, $\mathbf{j}$: y축 방향의 기본벡터, $\mathbf{k}$: z축 방향의 기본벡터이며 좌표는 직각 좌표이다.

㉮ $5\sqrt{3}$ ㉯ $7\sqrt{19}$ ㉰ $10\sqrt{29}$ ㉱ $14\sqrt{7}$

7. 점(1, 0, 3)에서 $f = xyz^2$의 기울기를 구하면 다음의 어느 것인가?

㉮ $3\mathbf{i}$ ㉯ $\mathbf{i} \times 3\mathbf{k}$ ㉰ $9\mathbf{j}$ ㉱ $6\mathbf{k}$

8. 벡터의 미분 연산자 ∇와 벡터 $\mathbf{A}$와의 벡터곱과 관계 없는 것은?

㉮ curl $\mathbf{A}$ ㉯ $\nabla \times \mathbf{A}$ ㉰ div $\mathbf{A}$ ㉱ rot $\mathbf{A}$

제2장

정 전 계

2-1 정 전 기

BC 600년경 희랍의 철학자 탈레스는 우연히 모피로 문질은 호박에서 가벼운 물체를 끌어당기는 현상을 관찰하였다. 그 후, AD1600년대에 이르러 모든 물질은 마찰에 의하여 다소간에 이러한 성질을 가진다는 것과, 이 현상은 물체에 전기(electricity)가 발생된 결과라는 것을 알게 되었다.

이처럼 마찰에 의하여 발생되는 전기를 마찰전기(triboelectricity), 물체가 전기를 띠게 되는 현상을 대전(electrification)이라 한다. 그리고 물체가 띠는 전기량을 전하(electric charge)라 한다.

발생한 전하 상호간에 흡인력과 반발력이 작용하는 상반되는 현상으로부터, 그 후 전하에는 정(陽 : positive), 부(陰 : negative)의 두 종류가 있으며 동종(同種)의 전하 사이에는 척력, 그리고 이종(異種)의 전하 사이에는 인력이 작용한다는 결론에 이르렀다.

따라서 마찰에 의하여 발생하는 전기가 정전하 또는 부전하 인지는 마찰하는 물질의 종류에 따라 다르게 된다. 즉 다음에 열거하는 물체 중에서 임의의 2종을 마찰하면 상대적으로 왼쪽에 위치한 물질은 정(+), 오른쪽에 위치한 물질은 음(−)으로 대전된다.

(+)모피, 유리, 운모, 견포, 면포, 목재, 호박, 수지, 에보나이트, 셀룰로이드, 고무(−) 등의 물질 배열을 마찰전기계열(tribo electric series)이라 부르며 계열의 순서는 일반적으로 온도나 습도 등에 의해서 영향을 받아 변하기도 한다.

전하로 존재할 수 있는 최소의 전기량은 전자나 양자 1개가 가지고 있는 전기량이다. 그러나 전하의 단위로는 MKS 단위계의 쿨롱(Coulomb : [C])을 쓴다.

즉, 전자 1개의 전하와 질량은 각각 $e=-1.602\times10^{-19}$[C]과 $m_e=9.109\times10^{-31}$[kg]이며, 양자의 1개의 전하와 질량은 $e=+1.602\times10^{-19}$[C]과 $m_p=1.6725\times10^{-27}$[kg]이 된다. 또한 1[C]의 전하는 6.25×10^{18}[C]개의 전자가 갖는 전하가 된다.

2-2 정전유도

[그림 2-1]과 같이 전기적으로 중성인 금속과 같은 도체를 정(+)으로 대전된 물체에 가까이 하면, 금속 내의 전도전자(자유전자)는 대전체의

정(+)전하에 끌려서 대전체 가까운 부분에 모이게 되므로, 대전체 가까운 곳에 부(이종)전하, 먼 곳에서 정(동종)전하가 발생하게 된다. 이와 같이 대전체의 접근으로 물질 내의 전하분포가 변화하여 전하를 띠게되는 현상을 정전유도(electrostatic induction)라 한다.

정전유도에 의해서 도체의 양단에 발생한 (+), (−)의 전하는 대전체를 도체에서 멀리하면 도체에 유도된 (+), (−)의 전하는 중화되어 중성상태가 되는데, 이는 정전유도에 의하여 발생한 (+), (−)의 전하가 같은 양(量)이기 때문이다.

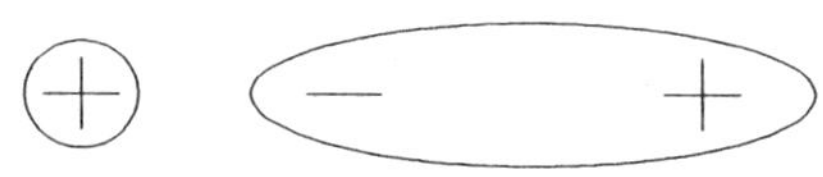

[그림 2-1] 정전유도

2-3 쿨롱의 법칙

1785년 쿨롱(프랑스 기술대령)은 정밀한 비틀림 저울을 이용하여 2개의 대전체 사이에 작용하는 정전기력을 정량적으로 구하는 쿨롱의 법칙(Coulomb's low)을 발견하였다. 그 결론을 간추려 보면 다음과 같다.

첫째, 같은 종류의 전하 사이에는 반발력이, 다른 종류의 전하 사이에는 흡인력이 작용한다.

둘째, 두 대전체 사이에 작용하는 힘은 각각의 대전체가 갖는 전하의 곱에 비례한다.

세째, 두 대전체 사이에 작용하는 힘의 크기는 대전체 사이의 거리의 제곱에 반비례한다.

네째, 두 대전체 사이에 작용하는 힘의 방향은 두 대전체를 연결한 직선의 방향이다.

이들은 다음 관계식으로 표현된다.

$$F \propto \frac{Q_1 Q_2}{r^2} \text{ [N]}$$

여기서 F는 대전체 사이의 힘 Q_1, Q_2는 두 대전체의 전하량, r은 대전체 사이의 거리이다.

위식을 비례상수 k를 사용하여 표시하면 다음과 같으며 쿨롱의 법칙(Coulomb's law)이라 한다.

$$F = k\frac{Q_1 Q_2}{r^2}\ [\mathrm{N}] \tag{2.1}$$

비례상수 k는 전하 Q, 거리 r, 힘 F에 대하여 사용되는 단위와 대전체 사이에 존재하는 매질로써 결정된다.

국제단위계(SI)에서는 Q는 coulomb[C], r는 meter[m], 힘은 newton[N]을 사용한다.

1[C]은 진공(vacuum)중에 서로 같은 양의 두 점전하를 1[m] 거리에 놓았을 때 작용하는 힘이 9×10^9[N]이 되는 전하량이다. 따라서 $Q_1 = Q_2 = 1$[C], $r = 1$[m]일 때 $k = 9\times10^9$[C]이 되므로 MKS 단위로 표시한 Coulomb의 법칙은

$$F = 9\times10^9\frac{Q_1 Q_2}{r^2}\ [\mathrm{N}] \tag{2.2}$$

이 된다. 따라서 비례계수 k는

$$k = 9\times10^9 = \frac{1}{4\pi\varepsilon_0} \tag{2.3}$$

이 되며, 여기서 ε_0는 진공의 유전율(dielectric constant of free space)이라 한다. 진공 중의 빛의 속도를 C_0(≒3×10^8[m/sec])라 하면 ε_0는 다음과 같이 된다.

$$\varepsilon_0 = \frac{10^7}{4\pi C_0^2} = \frac{1}{36\pi\times10^9} = 8.854\times10^{-12}\ [\mathrm{F/m}] \tag{2.4}$$

식 (2.3)으로부터, 쿨롱의 법칙 식 (2.1)은 다음과 같이 된다.

$$F = \frac{1}{4\pi\varepsilon_0}\frac{Q_1 Q_2}{r^2} = 9\times10^9\frac{Q_1 Q_2}{r^2}\ [\mathrm{N}] \tag{2.5}$$

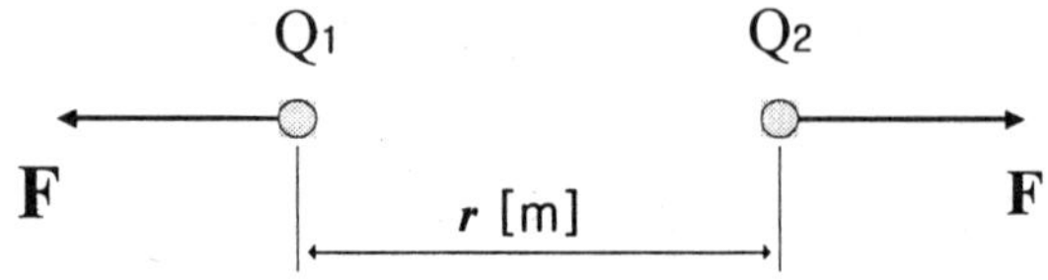

[그림 2-2] 쿨롱의 법칙

예제 2-1

진공 중에서 정, 부 $\pm 2\times 10^{-4}$[C] 의 전하가 2[m]의 거리에 놓여져 있을 때 작용하는 힘의 크기 [N]을 구하여라.

풀이 두 전하 사이의 힘 F는 식 (2.2)에서

$$F = 9\times 10^{9}\frac{Q_1 Q_2}{r^2}$$

$$= 9\times 10^{9}\times\frac{2\times 10^{-4}\times(-2)\times 10^{-4}}{2^2}$$

$$= \frac{9\times 10^{9}\times(-4)\times 10^{-8}}{4}$$

$$= -9\times 10\,[\mathrm{N}]$$

여기서 (−)는 흡인력을 말한다.

2-4 전 계

전하 사이에는 Coulomb의 법칙에 따른 힘(전기력)이 작용하므로 대전체 주위에 점전하를 놓으면 힘이 작용하며, 만일 대전체가 없다면 점전하에는 힘이 작용하지 않을 것이다.

이와 같이 전하에 전기력이 작용하는 공간을 그 대전체에 의한 전계(electric field)라 하며 특히 정지상태의 전하에 의한 전계를 정전계(靜電界 : electrostatic field)라 한다.

그리고 전계내(電界內) 한 점에 단위정전하(單位靜電荷) +1[C]을 놓았을 때, 작용하는 힘(크기, 방향)을 그 점에 대한 전계(電界)의 세기(intensity of electric field)라 정의하며 여기서, 전계의 세기는 벡터량이다.

그러나 단위정전하에 의하여 발생하는 전계의 영향 때문에 본래의 전계에 변화가 일어나면 전계의 세기를 구하는 것이 의미를 잃게 된다. 따라서 단위정전하 대신 본래의 전계에 어떠한 영향을 주지 않는 미소(微少)전하의 도입이 필요하며, 이러한 조건을 만족하는 미소전하를 가정하여 검전하(檢電荷 : test charge)라 한다.

전계의 세기 E 내에 검전하 ΔQ[C]이 있을 때 이 검전하에 작용하는 힘을 ΔF라 하면

$$E = \lim_{\Delta Q\to 0}\frac{\Delta F}{\Delta Q}\,[\mathrm{N/C}] \tag{2.6}$$

로 전계의 세기를 정의한다.

즉, 이 값은 단위정전하 +1[C]에 작용하는 힘이 아니고 검전하에 작용하는 힘을 단위정전하에 대한 힘으로 환산한 값이 된다. 또한 작용하는 힘은 크기와 방향을 가진 벡터이므로 전계의 세기 역시 벡터로 취급하여야 한다.

따라서 $\varDelta Q$[C]에 작용하는 힘을 벡터인 $\varDelta \mathbf{F}$로 표시하면 전계의 세기 $\mathbf{E}$는 다음과 같이 표현된다.

$$\mathbf{E} = \lim_{\varDelta Q \to 0} \frac{\varDelta \mathbf{F}}{\varDelta Q} \ [\mathrm{N/C}] \tag{2.7}$$

전계의 세기 $\mathbf{E}$는 1[C]당 작용하는 힘이 1[N]이 되는 전계의 세기를 단위로 사용하며 다음과 같다.

$$[\mathrm{N/C}] = \left[\frac{\mathrm{N \cdot m}}{\mathrm{C \cdot m}}\right] = \left[\frac{\mathrm{J}}{\mathrm{C \cdot m}}\right] = [\mathrm{V/m}] \tag{2.8}$$

그리고 전계의 세기 $\mathbf{E}$[V/m]인 한 점에 전하 Q[C]을 놓았을 때 이에 작용하는 힘 $\mathbf{F}$[N]은

$$\mathbf{F} = Q\mathbf{E}[\mathrm{N}], \ \mathbf{E} = \frac{\mathbf{F}}{Q} [\mathrm{V/m}] \tag{2.9}$$

가 되며, 이 때 힘의 방향은 전계의 방향과 같다.

[그림 2-3]에서와 같이 진공 중 전계 내의 한 점 O에 Q[C]의 점전하가 있을 때, 이 점 O에서 r[m]의 거리에 있는 점 P의 전계의 세기는 정의에 따라 점 P에 단위정전하 +1 [C]을 놓았을 때 작용하는 힘이므로 식 (2.5)에 $Q_1 = Q$[C], $Q_2 = 1$ [C]을 대입하여 정리하면 다음과 같이 쓸 수 있다.

$$\begin{aligned} E &= \frac{1}{4\pi \varepsilon_0} \frac{Q \times 1}{r^2} = \frac{1}{4\pi \varepsilon_0} \frac{Q}{r^2} \\ &= 9 \times 10^9 \frac{Q}{r^2} [\mathrm{N/C} = \mathrm{V/m}] \end{aligned} \tag{2.10}$$

전계의 세기를 벡터로 나타내면

$$\mathbf{E} = \frac{1}{4\pi \varepsilon_0} \frac{Q}{r^2} \ \mathbf{r}_0 [\mathrm{N/C} = \mathrm{V/m}] \tag{2.11}$$

가 되며, 여기서 $\mathbf{r}_0$는 단위벡터로서 방향은 O점에서 P점으로 향한 것이다. 즉, 한 점에서 전계의 세기의 방향은 그 점을 지나는 전기력선 방향과 일치한다.

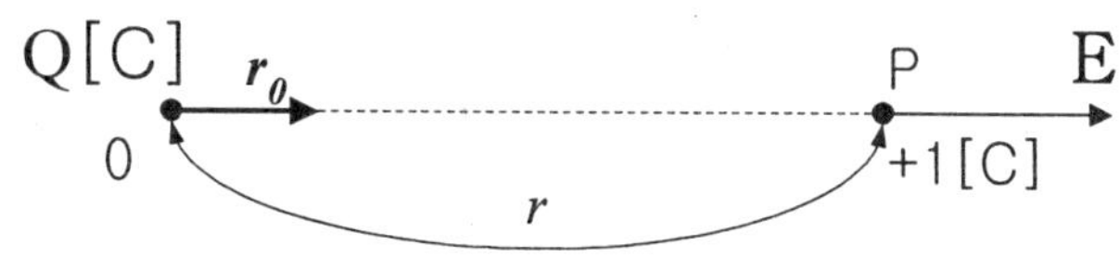

[그림 2-3] 한 개의 점전하에 의한 전계

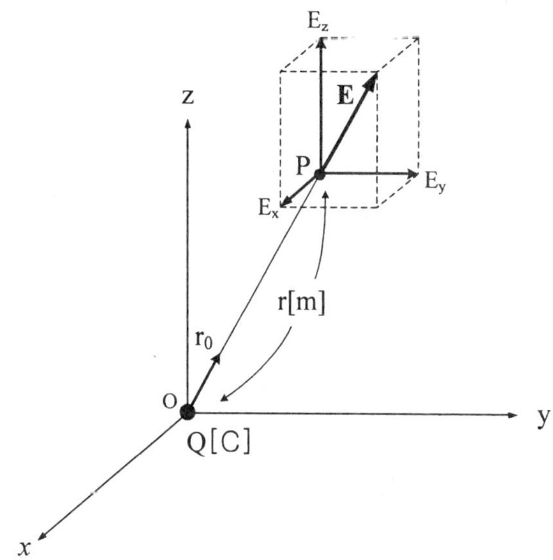

[그림 2-4] 전계의 세기의 벡터 표시

점전하 Q에 의한 각 점의 전계는 [그림 2-4]에서와 같이 각 점의 좌표(x, y, z)의 함수가 된다. 그러므로 각 축의 성분으로 전계의 세기를 표시할 수 있다.

따라서, 가장 많이 사용되는 직각좌표계에 대한 각 축의 성분을 E_x, E_y, E_z라 하면, 전계 $\mathbf{E}$는

$$\mathbf{E} = \mathbf{i}\,E_x + \mathbf{j}\,E_y + \mathbf{k}\,E_z\,[\mathrm{V/m}] \tag{2.12}$$

로 표시된다.

[그림 2-5]에서 2개의 점전하 Q_1, Q_2[C]이 점 **A**, **B**에 놓여 있을 때, 두 점전하로부터 r_1, r_2[m] 거리에 있는 점 P의 전계의 세기는 점 P에 단위정전하를 놓았을 때 이에 작용하는 힘이므로, Q_1에 의한 전계의 세기 $\mathbf{E}_1$과 Q_2에 의한 전계의 세기 $\mathbf{E}_2$와의 벡터 합인 $\mathbf{E}$가 식 (2.13)과 같이 된다.

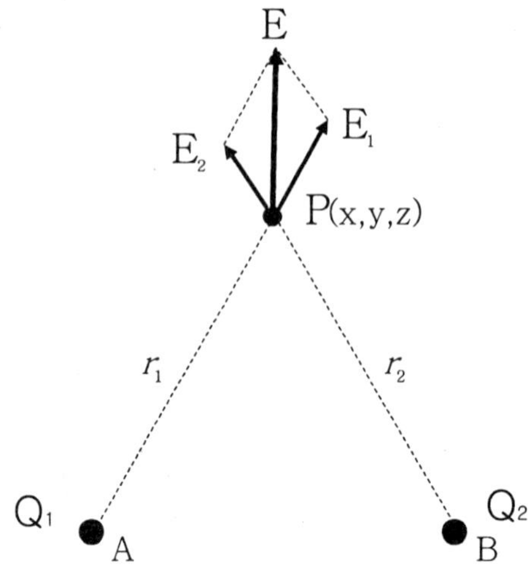

[그림 2-5] 두 개의 점전하에 의한 전계

$$\mathbf{E} = \mathbf{E}_1 + \mathbf{E}_2 \tag{2.13}$$

따라서 공간에 다수의 점전하가 있을 때에는 각각의 점전하에 의하여 임의점에 생긴 전계의 세기를 벡터적으로 합한 것이 그 점의 전계의 세기가 되며, 다음 식으로 표현된다.

$$\mathbf{E} = \mathbf{E}_1 + \mathbf{E}_2 + \mathbf{E}_3 + \cdots \mathbf{E}_n = \sum_{i=1}^{n} \mathbf{E}_i \tag{2.14}$$

전계의 분포 모양을 알기 위해서는 각 점에서의 전계의 세기와 방향을 실험이나 계산에 의해서 구해야 한다. 이 가상적인 선을 전기력선이라 하며, 전기력선의 방향을 전계의 방향으로, 전기력선의 밀도를 그 점의 전계의 세기로 정한다.

예제 2-2

+1[μc] 및 +2[μc]의 점전하가 진공 중에서 2[m] 떨어져 있을 때 두 전하 중점의 전계의 세기 [V/m]를 구하여라.

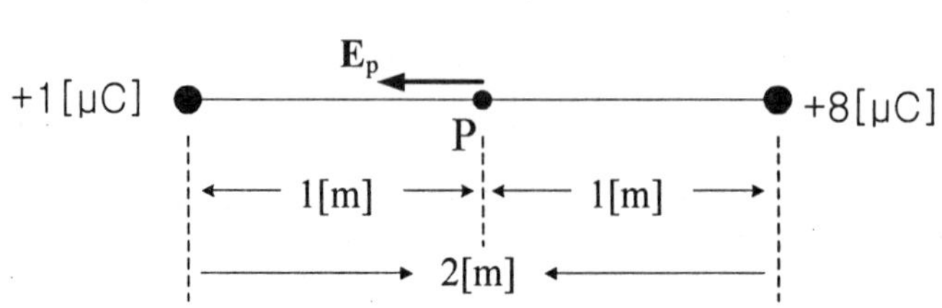

풀이 중점 P에 작용하는 전계의 세기 E_P는 E_{PA}와 E_{PB}가 서로 반대방향이므로

$$E_P = E_{PB} - E_{PA}$$
$$= \frac{1}{4\pi\varepsilon_0}\frac{(Q_B - Q_A)}{r^2}$$
$$= 9\times10^9\times\frac{1}{1^2}\times(2\times10^{-6} - 1\times10^{-6})$$
$$= 9\times10^3\ [\mathrm{V/m}]$$

예제 2-3

[그림 2-5]에서 $Q_1 = 4.8\times10^{-7}$[C], $Q_2 = 1.8\times10^{-7}$[C]의 점전하가 5[m] 떨어져 있고, Q_1에서 4[m] Q_2에서 3[m] 떨어진 점 P의 전계의 세기 [V/m]를 구하여라.

풀이

$$E_1 = 9\times10^9\times\frac{4.8\times10^{-7}}{4^2} = 270\ [\mathrm{V/m}]$$
$$E_2 = 9\times10^9\times\frac{1.8\times10^{-7}}{3^2} = 180\ [\mathrm{V/m}]$$
$$\therefore E = \sqrt{E_1^2 + E_2^2} = \sqrt{270^2 + 180^2} = 324.5\ [\mathrm{V/m}]$$

2-5 전기력선과 전기력선 방정식

전계 내에서 작용하는 전계 E[V/m]는 수치해석적으로 작용하는 모양을 판단하기가 어려우나, 전기력선이 작용하는 모양을 그림으로 표현하면 보다 쉽게 이해할 수 있다. 이에 따라 전기력선이 작용하는 방향으로 그려진 선(線 : line)인 전기력선(電氣力線)을 가정하였다.

이 전기력선은 전계내에서 단위정전하가 아무 저항없이 전계에 의하여 이동할 때 그려지는 선으로, 전기력선상 임의점에서의 접선방향이 그 점에서의 전계방향과 일치한다고 정의하였다.

그러나 이 정의에 따라 전기력선을 그리면 무수하게 많이 그려야 하므로, 전기력선상의 임의점의 전계의 세기를 E[V/m]라 할 때 이 점에서 전기력선에 수직되는 단위면적(1[m^2])을 통과하는 전기력선수, 즉 전기력선 밀도[lines/m^2]를 그 점에서의 전계의 세기 E[V/m]와 같도록 정의하여 전기력선의 수를 유한하게 제한하였다.

즉, [그림 2-6](a)와 같이 전기력선에 수직되는 미소면적을 ΔS, 이것을 수직으로 지나는 선수를 ΔN이라 하면, $\Delta N/\Delta S$은 ΔS에서의 전기력선 밀도가 되는데 ΔS를 무한히 적게 취하였을 때의 값을 그 점에서의 전계의 세기 E와 같도록 하였다.

$$\lim_{\Delta S \to 0} \frac{\Delta N}{\Delta S} = \frac{dN}{dS} = E \quad [\text{lines/m}^2] \tag{2.15}$$

따라서, 전계 E[V/m] 인 점의 수직되는 면적 dS[m^2]을 지나는 전기력선수는 $dN = Eds$[lines]이며 [그림 2-6](b)와 같이 면적 dS가 전계 $\mathbf{E}$[V/m]에 대하여 각 θ로 기울어졌을 경우 dS를 관통하는 전기력선수는

$$dN = E\cos\theta ds = \mathbf{E} \cdot \mathbf{n}\ dS \quad [\text{lines}] \tag{2.16}$$

이다. 여기서 $\mathbf{n}$은 dS에 대한 법선단위 벡터(normal unit vector)이다.

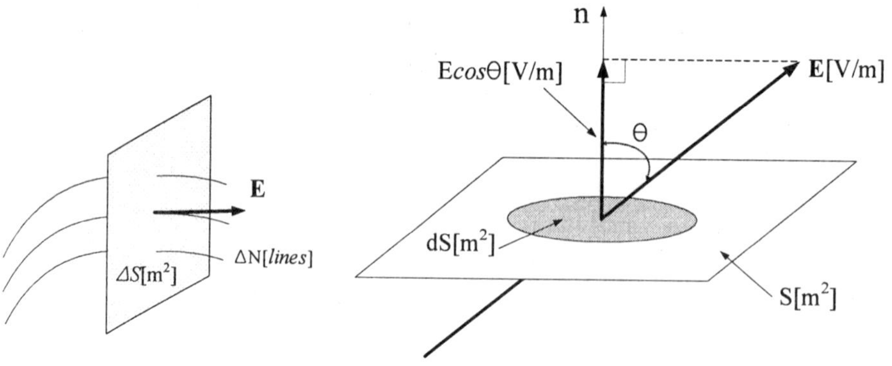

(a) (b)

[그림 2-6] 전기력선 밀도

[그림 2-7]은 같은 전하량의 두 점전하인 경우에 분포하는 2차원(평면)에 대한 전기력선 모양으로 전기력선의 성질을 정리하면 다음과 같다.

첫째, 전기력선은 정전하에서 부전하 또는 무한원으로 향하며 회전하지 않는다.
둘째, 전기력선상의 접선방향은 전계의 방향과 일치한다.
세째, 전기력선은 서로 반발하며 교차하지 않는다.
네째, 전기력선은 전계의 세기와 같다.

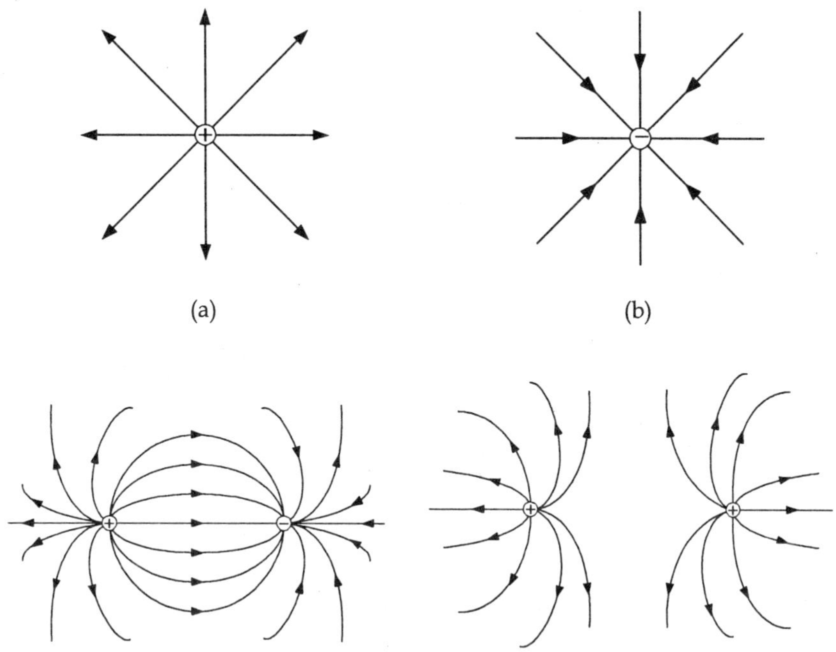

(a) (b)

(c) (d)

[그림 2-7] 전기력선

전기력선을 수식적으로 나타내려면 [그림 2-8]에서와 같이 전기력선 상에 임의점에 대한 접선방향의 미소선분벡터 $d\mathbf{l}=\mathbf{i}dx+\mathbf{j}dy$ [m]와 전계 $\mathbf{E}=\mathbf{i}E_x+\mathbf{j}E_y$ [V/m]를 취하면 전기력선의 접선방향은 전계의 방향과 평행하므로

$$E_x : E_y = d_x : d_y$$

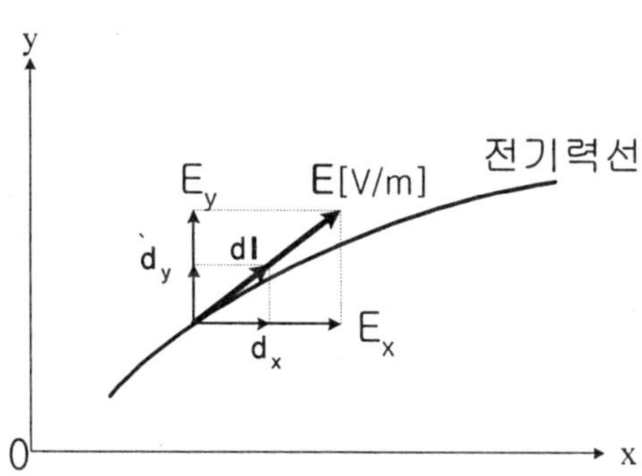

[그림 2-8] 전기력선 방정식

이 되며, 따라서 전기력선 방정식은 다음 식과 같이 된다.

$$\frac{d_x}{E_x} = \frac{d_y}{E_y} \tag{2.17}$$

전기력선은 방정식을 3차원 공간으로 확대하면

$$\frac{dx}{E_x} = \frac{dy}{E_y} = \frac{dz}{E_z} \tag{2.18}$$

가 된다.

예제 2-4

전계의 세기가 $\mathbf{E} = \frac{2x}{x^2+y^2}\mathbf{i} + \frac{2y}{x^2+y^2}\mathbf{j}$ [V/m]로 표시되는 전계가 있을 때, 점 (2, 5, 1) [m]를 지나는 전기력선 방정식을 구하여라.

풀이 $E_x = \frac{2x}{x^2+y^2}$, $E_y = \frac{2y}{x^2+y^2}$, $E_z = 0$

$\frac{dx}{E_x} = \frac{dy}{E_y} = \frac{dz}{E_z}$ 이므로

따라서 $\frac{dx}{x} = \frac{dy}{y}$

$\ln x = \ln y + \ln C$ (C는상수)

$\therefore x = Cy$

즉, 전기력선의 방정식은 $x = Cy$이고, 점(2, 5, 1)을 지나는 방정식은 $C = \frac{x}{y} = \frac{2}{5}$ 에서

$x = \frac{2}{5}y$

가 된다.

예제 2-5

전계 $\mathbf{E} = \frac{2}{x}\mathbf{i} + \frac{2}{y}\mathbf{j}$ [V/m]에서 점(2, 4) [m]를 통과하는 전기력선의 방정식을 구하여라.

풀이 전기력선 방정식의 일반식

$\frac{dx}{Ex} = \frac{dy}{Ey}$

에서 $\frac{dx}{\frac{2}{x}} = \frac{dy}{\frac{2}{y}}$ 가 되어, $xdx = ydy$ 양분을 적분하면

$$\frac{1}{2}x^2 = \frac{1}{2}y^2 + C$$

이며, $x=2$, $y=4$이므로 $C=-6$이 된다.

$$\therefore\ y^2 - x^2 = 12$$

2-6 전위와 전위차

전계 내에 위치한 전하는 전기력을 받으며, 이 전기력에 의하여 전하가 어느 거리만큼 이동하였다면 전계가 전하에 대하여 일을 하였다고 한다. 반대로 전기력과 반대방향으로 전하를 이동시키려면 외부로부터 전하에 힘을 전기력과 반대방향으로 공급하여야 한다.

이처럼 외력(外力)에 의하여 전기력과 반대방향으로 전하를 일정 거리만큼 이동시켰다면, 외력이 전하에 대하여 일을 하였다고 한다. 즉 힘 $\mathbf{F}$[N]가 작용하여 $d\mathbf{l}$[m]의 거리를 이동시켰을 때 힘 $\mathbf{F}$의 한 일 dW는 다음과 같다.

$$dW = \mathbf{F} \cdot d\mathbf{l}\ [\mathrm{J}] \tag{2.19}$$

[그림 2-9]와 같이 전계 $\mathbf{E}$에서 전하 q를 점 A에서 점 B까지 움직이는데 요하는 일은 다음과 같다. 전하 q를 미소변위 $d\mathbf{l}$만큼 움직이는데 필요한 일 dW는 힘 $\mathbf{F}$와 변위 $d\mathbf{l}$이 이루는 각을 θ라 하면 다음과 같이 나타낼 수 있다.

$$dW = -\mathbf{F} \cdot d\mathbf{l} = -F\cos\theta dl\ [\mathrm{J}] \tag{2.20}$$

여기서 음의 부호 "−"는 전하 q에 대해 전계와 반대방향으로 한 일임을 나타낸다. 따라서 전하 q를 점 A에서 점 B까지 운반하는데 요하는 일 W_{BA}는

$$W_{BA} = -\int_A^B F\cos\theta dl = -\int_A^B \mathbf{F} \cdot d\mathbf{l}\ [\mathrm{J}] \tag{2.21}$$

이 되며, 또한 $\mathbf{F} = q\mathbf{E}$식에 의하여

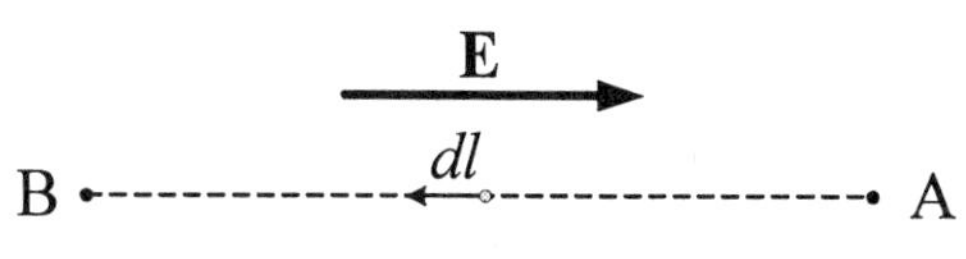

[그림 2-9] 전계에 의한 일

$$W_{BA} = -q\int_A^B \mathbf{E}\cdot d\,\mathbf{l} = -q\int_A^B E\cos\theta dl \ \ [\mathrm{J}]$$

이 된다.

특히 전계내 한 점 A 에서 점 B 까지 단위정전하 (1+[C])를 운반할 때 필요로 하는 일을 A, B간의 전위차(電位差 : electric potential difference)라 한다. 이것을 V_{BA}로 표시하면

$$V_{BA} = \frac{W_{BA}}{q} = -\int_A^B \mathbf{E}\cdot d\,\mathbf{l} = -\int_A^B E\cos\theta dl \ \ [\mathrm{V=J/C}] \tag{2.22}$$

[그림 2-10]과 같이 점전하에 의한 점 A와 점 B의 전위를 각각 V_A, V_B라 하면 점 A와 점 B 사이의 전위차는 식 (2.22)로 부터 다음과 같이 표시된다.

$$\begin{aligned} V_{BA} = V_B - V_A &= -\int_A^B \mathbf{E}\cdot d\mathbf{l} \\ &= -\int_{A=r_A}^{B=r_B} E\cos\theta dl \\ &= -\frac{Q}{4\pi\varepsilon_0}\int_{r_A}^{r_B}\frac{1}{r^2}dr \\ &= \frac{Q}{4\pi\varepsilon_0}\left(\frac{1}{r_B} - \frac{1}{r_A}\right) \ \ [\mathrm{V}] \end{aligned} \tag{2.23}$$

여기서 $\theta = 180°$ 이므로 $\cos\theta\, dl = \cos 180°\, dl = dr$이고, $r_B < r_A$이므로 $V_{BA} = -\int_A^B \mathbf{E}\cdot d\mathbf{l} > 0$ 이 되어 B점의 전위는 A점의 전위보다 V_{BA}만큼 높다.

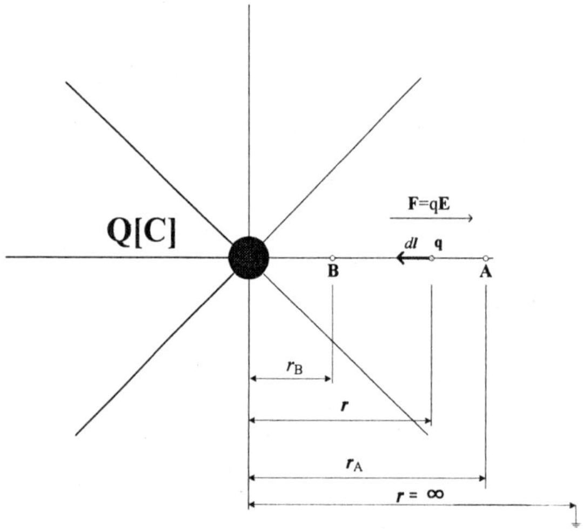

[그림 2-10] 점전하 내의 전위 및 전위차

전계내 한 점의 전위는 "단위정전하를 전계의 세기가 0인 무한원점에서 점 P까지 운반할 때 소요되는 일 또는 점 P에서 무한원점까지 운반할 때 전계가 행한 일"로 정의되며 다음과 같다.

$$V_P = -\int_{\infty}^{P} \mathbf{E} \cdot d\,\mathbf{l} = -\int_{\infty}^{P=r} E\cos\theta dl = \frac{Q}{4\pi\varepsilon_0 r} \ [\mathrm{V}] \tag{2.24}$$

전위 및 전위차의 단위를 볼트라 하고 기호 [V]로 표시한다. 따라서 1[C]의 전하를 운반하는 데 요하는 일이 1[J]일 때의 두 점간의 전위차가 1[V]이다.

전위의 기준은 무한원점의 전위를 0으로 하고 있으나 실용상은 대지의 전위를 0으로 하여 이것을 기준으로 하고 있다.

이상의 결과로부터 정전하는 전계의 작용에 의하여 전위가 낮은 곳으로 이동하며, 이 때 전계가 전하에 대하여 일을 하게 되므로 전하가 지닌 그 자신의 위치에너지는 감소하게 된다. 이에 따라 전계내의 전하는 그 자신의 위치에너지가 최소가 되는 분포상태에서 정지상태, 즉 안정상태를 유지한다고 볼 수 있으며, 이러한 관계를 Thomson의 정리라 부른다. 또한 이러한 상태의 전하분포에 의한 전계가 정전계이다.

예제 2-6

공기중에 놓인 도체구의 전위가 60[kV]일 때, 도체표면의 전계의 세기는 4[kV/cm]이였다. 도체구에 대전된 전하량을 구하여라.

풀이 $V = \dfrac{Q}{4\pi\varepsilon_0 a}$, $E = \dfrac{Q}{4\pi\varepsilon_0 a^2}$ 에서 $a = \dfrac{V}{E}$

$$\therefore\ Q = 4\pi\varepsilon_0 a V = 4\pi\varepsilon_0 \frac{V^2}{E}$$

$$= \frac{(60\times10^3)^2}{9\times10^9\times4\times10^5} = 10^{-6}\,[\mathrm{C}] = 1\,[\mu\mathrm{C}]$$

전위는 스칼라량이므로 다수의 점전하 Q_1, Q_2, Q_3, …, Q_n[C]에 의한 전계 내의 한 점 P의 전위는 각 전하에 의한 전위의 대수합이 된다.

$$\begin{aligned} V_P &= V_1 + V_2 + V_3 + \cdots\cdots + V_n \\ &= \frac{1}{4\pi\varepsilon_0}\left(\frac{Q_1}{r_1} + \frac{Q_2}{r_2} + \frac{Q_3}{r_3} + \cdots\cdots + \frac{Q_n}{r_n}\right) \\ &= \frac{1}{4\pi\varepsilon_0}\sum_{i=1}^{n}\frac{Q_i}{r_i}\ [\mathrm{V}] \end{aligned} \tag{2.25}$$

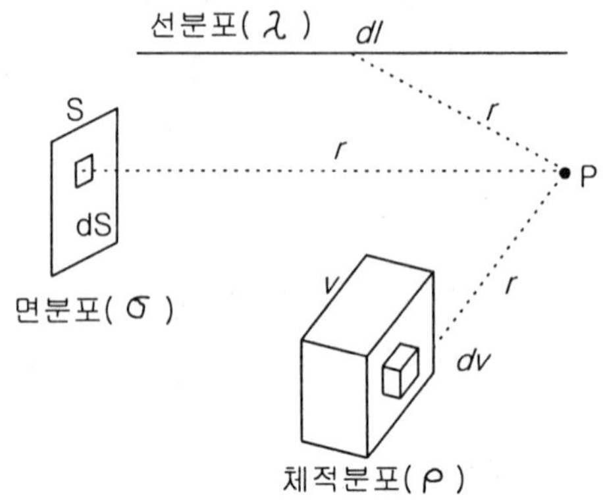

[그림 2-11] 전하분포와 전위

[그림 2-11]과 같이 전계내 전하분포가 다음과 같이 여러 종류의 전하, 즉 선전하, 면전하, 체적전하로 분포할 때 전위는 다음과 같이 계산한다. 선전하에서 선전하밀도 λ[C/m], 미소선분 dl[m]라 하면, λdl은 점전하로 볼 수 있으므로 선전하 길이 L[m]에 대한 전위는

$$V_L = \frac{Q}{4\pi\varepsilon_0}\int_L \frac{\lambda}{r}\,dl \ \ [\mathrm{V}] \tag{2.26}$$

로 계산된다.

면전하분포의 경우 면전하밀도 σ[C/m^2], 미소면적 dS[m^2]라 하면 면전하에 의한 전위는

$$V_S = \frac{Q}{4\pi\,\varepsilon_0}\int_S \frac{\sigma}{r}\,dS \ \ [\mathrm{V}] \tag{2.27}$$

로 주어진다.

체적전하분포는 체적전하밀도를 ρ[C/m^3], 미소체적을 dv[C/m^3]라 하면

$$V_v = \frac{Q}{4\pi\,\varepsilon_0}\int_v \frac{\rho}{r}\,dv \ \ [\mathrm{V}] \tag{2.28}$$

로 계산된다.

여기서 r은 dl, dS, dv상의 미소전하와 점 P와의 거리이며 L, S, v는 각각 전하가 분포되어 있는 선, 면적 및 체적을 표시한 것이다. 따라서 점전하분포, 선전하분포, 면전하분포 및 체적전하분포가 동시에 존재하는 공간 내의 임의점의 전위는 식 (2.25), (2.26), (2.27) 및 (2.28)을 대수적으로 합하여

$$V_P = \frac{1}{4\pi\varepsilon_0 r}\left(\sum_{i=1}^{n}\frac{Q_i}{r_i} + \int_L \frac{\lambda}{r}dl + \int_S \frac{\sigma}{r}dS + \int_v \frac{\rho}{r}dv\right)\ [\mathrm{V}] \quad (2.29)$$

로 계산된다.

식 (2.23)에서 점 A에서 점 B까지의 적분경로는 무수히 많으나, 전위차는 r_A, r_B만으로 결정되며 사이의 경로에 무관함을 알 수 있다. 즉 전계내에서 단위정전하를 운반할 때 소요되는 일은 운반 경로에 관계없이 시점과 종점의 위치만으로 결정되는 하나의 값으로 정해진다.

이와 같은 계를 보존계(保存界 : conservative field)라 하며 정전계(靜電界 : electrostatic field)가 이에 속한다.

보전적인 전계에서는 [그림 2-12]처럼

$$\int_{AC_1B}\mathbf{E}\cdot d\mathbf{l} = \int_{AC_2B}\mathbf{E}\cdot d\mathbf{l} = -\int_{BC_2A}\mathbf{E}\cdot d\mathbf{l}$$

이므로

$$\int_{AC_1B}\mathbf{E}\cdot d\mathbf{l} + \int_{BC_2A}\mathbf{E}\cdot d\mathbf{l} = 0 \quad (2.30)$$

이 되어 폐곡선 AC_1BC_2A를 일주할 때 전계가 한 일은 0이 된다. 이것은 다음과 같이 표시될 수 있다.

$$\oint \mathbf{E}\cdot d\mathbf{l} = 0 \quad (2.31)$$

여기서 $\oint$의 기호는 폐곡선에 따라 일주 적분하는 것을 의미하며, 이 적분을 주회적분이라 한다.

식 (2.31)을 식 (1.67)의 스토크스 정리(Stokes' theorem)에 의하여 정리하면

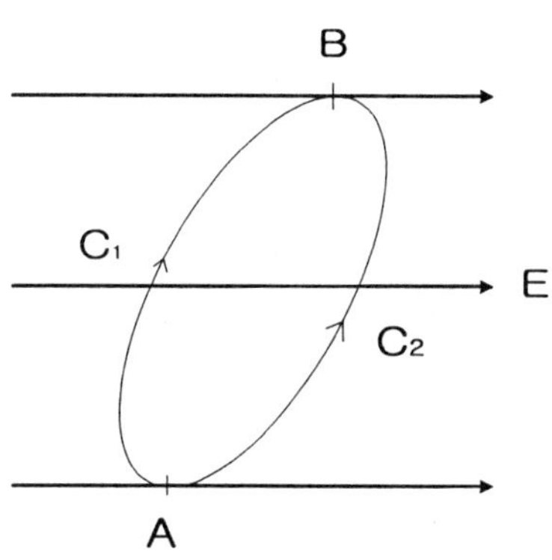

[그림 2-12] 전위의 보존성

$$\oint \mathbf{E} \cdot d\mathbf{l} = \int_S (\text{rot}\,\mathbf{E}) \cdot d\mathbf{S} = \int_S (\nabla \times \mathbf{E}) \cdot d\mathbf{S} = 0 \tag{2.32}$$

이 되며, 따라서

$$\nabla \times \mathbf{E} = \text{rot}\,\mathbf{E} = 0 \tag{2.33}$$

이 된다. 이것은 전기력선(전계)은 정전하에서 부전하로 향하며 회전하지 않는다는 전계 **E**의 비회전성(非回轉性)을 수식화한 식이다.

예제 2-7

z=0[m]인 평면 위에 선전하 밀도 ρ_L[C/m]로 반경 a[m]인 원형의 선전하가 분포된 경우, 중심축상에 있는 점 $P(0, 0, z)$[m]의 전위를 구하여라.

풀이

$dl = a d\phi$

$R = \sqrt{a^2 + z^2}$

$\phi = 0 \sim 2\pi$

ρ_L[C/m]가 균일하게 분포하고 있으므로

$$V_P = \int_l \frac{\rho_L dl}{4\pi\varepsilon_0 R} = \int_0^{2\pi} \frac{\rho_L a d\phi}{4\pi\varepsilon_0 \sqrt{a^2+z^2}} = \frac{\rho_L a}{2\varepsilon_0 \sqrt{a^2+z^2}} \text{ [V]}$$

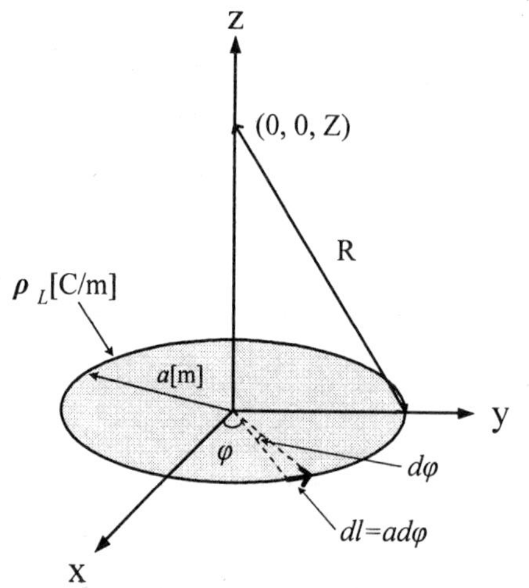

2-7 등전위면

전계 중에서 전위가 같은 점끼리 이어서 만들어지는 하나의 면을 등전위면(等電位面 : equipotential surface)이라 한다. 이 등전위면에서 일정한 거리안에 등전위선이 많이 분포되어있으면 전계의 세기가 강하게 작용함을 알 수 있다. 즉, 전계의 세기를 등전위선의 분포상황으로 알 수 있다. 등선위면의 특징은 다음과 같다.

1. 서로 다른 전위의 등전위면은 교차하지 않는다.
2. 등전위면과 전기력선(전계)는 수직으로 교차한다.

[그림 2-13]에서 실선은 전기력선, 점선은 등전위면을 나타내며, 점전하 Q[C]에서 r[m] 떨어진 점의 전위는 $V_P = \dfrac{Q}{4\pi\varepsilon_0 r}$ [V] 이므로 점전하 Q[C]으로부터 같은 반지름 r[m]을 가진 동심구면이 등전위면이 되며 등전위면은 반지름에 따라 무수히 많고, 상호 교차하지 않는다. 등전위면을 따라 전하를 운반할 때, 전위의 변화가 없으므로 식 (2.22)에서

$$dV = \frac{dW}{q} = -\int_A^B \mathbf{E} \cdot d\,\mathbf{l}$$

$$= -\int_A^B E\cos\theta dl = 0 \quad [\mathrm{V} = \mathrm{J/C}] \tag{2.34}$$

이 된다. 여기서 $E \neq 0$, $dl \neq 0$이므로 $\cos\theta = 0$이 되고 $\theta = 90°$가 되어 전기력선과 등전위면은 수직으로 항상 교차하게 된다.

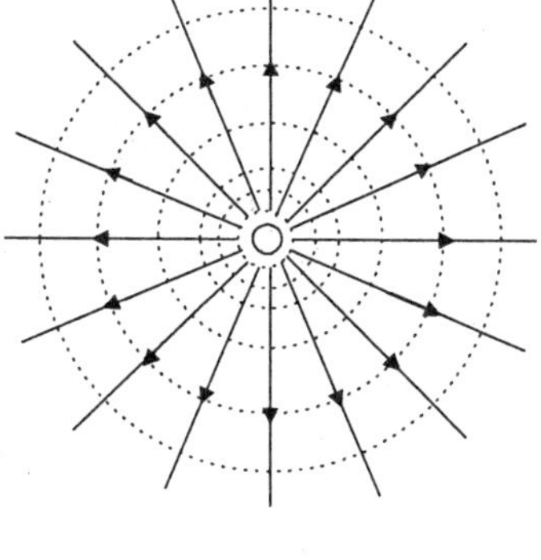

[그림 2-13] 점전하와 등전위면

2-8 전위경도

전위경도는 전위와 전계의 관계를 수식화 하기 위하여 도입한 개념이다. [그림 2-14]와 같이 전계내 임의점(x, y, z)의 전위를 V_{xyz}[J/C], x 방향 전계를 E_x[N/C=V/m]라 할 때, 단위정전하 +1[C]이 전계 E_x에 의해 dx[m] 이동하여 전위가 $-dV$[V] 만큼 감소하였다면, 이 감소는 전계가 행한 일 $E_x \cdot dx$의 결과이므로

$$dV = \frac{dW}{q} = -\mathbf{E} \cdot d\,\mathbf{l} = -E\cos\theta dl\,[\mathrm{V}]$$

으로부터

$$-dV = E_x \cdot d_x\,[\mathrm{V}] \tag{2.35}$$

로 된다.

$$E_x = -\frac{dV}{dx} = -\frac{\partial V}{\partial x}\ \ [\mathrm{V/m}] \tag{2.36}$$

가 된다. y, z 방향에 대하여도 다음과 같이 얻어진다.

$$E_y = -\frac{\partial V}{\partial y}\ \ [\mathrm{V/m}] \tag{2.37}$$

$$E_z = -\frac{\partial V}{\partial z}\ \ [\mathrm{V/m}] \tag{2.38}$$

따라서 식 (2.12)로부터

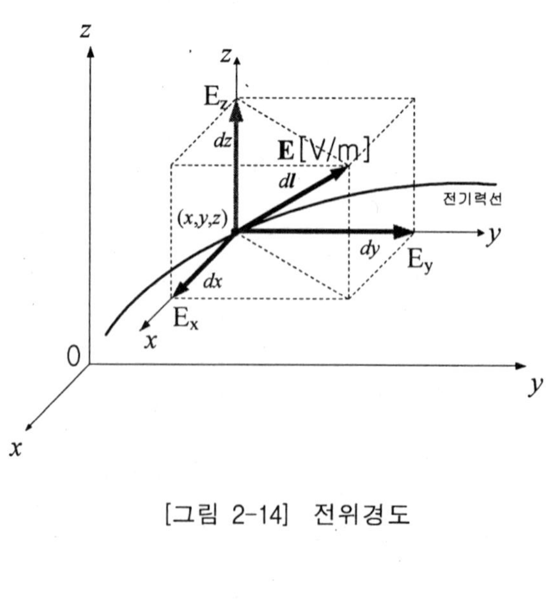

[그림 2-14] 전위경도

$$
\begin{aligned}
\boldsymbol{E} &= \mathbf{i}E_x + \mathbf{j}E_y + \mathbf{k}E_z \\
&= -\ \mathbf{i}\frac{\partial V}{\partial x} + \mathbf{j}\frac{\partial V}{\partial y} + \mathbf{k}\frac{\partial V}{\partial z} \\
&= -\left(\mathbf{i}\frac{\partial}{\partial x} + \mathbf{j}\frac{\partial}{\partial y} + \mathbf{k}\frac{\partial}{\partial z}\right)V = -\ \nabla V[\mathrm{V/m}]
\end{aligned} \tag{2.39}
$$

가 얻어진다. 여기서 전위 V의 xyz 방향 증분율, 즉 전위의 싫이에 대한 경도를 벡터로 표시한

$$\mathbf{i}\frac{\partial V}{\partial x} + \mathbf{j}\frac{\partial V}{\partial y} + \mathbf{k}\frac{\partial V}{\partial z} = \nabla V \tag{2.40}$$

가 얻어진다. 이처럼 벡터에 전위를 곱한 식 (2.40)을 **전위경도**(電位傾度 : potential gradient)라 한다. 벡터 연산자 ▽(*nabla*)를 사용하면 식 (2.39)는

$$\mathbf{E} = -\ \nabla V = -\,gradV\ [\mathrm{V/m}] \tag{2.41}$$

가 된다.

이 식은 전계의 세기와 전위와의 관계식으로 전위경도는 전계의 세기와 크기는 같으나 방향은 반대방향이다. 즉 부(負)의 기호는 전계는 전위가 감소하는 방향으로 향함을 의미하며, 같은 거리에 대한 전위의 변화가 클 경우 전계의 세기가 강하게 작용함을 나타내고 있다.

예제 2-8

예제 2-7의 경우 점 P에서의 전계를 구하여라.

풀이 중심축에 수직되는 전계성분은 dl 부분 외에 dl' 부분을 취해 보면, 그 대칭성 때문에 상쇄되어 원형코일 전체에서는 0이 된다. 따라서, P점의 전계 E_P는

$$
\begin{aligned}
E_P &= -\frac{\partial V_P}{\partial Z} \\
&= -\frac{\rho_L a}{2\varepsilon_0}\frac{\partial}{\partial Z}\left\{\frac{1}{\sqrt{a^2+z^2}}\right\} \\
&= -\frac{\rho_L a}{2\varepsilon_0}\left\{\frac{-\frac{1}{2}(a^2+z^2)^{-\frac{1}{2}}\cdot 2z}{a^2+z^2}\right\} \\
&= \frac{\rho_L a}{2\varepsilon_0}\frac{z}{(a^2+z^2)^{\frac{3}{2}}}\ [\mathrm{V/m}]
\end{aligned}
$$

E_P의 방향은 OP 방향이다.

예제 2-9

점전하에 의한 전위함수가 $V=x^2+y^2$[V]로 주어질 때 이 전계의 점(2, 1) [m]에서의 전기력선 방정식과, 전위경도를 구하여라.

풀이 먼저 전위함수로 전계를 구하면

$$\mathbf{E}=-\left(\frac{\partial V}{\partial x}\,\mathbf{i}+\frac{\partial V}{\partial y}\,\mathbf{j}+\frac{\partial V}{\partial z}\,\mathbf{k}\right)$$

$$=-2x\,\mathbf{i}-2y\,\mathbf{j}\ [\mathrm{V/m}]$$

가 되므로 $\frac{dx}{2x}=\frac{dy}{2y}$의 전기력선 방정식을 풀면

$$\int\frac{dx}{2x}=\int\frac{dy}{2y}$$

$$\frac{1}{2}\ln x=\frac{1}{2}\ln y+\frac{1}{2}\ln C$$

$$x=Cy$$

$$2=C\cdot 1$$

$$\therefore\ x=2y$$

또, 전위경도는 전계 E와 방향이 반대이고 크기는 같으므로 다음과 같다.

$$grad V=-\ \mathbf{E}=2x\,\mathbf{i}+2y\,\mathbf{j}$$

$$\therefore\ grad V\,|_{(2,1)}=4\mathbf{i}+2\mathbf{j}$$

2-9 전기쌍극자

크기가 같고 부호가 반대인 두 점전하 $\pm Q$[C]이 미소거리 δ[m]만큼 떨어져 있을 때, 이 한 쌍의 전하를 **전기쌍극자**(電氣雙極子 : electric dipole)라 하며, $Q\delta$[C · m]를 **전기쌍극자 모멘트**(electric dipole moment), $-Q$에서 $+Q$로 향하는 선을 쌍극자의 축(軸)이라 한다.

전기쌍극자에 의해 유도되는 전위 및 전계는 다음과 같다.

[그림 2-15]의 전기쌍극자의 두 전하에서 각각 r_1, r_2[m] 거리에 있는 점 P의 전위 V는 식 (2.25)에 의하여

$$V=\frac{Q}{4\pi\varepsilon_0}\left(\frac{1}{r_1}-\frac{1}{r_2}\right)\ [\mathrm{V}]$$

이 된다.

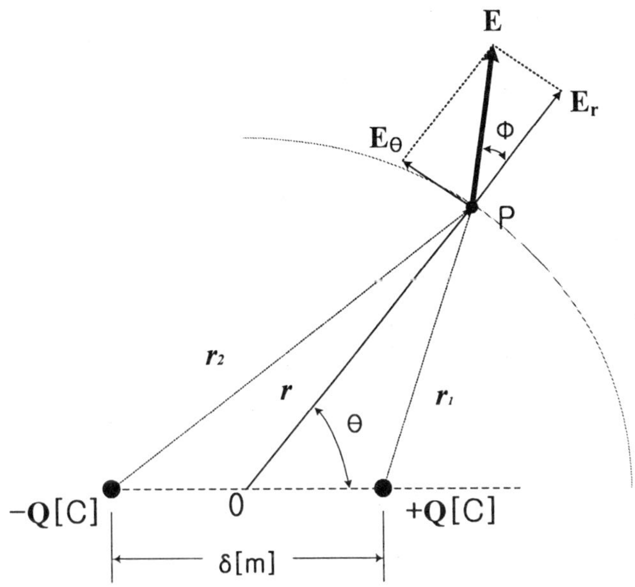

[그림 2-15] 전기쌍극자

쌍극자 중심 O로부터 점 P까지의 거리를 r, r과 쌍극자축 사이에 이루는 각을 θ라 하면, $r \gg \delta$이므로 근사적으로

$$r_1 \fallingdotseq r - \frac{\delta}{2}\cos\theta, \quad r_2 \fallingdotseq r + \frac{\delta}{2}\cos\theta$$

라 놓을 수 있다. 이것을 위식에 대입하여 정리하면

$$V = \frac{1}{4\pi\varepsilon_0}\frac{Q\delta\cos\theta}{r^2} \ [\mathrm{V}] \tag{2.42}$$

가 된다. 여기서 쌍극자 모멘트를 M이라 하면

$$M = Q \cdot \delta \tag{2.43}$$

이므로, 전기쌍극자에 의해 유도되는 전위는

$$V = \frac{1}{4\pi\varepsilon_0}\frac{M\cos\theta}{r^2} \ [\mathrm{V}] \tag{2.44}$$

가 된다.

쌍극자 중심 O로부터 점 P의 극좌표는 (r, θ)이므로 점 P에서 전계 **E**를 r 방향의 성분 E_r와 r에 수직인 θ방향 성분 E_θ로 분해하여 구좌표계로 표시하면

$$\mathbf{E} = -\,grad\ V = -\left(\frac{\partial V}{\partial r}\ \mathbf{a}_r + \frac{\partial V}{r\partial\theta}\ \mathbf{a}_\theta\right)$$

$$= E_r\ \mathbf{a}_r + E_\theta\ \mathbf{a}_\theta\ \ [\mathrm{V/m}]$$

로 놓을 수 있으며, 여기서 $\mathbf{a}_r$, $\mathbf{a}_\theta$는 r과 θ 방향의 단위벡터이다. 따라서

$$E_r = -\frac{\partial V}{\partial r},\qquad E_\theta = -\frac{1}{r}\frac{\partial V}{\partial \theta} \tag{2.45}$$

가 되며, 여기서 $r\theta$는 점 P의 θ 방향에 대한 변위를 의미한다. 따라서 식 (2.44)를 위식에 대입하여 정리하면

$$E_r = -\frac{\partial V}{\partial r} = \frac{1}{4\pi\varepsilon_0}\frac{2M\cos\theta}{r^3}\ \ [\mathrm{V/m}] \tag{2.46}$$

$$E_\theta = -\frac{1}{r}\frac{\partial V}{\partial \theta} = \frac{1}{4\pi\varepsilon_0}\frac{M\sin\theta}{r^3}\ \ [\mathrm{V/m}] \tag{2.47}$$

가 되며, P점의 전계의 세기 E는

$$\begin{aligned} E &= \sqrt{E_r^{\,2} + E_\theta^{\,2}} \\ &= \frac{1}{4\pi\varepsilon_0}\frac{M}{r^3}\sqrt{1+3\cos^2\theta}\ \ [\mathrm{V/m}] \end{aligned} \tag{2.48}$$

이며, r 방향과 $\mathbf{E}$ 방향의 각을 ϕ라 하면

$$\tan\phi = \frac{E_\theta}{E_r} = \frac{1}{2}\tan\theta \tag{2.49}$$

가 된다.

전기쌍극자에 의한 전계의 개념은 고체 절연재료를 구성하는 원자, 분자들에 의한 분극으로 형성되는 전기쌍극자에 의한 전계를 해석할 때 중요하게 사용된다.

예제 2-10

[그림 2-15]에서 $+Q=+2[\mu\mathrm{C}]$, $-Q=-2[\mu\mathrm{C}]$인 전기쌍극자가 $\delta=2[\mathrm{mm}]$ 떨어져 있다. 중심점에서 축 상의 $+Q$와 60° 방향으로 $r=1[\mathrm{m}]$ 떨어진 점의 전위와 전계의 r방향 성분과 이에 직각인 θ방향의 성분을 구하여라.

풀이 $V=\dfrac{1}{4\pi\varepsilon_0}\dfrac{M\cos\theta}{r^2}=\dfrac{1}{4\pi\varepsilon_0}\dfrac{Q\delta\cos\theta}{r^2}$ [V]에서

■ **전 위**

$$\begin{aligned} V &= 9\times10^9\times\frac{2\times10^{-6}\times2\times10^{-3}\times\cos60^\circ}{1^2} \\ &= 18\ [\mathrm{V}] \end{aligned}$$

■ **전계의 r방향성분**

$$E_r = -\frac{\partial V}{\partial r}$$

$$= \frac{1}{4\pi\varepsilon_0}\frac{2M\cos\theta}{r^3}$$

$$= 9\times 10^9 \times \frac{2\times 2\times 10^{-6}\times 2\times 10^{-3}\times \cos 60°}{1^3}$$

$$= 36\ [\mathrm{V/m}]$$

■ **전계의 θ 방향성분**

$$E_\theta = -\frac{1}{r}\frac{\partial V}{\partial \theta} = \frac{1}{4\pi\varepsilon_0}\frac{M\sin\theta}{r^3}$$

$$= 9\times 10^9 \times \frac{2\times 10^{-6}\times 2\times 10^{-3}\times \frac{\sqrt{3}}{2}}{1^3}$$

$$= 18\sqrt{3}\ [\mathrm{V/m}]$$

2-10 입 체 각

입체적인 공간의 각을 정할 때 사용되는 입체각은 다음과 같이 정의된다. [그림 2-16]과 같이 원뿔의 정점을 중심으로 하는 반경 r[m]인 구를 그렸을 때 원뿔면과 구면이 만나는 면적을 $S[\mathrm{m}^2]$라 하면 이때 이루어지는 원뿔각(ω)을 구면 S에 대한 입체각(solid angle)이라 하며 다음과 같이 정의된다.

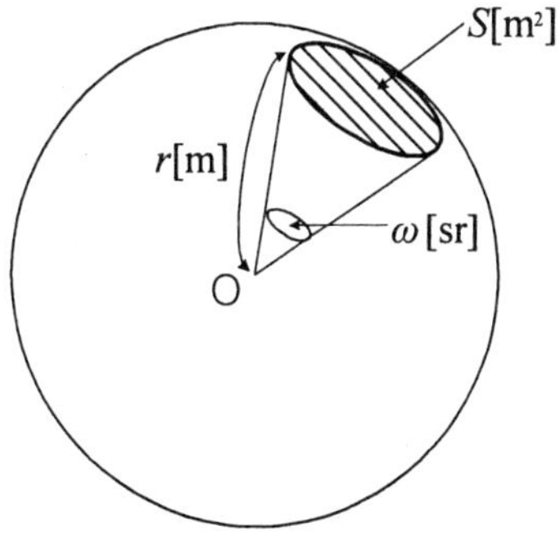

[그림 2-16] 입 체 각

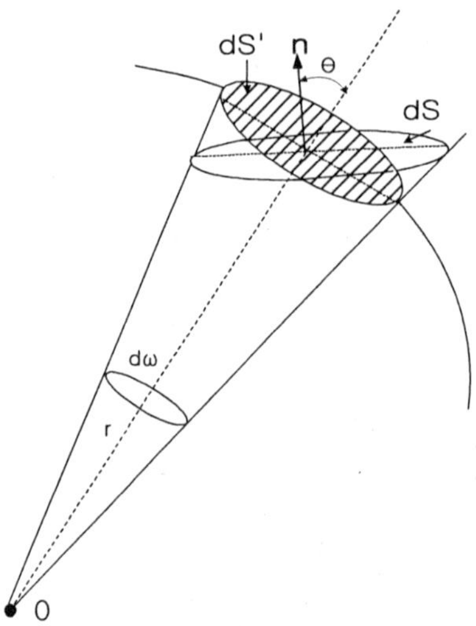

[그림 2-17] 입 체 각

$$\omega = \frac{S}{r^2} \text{ [steradian]} \tag{2.50}$$

입체각의 단위는 $S=r^2$[m^2]인 경우 1입체 radian, 즉 1[sr](steradian)이 된다.

구의 전공간은 $S=4\pi r^2$[m^2]이므로 $\omega=4\pi$[sr]가 되고, 반공간은 $S=2\pi r^2$[m^2]이므로 $\omega=2\pi$[sr]가 된다.

또한 [그림 2-17]과 같이 미소면적 dS가 점 O에 대하여 짓는 입체각을 $d\omega$라 하고 원점 O와 면 dS를 연결하는 중심선 r과 dS면의 법선이 이루어지는 각을 θ, 원점 O와 면 dS와의 거리를 r이라 하면 입체각 $d\omega$는

$$d\omega = \frac{dS'}{r^2} = \frac{dS\ \cos\theta}{r^2} \text{ [sr]} \tag{2.51}$$

가 된다. 여기서 각 θ는 면 dS의 법선벡터 $\mathbf{n}$과 r사이에 이루어지는 각이다.

2-11 전기이중층

[그림 2-18]에서 처럼 얇은 판의 양면에 양, 음의 전하가 분포되어 있는 것을 전기이중층(電氣二重層 : electric double layer)이라 한다.

전기이중층에 의하여 형성되는 전위는 다음과 같다. 전기이중층의 표면전하밀도를 $\pm\sigma$ [C/m^2], 미소면적 ΔS[m^2]에 의한 점 P의 전위를 ΔV[V]라고 하면, 이 ΔS 부분은 $+\sigma\Delta S$[C], $-\sigma\Delta S$[C]와 두 전하 사이의 거리 δ[m]로 이루어진 전기쌍극자로 볼 수 있으므로, 식 (2.42)에 의하여

$$\Delta V=\frac{1}{4\pi\varepsilon_0}\frac{(\sigma\Delta S)\delta}{r^2}\cos\theta = \frac{\sigma\delta}{4\pi\varepsilon_0}\frac{\Delta S\cos\theta}{r^2} \ [\mathrm{V}]$$

가 되며, $\frac{\Delta S\cos\theta}{r^2}$는 ΔS가 점 P에 대하여 갖는 입체각 $\Delta\omega$이므로

$$\Delta V=\frac{\sigma\delta}{4\pi\varepsilon_0}\Delta\omega \ [\mathrm{V}]$$

가 된다.

현재 면 전체에 걸쳐 면전하 밀도 σ[C/m^2]의 전하가 분포할 때

$$\sigma\delta=L \ [\mathrm{C/m}] \tag{2.52}$$

이라 놓으면

$$\Delta V=\frac{L}{4\pi\varepsilon_0}\Delta\omega \ [\mathrm{V}]$$

가 된다. 따라서 점 P에서 전기이중층을 본 전체의 입체각이 ω이므로 P의 전위 V는

$$V=\frac{L}{4\pi\varepsilon_0}\omega \ [\mathrm{V}] \tag{2.53}$$

이다. 여기서 L은 전기이중층의 단위면적당 모멘트이며, 전기이중층의 세기(intensity of electric double layer)라 한다. 이처럼 전기이중층에 의한 전위는 전기이중층을 보는 입체각 ω에 의해서만 정해진다.

이때 ω에는 양, 음의 구별이 있다. 즉 전기이중층의 양전하면을 볼 때는 양, 음전하면을 볼 때는 음으로 취해야 한다.

예를 들면 [그림 2-18]에서 점 P는 양전하쪽에 있으므로 전위는

$$V_P=\frac{L}{4\pi\varepsilon_0}\omega_1 \ [\mathrm{V}] \tag{2.54}$$

이며, 또 점 P'는 음의 면을 보고 있으므로

$$V_P'=\frac{L}{4\pi\varepsilon_0}(-\omega_2) \ [\mathrm{V}] \tag{2.55}$$

가 된다. 이때 점 P, P'가 이중층 양쪽에서 각 면에 무한히 접근하면 입체각의 크기는 각각 $\omega_1=2\pi$, $\omega_2=2\pi$가 되므로 두 점간의 전위차는

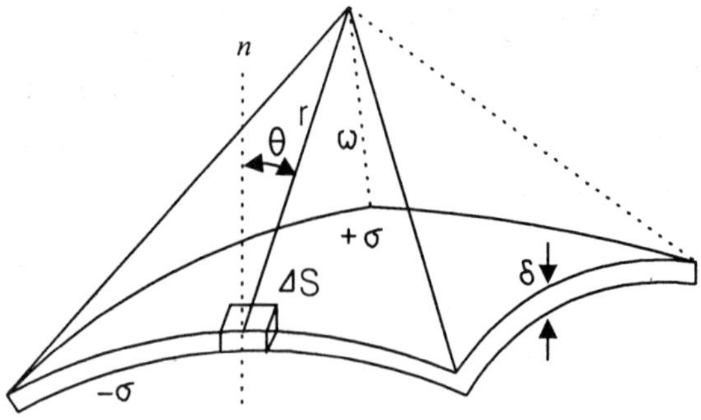

[그림 2-18] 전기이중층

$$V_P - V_{P'} = \frac{L}{4\pi\varepsilon_0}(\omega_1 + \omega_2) = \frac{L}{\varepsilon_0} \text{ [V]} \tag{2.56}$$

이 된다.

예제 2-11

면전하 밀도 σ=3[μC/m^2], 두께 1[mm]인 반경 1[m]의 원판형 전기 2중층의 중심축상 3[m]되는 거리에 있는 정전하를 바라보는 P점의 전위를 구하여라

풀이

$$L = \sigma \cdot \delta$$
$$= 3\times10^{-6}\times10^{-3} = 3\times10^{-9} \text{ [C/m]}$$
$$V = \frac{L}{4\pi\varepsilon_0}\omega = \frac{L}{4\pi\varepsilon_0}2\pi(1-\cos\theta)$$
$$= \frac{L}{2\varepsilon_0}\left(1-\frac{x}{\sqrt{a^2+x^2}}\right)$$
$$\fallingdotseq \frac{3\times10^{-9}}{2\times8.854\times10^{-12}}\left(1-\frac{3}{\sqrt{1^2+3^2}}\right)$$
$$\fallingdotseq 8.694 \text{ [V]}$$

예제 2-12

위의 전기이중층의 양면 위의 점 P와 P' 간의 전위차를 구하여라.

풀이

$$V_P - V_P' = \frac{L}{4\pi\varepsilon_0}(\omega_1+\omega_2) = \frac{L}{\varepsilon_0}$$
$$\fallingdotseq \frac{3\times10^{-9}}{8.854\times10^{-12}}$$
$$\fallingdotseq 338.83 \text{ [V]}$$

2-12 가우스 법칙

전하분포가 복잡한 경우 점전하를 기초로 한 쿨롱의 법칙을 적용한 전계에 대한 계산은 곤란하며 이에 따라 쿨롱의 법칙을 일반화하여 한 임의의 폐곡면에서 나오는 전기력선수와 폐곡면 내의 분포한 전하와의 상관성을 밝힌 가우스 법칙이 Gauss에 의해 제안되었다.

[그림 2-19]에서와 같이 폐곡면 내에 점전하 Q[C]가 존재할 때 폐곡면상 한 점 P에서 전계의 세기가 **E**[V/m]이며, 점 P를 포함하는 폐곡면상 미소면적 dS[m^2]를 통과하는 전기력선수 dN[lines]은 다음과 같다.

$$dN = \mathbf{E} \cdot \mathbf{n}\,dS = \frac{1}{4\pi\varepsilon_0}\frac{Q}{r^2}\,\mathbf{r}_0 \cdot \mathbf{n}\,dS = \frac{Q}{4\pi\varepsilon_0}\frac{dS\cos\theta}{r^2}\ [\text{lines}] \tag{2.57}$$

여기서 dS는 폐곡면 S에서 취한 미소면적이고, **n**은 dS상의 외향 법선 단위 벡터이다.

이때, $d\omega = \dfrac{dS\cos\theta}{r^2}$ [sr] 이므로 식 (2.57)에 적용하면 다음과 같이 된다.

$$dN = \frac{Q}{4\pi\varepsilon_0}\,d\omega\ [\text{lines}] \tag{2.58}$$

따라서, 점전하 Q[C]로부터 폐곡면 S를 통하여 발산하는 총 전기력선수는

$$N = \oint_S \mathbf{E} \cdot \mathbf{n}\,dS = \frac{Q}{4\pi\varepsilon_0}\oint_S d\omega = \frac{Q}{4\pi\varepsilon_0}4\pi = \frac{Q}{\varepsilon_0}\ [\text{lines}]$$

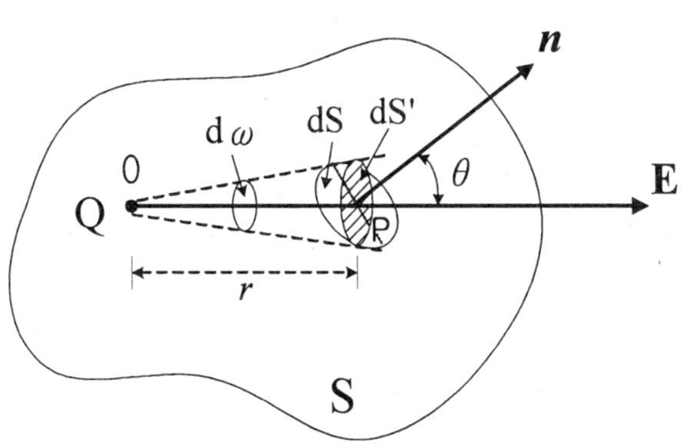

[그림 2-19] Gauss 법칙

가 되며

$$N = \oint_S \mathbf{E} \cdot \mathbf{n}\, dS = \frac{Q}{\varepsilon_0}\ [\text{lines}] \tag{2.59}$$

로 정리된다.

이 수식은 "전계내 임의의 폐곡면을 통하여 발산하는 전기력선 총수는 폐곡면내 전하의 $\frac{1}{\varepsilon_0}$배와 같다."를 정의하며 이것을 **가우스 법칙**(Gauss's law)이라 한다.

특히 이 가우스 법칙은 전하의 크기나 모양에 관계없이 성립하며, 폐곡면 S를 **가우스 표면**(Gaussian surface)이라 부른다.

폐곡면 내에 전하분포가 점전하 Q_n[C], 선전하 λ_n[C/m], 면전하 σ_n [C/m^2], 공간전하 ρ_n[C/m^3]로 분포할 경우 폐곡면내의 총 전하는 다음 식으로 표현된다.

$$\begin{aligned} Q &= \sum Q_n\ [\text{C}] \\ Q &= \int_L \lambda_n dl\ [\text{C}] \\ Q &= \int_S \sigma_n dS\ [\text{C}] \\ Q &= \int_v \rho_n dv\ [\text{C}] \end{aligned} \tag{2.60}$$

폐곡면 내에 전하가 존재하지 않을 경우

$$\oint_S \mathbf{E} \cdot \mathbf{n}\, dS = 0 \tag{2.61}$$

이 된다.

이 관계식은 폐곡면을 통하여 발산하는 전기력선의 총수가 0가 됨을 나타내며, 이는 전기력선은 폐곡면에 대하여 연속적임을 의미한다.

예제 2-13

진공중의 한 폐곡면 내에 $-3[\mu\text{C}]$, $-4[\mu\text{C}]$, $5[\mu\text{C}]$, $6[\mu\text{C}]$의 4개의 전하가 있을 때 이 폐곡면을 통하여 발산하는 전기력선의 총수를 구하여라.

풀이 $N = \oint_s \mathbf{E} \cdot \mathbf{n}\, ds = \frac{Q}{\varepsilon_0}$에서 MKS 단위계로 고쳐 적용하면

$$N = \frac{(-3-4+5+6)\times 10^{-6}}{8.854\times 10^{-12}} = \frac{4\times 10^{6}}{8.854}$$

$$\fallingdotseq 4.518\times 10^{5}\ [\text{lines}]$$

2-13 가우스 법칙의 계산 예

2-13-1 점대칭 전하분포

[그림 2-20](a)처럼 Q[C]의 전하가 반지름 a[m]인 구대전체의 내부에 균일하게 분포되어 있다면 전하분포의 대칭성에 의해 전기력선은 방사상으로 발산할 것이다.

먼저 $r(>a)$[m]인 구대전체 외부의 전계의 세기를 구해보자. 반지름 r[m]로 가정된 구면을 가우스 폐곡면으로 취하면 이를 통하여 발산되는 전기력선은 구면에 수직하고 전기력선 밀도, 즉 전계 E[V/m=lines/m^2]는 크기가 일정할 것이며 이를 통하여 나가는 전 전기력선수는

$$N=\int_S \mathbf{E}\cdot\mathbf{n}\,dS=\int_S E_n dS=E\cdot 4\pi r^2\ \ [\text{lines}]$$

가 된다. 이것은 가우스 법칙에 의하여 가우스 폐곡면 내의 총전하 Q[C]의 $\frac{1}{\varepsilon_0}$배와 같으므로

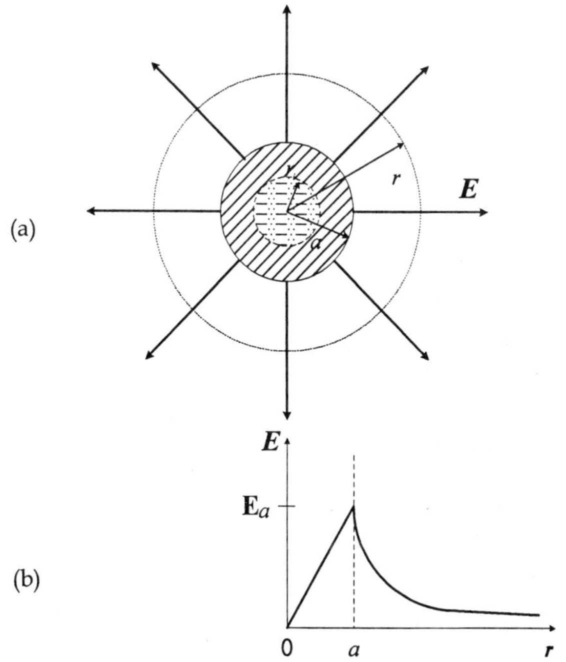

[그림 2-20] 구대전체의 점대칭 전하분포 및 전계의 세기

$$E \cdot 4\pi r^2 = \frac{Q}{\varepsilon_0}$$

가 되며, 따라서

$$E = \frac{Q}{4\pi \varepsilon_0 r^2} \ [\mathrm{V/m}]$$
$$\mathbf{E} = \frac{Q}{4\pi\varepsilon_0 r^2} \mathbf{r}_0 \ [\mathrm{V/m}] \tag{2.62}$$

가 된다. 여기서 $\mathbf{r}_0$는 방사방향(반지름방향) 단위벡터이다.

이 결과는 중심에 점전하 Q[C]이 있는 경우의 전계의 세기와 같다. 따라서 중심대칭으로 분포된 전하에 의한 전계는 전전하가 중심에 집중된 점전하의 경우와 같음을 알 수 있다.

구대전체 내부의 전하 Q[C]에 의한 구대전체 외부($r > a$[m])의 전위는 식 (2.24)에서와 같이 다음과 같이 주어진다.

$$V = \frac{Q}{4\pi \varepsilon_0 r} \ [\mathrm{V}] \tag{2.63}$$

또한 구대전체 표면의 전위는 $r = a$[m] 이므로

$$V = \frac{Q}{4\pi \varepsilon_0 a} \ [\mathrm{V}] \tag{2.64}$$

가 된다.

구대전체 내부의 전계의 세기는 다음과 같다.

지금 구내부에 반지름 $r_i < a$[m]인 가우스 폐곡면을 취하면, 이 폐곡면에서 발산하는 전기력선은 폐곡면 내부 전하를 Q_i, 반지름을 r_i, 폐곡면상 전계의 세기를 E_i라 할 때 가우스 법칙을 적용하면

$$E_i = \frac{Q_i}{4\pi \varepsilon_0 \ r_i^2} \ [\mathrm{V/m}] \tag{2.65}$$

가 된다. 여기서 대전체구의 전하는 균일하게 분포되어 있다면 반지름 a의 구대전체의 전하량이 Q일 때 반지름 r_i인 폐곡면내 전하량 Q_i [C]는 다음과 같이 구해진다.

$$Q_i = \frac{r_i^3}{a^3} Q \ [\mathrm{C}] \tag{2.66}$$

따라서 Q_i를 식 (2.65)에 대입하여 풀면 전계의 세기 E_i는

$$E_i = \frac{1}{4\pi \varepsilon_0} \frac{Q}{a^3} r_i \ [\mathrm{V/m}] \tag{2.67}$$

가 된다. 그러나 만일 전하가 대전체구 표면에만 존재한다면 $Q_i = 0$이

되어 $E_i=0$이 되므로 대전체구 내부에는 전계가 존재하지 않게 된다.

식 (2.62)와 식 (2.67)에 의한 구대전체 내외부의 전계의 변화를 보여주고 있는 [그림 2-20](b)로부터 구대전체 내부의 경우 전계의 세기는 구대전체 중심으로 부터 거리에 비례하여 선형적으로 증가하나 구대전체 표면을 지나 외부로 멀어지면 구대전체 중심과의 거리의 제곱에 반비례하여 감소함을 알 수 있다.

예제 2-14

[그림 2-20]에서 구의 지름이 0.1[m]이고, Q=5[μC]의 전하가 골고루 분포되어 있을 때, 중심에서 3[cm] 떨어진 곳의 전계와 표면 전계를 구하여라.

풀이 내부전계 $E_i=\dfrac{1}{4\pi\varepsilon_0}\dfrac{Q}{a^3}r_i$ [V/m]

$$E_i=9\times10^9\times\frac{5\times10^{-6}}{(5\times10^{-2})^3}\times3\times10^{-2}$$

$$=\frac{27\times10^7}{25}=1.08\times10^7\ \text{[V/m]}$$

표면전계 $E=\dfrac{Q}{4\pi\varepsilon_0 r^2}$ [V/m] 에서

$$E=9\times10^9\times\frac{5\times10^{-6}}{(0.5)^2}$$

$$=\frac{45\times10^3}{0.25}=1.8\times10^7\ \text{[V/m]}$$

2-13-2 축대칭 전하분포

[그림 2-21]은 선전하밀도 λ[C/m]로 전하가 분포되어 있는 무한히 긴 직선도체이다. 이처럼 무한히 긴 직선전하에 의한 전계의 방향은 [그림 2-21]처럼 대칭성에 의하여 직선도체의 수직인 반지름 r방향이 되며 다음과 같이 구할 수 있다.

직선도체를 축으로 반지름 r의 원통면을 가우스 폐곡면으로 취하여 가우스의 법칙을 적용하면

$$N=\int_S \mathbf{E}\cdot\mathbf{n}\,dS=\int_S E_n\,dS=E\cdot2\pi r\cdot l=\frac{\lambda l}{\varepsilon_0}\ \text{[lines]}$$

이 되며

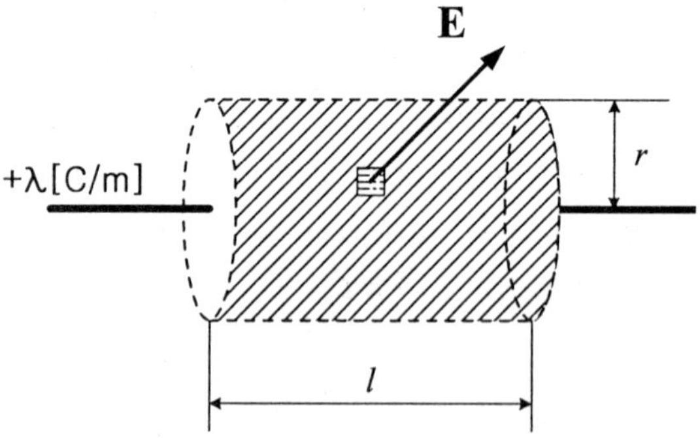

[그림 2-21] 무한히 긴 직선 전하에 의한 전계

$$E=\frac{1}{2\pi\varepsilon_0}\frac{\lambda}{r}\ \ [\mathrm{V/m}] \tag{2.68}$$

로 된다. 또한 전위차는 다음과 같다.

직선도체에서 r_1, $r_2(r_2>r_1)$에 위치한 두 점간의 전위차 V_{12}는 식 (2.22)과 (2.66)에 의해 다음과 같이 구해진다.

$$V_{12}=-\int_{r_2}^{r_1}\mathbf{E}\cdot d\,\mathbf{r}=-\frac{\lambda}{2\pi\varepsilon_0}\int_{r_2}^{r_1}\frac{1}{r}\,dr$$

$$=\frac{\lambda}{2\pi\varepsilon_0}\ln\frac{r_2}{r_1}\ \ [\mathrm{V}] \tag{2.69}$$

선전하가 분포된 무한장직선도체가 부피가 있는 원주 일 때 도체 내 외부의 전계의 세기는 다음과 같다.

[그림 2-22]와 같이 선전하밀도 λ[C/m]가 반지름 a[m]의 무한장 원주 대전체에 균일하게 분포되어 있다면, 도체 외부의 전계를 구하기 위하여 반지름 $r>a$, 길이 l[m]의 원통면을 가우스 폐곡면으로 취하면 폐곡면내의 전하는 λl[C]가 되며 원통면상의 가우스 법칙을 적용하면

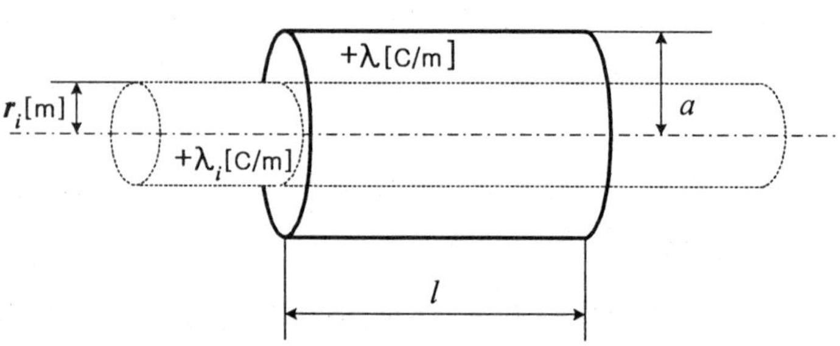

[그림 2-22] 무한히 긴 원주 대전체의 직선 전하에 의한 전계

$$N = \int_S \mathbf{E} \cdot \mathbf{n}\, dS = \int_S E_n\, dS = E \cdot 2\pi r \cdot l = \frac{\lambda l}{\varepsilon_0} \ \text{[lines]}$$

이 되며, 따라서 전계 E[V/m=lines]는

$$E = \frac{1}{2\pi\varepsilon_0}\frac{\lambda}{r} \ \text{[V/m]} \tag{2.70}$$

가 된다. 따라서 무한히 긴 직선도체의 경우와 같음을 알 수 있다.

무한장 원주 대전체 내부의 전계는 반지름 $r_i < a$, 길이 l[m]의 원통면을 가우스 폐곡면으로 취하여 가우스 법칙을 적용하여 구한다. 가우스 폐곡면 내의 전하가 $\lambda_i l$[C]이므로 가우스 폐곡면(원통면)상 전계 E_i[V/m=lines]는

$$E_i 2\pi r_i l = \frac{\lambda_i l}{\varepsilon_0} \ \text{[lines]}$$

로부터

$$E_i = \frac{1}{2\pi\varepsilon_0}\frac{\lambda_i}{r_i} \ \text{[V/m]} \tag{2.71}$$

이 되며, 이때

$$\lambda_i = \frac{r_i^2}{a^2}\lambda \ \text{[C/m]}$$

이므로, 전계 E_i[V/m=lines]는 다음과 같다.

$$E_i = \frac{1}{2\pi\varepsilon_0}\frac{\lambda}{a^2} r_i \ \text{[V/m]} \tag{2.72}$$

예제 2-15

3개의 동축원통이 있다. 반경이 1[m], 2[m], 3[m]이고, 각 원통의 전하밀도는 $\sigma_1 = 2$[C/m²], $\sigma_2 = -3$[C/m²], $\sigma_3 = 4$[C/m²]이다. 축에서 3[m] 되는 곳의 전계를 구하여라.

풀이 각 원통의 단위길이당 전하는

$$\lambda_1 = \frac{Q_1}{l} = \frac{\sigma_1 \times 2\pi \times 1 \times l}{l} = 2\pi\sigma_1 = 4\pi \ \text{[C/m]}$$

$$\lambda_2 = 4\pi\sigma_2 = -12\pi \ \text{[C/m]}$$

$$\lambda_3 = 6\pi\sigma_3 = 24\pi \ \text{[C/m]}$$

$$\lambda = \lambda_1 + \lambda_2 + \lambda_3 = 16\pi \ \text{[C/m]}$$

$$\text{전계 } E = \frac{\lambda}{2\pi\varepsilon_0 r} = 2\times9\times10^9\times\frac{16\pi}{3}$$
$$= 96\pi\times10^9 \ [\mathrm{V/m}]$$

예제 2-16

내부도체의 반경 1[m], 외부도체의 반경 2[m]인 동축원통도체가 있다. 내부 도체에 선전하밀도 3[μC/m]가 분포되어 있을 때, 두 도체간의 전위차를 구하여라.

풀이 외부도체에는 −3[μC/m]의 선전하밀도가 유도되며,

$$V_{ab} = -\int_b^a \frac{\lambda}{2\pi\varepsilon_0 r}dr = \frac{\lambda}{2\pi\varepsilon_0}\ln\frac{b}{a} \text{ 에서}$$

$$V = \frac{3\times10^{-6}}{2\pi\varepsilon_0}\times\ln\frac{2}{1}$$
$$= 2\times9\times10^9\times3\times10^{-6}\times\ln2$$
$$= 37.422\times10^3 \ [\mathrm{V}]$$
$$= 37.422 \ [\mathrm{kV}]$$

2-13-3 평판 전하분포

무한히 넓은 평판에 면전하 밀도 σ[C/m^2]로 전하가 분포되어 있을 경우 전기력선은 대칭성으로 인해 평판 표면에서 수직으로 원통의 상하면을 통하여 평행하게 발산한다.

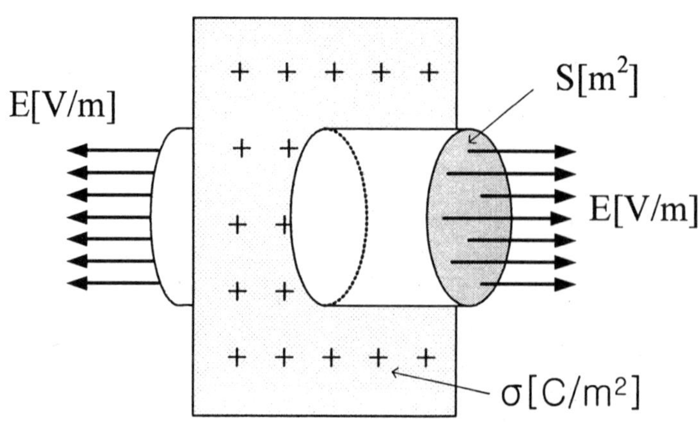

[그림 2-23] 평판전하

따라서 [그림 2-23]에서처럼 가우스의 폐곡면으로 평판 표면에 수직한 원통을 취한 후, 가우스의 법칙을 적용하면 발산하는 총 전기력선수는

$$N=\int_S \mathbf{E}\cdot\mathbf{n}\,dS=E\cdot 2S=\frac{1}{\varepsilon_0}\sigma S\ \text{[lines]}$$

이다. 여기서 $S[\text{m}^2]$는 원통의 단면적이다. 따라서 평판상 전계의 세기는

$$E=\frac{1}{2\varepsilon_0}\sigma\ [\text{V/m}] \tag{2.73}$$

가 된다. 전계는 위치와 관계없이 크기와 방향이 일정함을 알 수 있으며 이를 평등전계라 부른다.

또한 이런 도체 평판상에서 거리 r_1, r_2[m] 떨어진 두 점의 전위차는

$$\begin{aligned} V_{r_1r_2} &= -\int_{r_2}^{r_1}\mathbf{E}\cdot d\mathbf{l}=\frac{\sigma}{2\varepsilon_0}\int_{r_1}^{r_2}dl \\ &=\frac{\sigma}{2\varepsilon_0}(r_2-r_1)\ [\text{V}=\text{J/C}] \end{aligned} \tag{2.74}$$

이 된다.

예제 2-17

면전하 밀도가 σ로 분포된 대전평면에서 거리가 1[mm], 2[mm] 떨어진 두 점간의 전위차가 100[V]였다면 σ는 얼마인가?

풀이 $V=\frac{\sigma}{2\varepsilon_0}(r_2-r_1)$에서

$$100=\frac{\sigma}{2\times 8.854\times 10^{-12}}\times(2-1)\times 10^{-3}$$

$$\therefore \sigma=17.708\times 10^{-7}\ [\text{C/m}^2]$$

$$=1.7708\ [\mu\text{C/m}^2]$$

2-13-4 대전도체면상의 전계

대전된 도체의 전하는 상호간의 반발력에 의하여 표면에 밀려나 정지하게 되는데, 이렇게 정지된 전하분포에 의한 전계를 정전계라 부른다. 정전계 상태에서는 대전된 도체내부에는 전하가 존재하지 않게 되며 따라서 도체 내부의 전계는 0이 된다.

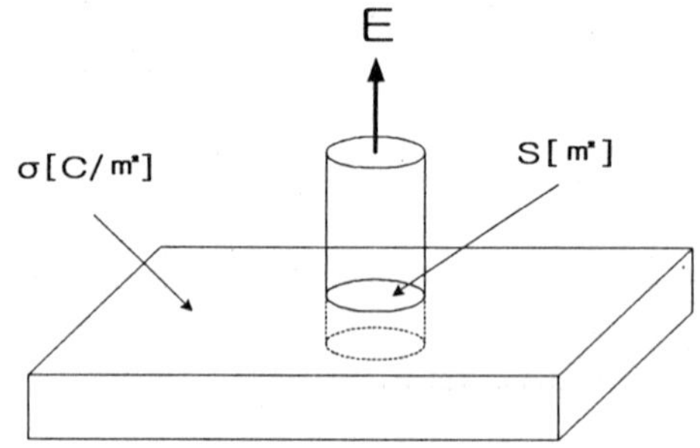

[그림 2-24] 도체표면의 전계

또한 도체의 표면은 한 개의 등전위면이 되며, 발산하는 전기력선은 도체 표면에 수직하게 된다.

도체의 표면전하밀도를 $\sigma\,[\mathrm{C/m^2}]$, 표면에 무한히 접근한 도체표면상의 전계의 세기를 E라 할 때, [그림 2-24]와 같이 표면에 수직된 원통을 가우스 폐곡면으로 취하여 가우스의 법칙을 적용하면

$$\begin{aligned} N &= \int_S \mathbf{E}\cdot\mathbf{n}\,dS \\ &= \int_S E dS = ES = \frac{Q}{\varepsilon_0} = \frac{1}{\varepsilon_0}\sigma S \;[\mathrm{lines}] \end{aligned} \tag{2.75}$$

가 되며, 따라서 전계의 세기 E에 대하여 정리하면 다음과 같다.

$$\begin{aligned} E &= \frac{\sigma}{\varepsilon_0}\;[\mathrm{V/m}] \\ \mathbf{E} &= \frac{\sigma}{\varepsilon_0}\,\mathbf{n}_0\;[\mathrm{V/m}] \end{aligned} \tag{2.76}$$

여기서, $\mathbf{n}_0$는 도체표면의 법선방향 단위 벡터이다.

만일 도체표면전위가 $V[\mathrm{V}]$일 때 도체표면의 외향법선 벡터를 $\mathbf{n}$이라 하면 전계는 표면에 수직으로 발산하며 전계의 세기는 식 (2.39)로부터

$$\begin{aligned} E &= -\frac{\partial V}{\partial n} = \frac{1}{\varepsilon_0}\sigma\;[\mathrm{V/m}] \\ \mathbf{E} &= -\frac{\partial V}{\partial n} = \frac{1}{\varepsilon_0}\sigma\;\mathbf{n}_0\,[\mathrm{V/m}] \end{aligned} \tag{2.77}$$

이 된다. 이 관계식은 대전도체 표면의 전계를 구하는데 이용되며, Coulomb의 정리라 한다.

[그림 2-25]와 같이 두 장의 평판도체 A, B 사이의 전계의 세기를 구하면 다음과 같다. 평판도체에 대전된 평면전하밀도 및 전계의 세기는 A판은 $+\sigma\,[\mathrm{C/m^2}]$와 E_A, B판은 $-\sigma\,[\mathrm{C/m^2}]$와 E_B이다.

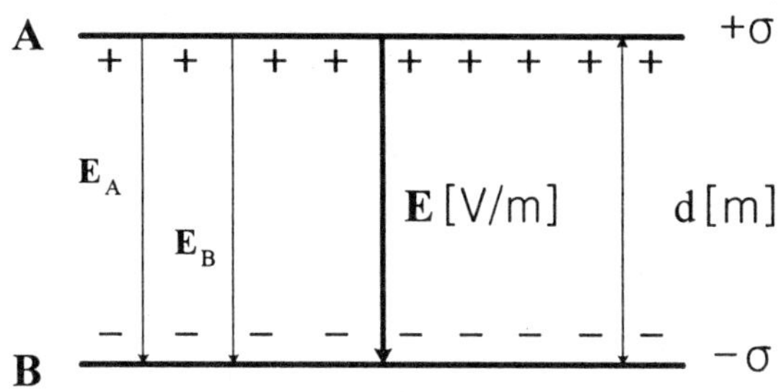

[그림 2-25] 두 평판도체 사이의 전계

따라서 A, B판 사이에 작용하는 전계의 세기는 식 (2.73)에 의하여

A판 전계의 세기 : $E_A = \dfrac{\sigma}{2\varepsilon} > 0$ [V/m] (반발력)

B판 전계의 세기 : $E_B = \dfrac{\sigma}{2\varepsilon} < 0$ [V/m] (흡인력)

이며, 두 판 사이에서 전계의 방향은 같은 방향이므로

$$E = E_A + E_B = \frac{\sigma}{2\varepsilon_0} + \frac{\sigma}{2\varepsilon_0} = \frac{\sigma}{\varepsilon_0} \text{ [V/m]} \tag{2.78}$$

평판도체 A, B간의 전위차 V_{AB}는

$$V_{AB} = -\int_d^0 E \cdot dl = \frac{\sigma}{\varepsilon}\int_0^d dl = Ed \text{ [V]} \tag{2.79}$$

가 된다.

예제 2-18

직경 200[mm]의 도체구에 4×10^{-8}[C]의 전하를 주었을 때 도체표면의 전하밀도 및 전계, 도체표면에서 2[m] 떨어진 곳의 전계 및 전위를 구하여라.

풀이 반경 $a = 100\text{[mm]} = 0.1\text{[m]}$

면전하밀도 $\sigma = \dfrac{4\times10^{-8}}{4\pi a^2} = \dfrac{4\times10^{-8}}{4\pi\times(0.1)^2}$

$\fallingdotseq 0.318\times10^{-6}\text{[C/m}^2\text{]} = 0.318\ [\mu\text{C/m}^2]$

표면전하 $E_a = \dfrac{\sigma}{\varepsilon_0} = \dfrac{0.318\times10^{-6}}{8.854\times10^{-12}} \fallingdotseq 35916\text{ [V/m]}$

외부전계 $E = \dfrac{Q}{4\pi\varepsilon_0 r^2} = 9\times10^9\times\dfrac{4\times10^{-8}}{(2.1)^2} \fallingdotseq 81.633\text{ [V/m]}$

외부전위 $V = \dfrac{Q}{4\pi\varepsilon_0 r} = 9\times10^9\times\dfrac{4\times10^{-8}}{2.1} = 171.429\text{ [V]}$

2-14 대전도체 표면의 정전응력

도체에 주어진 전하는 표면에만 분포되며, 분포된 후에도 쿨롱의 정리로 표현되는 전계에 의해 대전도체면의 전하는 외부로 밀리는 일종의 응력이 작용하는데 이것을 정전응력(electro static stress)이라 한다.

[그림 2-26](a)에서와 같이 표면전하밀도 σ [C/m^2]로 대전된 도체표면의 점 P의 전계는 $E=\dfrac{\sigma}{\varepsilon_0}$ [V/m]가 된다. 점 P 부근에 $\varDelta S$[m^2]의 미소 표면을 취하고 E를 $\varDelta S$ 부분에 의한 전계 E_1과 $\varDelta S$ 이외 부분에 의한 전계 E_2로 분리하여 생각하면, 점 P의 대칭점을 P'라 할 때 [그림 2-26](b)에서처럼 $\varDelta S$ 부분의 전하분포에 의한 전계는 점 P의 전계가 E_1일 때 점 P'의 전계가 $-E_1$이 되어 크기는 같지만 방향이 반대가 되며, [그림 2-26](c)에서처럼 $\varDelta S$ 이외 부분의 전하분포에 의한 전계는 점 P와 점 P'의 전계가 E_2로 크기와 방향이 같을 것이다.

따라서 점 P의 전계의 세기는

$$E=E_1+E_2=\frac{\sigma}{\varepsilon_0}\ [\text{N/C}] \tag{2.80}$$

가 되며, 점 P'는 도체 내부에 있으므로

$$-E_1+E_2=0 \tag{2.81}$$

이 된다. 그러므로

$$E_2=\frac{\sigma}{2\,\varepsilon_0} \tag{2.82}$$

가 되므로, $\varDelta S$ 이외의 부분의 전하에 의하여 $\varDelta S$ 부분의 전하 $\sigma\varDelta S$가 받는 힘은

$$\varDelta F=(\sigma\varDelta S)\,E_2=\frac{1}{2}\,\frac{\sigma^2}{\varepsilon_0}\,\varDelta S\ [\text{N}] \tag{2.83}$$

가 된다.

따라서 대전도체표면의 단위면적에 작용하는 정전응력은

$$f=\frac{\varDelta F}{\varDelta S}\,\frac{1}{2}\,\frac{\sigma^2}{\varepsilon_0}=\frac{1}{2}\,\varepsilon_0E^2\ [\text{N/m}^2] \tag{2.84}$$

이 얻어진다.

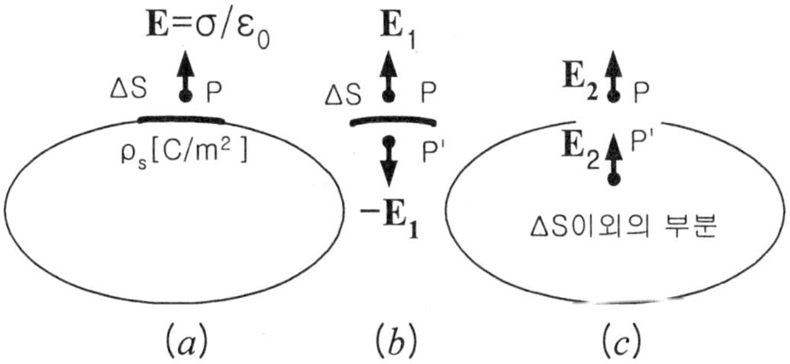

[그림 2-26] 정전응력

이 힘은 σ^2이나 E^2에 비례하므로 대전전하의 정(+)부(−)에 관계없이 항상 정(+)으로 외부로 향한다. 또한, 전계 E의 크기가 공기의 절연내력인 3×10^6[V/m] 이상으로 커지면 절연파괴 현상이 발생한다.

예제 2-19

반지름 a[m]인 도체구에 전하 Q[C]이 있을 때 표면에 작용하는 정전응력 [N/m^2]은 얼마인가?

풀이

$$f=\frac{\sigma^2}{2\varepsilon_0}=\frac{1}{2}\varepsilon_0 E^2=\frac{1}{2}\varepsilon_0\left(\frac{Q}{4\pi\varepsilon_0 a^2}\right)^2$$
$$=\frac{1}{2}\varepsilon_0\left(\frac{Q^2}{16\pi^2\varepsilon_0^2 a^4}\right)$$
$$=\frac{Q^2}{32\varepsilon_0\pi^2 a^4}\ \text{[N/m}^2\text{]}$$

2-15 전기력선의 발산정리

[그림 2-27]에서 전하밀도 σ[C/m^3]의 전하가 분포된 미소체적 Δv[m^3]를 폐곡면 S가 둘러싸고 있으며 이 폐곡면 S내의 전하는 $\rho\Delta v$[C]이다. 이것에 가우스 법칙을 적용하면

$$\int_S \mathbf{E}\cdot\mathbf{n}dS=\int_S E_n dS=\frac{\rho\Delta v}{\varepsilon_0}\quad\text{[lines]}\tag{2.85}$$

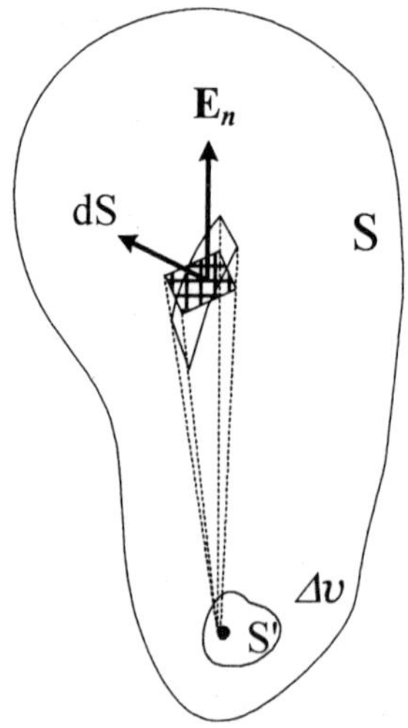

[그림 2-27] 폐곡면에서 발산하는 전기력선

가 된다. 여기서 체적 Δv를 0에 가깝게 극히 작게 취하면 폐곡면 S를 뚫고 발산하는 전기력선수는

$$\lim_{\Delta v \to 0} \frac{1}{\Delta v} \int_{S'} \mathbf{E} \cdot \mathbf{n}\, dS = \int_{S'} E_n dS = \frac{\rho}{\varepsilon_0} \tag{2.86}$$

이며, 이것을 전계 **E**의 발산이라 한다. 또한 식 (1.47)를 적용하면

$$\mathrm{div}\,\mathbf{E} = \nabla \cdot \mathbf{E} = \frac{\rho}{\varepsilon_0} \ \ [\mathrm{lines/\ m^3}] \tag{2.87}$$

가 얻어진다. 이 식은 "단위체적에서 발산되는 전력선수는 전하밀도의 $\frac{1}{\varepsilon_0}$배와 같다"를 의미하며, 이것을 가우스 법칙의 미분형(point form of Gauss's law)이라고 한다.

만약 전하가 존재하지 않으면 $\rho = 0$이므로

$$\mathrm{div}\,\mathbf{E} = 0 \ \ [\mathrm{lines/\ m^3}] \tag{2.88}$$

이 된다. 이것은 전하가 없는 곳에서는 전기력선이 새로이 발생하지 않음을 의미한다. 즉 전기력선이 연속적임을 의미하기도 한다.

식 (2.85)는 식 (2.87)에 의해

$$\int_{S'} \mathbf{E} \cdot \mathbf{n}\, dS = \mathrm{div}\,\mathbf{E} \cdot \Delta v \tag{2.89}$$

인 관계가 성립한다. 이 관계식을 발산의 정리(divergence theorem) 또는 가우스 선속정리라 부르며, "임의의 폐곡면 내의 단위체적에서 발산하는 전기력선의 체적에 대한 총합은 이 체적의 전폐곡면을 통하여 유출하는 양과 같다."라고 정의한다. 양변을 전 체적에 대하여 합하면(적분하면) 좌변은 각 미소 체적의 표면에서 외부로 발산하는 전기력선의 전 면적에 대한 합이 된다.

여기서 인접한 두 미소 체적이 서로 접하고 있을 때 경계면 양측에서 발산하는 전기력선의 방향이 서로 반대로 상호 상쇄되므로 폐곡면 내부에 있는 각 미소 체적 표면 S'에 대한 전기력선의 총합은 0이 되고 폐곡면상의 표면적 S를 통하여 발산하는 전기력선만 남게 되어 다음 식과 같이 된다.

$$\sum \int_{S'} \mathbf{E} \cdot \mathbf{n}\, dS = \int_{S} \mathbf{E} \cdot \mathbf{n}\, dS \tag{2.90}$$

또한 우변은 전 체적에 대하여 적분하면(합하면)

$$\sum \lim_{\Delta v \to 0} \operatorname{div} \mathbf{E} \cdot \Delta v = \int_{v} \operatorname{div} \mathbf{E}\, dv \tag{2.91}$$

가 된다. 따라서 전 체적에 대해서

$$\int\int \mathbf{E} \cdot \mathbf{n}\, dS = \int\int\int \operatorname{div} \mathbf{E}\, dv \tag{2.92}$$

의 관계가 성립한다.

예제 2-20

전계 $\mathbf{E} = 2xy\mathbf{i} + x^2y^2\mathbf{j} + 3yz^2\mathbf{k}$[V/m]로 주어지는 진공중의 점 $P(2, 3, 4)$[m]의 전하밀도를 구하여라.

풀이

$$\operatorname{div}\mathbf{E} = \nabla \cdot \mathbf{E} = \frac{\rho}{\varepsilon_0}\,[\text{lines/ m}^2]\text{에서}$$

$$\nabla \cdot \mathbf{E} = \frac{\partial}{\partial x}(2xy) + \frac{\partial}{\partial y}(x^2y^2) + \frac{\partial}{\partial z}(3yz^2)$$

$$= 2y + 2x^2y + 6yz = \frac{\rho}{\varepsilon_0}$$

$$\therefore \rho(2, 3, 4) = 8.854 \times 10^{-12} \times (2\times3 + 2\times 2^2 \times 3 + 6\times3\times4)$$

$$= 8.854 \times 10^{-12} \times 102$$

$$= 903.108 \times 10^{-12}\,[\text{C/m}^3] = 903.108\,[\text{pC/m}^3]$$

2-16 푸아송 및 라플라스 방정식

전하분포가 매우 복잡한 경우 다음과 같이 미분방정식을 세우고 전위함수를 구한 다음 전계를 해석하는 방법이다. 공간전하밀도 σ [C/m³]에서 발산하는 전계는

$$\mathrm{div}\mathbf{E} = \nabla \cdot \mathbf{E} = \frac{\rho}{\varepsilon_0}$$

가 되며, 전계는 전위와 관계는 다음과 같다.

$$\mathbf{E} = -\,gradV$$

따라서 위의 두 식으로부터

$$div \cdot gradV = \nabla \cdot (\nabla V) = \nabla^2 V = -\frac{\rho}{\varepsilon_0} \tag{2.93}$$

$$\nabla^2 V = -\frac{\rho}{\varepsilon_0} \tag{2.94}$$

의 관계식이 얻어진다. 이 식은 공간전하분포에 의한 전하가 분포된 공간내 임의점의 전위를 결정하는 2차 미분방정식으로 푸아송의 방정식이라 한다.

반면에 전하가 존재하지 않는 곳, 즉 전하분포 영역밖의 한 점의 전위를 구할 때는 $\rho = 0$가 되어 식 (2.93)은

$$\nabla^2 V = 0 \tag{2.95}$$

와 같이 되는데 이 식을 라플라스의 방정식이라 한다. 여기서 ∇^2은 2차 미분연산자로 라플라시안(Laplacian)이라 하며

$$\nabla^2 \equiv \frac{\partial^2}{\partial x^2} + \frac{\partial^2}{\partial y^2} + \frac{\partial^2}{\partial z^2} \tag{2.96}$$

이다.

플라시안을 이용하여 라플라스 및 푸아송의 방정식을 직각좌표계로 표시하면

$$\frac{\partial^2 V}{\partial x^2} + \frac{\partial^2 V}{\partial y^2} + \frac{\partial^2 V}{\partial z^2} = -\frac{\rho}{\varepsilon_0} \tag{2.97}$$

$$\frac{\partial^2 V}{\partial x^2} + \frac{\partial^2 V}{\partial y^2} + \frac{\partial^2 V}{\partial z^2} = 0 \tag{2.98}$$

예제 2-21

자유공간에서 $\mathbf{D}=\varepsilon_0(2x^2+16x)\mathbf{i}[\mathrm{C/m^2}]$인 전계가 있을 때, 전하가 없는 곳의 x평면의 값과 $x=3[\mathrm{m}]$의 전하밀도 $[\mathrm{C/m^3}]$를 구하여라.

풀이 $\mathbf{D}=\varepsilon_0\,\mathbf{E}$에서 $\mathbf{E}=(2x^2+16x)\,\mathbf{i}$이고,

$$\mathbf{E}=-\,gradV=-\nabla V$$

$$(2x^2+16x)\,\mathbf{i}=-\left(\frac{\partial V}{\partial x}\,\mathbf{i}+\frac{\partial V}{\partial y}\,\mathbf{j}+\frac{\partial V}{\partial z}\,\mathbf{k}\right)$$

$$=-\frac{\partial V}{\partial x}\,\mathbf{i}$$

$$\therefore V=-\int(2x^2+16x)dx=-\left(\frac{2}{3}x^3+8x^2\right)+C$$

전하가 없는 곳은 라플라스 방정식 $\nabla^2V=0$을 만족해야 하므로

$$\left(\frac{\partial^2}{\partial x^2}+\frac{\partial^2}{\partial y^2}+\frac{\partial^2}{\partial z^2}\right)V=\frac{\partial^2}{\partial x^2}\left\{-\left(\frac{2}{3}x^3+8x^2\right)\right\}$$

$$=-(4x+16)=0$$

$$\therefore x=-4\,[\mathrm{m}]$$

전하가 있는 곳은 푸와송 방정식 $\nabla^2V--\frac{\rho}{\varepsilon_0}$를 만족해야 하므로

$$-(4x+16)=-\frac{\rho}{\varepsilon_0}$$

$$\therefore \rho=(4x+16)\,\varepsilon_0$$

$x=3\,[\mathrm{m}]$이면 $\rho_{(3)}=28\,\varepsilon_0\,[\mathrm{C/m^3}]$

연습문제

■ 주관식 ■

1. 진공중에 도체구 A, B, C가 $Q_A=2[\mu C]$, $Q_B=4[\mu C]$, $Q_C=-5[\mu C]$의 전하를 가지고, 직선상에 1[m] 간격으로 떨어져 있을 때 C 도체구에 작용하는 힘은 얼마인가?

2. 반지름이 각각 1[cm], 2[cm]의 금속구가 있다. 각각의 전위가 22[kV]일 때, 상호간의 거리가 1[m]이면 상호간에 생기는 반발력은 얼마인가?

3. 공기중에서 원점 O에 $2[\mu C]$의 점전하가 있다. 원점에서 1[m] 떨어진점 A점과 2[m] 떨어진 점 B의 전위차를 구하여라. 또 A점과 B점의 전계를 구하여라.

4. $Q_1=5\times10^{-6}[C]$, $Q_2=10\times10^{-6}[C]$의 두 점 전하가 $r=20[cm]$ 떨어져 있을 때 전계의 세기가 0이 되는 점을 구하여라.

5. $\mathbf{E}=\frac{x}{x^2+y^2}\mathbf{i}+\frac{y}{x^2+y^2}\mathbf{j}$일 때, 점 (3, 0, −1)을 지나는 전기력선의 방정식을 구하여라.

6. 진공중에 단위 길이당 $10^{-4}[C]$의 전하를 가진 무한장 원주형 대전체의 반경이 4[cm]이다. 이 원주의 중심축에서 20[cm] 떨어진 점의 전계의 크기 [V/m]를 구하여라.

7. 반지름 a[m]인 도체구에 전하 Q[C]이 분포되어 있을 때, 전하가 없는 반지름 $\frac{a}{2}$[m]인 도체구를 접촉시키면 작은 도체구로 이동하는 전하는 몇 [C]인가?

8. 반지름 1[m]의 원형 코일을 만들고, 이곳에 전하 $5[\mu C]$이 균일하게 분포하고 있을 때, 원형 코일의 중심 축 상에서 중심으로부터 2[m] 거리에 있는 점 P의 전위 및 전계를 구하여라.

9. 진공중에서 1변 $l=20[cm]$인 정3각형의 각 꼭지점에 $Q=\sqrt{3}\times10^{-9}[C]$의 점전하들을 놓을 때, 이 정삼각형 중심의 전위를 구하여라.

10. 공기중에 놓여진 반지름 2[m]인 도체구에 최고로 줄 수 있는 전위는 얼마인가? 단, 공기의 절연내력은 $3\times10^6[V/m]$이다

11. 간격 2[cm]인 두 장의 평행한 평판도체가 수평으로 놓여있다. 이 사이에 전자

를 놓았을 때, 이 전자를 정지시키기 위하여 두 도체사이에 가할 전위차는 얼마인가? 단, 전자의 전하량과 질량은 1.602×10^{-19}[C], 9.1×10^{-31}[kg]이다.

12. 반지름 10[cm], 20[cm]를 내경, 외경으로 하는 동심원통이 있다. 두 원통 도체 사이의 전위차가 200[V]일 때, 두 도체의 표면전하 밀도를 각각 구하여라.

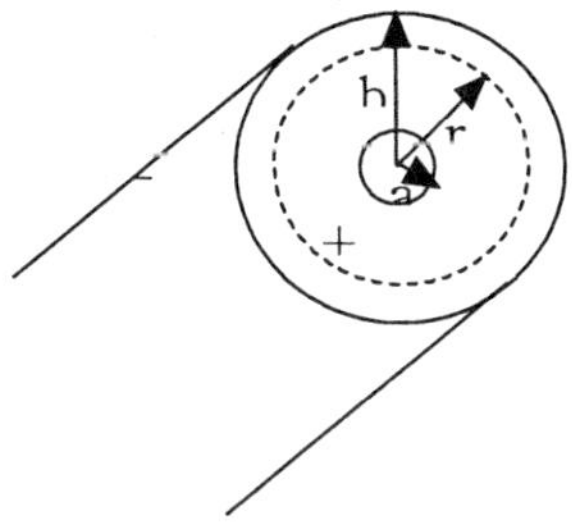

13. 동종 동량의 전하를 가지고 있고, 질량이 같은 두 물방울이 그 전하를 잃지 않고 한 개의 물방울로 합쳐질 때, 합치기 전후에 있어서의 표면 전하밀도의 비를 구하여라.

14. 어떤 점전하에 의한 전위가 함수 $V=\dfrac{20}{x^2+y^2}$ [V]일 때의 전위경도를 구하여라.

15. 반지름 a[m]의 원판형 전기 이중층의 축 위 x의 거리에 있는 점 P (정전하 측)의 전위를 구하여라.

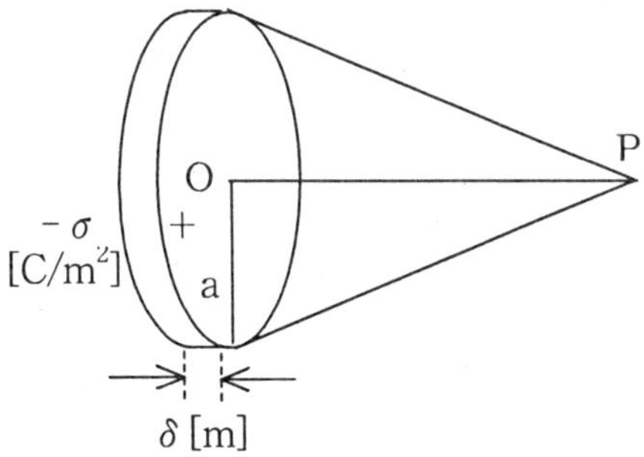

16. $V=3x^2+4y^2$[V]의 전위분포를 가진 공간에서 8[cm^3]내의 전하 [C]를 구하여라.

17. 전위함수 $V=2xy^2+x^2yz^2$[V] 일 때 점(1, 1, 1)[m]의 전하밀도 [C/m^3]는 얼마인가?

18. $\mathbf{E}=3x\ \mathbf{i}+y^2\ \mathbf{j}-f(x)z\ \mathbf{k}$가 전하가 없는 곳의 전계의 세기를 나타내자면 $f(x)$는 어떤 함수가 되어야 하는가?

■ **객관식** ■

1. 크기가 같은 두 개의 점전하가 진공 중에서 1〔m〕 떨어져 있다. 이 두 전하 사이에 작용하는 힘이 1〔kg〕일 때의 점전하는 몇 〔C〕인가?

㉮ 3.3×10^{-5}　　㉯ 3.3×10^{-6}　　㉰ 3.3×10^{-9}　　㉱ 3.3×10^{9}

2. 크기가 2×10^{-6}[C]인 두 개의 같은 점전하가 진공 중에 떨어져 4×10^{-3}[N]의 힘이 작용할 때 이들 사리의 거리 [m]는?

㉮ 6　　㉯ 5　　㉰ 4　　㉱ 3

3. 전계 E〔V/m〕 내의 한 점에 q〔C〕의 점전하를 놓을 때 이 전하에 작용하는 힘은 몇 N인가?

㉮ $\frac{E}{Q}$　　㉯ $\frac{q}{4\pi\varepsilon_0 E}$　　㉰ qE　　㉱ qE^2

4. 전계 중에 단위 점전하를 놓았을 때 그것에 작용하는 힘을 그 점에 있어서의 무엇이라 하는가?

㉮ 전계의 세기　　㉯ 전위　　㉰ 전위차　　㉱ 변화 전류

5. 한 변의 길이가 a[m]인 정육각형 ABCDEF의 각 정점에 Q[C]의 전하를 놓을 때 정육각형의 중심 0에 있어서의 전계 〔V/m〕는?

㉮ 0　　㉯ $\frac{3Q}{2\pi\varepsilon_0 a}$　　㉰ $\frac{3Q}{2\pi\varepsilon_0 a^2}$　　㉱ $\frac{Q}{4\pi\varepsilon_0 a}$

6. 평등 전계 E 속에 있는 정지된 전자 e가 받는 힘은?

㉮ 크기는 e^2E이고 전계와 같은 방향　　㉯ 크기는 e^2E이고 전계와 반대 방향
㉰ 크기는 eE이고 전계와 같은 방향　　㉱ 크기는 eE이고 전계와 반대 방향

7. 그림과 같이 동심구에서 도체 A에 Q〔C〕을 줄 때 도체 A의 전위〔V〕는? (단, 도체 B의 전하는 0이다.)

㉮ $\frac{Q}{4\pi\varepsilon_0 C}$　　㉯ $\frac{Q}{4\pi\varepsilon_0}\left(\frac{1}{a}-\frac{1}{b}\right)$

㉰ $\frac{Q}{4\pi\varepsilon_0}\left(\frac{1}{a}+\frac{1}{b}\right)$　　㉱ $\frac{Q}{4\pi\varepsilon_0}\left(\frac{1}{a}-\frac{1}{b}+\frac{1}{C}\right)$

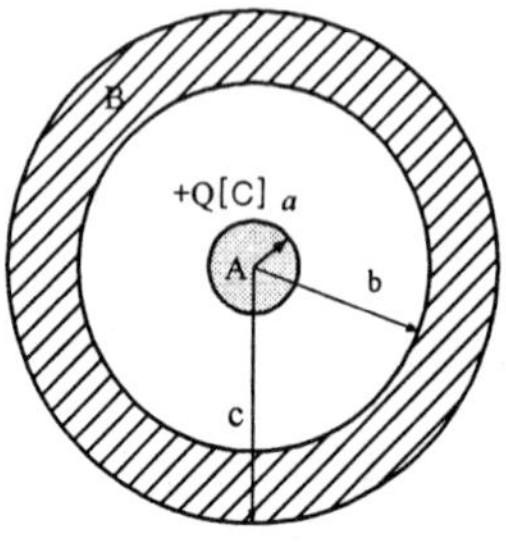

8. 정전계의 전기력의 성질을 나타내는 식 중 틀린 것은?

㉮ $\oint_C E \cdot dI = Q$ ㉯ $E = -\nabla V$ ㉰ $\nabla \cdot E = \frac{\sigma}{\varepsilon_0}$ ㉱ $\nabla \times E = 0$

9. 진공 중에 놓인 Q[C]의 전하에서 발산되는 전기력선 수는?

㉮ $\frac{Q}{\varepsilon_0}$ ㉯ $\frac{Q}{2\pi\varepsilon_0}$ ㉰ $\frac{Q}{4\pi\varepsilon_0}$ ㉱ 0

10. 전기력선의 기본 성질에 관한 설명으로 옳지 않은 것은?

㉮ 전기력선의 방향은 그 점의 전계의 방향과 일치한다.
㉯ 전기력선은 전위가 높은 점에서 낮은 점으로 향한다.
㉰ 전력선은 그 자신만으로 폐곡선이 된다.
㉱ 전계가 0이 아닌 곳에서 전기력선은 도체 표면에 수직으로 만난다.

11. 전계 **E**와 전위 V 사이의 관계 즉, $\mathbf{E} = -grad\,V$에 관한 설명으로 옳지 않은 것은?

㉮ 전계는 전위가 일정한 면에 수직이다.
㉯ 전계의 방향은 전위가 감소하는 방향으로 향한다.
㉰ 전계의 전기력선은 연속적이다.
㉱ 전계의 전기력선은 폐곡면이 이루어지지 않는다.

12. 시간적으로 변화하지 않는, 보존적(conservative)인 전하가 비회전성이라는 의미를 나타낸 것은?

㉮ $\nabla E = 0$ ㉯ $\nabla \cdot E = 0$ ㉰ $\nabla \times E = 0$ ㉱ $\nabla^2 E = 0$

13. 점전하에 의한 전계 내의 한 점 P에서 전위의 기울기가 180〔V/m〕, 전위가 900〔V〕일 때 이 점전하의 크기 〔μC〕는?

㉮ 0.1 ㉯ 0.5 ㉰ 0.8 ㉱ 1.0

14. 무한장 직선 도체의 선밀도 10〔C/m〕의 전하가 분포되어 있을 때 직선 도체를 축으로 하는 반지름 5〔m〕의 원통면 상의 전계는 몇 〔V/m〕인가?

㉮ 7.2×10^{7} ㉯ 7.2×10^{10} ㉰ 3.6×10^{9} ㉱ 3.6×10^{10}

15. 무한장 직선도체에 선전하밀도 λ〔C/m〕의 전하가 분포되어 있는 경우 직선 도체를 축으로 하는 반경 r의 원통면 상의 전계는 몇 〔V/m〕인가?

㉮ $E = \frac{1}{4\pi\varepsilon_0} \cdot \frac{\lambda}{r}$ ㉯ $E = \frac{1}{2\pi\varepsilon_0} \cdot \frac{\lambda}{r^2}$

㉰ $E = \frac{1}{4\pi\varepsilon_0} \cdot \frac{\lambda}{r^2}$ ㉱ $E = \frac{1}{2\pi\varepsilon_0} \cdot \frac{\lambda}{r}$

16. 무한 평면 전하에 의한 전계의 세기는?

㉮ 거리에 관계없다. ㉯ 거리에 반비례한다.

㉰ 거리의 제곱에 비례한다.　　㉱ 거리에 반비례한다.

17. 진공 중에 있는 임의의 구도체 표면 전하밀도가 σ일 때의 구도체 표면의 전계 세기〔V/m〕는?

㉮ $\frac{\varepsilon_0 \sigma^2}{2}$　㉯ $\frac{\sigma}{2\varepsilon_0}$　㉰ $\frac{\sigma^2}{\varepsilon_0}$　㉱ $\frac{\sigma}{\varepsilon_0}$

18. 무한히 넓은 평면에 면밀도 δ[C/ m^2]의 전하가 있는 경우 전력선은 분포되어 있는 면에 수직으로 나와 평행하게 발산한다. 이 평면의 전계의 세기는 몇〔V/m〕인가?

㉮ $\frac{\delta}{2\varepsilon_0}$　㉯ $\frac{\delta}{\varepsilon_0}$　㉰ $\frac{\delta}{2\pi\varepsilon_0}$　㉱ $\frac{\delta}{4\pi\varepsilon_0}$

19. 지구의 표면에 있어서 대지로 향하여 E=300〔V/m〕의 전계가 있다고 가정하면 지표면의 전하밀도는 몇 〔C/m2〕인가?

㉮ 1.65×10^{-9}　㉯ -1.65×10^{-9}　㉰ 2.65×10^{-9}　㉱ -2.65×10^{-9}

20. 공기 중에 균일하게 대전된 반기름 a〔m〕인 선형원환이 있을 때 그 중심으로부터 중심축상 x〔m〕 거리에 있는 점의 전계의 세기는 몇 〔V/m〕인가? (단, 원환의 전체 전하는 Q〔C〕이다.)

㉮ $\frac{Qx}{2\pi\varepsilon_0(a^2+x^2)^{3/2}}$　㉯ $\frac{Qx}{4\pi\varepsilon_0(a^2+x^2)^{3/2}}$

㉰ $\frac{Qx}{2\pi\varepsilon_0(a^2+x^2)}$　㉱ $\frac{Qx}{4\pi\varepsilon_0(a^2+x^2)^{1/2}}$

21. 자유공간 내에 밀도가 10^{-9}[C/m]인 균일한 선전하가 $x=4$, $y=3$인 무한장 선상에 있을 때 점 (8, 6, −3)에서 전계 **E**[V/m]는?

㉮ $2.88\mathbf{i}+2.16\mathbf{j}$　㉯ $2.16\mathbf{i}+2.88\mathbf{j}$

㉰ $2.88\mathbf{i}-2.16\mathbf{j}$　㉱ $2.16\mathbf{i}-2.88\mathbf{j}$

22. $E=4xi-4yj$일 때 점 (1, 2)를 지나는 전기력선의 방정식은?

㉮ $xy=2$　㉯ $\frac{1}{x}=y$　㉰ $\frac{1}{x}+\frac{1}{y}=2$　㉱ $y=\frac{1}{2}x$

23. 전위의 분포가 $V=12x+7y^2$로 주어질 때 점($x=5$, $y=4$)에서의 전계의 세기 〔V/m〕는?

㉮ $-12i+56j$　㉯ $-12i-56j$　㉰ $12i-56j$　㉱ $12i+56j$

24. 전위 함수 $V=2xy^2+x^2yz^2$[V]일 때 점 (1, 0, 0)〔m〕의 공간 전하밀도 [C/m^3]는?

㉮ $4\varepsilon_0$ ㉯ $-4\varepsilon_0$ ㉰ $6\varepsilon_0$ ㉱ $-6\varepsilon_0$

25. 공기의 절연내력은 30〔kV/m〕이다. 공기 중에 고립되어 있는 지름 40〔cm〕인 도체구에 걸어 줄 수 있는 전위의 최대값은 몇 〔kV〕인가?

㉮ 6 ㉯ 15 ㉰ 600 ㉱ 1200

26. 쌍극자 모멘트가 M〔C·m〕인 전기 쌍극자에 의한 임의의 점 P의 전계의 크기는 전기 쌍극자의 중심에서 축방향과 점 P를 잇는 선분 사이의 각 θ가 어느 때 최대가 되는가?

㉮ 0 ㉯ $\frac{\pi}{2}$ ㉰ $\frac{\pi}{3}$ ㉱ $\frac{\pi}{4}$

27. 전기쌍극자에 의한 전계의 세기는 쌍극자로부터의 거리 r에 대해서 어떠한가?

㉮ r에 비례한다. ㉯ r^2에 반비례한다.

㉰ r^3에 반비례한다. ㉱ r^4에 반비례한다.

제3장

도체계와 정전용량

3-1 도 체 계

여러 개의 도체가 가까이 분포하고 있어 도체계를 형성할 경우 각 도체상의 전하에 의한 전계는 다른 도체의 전하에 의한 전계와 서로간에 영향을 주고 받는다.

따라서 각 도체의 전하 또는 전위를 정전계적으로 해석할 때는 도체계 전체를 동시에 고려해야 한다. 정전계에서 도체계의 성질을 다음과 같이 정리할 수 있다.

첫째, 도체계의 각 도체에 전하가 주어지면, 각 도체의 전위는 하나의 값으로 정해진다.

둘째, 도체계의 각 도체에 전위가 주어지면, 각 도체의 전하는 하나의 값으로 정해진다.

셋째, 도체계의 각 도체에 Q_1, Q_2, …, Q_n[C]의 전하가 주어졌을 때 전위는 각각 V_1, V_2, …, V_n[V]이고, Q_1', Q_2', …, Q_n'[C]의 전하가 주어졌을 때 전위가 V_1', V_2', …, V_n'[C]이면, Q_1+Q_1', Q_2+Q_2', …, Q_n+Q_n'[C]의 전하가 주어졌을 때 전위는 V_1+V_1', V_2+V_2', …, V_n+V_n'[V]로 중첩되어 나타나며, 이 관계를 중첩의 원리라 한다.

3-2 전위계수

[그림 3-1]에서 처럼 두 개의 도체구로 구성된 간단한 도체계를 가정한다. 도체구의 크기는 각각 반지름이 R_1, R_2이며, 각각 Q_1, Q_2의 전하로 대전되어 있을 때, r[m]만큼 떨어진 도체구 1, 2의 전위 V_1, V_2는 다음과 같다.

$$\left.\begin{aligned} V_1 &= V_{11}+V_{12}=\frac{Q_1}{4\pi\varepsilon_0 R_1}+\frac{Q_2}{4\pi\varepsilon_0 r}=P_{11}Q_1+P_{12}Q_2 \\ V_2 &= V_{21}+V_{22}=\frac{Q_1}{4\pi\varepsilon_0 r}+\frac{Q_2}{4\pi\varepsilon_0 R_2}=P_{21}Q_1+P_{22}Q_2 \end{aligned}\right] \tag{3.1}$$

여기서

V_{11}, V_{22} : Q_1, Q_2만에 의한 도체 1과 도체 2의 전위

V_{12}, V_{21} : Q_2, Q_1만에 의한 도체 1과 도체 2의 전위

P_{11}, P_{12}, P_{21}, P_{22}, : 도체의 기하학적 상태에 의하여 결정되는 계수

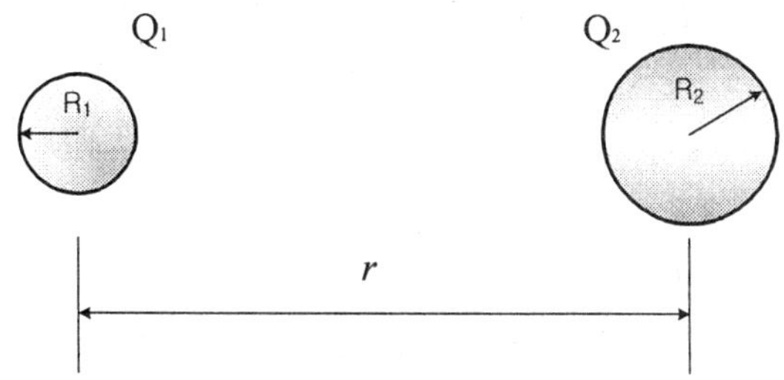

[그림 3-1] 두 개의 도체구에 의한 도체계

[그림 3-2]와 같이 n개의 도체로 구성된 도체계로 확장 적용하여 보자. 도체 1에만 단위정전하를 주고 다른 도체에는 전하를 전부 0으로 할 때 각 도체에 유도되는 전위는 P_{11}, P_{21}, P_{31}, …, P_{n1}이 되고 도체 2에만 단위정전하를 주고 다른 도체에는 전하를 전부 0으로 할 때 각 도체의 전위는 P_{12}, P_{22}, P_{32}, …, P_{n2}가 된다.

따라서 각 도체에 각각 Q_1, Q_2, …, Q_n[C]의 전하를 주었을 때 각 도체의 전위 V_1, V_2, …, V_n는 중첩의 원리에 의해 다음과 같이 된다.

$$
\begin{aligned}
V_1 &= P_{11}Q_1 + P_{12}Q_2 + \cdots + P_{1n}Q_n \\
V_2 &= P_{21}Q_1 + P_{22}Q_2 + \cdots + P_{2n}Q_n \\
&\cdots\cdots\cdots\cdots\cdots\cdots \\
V_n &= P_{n1}Q_1 + P_{n2}Q_2 + \cdots + P_{nn}Q_n
\end{aligned}
\tag{3.2}
$$

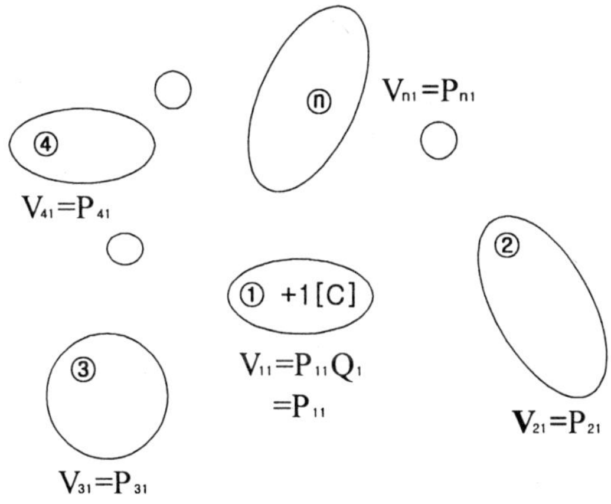

[그림 3-2] 도체계의 전위계수

여기서 P_{11}, P_{12}, P_{13}, …, P_{nn}는 특정한 도체에 단위정전하를 주었을 때 각 도체에 유도되는 전위로 도체의 크기와 상호간의 배치상태 및 주위 매질에 따라 정해지는 상수로 전위계수(電位係數 : coefficient of potential)라 부르며 단위는 [1/F] 또는 [V/C]가 된다.

전위계수는 다음과 같은 성질이 있다.

도체 1에만 단위정전하(+1[C])를 주었을 때 도체 1에서 발산하는 전기력선은 일부는 주위 도체를 지나게 되고 다른 일부는 무한원으로 뻗어나가게 된다. 그러므로 도체 1은 전기력선의 시점이 되며 가장 큰 전위를 갖게 된다. 따라서

$$P_{11} > P_{21} > \cdots > 0 \tag{3.3}$$

인 관계가 성립하며, 만약 도체 2가 도체 1에 포위되었다면

$$P_{11} = P_{21} \tag{3.4}$$

의 관계가 성립한다.

또한 도체 상호간의 크기와 위치가 정해졌으므로

$$P_{21} = P_{12} \tag{3.5}$$

식 (3.3)과 식 (3.4)로부터 전위계수의 성질을 정리하면 다음과 같다.

$$\left.\begin{aligned} &P_{rr} > 0 \\ &P_{rr} \geq P_{sr} \\ &P_{sr} > 0 \\ &P_{rs} = P_{sr} \end{aligned}\right\} \tag{3.6}$$

예제 3-1

각각 $\pm Q$[C]으로 대전된 두 개의 도체간의 전위차를 전위계수로 표시하여라.

풀이

$$V_1 = P_{11}Q_1 + P_{12}Q_2 = P_{11}Q - P_{12}Q$$

$$V_2 = P_{21}Q_1 + P_{22}Q_2 = P_{21}Q - P_{22}Q$$

전위차 $V_{12} = V_1 - V_2 = (P_{11} - 2P_{12} + P_{22})Q$ [V]

예제 3-2

두 도체 1, 2가 있다. 1도체에만 2[C]의 전하를 주면 1, 2도체의 전위가 각각 4[V], 6[V]가 되었다. 두 도체에 같은 전하 1[C]을 주면 1도체의 전위는 얼마인가?

풀이

$$V_1 = P_{11}Q_1 + P_{12}Q_2$$

$$V_2 = P_{21}Q_1 + P_{22}Q_2$$

$Q_1 = 2[C]$, $Q_2 = 0$일 때

$$P_{11} = \frac{1}{2} V_1 = 2 \ [\text{V/C}]$$

$$P_{21} = \frac{1}{2} V_2 = 3 \ [\text{V/C}]$$ 이므로

$$V_1 = P_{11}Q_1 + P_{12}Q_2 = 2\times1+3\times1=5\ [\text{V}]$$

3-3 용량계수와 유도계수

[그림 3-3]과 같은 n개의 도체로 구성된 도체계에서 도체 2, 3 등 다른 도체의 전위를 0[V](접지)로 하였을 때 도체 1의 전위를 +1[V]로 하기 위하여 도체 1에 주이진 전하를 q_{11}[C/V], 다른 도체에 유도되는 전하를 각각 q_{21}, q_{31}, …, q_{n1}이라 하면 도체 1을 V_1[V]로 한 경우 각 도체의 전하는 다음과 같다.

$$q_{21}V_1,\ q_{31}V_1,\ \cdots,\ q_{n1}V_1\ [\text{C}]$$

마찬가지로 도체 2를 +1[V]로 하고 다른 도체의 전위를 0[V]로 하였을 때, 즉

$$V_2 = 1\ [\text{V}],\quad V_1 = V_3 = \cdots = V_n = 0\ [\text{V}]$$

일 경우 도체 2에 주어진 전하는 q_{22}[C/V], 다른 도체에 유도된 전하는 각각 q_{12}, q_{32}, …, q_{n2}[C/V]가 된다. 따라서 도체 2의 전위를 V_2[V]로 한 경우 각 도체의 전하는

$$q_{12}V_2,\ q_{22}V_2,\ \cdots,\ q_{n2}V_2\ [\text{C}]$$

가 된다.

같은 방법으로 나머지 도체들에게 적용하여 마지막으로 도체 n의 전하를 +1[V]로, 다른 도체의 전위를 0[V]로 하였을 때 도체 n에 주어진 전하는 q_{nn}[C/V], 이 전하에 의하여 다른 도체에 유도된 전하는 각각 q_{1n}, q_{2n}, …, $q_{(n-1)n}$이 되며 도체 n의 전위를 V_n[V]로 하였을 때의 각 도체의 전하는 다음과 같이 된다.

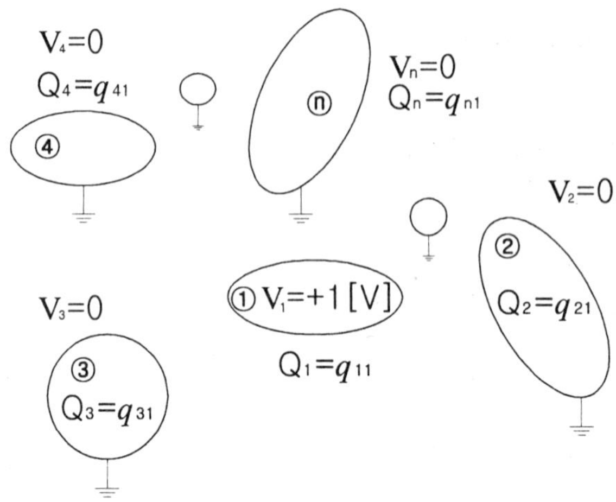

[그림 3-3] 도체계의 용량계수와 유도계수

$$q_{1n}V_n,\ q_{2n}V_n,\ \cdots\cdots, q_{nn}V_n\ [\mathrm{C}]$$

따라서 각 도체의 전위를 V_1, V_2, …, V_n으로 하였을 때 각 도체에 유도되는 전하 Q_1, Q_2, …, Q_n은 중첩의 원리에 의해

$$\begin{aligned} Q_1 &= q_{11}V_1 + q_{12}V_2 + \cdots\cdots + q_{1n}V_n \\ Q_2 &= q_{21}V_1 + q_{22}V_2 + \cdots\cdots + q_{2n}V_n \\ &\cdots\cdots\cdots\cdots\cdots\cdots\cdots\cdots \\ Q_n &= q_{n1}V_1 + q_{n2}V_2 + \cdots\cdots + q_{nn}V_n \end{aligned} \tag{3.7}$$

으로 주어진다.

여기서 $q_{11}, q_{22}, q_{33}, \cdots, q_{nn}$은 자기자신의 전위를 +1[V]로 하기 위한 전하로 용량계수(容量係數 : coefficient of capacity)라 하며 q_{21}, q_{31}, q_{41}, …, q_{n1} 등의 계수는 도체 1에 의하여 다른 도체에 유도되는 전하를 표시하므로 유도계수(誘導係數 : coefficient of induction)라 하며 단위는 [F]가 된다.

이들 계수들은 도체의 크기, 모양, 상호간의 배치상태 및 주위의 매질에 따라 정해지는 상수로 다음과 같은 성질이 있다

$$q_{11},\ q_{22},\cdots,\ q_{nn}\ >0\ (\text{용량계수}>0)$$

$$q_{21},\ q_{31},\cdots,\ q_{n1}\ \leq 0\ (\text{유도계수}\leq 0)$$

$$q_{11} \geq -(\ q_{21}+\ q_{31}+\cdots+\ q_{n1}) \tag{3.8}$$

$$q_{11}+\ q_{21}+\cdots+\ q_{n1}\ \geq 0$$

$$q_{rs}=\ q_{sr}(\text{예},\ q_{12}=\ q_{21})$$

이 식을 일반적으로 나타내면

$$\begin{aligned} &q_{rr}>0 \\ &q_{rs}\leq 0 \\ &q_{rr}\geq -q_{rs} \\ &q_{rs}=q_{sr} \end{aligned} \tag{3.8}$$

과 같다.

예제 3-3

1도체가 내구이고 반경 a, $+Q$[C]이며, 2도체는 접지된 외구이고 내반경 b, 외반경 c일 때 q_{11}을 구하여라.

풀이 그림과 같이 도체 1에 $+Q$를 주고 도체 2를 접지하면

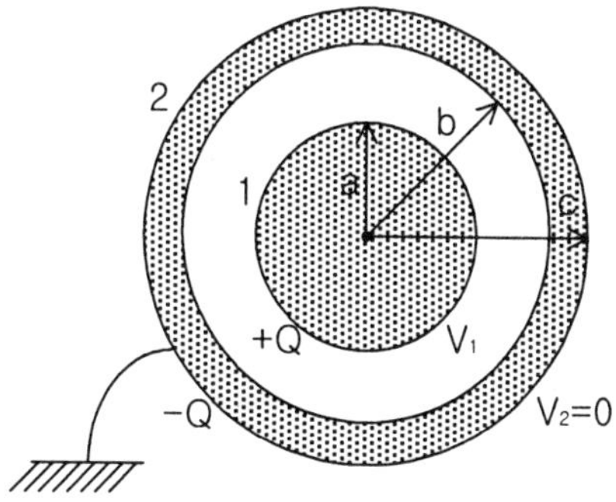

$$Q_1=q_{11}V_1+q_{12}V_2=+Q$$

$$Q_2=q_{21}V_1+q_{22}V_2=-Q$$

여기서 $V_1=1[\mathrm{V}]$, $V_2=0[\mathrm{V}]$로 하면

$$Q_1 = q_{11} = +Q,\ Q_2 = q_{21} = -Q$$

$$\therefore q_{21} = -q_{11} = q_{12}$$

여기에 $V_1 = \frac{Q}{4\pi\varepsilon}\left(\frac{1}{a} - \frac{1}{b} + \frac{1}{c}\right)$, $V_2 = \frac{Q}{4\pi\varepsilon c}$ 와 $q_{12} = -q_{11}$을 대입하면

$q_{11} = \frac{4\pi\varepsilon}{\frac{1}{a} - \frac{1}{b}}$ 이 된다.

(또는, 간단히 다음 용량방정식의 첫째 식에서,

$$\begin{cases} Q_1 = q_{11} V_1 + q_{12} V_2 = +Q \\ Q_2 = q_{21} V_1 + q_{22} V_2 = -Q \end{cases}$$

$$q_{11} V_1 = +Q$$

이고, 접지외구와 내구사이의 전압이 $V_1 = \frac{Q}{4\pi\varepsilon}\left(\frac{1}{a} - \frac{1}{b}\right)$이므로,

$\therefore q_{11} = \frac{4\pi\varepsilon}{\frac{1}{a} - \frac{1}{b}}$ 이 된다.)

3-4 정전용량

일정한 전위 V[V]를 주었을 때, 도체가 전하를 저장할 수 있는 능력을 그 도체의 정전용량(靜電容量 : electrostatic capacity or capacitance)이라 한다.

한 개의 전기적으로 고립된 도체에 전하 Q[C]를 주었을 때의 전위가 V[V]만큼 상승하였다면 정정용량 C는

$$C = \frac{Q}{V}\ [\mathrm{F}] \tag{3.10}$$

가 된다.

단위는 [C/V]이나 이것을 [F](farad : 패럿)으로 쓰며, 1[V]가 주어졌을 때 1[C]의 전하가 축적되는 용량을 1[F](farad)라 한다. 즉,

$$1[\mathrm{F}] = \frac{1[\mathrm{C}]}{1[\mathrm{V}]} \tag{3.11}$$

가 된다.

그러나 정전용량의 단위 1[F]은 매우 크므로, 다음과 같이 보조단위가 많이 사용된다.

$$1[\mu\text{F}] = 10^{-6}[\text{F}]$$
$$1[\text{nF}] = 10^{-9}[\text{F}] \quad (3.12)$$
$$1[\text{pF}] = 10^{-12}[\text{F}]$$

또한 정전용량은 커패시턴스(capacitance), 정전용량의 역수는 엘라스턴스(elastance)이라고 부른다.

두 개의 도체간 정전용량의 계산은 다음과 같다.

A, B 두 도체가 접근해 있을 경우 도체 A의 전하가 $+Q$[V], 도체 B의 전하가 $-Q$[V]이고 전위가 각각 V_A, V_B일 때 두 도체간의 정전용량은

$$C = \frac{Q}{V_A - V_B}[\text{F}] \quad (3.13)$$

이 되며, 도체간 전위차에 반비례한다.

두 도체를 대치하여 도체간의 전위차를 이용하여 크게 할 수 있으며, 보통 커패시터는 이 원리를 이용하여 큰 정전용량을 얻는다. 이처럼 두 개의 도체 사이에 특정한 정전용량을 갖도록 만든 장치를 콘덴서, 축전지, 또는 커패시터(capacitor)라 한다.

예제 3-4

각각 $+5[\mu\text{C}]$, $-5[\mu\text{C}]$을 가진 두 도체가 마주 대하고 있고, 두 도체간의 전위차가 20[V]일 때, 두 도체간의 정전용량을 구하여라.

풀이

$$C = \frac{Q}{V_A - V_B} \text{ 에서}$$

$$C = \frac{5\times10^{-6}}{20} = \frac{1}{4}\times10^{-6}[\text{F}] = 0.25[\mu\text{F}]$$

3-5 정전용량의 계산

3-5-1 구 도 체

[그림 3-4]와 같이 진공 중에 대전된 구도체가 있다. 이 구도체의 반지름을 a[m], 전하량을 Q[C]라 할 때 표면전위 V[V]는 다음과 같다.

$$V=\frac{Q}{4\pi\varepsilon_0 a}\ [\mathrm{V}] \tag{3.14}$$

따라서 이 구도체의 정전용량은 식 (3.10)으로부터 다음과 같이 된다.

$$C=\frac{Q}{V}=\frac{Q}{\dfrac{Q}{4\pi\varepsilon_0 a}}=4\pi\varepsilon_0 a\ [\mathrm{F}] \tag{3.15}$$

따라서 고립된 구도체의 정전용량은 구의 반지름에 비례한다.

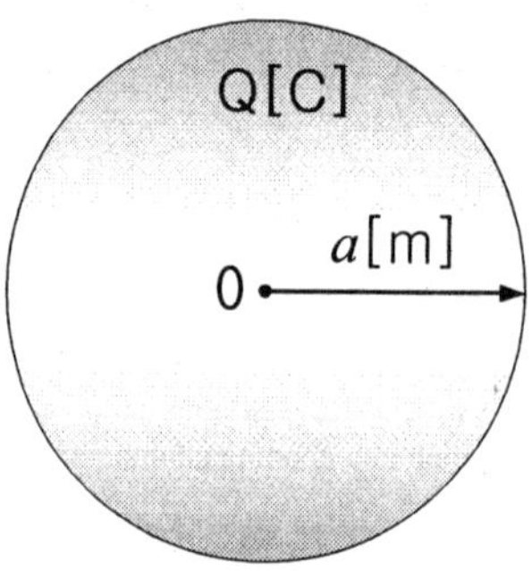

[그림 3-4] 구 도 체

예제 3-5

지구를 반경 약 6400[km]의 도체구로 생각할 수 있는데, 그 정전용량을 구하여라.

풀이

$$C=4\pi\varepsilon_0 a=\frac{1}{9\times10^9}\times6400\times10^3$$
$$\fallingdotseq 711\times10^{-6}[\mathrm{F}]=711[\mu\mathrm{F}]$$

3-5-2 동심구도체

[그림 3-5]는 내구와 외구의 중심이 같은 동심구도체이다. 내구 반지름 a[m], 외구 반지름 b[m]인 동심구도체 사이에 유전율 ε[F/m]의 유전체가 채워졌을 때의 정전용량은 다음과 같다.

내구에 $+Q$[C]의 전하를 주면, 내구와 외구 사이에 전기력선은 내구 표면으로부터 방사상으로 나와 외구의 안쪽에서 끝나며, 외구에 $-Q$[C]의 전하가 유도된다.

내구와 외구의 사이에 위치한 반지름 r[m]인 점의 전계의 세기 E_r은 다음과 같다.

$$E_r = \frac{Q}{4\pi\varepsilon\ r^2}\ [\mathrm{V/m}]$$

내외구 도체간의 전위차 V_{ab}는

$$V_{ab} = -\int_b^a \boldsymbol{E}_r \cdot d\,\boldsymbol{r} = -\int_b^a \frac{Q}{4\pi\varepsilon\ r^2}\,dr$$

$$= \frac{Q}{4\pi\varepsilon}\left(\frac{1}{a} - \frac{1}{b}\right)\ [\mathrm{V}]$$

가 된다. 따라서 위식을 식 (3.13)에 대입하면 동심구도체 내외구 사이의 정전용량 C[F]은

$$C = \frac{Q}{V_{ab}} = 4\,\pi\varepsilon\left(\frac{ab}{b-a}\right)\ [\mathrm{F}] \tag{3.16}$$

이다. 내외구 사이 공간이 공기로 채워졌다면 정전용량은

$$C = \frac{Q}{V_{ab}} = 4\,\pi\,\varepsilon_0\left(\frac{ab}{b-a}\right)\ [\mathrm{F}] \tag{3.17}$$

가 된다.

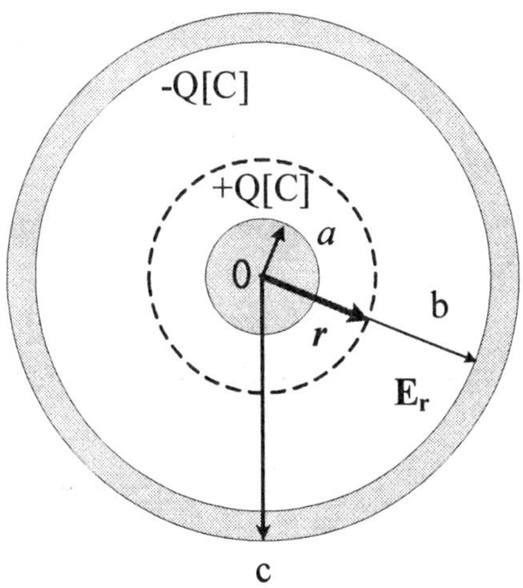

[그림 3-5] 동심구도체

예제 3-6

진공중에서, 내구의 반경 10[cm], 외구의 내반경과 외반경이 각각 20[cm], 30[cm]인 동심구 도체의 정전용량을 구하여라.

풀이

$$C = \frac{Q}{V_{ab}} = 4\pi\varepsilon_0\left(\frac{ab}{b-a}\right) \text{에서}$$

$$C = \frac{1}{9}\times 10^{-9}\times\left(\frac{0.1\times 0.2}{0.2-0.1}\right) \fallingdotseq 0.022\times 10^{-9}\,[\mathrm{F}] = 22[\mathrm{pF}]$$

3-5-3 동축원통도체

[그림 3-6]은 내원통 반지름이 a[m]이고 외원통 안반지름이 b[m]이고, 그 사이가 공기로 채워진 무한히 긴 동축원통도체이다. 이와 같이 내원통과 외원통에 각각 $+\lambda$[C/m], $-\lambda$[C/m]의 전하가 분포된 동축원통도체의 단위길이당 정전용량은 다음과 같다.

내원통 도체와 외원통 도체 사이에 위치한 반지름 r[m]인 점의 전계의 세기 E_r은 다음과 같다.

$$E_r = \frac{\lambda}{2\pi\varepsilon_0 r}\ [\mathrm{V/m}]$$

내외원통 도체간 전위차 V_{ab}는

$$V_{ab} = -\int_b^a \mathbf{E}\cdot d\,\mathbf{r} = -\frac{\lambda}{2\pi\varepsilon_0}\int_b^a \frac{1}{r}\,dr = -\frac{\lambda}{2\pi\varepsilon_0}[\ln r]_b^a$$

$$= \frac{\lambda}{2\pi\varepsilon_0}\ln\frac{b}{a}\quad [\mathrm{V}]$$

따라서, 위식을 식 (3.13)에 대입하면 동축원통도체 내외원통 사이의 단위길이당 정전용량은 다음과 같다.

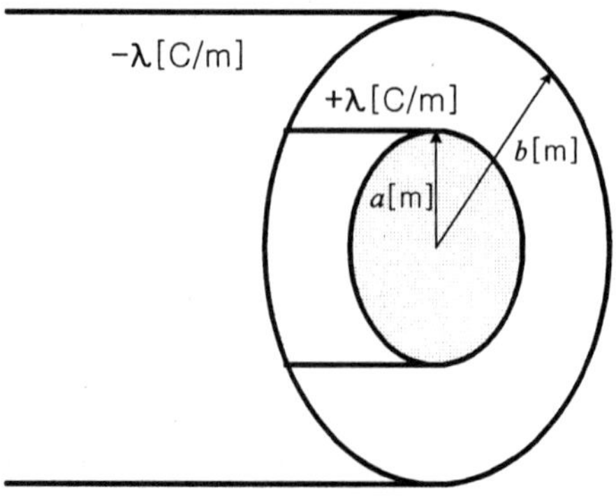

[그림 3-6] 동축원통도체

$$C = \frac{\lambda}{V_{ab}} = \frac{\lambda}{\dfrac{\lambda}{2\pi\varepsilon_0}\ln\dfrac{b}{a}} = \frac{2\pi\varepsilon_0}{\ln\dfrac{b}{a}} \text{ [F/m]} \tag{3.18}$$

만약 동축원통도체의 길이가 l[m]일 때 정전용량 C_l은

$$C_l = C \cdot l = \frac{2\pi\varepsilon_0}{\ln\dfrac{b}{a}} l \text{ [F]} \tag{3.19}$$

이 된다.

예제 3-7

공기중에서 내원통의 단면의 반지름이 a=10[cm], 외원통의 반지름 b=20[cm]인 무한히 긴 동축 원통도체의 단위길이당 정전용량을 계산하라.

풀이 내원통 및 외원통에 각각 $+\lambda$[c/m], $-\lambda$[c/m]의 전하가 분포한다고 하면 두 도체간의 임의의 점의 전계는

$$E = \frac{\lambda}{2\pi\varepsilon_0 r} \text{ [V/m]}$$

이고, 두 도체간의 전위차는

$$V_{ab} = -\int_b^a E \cdot dr = -\frac{\lambda}{2\pi\varepsilon_0}\int_b^a \frac{1}{r} dr = -\frac{\lambda}{2\pi\varepsilon_0}[\ln]_b^a$$

$$= \frac{\lambda}{2\pi\varepsilon_0}\ln\frac{b}{a} \text{ [V]}$$

따라서, 단위길이당 정전용량은

$$C_0 = \frac{\lambda}{V_{ab}} = \frac{2\pi\varepsilon_0}{\ln\dfrac{b}{a}} = \frac{2\pi\times 8.854\times 10^{-12}}{\ln\dfrac{0.2}{0.1}} = 80.26\times 10^{-12} \text{ [F/m]}$$

$$= 80.26 \text{ [pF/m]}$$

3-5-4 평행한 도체 사이의 정전용량

[그림 3-7]은 공기중에 반지름 a[m]의 매우 긴 도선이 d[m]의 간격으로 배선된 평행왕복도선이다. 도체 A에 $+\lambda$[C/m] 도체 B에 $-\lambda$[C/m]의 선전하가 분포되었다면 $d \gg a$일 때 단위길이당의 정전용량은 다음과 같다. 각 선도체 A, B의 전계는

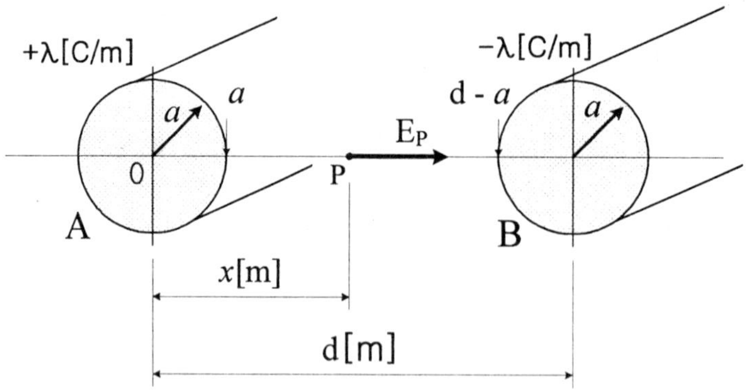

[그림 3-7] 평행왕복도선

$$E_A = \frac{\lambda}{2\pi\varepsilon_0 x}\ [\text{V/m}],\ E_B = \frac{-\lambda}{2\pi\varepsilon_0 (d-x)}\ [\text{V/m}]$$

이며, 양 도체의 중심을 연결하는 선상의 점 P의 전계는 같은 방향이므로, 합성전계 E는

$$E = E_A + E_B = \frac{\lambda}{2\pi\varepsilon_0}\left(\frac{1}{x} + \frac{1}{d-x}\right)[\text{V/m}] \tag{3.20}$$

같이 된다. 따라서, 평행왕복도체사이의 전위차 V_{ab}는

$$\begin{aligned} V_{AB} &= -\int_{d-a}^{a} E dx \\ &= -\frac{\lambda}{2\pi\varepsilon_0}\int_{d-a}^{a}\left(\frac{1}{x} + \frac{1}{d-x}\right)dx \\ &= -\frac{\lambda}{2\pi\varepsilon_0}\left\{\ln x \,\Big|_{a}^{d-a} - \ln(d-x)\,\Big|_{a}^{d-a}\right\} \\ &= \frac{\lambda}{\pi\varepsilon_0}\ln\frac{d-a}{a}\ [\text{V}] \end{aligned}$$

이다. 따라서, 단위길이당 정전용량은

$$C = \frac{\lambda}{V_{AB}} = \frac{\pi\varepsilon_0}{\ln\dfrac{d-a}{a}}\ [\text{F/m}] \tag{3.21}$$

이며, 특히 $d \gg a$일 때 $\ln\frac{d-a}{a} \fallingdotseq \ln\frac{d}{a}$이므로 식 (3.21)은 다음과 같이 된다.

$$C = \frac{\pi\varepsilon_0}{\ln\dfrac{d}{a}} = \frac{3.14\times 8.854\times 10^{-12}}{2.303\log_{10}\dfrac{d}{a}} = \frac{12.08}{\log_{10}\dfrac{d}{a}}\ [\text{F/m}] \tag{3.22}$$

여기서, 평행왕복도선의 길이가 l[m]일 때 정전용량은 다음과 같이 된다.

$$C_l = C \cdot l = = \frac{\pi \varepsilon_0}{\ln \frac{d-a}{a}} l\,[\mathrm{F}] \tag{3.23}$$

예제 3-8

무한히 긴 평행 왕복 도선의 사이거리가 1[m]이고 각 도선의 반경은 1[mm]이면, 단위길이당 정전용량은 얼마인가?

풀이 $C_0 = \dfrac{\pi \varepsilon_0}{\ln \dfrac{d}{a}}$ 에서

$$C_0 = \frac{1}{9\times 10^9} \times \frac{1}{4} \times \frac{1}{\ln \frac{1}{10^{-3}}} \fallingdotseq \frac{1}{36\times 10^9} \times 0.145$$

$$\fallingdotseq 4.02\times 10^{-12}\,[\mathrm{F/m}] = 4.02\,[\mathrm{pF/m}]$$

3-5-5 평행판 사이의 정전용량

[그림 3-8]은 전극판 사이가 공기로 채워진 간격 d[m]의 매우 넓은 평행판 캐패시터이며, 단위면적당 정전용량은 다음과 같다. 두 전극판에 각각 단위면적당 $\pm\sigma\,[\mathrm{C/m^2}]$의 전하를 주면 전기력선은 전극판의 양면사이에 존재하며 전극판에 수직하게 되므로 전하는 전극판의 내면에만 분포되고 전극판의 외면에 존재하지 않게 된다. 그리고 이 경우 전극판 사이의 전계는

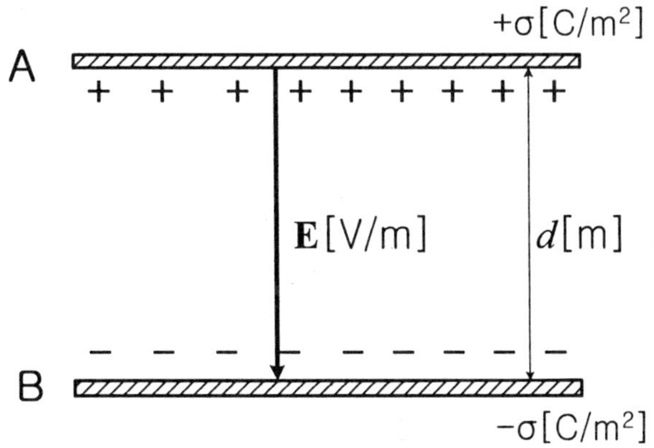

[그림 3-8] 평행판 콘덴서

$$E = \frac{\sigma}{\varepsilon_0} \ [\text{V/m}] \tag{3.24}$$

로 균일한 전계가 되며, 평행판 전극간 전위차는 식 $V = Ed$[V]로부터

$$V = \frac{\sigma \cdot d}{\varepsilon_0} \ [\text{V}] \tag{3.25}$$

가 된다. 따라서 단위면적당 정전용량 C_0는

$$C_0 = \frac{\sigma}{V} = \frac{\varepsilon_0}{d} \ [\text{F/m}^2] \tag{3.26}$$

가 되며, 평행판 전극사이에 유전율 $\varepsilon(=\varepsilon_0\varepsilon_s)$의 유전체를 삽입하면 정전용량 C는

$$C = \varepsilon_S C_0 = \frac{\varepsilon_0 \varepsilon_S}{d} \ [\text{F/m}^2] \tag{3.27}$$

가 된다. 평행판 면적이 S[m^2]이라 하면 정전용량 C_S는

$$C_S = C \cdot S = \frac{\varepsilon_0 \varepsilon_S S}{d} = \varepsilon \frac{S}{d} \ [\text{F}] \tag{3.28}$$

이다.

예제 3-9

평행판 공기 컨덴서의 극판 면적이 40[cm^2]이고 사이거리가 1[mm]이고, 극판간 전위차가 20[V]이다. 이 콘덴서의 정전용량을 구하여라.

풀이 $C = \frac{\varepsilon_0 \varepsilon_s S}{d}$ 에서 매질이 공기이므로 $\varepsilon_s = 1$이며, 따라서

$$C = \frac{8.854 \times 10^{-12} \times 40 \times 10^{-4}}{10^{-3}}$$
$$= 354.16 \times 10^{-13} \ [\text{F}]$$
$$= 35.416 \ [\text{pF}]$$

이다.

예제 3-10

면적 S[m^2], 간격이 d[m]인 평행평판 도체가 있다. 극판 사이에 V[V]의 전위차를 주면, 두 도체판 사이의 전계의 크기는 얼마인가? 또 면적을 5배 간격을 1/2배로 할 때 정전용량을 구하여라.

풀이 평행판 사이는 평등전계이며 $V=Ed$, 따라서 도체판 사이의 전계 E는 $E=\frac{V}{d}$ [V/m]이다.

정전용량은 $C=\frac{\varepsilon_0 S}{d}$ 에서 $C'=\frac{\varepsilon_0(5S)}{\frac{1}{2}d}=10\frac{\varepsilon_0 S}{d}=10C$이므로 10배가 된다.

3-6 콘덴서 연결

대부분의 콘덴서는 정전용량이 고정된 형태의 고정콘덴서로 되어 있으나, 라디오의 바리콘(varicon)과 같이 평행판 전극의 상대면적을 변화시켜 그 용량을 가변할 수 있는 가변콘덴서도 있으며, 이를 나타낸 콘덴서의 기호는 [그림 3-9]와 같이 표시한다.

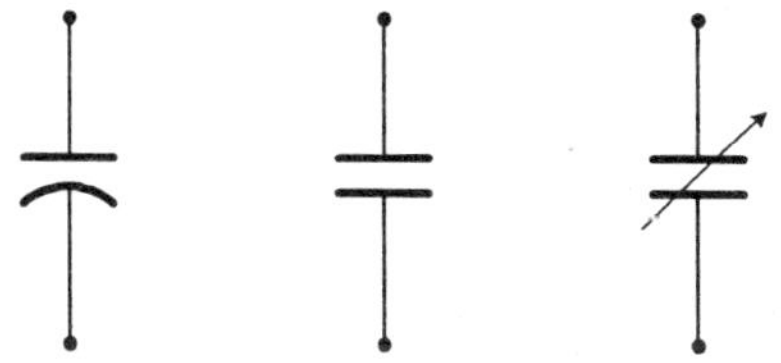

[그림 3-9] 콘덴서의 종류

또한, 여러 개의 콘덴서를 적당히 연결하면 전체가 하나의 콘덴서와 같은 역할을 하게 되는데 연결방식에는 다음 두 방식이 있다.

3-6-1 콘덴서의 병렬연결

[그림 3-10]은 콘덴서의 병렬연결이다. 단자 A, B에 V[V]의 전위차를 가하면 콘덴서 C_1, C_2, C_3에 충전되는 전하는

$$Q_1=C_1V,\quad Q_2=C_2V,\quad Q_3=C_3V$$

가 되며, 단자 A, B 사이의 전전하(全電荷)는

$$Q_1+Q_2+Q_3=(C_1+C_2+C_3)V\ [\mathrm{C}]$$

가 되며, 병렬연결된 전 콘덴서의 합성정전용량을 C_P[F]는 $Q=C_PV$ [C] 로부터 다음 식과 같이 된다.

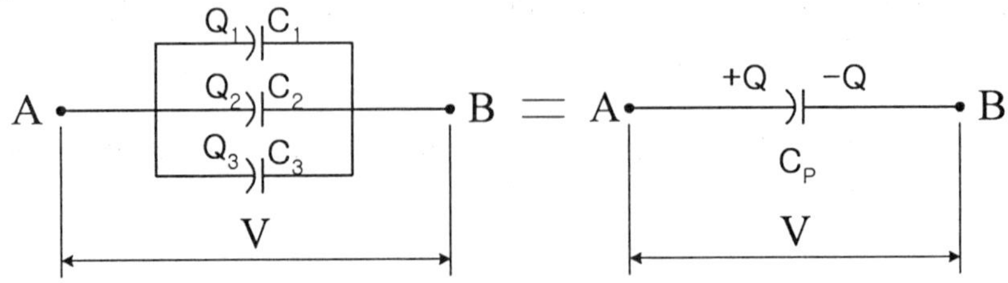

[그림 3-10] 콘덴서의 병렬접속

$$C_P = \frac{Q}{V} = \frac{Q_1 + Q_2 + Q_3}{V} = \frac{(C_1 + C_2 + C_3)V}{V} \\ = C_1 + C_2 + C_3\ [\mathrm{F}] \tag{3.29}$$

따라서 병렬연결시 합성정전용량은 각 콘덴서 정전용량보다 커진다. 그리고 각 콘덴서에 분배(충전)되는 전하는 $Q=CV$로부터

$$Q_1 = C_1 V = \frac{C_1}{C_P} Q = \frac{C_1}{C_1 + C_2 + C_3} Q\,[\mathrm{C}]$$

$$Q_2 = C_2 V = \frac{C_2}{C_P} Q = \frac{C_2}{C_1 + C_2 + C_3} Q\,[\mathrm{C}] \tag{3.30}$$

$$Q_3 = C_3 V = \frac{C_3}{C_P} Q = \frac{C_3}{C_1 + C_2 + C_3} Q\,[\mathrm{C}]$$

이 되며, 각 콘덴서에 충전된 전하는 각 콘덴서의 용량에 비례하여 분배된다.

3-6-2 콘덴서의 직렬연결

[그림 3-11]은 콘덴서의 직렬연결이다. 단자 A, B에 V[V]의 전위차를 가하면 콘덴서 C_1, C_2, C_3는 정전유도에 의하여 $+Q$[C]과 $-Q$[C] 전하가 유도(충전)되어

$$Q = C_1 V_1,\ Q = C_2 V_2,\ Q = C_3 V_3$$

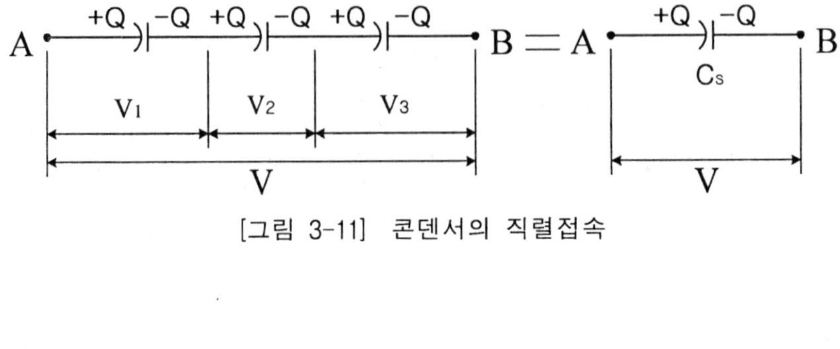

[그림 3-11] 콘덴서의 직렬접속

가 된다. 따라서 각 콘덴서에 걸리는 전위차는

$$V_1 = \frac{Q}{C_1},\quad V_2 = \frac{Q}{C_2},\quad V_3 = \frac{Q}{C_3}$$

가 되고, 직렬연결된 콘덴서 전체에 걸리는 전위차는

$$V = V_1 + V_2 + V_3 = \left(\frac{1}{C_1} + \frac{1}{C_2} + \frac{1}{C_3}\right)Q \text{ [V]} \qquad (3.31)$$

가 되며, 직렬연결된 합성 정전용량 C_S[F]는 $C_S = \frac{Q}{V}$ 로부터

$$C_S = \frac{Q}{V} = \frac{Q}{\left(\frac{1}{C_1} + \frac{1}{C_2} + \frac{1}{C_3}\right)Q} = \frac{1}{\frac{1}{C_1} + \frac{1}{C_2} + \frac{1}{C_3}} \text{ [F]} \qquad (3.32)$$

$$\frac{1}{C_S} = \frac{1}{C_1} + \frac{1}{C_2} + \frac{1}{C_3} \text{ [1/F]} \qquad (3.33)$$

의 관계식이 얻어진다. 즉, 직렬연결시 합성 정전용량은 각 콘덴서의 정전용량보다 적어진다.

그리고 각 콘덴서에 걸리는 전위차는 $V = \frac{Q}{C}$ 로부터

$$V_1 = \frac{Q}{C_1} = \frac{C_S}{C_1}V = \frac{C_2 C_3}{C_1 C_2 + C_2 C_3 + C_3 C_1}V$$

$$V_2 = \frac{Q}{C_2} = \frac{C_S}{C_2}V = \frac{C_3 C_1}{C_1 C_2 + C_2 C_3 + C_3 C_1}V \qquad (3.34)$$

$$V_3 = \frac{Q}{C_3} = \frac{C_S}{C_3}V = \frac{C_1 C_2}{C_1 C_2 + C_2 C_3 + C_3 C_1}V$$

가 되어 각 콘덴서의 용량에 반비례하여 전위차가 분배됨을 알 수 있다.

예제 3-11

내압 100[V], 정전용량 5[μF]인 커패시터, 내압 250[V], 정전용량 2.5[μF]인 커패시터, 내압 400[V], 정전용량 1[μF]인 3개의 커패시터가 직렬로 연결되어 있을 때, 합성정전용량을 구하고, 파괴순서를 기록하여라.

풀이 합성정전용량

$$C_s = \frac{1}{\frac{1}{5} + \frac{1}{2.5} + \frac{1}{1}} = \frac{1}{0.2 + 0.4 + 1} = 0.625\,[\mu\text{F}]$$

$$V_1 : V_2 : V_3 = \frac{1}{C_1} : \frac{1}{C_2} : \frac{1}{C_3} = \frac{1}{5} : \frac{1}{2.5} : \frac{1}{1}$$
$$= 0.2 : 0.4 : 1 = 1 : 2 : 5$$

5[μF]에 100[V]가 걸리면

$$V_1 : V_2 : V_3 = 100 : 200 : 500$$

따라서 1[μF] 의 커패시터가 먼저 파괴된다. 즉, 1[μF] → 5[μF] → 2.5[μF] 순으로 파괴된다.

예제 3-12

정전용량 $C_1 = 4[\mu F]$, $C_2 = 8[\mu F]$인 두 커패시터를 직렬로 접속하여 그 양단에 V=100[V]를 주었을 때, C_1에 걸리는 전위차는 얼마인가?

풀이

$$Q = C_1 V_1 = C_2 (V - V_1)$$
$$(C_1 + C_2) V_1 = C_2 V$$
$$V_1 = \frac{C_2}{C_1 + C_2} V$$
$$\therefore V_1 = \frac{8}{4+8} \times 100 \fallingdotseq 66.67\,[\mathrm{V}]$$

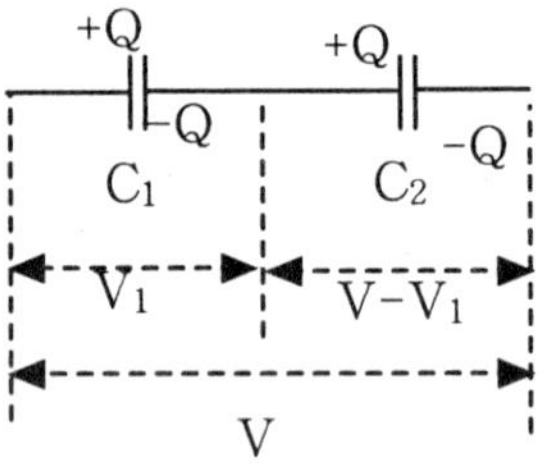

3-7 정전 에너지

도체가 전하 Q로 충전된다는 것은 전하를 Q=0[C]에서 일정량 Q[C]까지 도체에 공급하거나 또는 전계의 세기가 0인 무한원(無限遠)에서 도체까지 Q[C]의 전하를 운반해 온다는 것을 의미한다. 따라서 Q[C]의 전하를 운반하기 위한 일(에너지)가 필요하게 된다. 이 에너지를 전하 Q[C]으로 충전된 도체가 지닌 정전 에너지라 한다.

정전용량 C[F]의 도체에 전하를 주면 이에 비례하여 전위 V[V]는 상승하게 된다. 이 관계는 [그림 3-12]의 $Q-V$ 좌표로 표시하면 직선이 되고, 여기서 기울기는 도체의 정전용량을 나타낸다.

현재 충전전하 q[C], 전위 v[V]을 지닌 대전도체가 있다. 여기서 전위 v[V]란 단위정전하(+1[C])를 이 도체까지 운반하는데 필요한 일이 v[J/C]임을 의미한다. 따라서 이 도체에 미소전하 dq[C]을 더 충전시키는데 필요한 일은

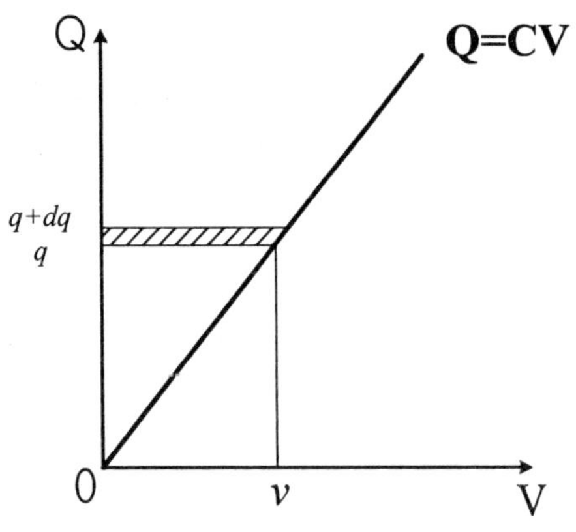

[그림 3-12] 정전 에너지

$$dW = vdq = \frac{q}{C}\,dq\ [\mathrm{J}]$$

이 된다. 도체전하를 0에서 Q[C]까지 충전하는데 필요한 전에너지는

$$W = \int_0^Q dW = \int_0^Q \frac{q}{C}\,dq = \frac{1}{2}\frac{Q^2}{C} = \frac{1}{2}CV^2 = \frac{1}{2}QV\,[\mathrm{J}] \tag{3.35}$$

가 된다. 다수의 도체가 존재할 경우 각 도체의 전하가 Q_1, Q_2, Q_3[C]일 때 각각 전위가 V_1, V_2, V_3[V]이라면 이 도체계가 지닌 총 정전 에너지는

$$W = \frac{1}{2}Q_1V_1 + \frac{1}{2}Q_2V_2 + \frac{1}{2}Q_3V_3\ [\mathrm{J}] \tag{3.36}$$

이 되며, 다음과 같이 정리할 수 있다.

1개의 도체가 갖는 에너지 : $W = \frac{1}{2}CV^2$ [J]

다수의 도체가 갖는 에너지 : $W = \frac{1}{2}\sum_{i=1}^{n} C_i V_i^{\,2}$ [J] (3.37)

그런데 전극판 사이 전계 E[V/m], 간격 d[m], 면적 S[m^2], 전극판 사이의 유전체의 유전율 ε[F/m]인 평행판 콘덴서에 $\pm Q$[C]의 전하가 충전되어 있다면, 이 콘덴서가 지닌 에너지는

$$W = \frac{1}{2}CV^2 = \frac{1}{2}\left(\frac{\varepsilon S}{d}\right)(Ed)^2 = \frac{1}{2}\varepsilon E^2 Sd\ [\mathrm{J}] \tag{3.38}$$

이다. 이 콘덴서에 저장된 단위체적당 에너지는

$$\begin{aligned} w &= \frac{W}{Sd} = \frac{1}{2}\varepsilon E^2 = \frac{1}{2}\frac{D^2}{\varepsilon} = \frac{1}{2}DE\ [\mathrm{J/m^3}] \\ w &= \frac{1}{2}\mathbf{D}\cdot\mathbf{E}\ [\mathrm{J/m^3}] \end{aligned} \tag{3.39}$$

가 된다.

예제 3-13

정전용량 $C_1=5[\mu F]$, $C_2=10[\mu F]$의 두 커패시터가 병렬접속되어 있고 양단에 200[V]로 전하를 충전시킨 후에, 전원대신 1[kΩ]의 저항을 연결하면, 소모되는 전체 에너지는 얼마인가?

풀이 합성 정전용량 $C_P = C_1 + C_2 = 15\ [\mu F]$

전체 에너지 $W = \frac{1}{2} C_P V^2 = \frac{1}{2} \times 15 \times 10^{-6} \times 200^2 = 0.3\ [J]$

3-8 도체에 작용하는 힘

대전 도체계에 작용하는 힘은 다음과 같다. 예를 들어 평행판 콘덴서가 $\pm Q$[C]의 전하로 충전되어 있을 때 평행판 전극 도체간 사이에 정전기적인 힘이 작용하여 한 개의 전극 도체판이 d 방향으로 Δd[m]만큼 이동하였다고 하자.

이 때 도체에 작용하는 힘의 이동방향 성분을 F_d라 하면 전계가 한 일은 $F_d \cdot \Delta d$가 되며, 이 일의 양만큼 에너지가 감소하였다고 볼 수 있다. 따라서, 이 에너지의 감소를 $-\Delta W$라 하면

$$F_d \cdot \Delta d = -\Delta W \tag{3.40}$$

가 되며, 다음 식으로 유도된다.

$$F_d = -\frac{\Delta W}{\Delta d}\ [N] \tag{3.41}$$

$\Delta d \to 0$으로 편미분하면 정전기력은

$$F_d = -\frac{\partial W}{\partial d}\ [N] \tag{3.42}$$

이 된다. 여기서 음(−)의 부호는 정전기력은 에너지가 감소하는 방향으로 작용한다는 것을 의미한다.

따라서 평행판 콘덴서의 두 전극판 사이에 작용하는 정전기력은 충전된 전하 $\pm Q$[C]이 일정할 경우

$$\begin{aligned} F_d &= -\frac{\partial W}{\partial d} = -\frac{\partial}{\partial d}\left(\frac{1}{2}\frac{Q^2}{C}\right) \\ &= -\frac{\partial}{\partial d}\left(\frac{1}{2}\frac{Q^2 d}{\varepsilon S}\right) = -\frac{1}{2}\frac{Q^2}{\varepsilon S}\ [N] \end{aligned} \tag{3.43}$$

을 얻으며, 여기서 음수(−)는 힘이 d의 증가 방향과 반대로 작용함을 나타낸다.

단위면적당 작용하는 힘 f는

$$f = \frac{F}{S} = -\frac{1}{2}\frac{Q^2}{\varepsilon S^2}\ [\mathrm{N/m^2}] \tag{3.44}$$

이 된다.

전위 V[V]가 일정할 경우

$$\begin{aligned} F_d &= \frac{\partial W}{\partial d} = \frac{\partial}{\partial d}\left(\frac{1}{2}C V^2\right) = \frac{\partial}{\partial d}\left(\frac{\varepsilon S V^2}{2d}\right) \\ &= -\frac{\varepsilon S}{2}\frac{V^2}{d^2} = -\frac{\varepsilon S}{2}E^2\ [\mathrm{N}] \end{aligned} \tag{3.45}$$

가 된다.

단위면적당 작용하는 힘 f는

$$f = \frac{F}{S} = -\frac{1}{2}\varepsilon E^2\ [\mathrm{N/m^2}] \tag{3.46}$$

이 된다.

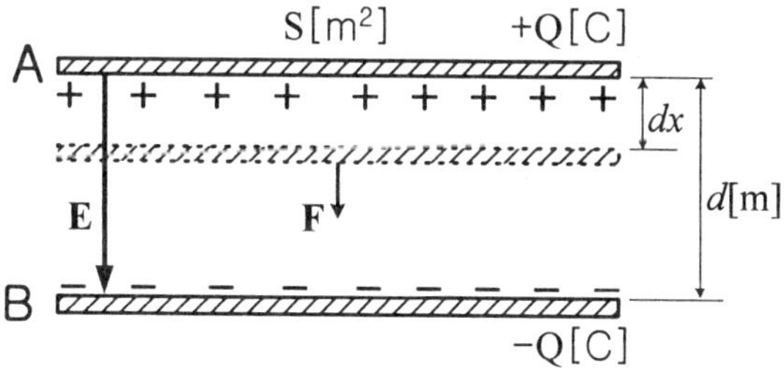

[그림 3-13] 대전 도체판 사이에 작용하는 힘

예제 3-14

진공중에서 면적 $S=1[\mathrm{m^2}]$, 간격 $d=2$[mm]인 평행판 커패시터의 양단에 $V=100$[V]의 전압을 가하면 정전용량과 저축 에너지 및 전극판 사이에 작용하는 힘의 크기는 얼마인가?

풀이

$$C = \frac{\varepsilon_0 S}{d} = \frac{8.854\times10^{-12}\times1}{2\times10^{-3}} = 4.427\times10^{-9}\ [\mathrm{F}]$$

$$W = \frac{1}{2}CV^2 = \frac{1}{2}\times4.427\times10^{-9}\times(100)^2 = 2.2135\times10^{-5}$$

$$\begin{aligned} F &= -\frac{\partial W}{\partial d} = -\frac{\partial}{\partial x}\left(\frac{1}{2}\cdot\frac{\varepsilon_0 S}{d}\cdot V^2\right) = \frac{\varepsilon_0 S V^2}{2d^2} \\ &= \frac{8.854\times10^{-12}\times1\times(100)^2}{2\times(2\times10^{-3})^2} \\ &= 1.106\times10^{-2}\ [\mathrm{N}] \end{aligned}$$

3-9 전기영상법

무한 평면도체면 AA′가 있고, 이 도체면에서 거리 a[m]되는 점 P에 $+Q$[C]의 점전하가 존재할 때의 정전계를 구하고자 한다. [그림 3-14](a)에 나타낸 것과 같이 평면도체면에 대한 거울면상의 대칭점 P'에 $-Q$의 전하가 있다고 가정하였을 때, 두 점전하 $+Q$와 $-Q$에 의한 전위는 평면도체면 AA′면 위에서 0(V=0[V])이 된다. 또한 점전하 $+Q$에 의한 전력선 분포는 평면도체면에 대한 거울면상의 대칭점 P'에 위치한 가상의 전하 $-Q$와 $+Q$에 의한 전력선 분포와 같음을 알 수 있으며, 이 때 P'를 영상점(image point), $-Q$를 영상전하(image charge)라 부른다. 따라서 전기력선은 AA′면에 수직이 되고, 평면도체를 제거해도 전계에는 변화가 없다. 즉, 무한 평면판상의 점전하 Q에 의한 전계는 점전하 $+Q$, $-Q$만이 존재할 때의 $+Q$ 전하측의 반공간의 전계와 같으므로 전위가 0[V]인 평면도체와 점전하 Q[C] 사이의 전계는 평면도체 대신 영상전하 $-Q$[C]와의 문제로 해석할 수 있다. 이와 같은 계산 법을 전기영상법(electric image method)이라 한다.

[그림 3-14](b)와 같은 좌표 $R(x, y)$의 전위는

$$\begin{aligned} V &= \frac{Q}{4\pi\varepsilon_0}\left(\frac{1}{r_1} - \frac{1}{r_2}\right) \\ &= \frac{Q}{4\pi\varepsilon_0}\left(\frac{1}{\sqrt{(x-a)^2+y^2}} - \frac{1}{\sqrt{(x+a)^2+y^2}}\right)[\text{V}] \end{aligned} \tag{3.47}$$

이며, $R(x, y)$의 전계는

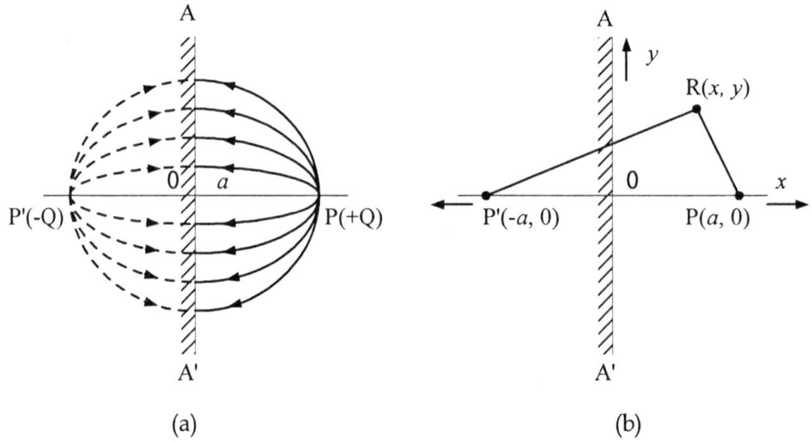

[그림 3-14] 평면도체와 정전하

$$E = -\frac{\partial V}{\partial x} = -\frac{Q}{4\pi\varepsilon_0}\frac{\partial}{\partial x}\left\{\frac{1}{\sqrt{(x-a)^2+y^2}} - \frac{1}{\sqrt{(x+a)^2+y^2}}\right\}$$
$$= \frac{Q}{4\pi\varepsilon_0}\left\{\frac{x-a}{\{(x-a)^2+y^2\}^{3/2}} - \frac{x+a}{\{(x+a)^2+y^2\}^{3/2}}\right\}[\mathrm{V/m}] \qquad (3.48)$$

가 된다. 따라서 무한 평면도체면에서의 전계의 세기는 $x=0$이므로

$$E_{x=0} = E_0 = \frac{2aQ}{4\pi\varepsilon_0(a^2+y^2)^{3/2}} = \frac{aQ}{2\pi\varepsilon_0(a^2+y^2)^{3/2}}\ [\mathrm{V/m}] \qquad (3.49)$$

기 되므로 평면도체년의 전하밀도 σ는

$$\sigma = \varepsilon_0 E_o = \frac{aQ}{2\pi(a^2+y^2)^{3/2}}\ [\mathrm{C/m^2}] \qquad (3.50)$$

가 얻어진다. 또한 이 전하 $\sigma[\mathrm{C/m^2}]$를 평면도체 전표면에 대하여 합하면 영상전하 $-Q[\mathrm{C}]$이 된다.

평면도체 표면상에서 최대 전하밀도는 식 (3.50)으로부터 $y=0$일 때, 즉 원점에서 얻어지며 그 크기는 다음 식과 같다.

$$\sigma_{\max} = \frac{Q}{2\pi a^2}\ [\mathrm{C/m^2}] \qquad (3.51)$$

또한 [그림 3-15]는 평면도체표면상에서의 위치 y에 따른 전하밀도의 분포이다. 점선하 $Q[\mathrm{C}]$와 평면도체면에 유도되는 전하 σ 사이의 정전인력은 영상전하 $-Q[\mathrm{C}]$과 점전하 $Q[\mathrm{C}]$ 사이의 힘 $F[\mathrm{N}]$이 될 것이므로

$$F = -\frac{1}{4\pi\varepsilon_0}\frac{Q^2}{(2a)^2} = \frac{-Q^2}{16\pi\varepsilon_0 a^2}\ [\mathrm{N}] \qquad (3.52)$$

이 되며, 이 힘을 영상력(image force)라 한다.

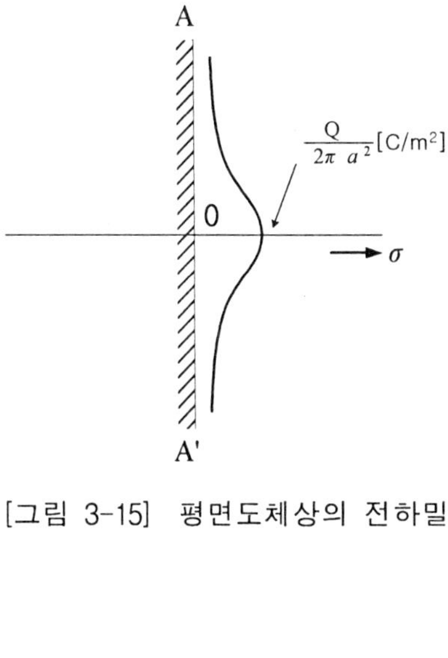

[그림 3-15] 평면도체상의 전하밀도

연습문제

■ 주관식 ■

1. 정전용량 5[μF], 극판 거리 1[mm]인 평행판 커패시터에 200[μC]의 전하를 주었을 때, 극판간의 전위경도는 몇 [V/m]인가?

2. 도체 1을 Q[C]로 대전된 도체2에 접속하면 도체 2가 얻는 전하를 전위계수로 표시하여라. 단, P_{11}, P_{12}, P_{21}, P_{22}는 전위계수이며, 전위방정식을 사용한다.

3. $C_1=4$[μF], $C_2=8$[μF], $C_{13}=12$[μF]인 세 커패시터를 직렬 혹은 병렬로 접속한 양단을 일정전원 $V=100$[V]에 연결하였다면, 저축되는 에너지는 각각 얼마인가?

4. 공기중에서 반경 $a=1$[mm], 도선의 중심축 사이거리 $d=50$[cm]인 두 평행 도선간의 전위차 $V=50$[V]일 때, 도선의 단위길이당 작용하는 정전력은 얼마인가? 단, $a \ll d$로 생각한다.

5. 면적 $S=20[\mathrm{cm}^2]$인 평행평판 커패시터의 양단에 전위차 $V=1$[kV]를 가할 때, 공기의 절연내력 $E=3\times10^3$[V/mm]를 초과하지 않도록 하는 커패시터의 용량의 최대값을 구하여라.

6. 내압이 모두 200[V]인 세 개의 커패시터의 용량이 각각 1[μF], 2[μF], 3[μF]일 때, 이 커패시터를 직렬로 연결하면 전체 내압은 얼마인가?

7. 내구의 반지름 $a=1$[cm], 외구의 반지름 $b=5$[cm], $c=10$[cm]인 동심구 도체의 외구를 접지하고, 내구에 1000[V]의 전위를 줄 때, 내구에 충전되는 전하량을 구하여라.

8. 반지름이 각각 1[cm], 5[cm]인 절연된 도체구의 전위가 각각 10[V], 20[V]가 되도록 충전한 다음, 가는 도선으로 연결할 때의 공통전위를 구하여라.

9. 반지름이 10[cm]의 도체구가 2.0×10^{-6}[J]의 정전에너지를 가졌을 때, 구의 표면전위를 구하여라.

10. 면적이 200[cm²], 간격이 1[cm]인 두 평행판 도체 사이에 비유전율 10인

유전체를 채우고, 두 도체간에 5[kV]의 전압을 가할 때, 두 도체판 간에 작용하는 정전흡인력 [N]을 구하여라.

11. 공기중에 반경이 20[cm]인 구도체를 10^6[V]로 충전하였을 때, 이 도체에 저축되는 에너지 [J]를 구하여라.

12. 두 커패시터 $C_1=10[\mu C]$, $C_2=20[\mu C]$을 직렬로 접속하고 그 양단에 전압 200[V]를 가한 경우 C_1에 분배되는 전압을 구하여라.

■ 객관식 ■

1. 여러 가지 도체의 분포에 있어 각 도체의 전하를 n배하면 중첩의 원리가 성립하기 위해서는 그 전위는 어떻게 되는가?

㉮ $\frac{1}{2}$n배가 된다. ㉯ n배가 된다. ㉰ 2n배가 된다. ㉱ n^2배가 된다.

2. 전위계수에서 $P_{11}=P_{21}$의 관계가 의미하는 것은?

㉮ 도체 2가 1에 속한다. ㉯ 도체 1이 2에 속한다.
㉰ 도체 1, 그 자체이다. ㉱ 도체 2, 그 자체이다.

3. 다음은 도체계에 대한 용량 계수와 유도계수의 성질을 나타낸 것이다. 이 중 맞지 않는 것은? (단, 첨자가 같은 것은 용량계수이며, 다른 것은 유도계수이다.)

㉮ $q_{rs}=q_{sr}$ ㉯ $q_{rr}>0$
㉰ $q_{ss}>q_{rs}>0$ ㉱ $q_{11}\geq-(q_{21}+q_{31}+\cdots+q_{n1})$

4. 두 도체 ①, ②가 있다. ① 도체에만 2〔C〕의 전하를 주면 ① 및 ② 도체의 전위가 각각 4〔V〕 및 6〔V〕가 되었다. 두 도체에 같은 전하 1〔C〕을 주면 ① 도체의 전위〔V〕는?

㉮ 0 ㉯ 3 ㉰ 5 ㉱ 7

5. 반지름 a〔m〕, 선간거리 d〔m〕인 평행 도선간의 정전용량 〔F/m〕은? (단, $d\gg a$이다.)

㉮ $\dfrac{2\pi\varepsilon_0}{\ln\frac{d}{a}}$ ㉯ $\dfrac{1}{2\pi\varepsilon_0\ln\frac{d}{a}}$ ㉰ $\dfrac{1}{2\varepsilon_0\ln\frac{d}{a}}$ ㉱ $\dfrac{\pi\varepsilon_0}{\ln\frac{d}{a}}$

6. 평행판 콘덴서의 양극판 면적을 3배로 하고 간격을 1/2배로 하면 정전용량은 처음의 몇 배가 되는가?

㉮ $\frac{3}{2}$ ㉯ $\frac{2}{3}$ ㉰ $\frac{1}{6}$ ㉱ 6

7. 1변이 50〔cm〕인 정사각형 전극을 가진 평행판 콘덴서가 있다. 이 극판 간격을 5〔mm〕로 할 때 정전용량은 얼마인가? (단, $\varepsilon_0 = 8.855 \times 10^{-12}$ [F/m]이고 단말 효과는 무시한다.)

㉮ 443[pF] ㉯ 380[pF] ㉰ 410[pF] ㉱ 0.5[pF]

8. $C_1 = 1[\mu F]$, $C_2 = 2[\mu F]$, $C_3 = 3[\mu F]$인 3개의 콘덴서를 직렬 연결하여 600〔V〕의 전압을 가할 때, C_1양변 사이에 걸리는 전압〔V〕는?

㉮ 약 55 ㉯ 약 327 ㉰ 약 164 ㉱ 약 382

9. 공기 콘덴서를 어떤 전압으로 충전한 다음 전극 간에 유전체를 넣어 정전용량을 2배로 하면 축전된 에너지는 몇 배가 되는가?

㉮ 2배 ㉯ $\frac{1}{2}$배 ㉰ $\sqrt{2}$배 ㉱ 4배

10. $3[\mu F]$의 콘덴서에 9×10^{-4}[C]의 전하를 저축할 때의 정전에너지〔J〕는?

㉮ 0.135 ㉯ 1.35 ㉰ 1.22×10^{-12} ㉱ 1.35×10^{-7}

11. 정전용량 $1[\mu F]$, $2[\mu F]$의 콘덴서에 각각 2×10^{-4}[C] 및 3×10^{-4}[C]의 전하를 주고 극성을 같게 하여 병렬로 접속할 때 콘덴서에 축적된 에너지〔J〕는 얼마인가?

㉮ 약 0.025 ㉯ 약 0.303 ㉰ 약 0.042 ㉱ 약 0.525

제4장

유 전 체

도체에서는 자유전자가 전하 캐리어(carrier)로써 작용한다. 따라서 도체에 전계를 인가하면 자유전자는 전계의 방향과 반대로 이동하여 전기전도를 일으킨다.

그러나 절연체의 경우 자유전자가 존재하지 않으므로 전계가 인가되더라도 자유전자의 이동이 발생하지 않으므로 전기적으로 절연체 역할을 한다.

그러나 일부 절연체의 경우 외부전계가 가해지면 절연체내 구속전자들이 약간의 변위를 일으키는 분극현상으로 전기쌍극자를 형성하여 이에 따른 전계와 전기작용에 의한 새로운 전기적 특성을 나타내게 되는데 이러한 절연체를 유전체(dielectric material)라 부른다.

4-1 분 극

[그림 4-1](a)처럼 유전체에 전계를 인가하면 핵과 전자는 속반된 채로 핵에 비해 상대적으로 가벼운 부(−) 전하를 지닌 전자가 전계와 반대방향으로 변위하여 위치하게 되며 이에 따라 정, 부의 전하 중심이 미소한 거리 δ[m]만큼 떨어져 있는 전기쌍극자(electric dipole)를 형성하게 된다.

실제로 유전체는 결정구조상 많은 다양한 전기쌍극자를 지니고 있으며 외부전계가 인가되면 [그림 4-1](b)와 같이 유전체 내부에서는 전계방향으로 전기쌍극자가 형성되거나 배열하게 된다.

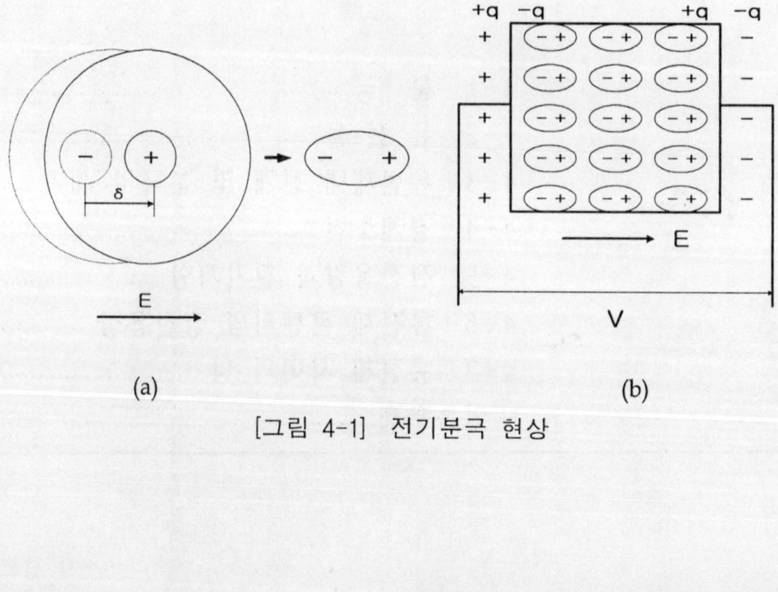

[그림 4-1] 전기분극 현상

이처럼 유전체에 전기를 가하면 정전하를 가진 원자핵은 전계방향, 부전하를 가진 전자는 반대방향으로 정(+), 부(−)의 전하가 미소한 거리만큼 변위하여 전계방향으로 전기쌍극자를 형성하게 되어 유전체 양단에 분극전하를 발생하는 현상을 **전기분극**(electric polarization)이라 하며, 단위면적에 대한 분극전하량 또는 단위체적당 쌍극자 모멘트 수 P[C/m^2]를 분극의 세기라 정의하며 다음 식과 같다.

$$P=\frac{M}{V}\ [\mathrm{C/m^2}],\qquad P=\frac{\partial M}{\partial V}\ [\mathrm{C/m^2}] \tag{4.1}$$

여기서 M : 쌍극자 모멘트의 수, V : 유전체의 체적

4-2 유 전 율

전극판 사이가 진공인 콘덴서에 유전체를 넣으면 [그림 4-2]처럼 유전체에 분극이 발생하여 정전용량의 증가가 일어난다.

[그림 4-2](a)로부터 콘덴서 전극간이 진공일 경우 정전용량을 C_0라 하면 충전 전하량이 $Q=C_0V$인 관계로 부터 정전용량은

$$C_0=\frac{Q}{V}\ [\mathrm{F}] \tag{4.2}$$

가 된다. [그림 4-2](b)와 같이 콘덴서 전극간에 유전체를 넣었을 때 정전용량을 C라 하면 전극에 유도된 충전 전하량은

$$(Q+q)=CV \tag{4.3}$$

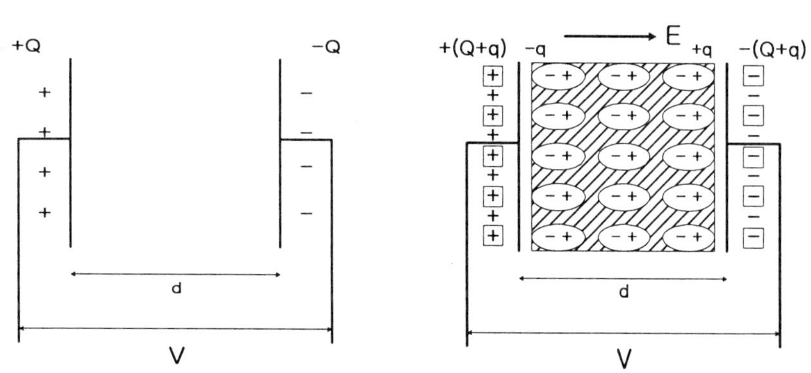

(a) 진 공　　(b) 유전체

[그림 4-2] 진공과 유전체

가 되며 이로부터 정전용량은

$$C = \frac{Q+q}{V} \text{ [F]} \tag{4.4}$$

가 되어, 유전체를 넣은 후 정전용량이 증가함을 알 수 있다.

$$C > C_0 \tag{4.5}$$

여기서 C와 C_0의 비는

$$\frac{C}{C_0} = \varepsilon_s > 1 \tag{4.6}$$

가 되며, 여기서 ε_s는 유전체 재료에 따라 결정되는 값으로 비유전율(specific dielectric constant or relative permitivity)이라 한다. 식 (4.6)으로부터 다음 관계를 구할 수 있다.

$$C = \varepsilon_s C_0 = \varepsilon_s \varepsilon_0 \frac{S}{d} = \varepsilon \frac{S}{d} \text{ [F]} \quad \left(\because C_0 = \frac{\varepsilon_0 S}{d} \right) \tag{4.7}$$

{표 4-1} 절연체 또는 유전체의 비유전율과 Loss tangent(ε_R, $\sigma/\omega_\varepsilon$)

물 질	ε_R	$\sigma/\omega_\varepsilon$	물 질	ε_R	$\sigma/\omega_\varepsilon$
공기	1.0006		운모	5.4	0.0006
에틸알코올	25	0.1	네오프렌	6.6	0.011
산화알루미늄	8.8	0.0006	나이론	3.5	0.02
호박(amber)	2.7	0.002	종이	3	0.008
석면	4.74	0.022	플렉시유리	3.45	0.04
베이클라이트	4.74	0.022	폴리에틸렌	2.26	0.0002
티탄산바륨	1200	0.013	폴리프로필렌	2.25	0.0003
이산화탄소	1.001		폴리스틸렌	2.55	0.00005
게르마늄	16		도자기	6	0.014
유리	4-7	0.001	파이렉스유리	4	0.0006
그리세린	40		스타이로폼	1.03	0.0001
얼음	4.2	0.1	테프론	2.1	0.0003
피라놀(pyranol)	4.4	0.0005	이산화티타늄	100	0.0015
석영(fused)	3.8	0.00075	테레빈수지	2.2	
고무	2.5-3	0.002	증류수	80	0.04
무수규산	3.8	0.00075	해수		4
염화나트륨	5.9	0.0001	건조한 나무	1.5-4	0.01
눈	3.3	0.5	실리콘	11.8	
건조한 흙	2.8	0.07	스테아타이트	5.8	0.003

이 식은 비유전율이 ε_s인 유전체를 콘덴서에 삽입하면 콘덴서의 정전용량은 진공일 때 정전용량에 비해 ε_s배가 됨을 의미한다. 여기서, ε은 유전체의 유전율(dielectric constant)이라 하며

$$\varepsilon = \varepsilon_0 \varepsilon_s \ [\mathrm{F/m}] \tag{4.8}$$

가 된다.

예제 4-1

평행평판 공기 커패시터의 양극판에 일정 전하 Q[C]을 충전시킨 후 전극판 사이에 비유전율 ε_s인 유전체로 채우면, 극판사이의 전압, 전계, 정전용량은 어떻게 변하는가?

풀이 ① $Q = CV \rightarrow V = \dfrac{Q}{C}$로 부터

전극판 사이에 비유전율 ε_s인 유전체로 채우면 정전용량은 $C' = \varepsilon_s C$

따라서 극판사이의 전압은 $Q = C' V'$ 로부터

$$V' = \frac{Q}{C'} = \frac{Q}{\varepsilon_s C} = \frac{1}{\varepsilon_s} V$$

② $V = Ed \rightarrow E = \dfrac{V}{d}$ 로부터

$$V' = E' d \rightarrow E' = \frac{V'}{d} = \frac{\left(\frac{1}{\varepsilon_s}\right) V}{d} = \frac{1}{\varepsilon_s} E$$

$\therefore$ 전압은 $\dfrac{1}{\varepsilon_s}$배, 전계 : $\dfrac{1}{\varepsilon_s}$배, 정전용량 : ε_s 배가 됨

4-3 유전체내 전계 및 분극의 세기

[그림 4-3]는 유전체의 삽입 전과 후의 콘덴서내 전계의 세기를 나타내고 있다. [그림 4-3](a)에서 처럼 유전체 삽입 전 진공상태의 콘덴서 전극판 전하밀도 σ[C/m^2]는 진전하(true charge)라 부르며

$$\sigma = \frac{Q}{S} = D_0 \ [\mathrm{C/m^2}] \tag{4.9}$$

가 되며, 전속밀도 D_0라 부른다.

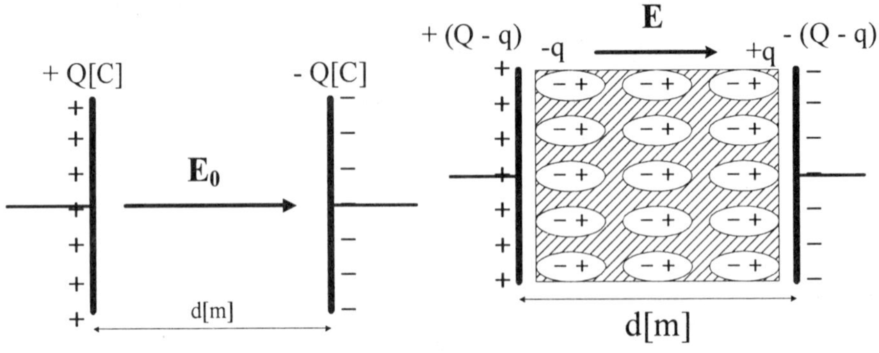

(a) 진 공 (b) 유전체

[그림 4-3] 콘덴서내 전계

$Q = C_0 V_0 = \varepsilon_0 \dfrac{S}{d} V_0$의 관계로부터

$$\frac{Q}{S} = \frac{\varepsilon_0 (S/d) V_0}{S} = \varepsilon_0 E_0 \,[\mathrm{C/m^2}]$$

가 되며, 위식에 식 (4.9)를 대입하면

$$D_0 = \varepsilon_0 E_0 \,[\mathrm{C/m^2}] \tag{4.10}$$

의 관계가 얻어지며, 진공 콘덴서 내부의 전계는

$$E_0 = \frac{D_0}{\varepsilon_0} = \frac{\sigma}{\varepsilon_0} \,[\mathrm{V/m}] \tag{4.11}$$

가 된다.

[그림 4-3](b)에서 콘덴서에 유전체 삽입 후 분극에 의해 유전체 표면에 나타나는 전하밀도는

$$\sigma' = \frac{q}{S} = P \,[\mathrm{C/m^2}] \tag{4.12}$$

가 되며, 분극도 혹은 분극전하밀도가 된다.

이때 유전체 콘덴서 내부의 자계는

$$E = \frac{\sigma - \sigma'}{\varepsilon_0} = \frac{\sigma - P}{\varepsilon_0} = \frac{\sigma}{\varepsilon_0} - \frac{P}{\varepsilon_0} \tag{4.13}$$

와 같이 되며, $\sigma - \sigma'$를 겉보기 전하(apparent charge)라 한다.

식 (4.11)에서 $E_0 = \dfrac{\sigma}{\varepsilon_0}$ 이므로 식 (4.13)은

$$E = E_0 - \frac{P}{\varepsilon_0} \,[\mathrm{V/m}] \tag{4.14}$$

가 된다.

이 관계식은 유전체 콘덴서내 자계의 세기 E는 진공 콘덴서내 자계의 세기 E_0보다 작아짐을 증명하고 있다.

또한 극판 전하의 감소는 유전체의 종류에 따라 결정되므로 다음과 같이 놓을 수 있다.

$$\sigma - \sigma' = \frac{\sigma}{\varepsilon_s} \text{ [C/m}^2\text{]} \tag{4.15}$$

따라서 유전체 내부의 전계는 다음과 같이 나타낼 수 있다.

$$E = \frac{E_0}{\varepsilon_s} = \frac{\sigma}{\varepsilon_0 \varepsilon_s} \text{ [C/m}^2\text{]} \tag{4.16}$$

유전체의 전계 E와 분극의 세기 P와의 관계는

$$\begin{aligned} P &= \varepsilon_0(\varepsilon_s - 1)E \text{ [C/m}^2\text{]} \\ \mathbf{P} &= \varepsilon_0(\varepsilon_s - 1)\mathbf{E} \text{ [C/m}^2\text{]} \end{aligned} \tag{4.17}$$

이다. 이때 $\chi_s = \varepsilon_s - 1$을 이 유전체에 대한 비전화율(specific electric susceptibility)라 하며, 따라서 식(4.17)은 다음의 관계로 정리된다.

$$\mathbf{P} = \varepsilon_0 \chi_s \mathbf{E} = \chi \mathbf{E} \text{ [C/m}^2\text{]} \tag{4.18}$$

여기서 χ(chi)를 전화율(electric susceptibility)이라 한다.

전계내에 놓여진 유전체에서는 외부전계와 분극의 두 벡터가 동시에 존재하므로 식 (4.14)로 부터

$$\varepsilon_0 E = \varepsilon_0 E_0 - P \tag{4.19}$$

가 되며, 따라서

$$\begin{aligned} D &= \varepsilon_0 E + P \\ \mathbf{D} &= \varepsilon_0 \mathbf{E} + \mathbf{P} \end{aligned} \tag{4.20}$$

의 관계식이 얻어진다. 또한 식 (4.20)은 다음과 같이 유도된다.

$$\begin{aligned} D &= \varepsilon_0 E + P = \varepsilon_0 E + \varepsilon_0(\varepsilon_s - 1)E = \varepsilon_0 \varepsilon_s E \\ &= \varepsilon E \text{ [C/m}^2\text{]} \end{aligned} \tag{4.21}$$

또한 유전율 ε의 유전체속에서 전속밀도 $\mathbf{D}$의 발산은 가우스 법칙으로부터 다음과 같이 표현된다.

$$\varepsilon \int_S \mathbf{E} \cdot \mathbf{n}\, dS = \int_S \mathbf{D} \cdot \mathbf{n}\, dS = \sum_{i=1}^{n} Q_i \tag{4.22}$$

전기력선의 발산의 정리를 전속에 적용하면

$$\int_S \mathbf{D} \cdot \mathbf{n}\, dS = \int_v \operatorname{div} \mathbf{D}\, dv \tag{4.23}$$

가 되고 가우스 폐곡면내 총전하는 $\sum_{i=1}^{n} Q_i = \int_v \rho dv$이므로 식 (4.21)은

$$\int_v \mathrm{div}\,\mathbf{D}\,dv = \int_v \rho dv \tag{4.24}$$

가 된다.

따라서 전속밀도 **D**의 발산은

$$\mathrm{div}\,\mathbf{D} = \rho \tag{4.25}$$

이다.

식 (4.25)는 유전체에 대한 **가우스 법칙의 미분형**이라 부르며 유전체 내 임의점의 체적전하밀도 ρ[C/m³]에서 발산하는 전속수를 의미한다.

예제 4-2

비유전율 ε_s인 유전체 내의 전계가 E일 때 분극의 크기 P를 구하여라. 또, 전속밀도 D는 얼마인가?

풀이

$$P = \varepsilon_0(\varepsilon_s - 1)E$$

$$D = \varepsilon_0 E + P = \varepsilon_0 E + \varepsilon_0(\varepsilon_s - 1)E = \varepsilon_0\varepsilon_s E = \varepsilon E$$

4-4 경계조건

전기력선 및 전속은 유전율이 서로 다른 유전체의 경계면을 통과할 때 유전율이 서로 다른 경계면 양측에서 다음의 경계조건에 따라 굴절이 일어난다.

첫째, 전계의 세기의 경계면에 대한 접선성분(평행성분)은 경계면 양측에서 서로 같다. 즉 연속적임을 의미한다.

[그림 4-4 (a)]와 같이 투자율이 ε_1, ε_2인 두 유전체가 접하여 있을 때 경계면 양측의 각 유전체에서 전계의 세기를 E_1, E_2 전속밀도를 D_1, D_2, 경계면에 대한 입사각과 굴절각을 θ_1, θ_2라 하자.

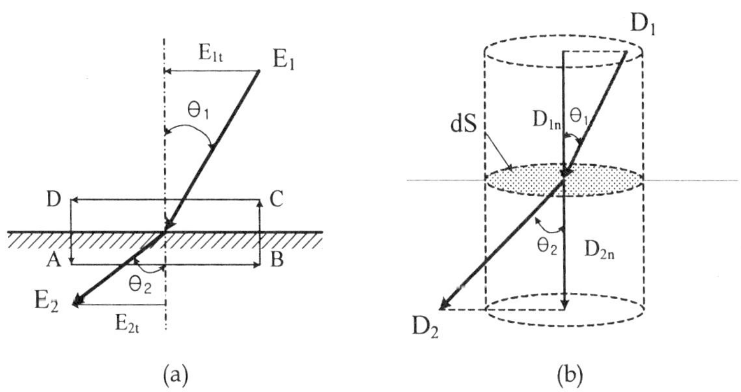

[그림 4-4] 경계면에서의 전계 및 전속밀도 경계조건

경계면상의 적분로 $ABCD$를 따라서 전계 $\mathbf{E}$를 1주 적분시키면

$$\int_{ABCDA} \mathbf{E} \cdot d\mathbf{l} = \int_A^B \mathbf{E} \cdot d\mathbf{l} + \int_C^D \mathbf{E} \cdot d\mathbf{l} = -E_{2t}l + E_{1t}l$$
$$= (E_{1t}l - E_{2t}l)$$

(단, 변 DA, 변 BC의 길이를 무한히 작게 취하여 무시)

이 되며, 전계의 보존법칙에 따라 $\int_{ABCDA} \mathbf{E} \cdot d\mathbf{l} = 0$이므로

$$E_{1t} = E_{2t}$$
$$E_1 \cdot \sin\theta_1 = E_2 \cdot \sin\theta_2 \tag{4.26}$$

의 첫 번째 경계조건이 얻어진다.

또, [그림 4-4 (b)]에서, 높이가 무한히 작은 원기둥에서 가우스 법칙을 적용하면

$$D_{1n} = D_{2n}$$
$$D_1 \cos\theta_1 = D_2 \cos\theta_2 \tag{4.27}$$

의 두 번째 조건이 얻어진다.

한편 $D = \varepsilon E$이므로 식 (4.26)은 다음과 같이 된다.

$$\varepsilon_1 E_1 \cos\theta_1 = \varepsilon_2 E_2 \cos\theta_2 \tag{4.28}$$

식 (4.25), 식 (4.27)로부터

$$\frac{E_1 \sin\theta_1}{\varepsilon_1 E_1 \cos\theta_1} = \frac{E_2 \sin\theta_2}{\varepsilon_2 E_2 \cos\theta_2}$$

가 되어 세 번째 경계조건인 굴절의 법칙이 얻어진다.

$$\frac{\tan\theta_1}{\tan\theta_2} = \frac{\varepsilon_1}{\varepsilon_2} \tag{4.29}$$

식 (4.29)로부터 $\varepsilon_1 > \varepsilon_2$이면 $\theta_1 > \theta_2$, $E_1 < E_2$, $D_1 > D_2$인 관계가 성립하는데 이것은 전기력선(전속선)이 유전률이 큰 유전체에서 유전율이 적은 유전체로 입사하면 굴절각은 적어지고 전계의 세기는 커지며 전속밀도는 감소함을 의미한다.

특별한 예로 $\theta_1 = 0$인 경우, 즉 전계가 경계면에 수직으로 입사하면 다음과 같은 성질을 나타낸다.

1. $\theta_2 = 0$: 전속과 전기력선은 굴절하지 않는다.

2. $D_1 = D_2$: 전속밀도는 불변(연속적)이다.

3. $\dfrac{E_1}{E_2} = \dfrac{\varepsilon_2}{\varepsilon_1}$ 전계는 불연속이며, 전계의 세기는 매질에 따라 결정된다. 즉 유전율에 반비례한다.

예제 4-3

공기중에서 비유전율 5인 유전체면에 50[kV/m] 의 전계가 45° 의 각으로 입사할 때, 유전체 내의 전계와 굴절각은 얼마인가?

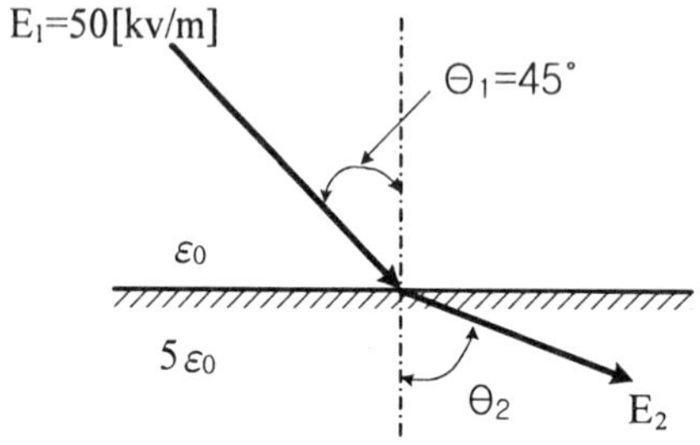

풀이 $E_1 \sin\theta_1 = E_2 \sin\theta_2$에서

$$50 \times 10^3 \times \sin 45° = E_2 \sin\theta_2$$

이고, $\dfrac{\tan\theta_1}{\tan\theta_2} = \dfrac{\varepsilon_0}{5\varepsilon_0}$ 으로부터

$$\tan\theta_2 = \tan\theta_1 \frac{\varepsilon_0}{5\varepsilon_0} = \frac{1}{5}\tan 45° = \frac{1}{5}$$

$$\therefore \theta_2 \fallingdotseq 78.7°$$

유전체내 전계 E_2는

$$E_2 = \frac{50 \times 10^3 \times \sin 45^\circ}{\sin 78.7^\circ} \fallingdotseq 36.03 \times 10^3 \, [\mathrm{V/m}]$$

$$\therefore \; E_2 = 36.03 \, [\mathrm{kV/m}]$$

4-5 정전용량과 전기저항

지금까지 콘덴서에서 사용되는 유전체는 고유저항 ρ가 매우 크기 때문에 부도체로 간주하였으나 실제로는 어느 정도의 도전율을 갖고 있으므로 콘덴서 내에서의 유전체의 저항과 정전용량의 상호관계를 고려해야 한다.

정전용량 C, 유전체 고유저항 ρ, 극판의 면적과 간격이 S와 d인 콘덴서를 생각하자. 콘덴서의 극판에서는 판상에 수직으로 전기력선의 발산이 일어나며, 콘덴서상 전계의 세기와 전위경도와의 관계는 식 (2.76) 쿨롱의 정리 $E_n = -\frac{\partial V}{\partial n}$를 이용하여 극판면상에서 가우스 법칙을 적용하면 다음과 같다.

$$\int_S E_n dS = -\int_S \frac{\partial V}{\partial n} dS = \frac{Q}{\varepsilon} \tag{4.30}$$

전극판상에서 수직으로 발산되는 전류밀도는

$$i = \frac{E_n}{\rho} = -\frac{1}{\rho}\frac{\partial V}{\partial n} \, [\mathrm{A/m^2}] \tag{4.31}$$

이 되며, 극판면 전체에서 발생하는 전류는

$$I = \frac{E_n}{\rho} S = -\frac{1}{\rho}\int_S \frac{\partial V}{\partial n} dS \;\; [\mathrm{A}] \tag{4.32}$$

가 된다. 이 식에 식 (4-30)을 대입하면

$$I = \frac{1}{\rho}\frac{Q}{\varepsilon} = \frac{1}{\rho}\frac{CV}{\varepsilon} \tag{4.33}$$

가 된다. 그러므로 평행판 전극사이의 저항은

$$R = \frac{V}{I} = \frac{\rho\varepsilon}{C} \, [\Omega] \tag{4.34}$$

또는

$$RC = \frac{\varepsilon}{\sigma} = \rho\varepsilon \qquad (\text{단}, k = \sigma) \tag{4.35}$$

가 된다.

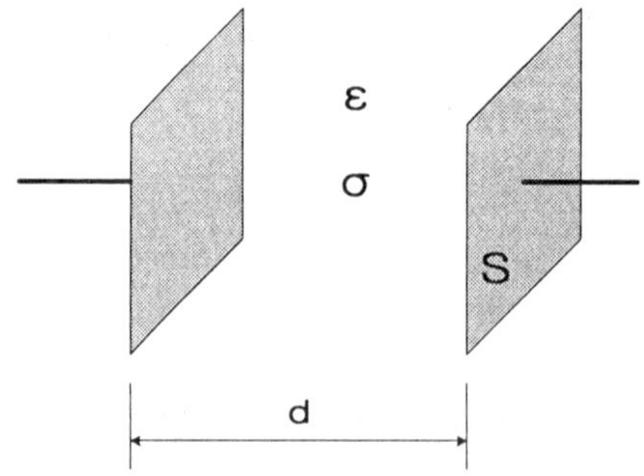

[그림 4-5] 콘덴서내 전계

4-6 유전체 콘덴서의 정전용량

4-6-1 전극판에 평행한 복합 유전체 콘덴서

[그림 4-6]은 콘덴서 전극판 사이에 유전율이 각각 ε_1, ε_2인 유전체가 전극판과 평행하게 넣은 전극판 면적이 S[m^2], 전극간 거리가 d[m]인 콘덴서로 콘덴서 양단의 전위차가 V인 경우 정전용량을 구하여 보자.

콘덴서 전극판의 전하밀도를 $\pm\sigma$[C/m^2]라 하면 식 (4.9)로부터 $D=\sigma$[C/m^2] 가 되며, 전속밀도 D_1, D_2의 방향은 유전체 경계면에 수직하므로 입사각과 굴절각은 $\theta_1=\theta_2=0$이 되어 식 (4.26)으로부터

$$D_1 = D_2 = D \tag{4.36}$$

가 된다. 또 식 (4.14)에 의해 다음과 같이 된다.

$$D_1 = \varepsilon_1 E_1, \quad D_2 = \varepsilon_2 E_2$$

위 식으로부터 전계 E_1, E_2는

$$E_1 = \frac{D_1}{\varepsilon_1} = \frac{\sigma}{\varepsilon_1}, \quad E_2 = \frac{D_2}{\varepsilon_2} = \frac{\sigma}{\varepsilon_2} \tag{4.37}$$

이므로 극판간의 전위차는 다음과 같이 된다.

$$\begin{aligned} V = V_1 + V_2 &= E_1 d_1 + E_2 d_2 \\ &= \frac{\sigma}{\varepsilon_1} d_1 + \frac{\sigma}{\varepsilon_2} d_2 \\ &= \left(\frac{d_1}{\varepsilon_1} + \frac{d_2}{\varepsilon_2}\right)\sigma \text{ [V]} \end{aligned} \tag{4.38}$$

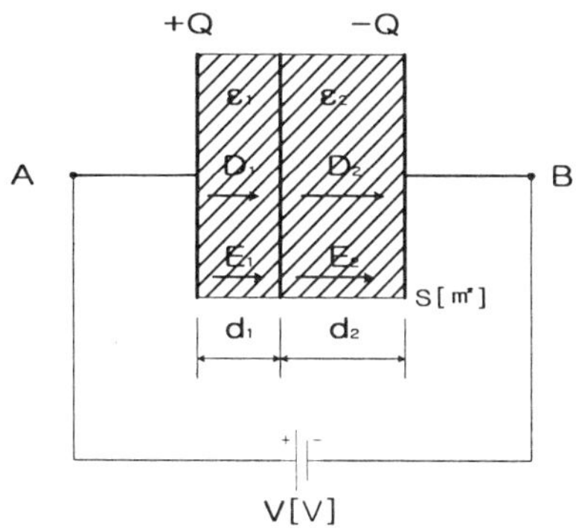

[그림 4-6] 극판과 평행한 복합 유전체 콘덴서

정전용량 C는

$$C=\frac{Q}{V}=\frac{\sigma S}{V}=\frac{1}{\frac{d_1}{\varepsilon_1}+\frac{d_2}{\varepsilon_2}}S=\frac{1}{\frac{d_1}{\varepsilon_1 S}+\frac{d_2}{\varepsilon_2 S}}=\frac{\varepsilon_1\varepsilon_2 S}{\varepsilon_1 d_2+\varepsilon_2 d_1}\ [\mathrm{F}] \tag{4.39}$$

가 된다.

또한 이처럼 전극판과 평행하게 두 유전체를 삽입한 콘덴서의 정전용량은 두 개의 콘덴서

$$C_1=\frac{\varepsilon_1 S}{d_1},\ C_2=\frac{\varepsilon_2 S}{d_2}$$

가 직렬로 연결된 것과 같으므로 콘덴서 C_1, C_2의 합성정전용량 C[F]는

$$C=\frac{C_1 C_2}{C_1+C_2}=\frac{\varepsilon_1\varepsilon_2 S}{\varepsilon_1 d_2+\varepsilon_2 d_1}\ [\mathrm{F}]$$

가 되며 이 결과는 식 (4.39)와 같음을 알 수 있다.

예제 4-4

전극판의 간격 0.8[cm], 면적이 넓은 평행평판 공기커패시터가 있다. 극판 사이에 같은 면적이고, 두께 3[mm]인 유전체판을 넣어서 전극판 사이 10[mm]로 증가시켜도 정전용량이 변하지 않는다면, 이 유전체의 비유전율은 얼마인가?

풀이

$$C=\frac{\varepsilon_0}{d}=\frac{\varepsilon_0}{0.8\times10^{-2}}\ [\mathrm{F}]$$

$$C'=\frac{\varepsilon_0}{0.7\times10^{-2}},\quad C''=\frac{\varepsilon_0\varepsilon_s}{0.3\times10^{-2}}$$

$$C_s=\frac{C'C''}{C'+C''}=\frac{\dfrac{\varepsilon_0}{0.7\times10^{-2}}\times\dfrac{\varepsilon_0\varepsilon_s}{0.3\times10^{-2}}}{\dfrac{\varepsilon_0}{0.7\times10^{-2}}+\dfrac{\varepsilon_0\varepsilon_s}{0.3\times10^{-2}}}=\frac{\dfrac{1}{0.7}\times\dfrac{\varepsilon_0\varepsilon_s}{0.3\times10^{-2}}}{\dfrac{1}{0.7}+\dfrac{\varepsilon_s}{0.3}}$$

$$=\frac{\varepsilon_0\varepsilon_s}{(0.3+0.7\varepsilon_s)\times10^{-2}}$$

$C=C_s$이면

$$\frac{\varepsilon_0}{0.8\times10^{-2}}=\frac{\varepsilon_0\varepsilon_s}{(0.3+0.7\varepsilon_s)\times10^{-2}}$$

$$\frac{1}{0.8}=\frac{\varepsilon_s}{0.3+0.7\varepsilon_s}$$

$$0.1\varepsilon_s=0.3$$

$$\therefore\ \varepsilon_s=3$$

4-6-2 전극판에 수직한 복합 유전체 콘덴서

유전율 ε_1, ε_2, ε_3인 3개의 유전체를 [그림 4-7]과 같이 극판에 수직하게 놓았을 경우 정전용량을 구하여 보자.

양 전극판에 전하 $\pm Q$[C]을 인가하면 전위차 V가 각 유전체에 동일하게 걸리므로 유전체내 전계는 같게 된다. 전계와 전속밀도의 방향은 유전체 경계면과 평행하므로 접선성분만 존재한다. 따라서 입사각과 굴적각이 $\theta_1=\theta_2=90^\circ$ 가 되어 경계조건 식 (4.26)에 의해 각 유전체에 걸리는 전계는 다음 식처럼 같게 된다.

$$E_1=E_2=E_3=E\ [\mathrm{V/m}] \tag{4.40}$$

$$E=\frac{V}{d}=\frac{D_1}{\varepsilon_1}=\frac{D_2}{\varepsilon_2}=\frac{D_3}{\varepsilon_3} \tag{4.41}$$

각 유전체와 전극판이 접하는 면적 S_1, S_2, S_3를 가우스 폐곡면으로 취하면 가우스 법칙을 적용하면

$$\int_S \mathbf{D}\cdot\mathbf{n}\,dS=D_1S_1+D_2S_2+D_3S_3=Q \tag{4.42}$$

가 되며, 식 (4.41)을 대입하여 정리하면

$$\frac{\varepsilon_1 S_1}{d} V + \frac{\varepsilon_2 S_2}{d} V + \frac{\varepsilon_3 S_3}{d} V = Q \ [\mathrm{C}] \tag{4.43}$$

이 된다. 따라서 합성정전용량 C는

$$C = \frac{Q}{V} = \frac{\varepsilon_1 S_1}{d} + \frac{\varepsilon_2 S_2}{d} + \frac{\varepsilon_3 S_3}{d} \ [\mathrm{F}] \tag{4.44}$$

이것은 정전용량이 각각

$$C_1 = \frac{\varepsilon_1 S_1}{d}, \ C_2 = \frac{\varepsilon_2 S_2}{d}, \ C_3 = \frac{\varepsilon_2 S_3}{d}$$

인 세 개의 콘덴서를 병렬 연결한 것과 같으므로 이때 합성 정전용량 C는

$$C = C_1 + C_2 + C_3 = \frac{1}{d}(\varepsilon_1 S_1 + \varepsilon_2 S_2 + \varepsilon_3 S_3) \ [\mathrm{F}]$$

로 이 결과는 식 (4.44)와 같음을 알 수 있다.

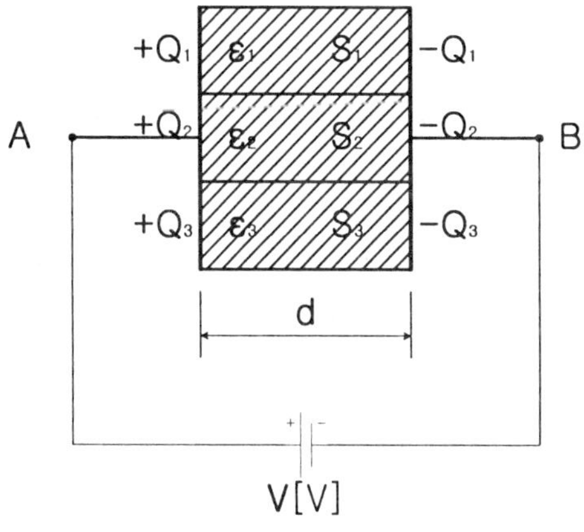

[그림 4-7] 극판에 수직한 복합 유전체 콘덴서

4-6-3 두 개의 복합유전체로 채워진 동축원통도체

[그림 4-8]과 같이 내원통 반지름이 a[m]이고 외원통 안의 반지름이 b[m]인 동축 원통도체사이에 유전율이 각각 ε_1, ε_2[F/m]인 두 유전체가 채워져 있을 경우, 내원통과 외원통에 $+\lambda$[C/m], $-\lambda$[C/m]의 전하를 주면 내원통 도체와 외원통 도체 사이에 위치한 반지름 r[m]인 점의 전속밀도 D는

$$D = \frac{\lambda}{2\pi r} \ [\mathrm{C/m^2}]$$

가 되며 각 유전체 중에서의 전계는

$$E_1 = \frac{D}{\varepsilon_1} = \frac{\lambda}{2\pi\varepsilon_1 r} \ [\mathrm{V/m}] \ (a < r < b)$$
$$E_2 = \frac{D}{\varepsilon_2} = \frac{\lambda}{2\pi\varepsilon_2 r} \ [\mathrm{V/m}] \ (b < r < c) \tag{4.45}$$

가 되고, 내외원통 도체간 전위차 V_{ac}는

$$\begin{aligned} V_{ac} &= \int_a^b E_1 \, d_r + \int_b^c E_2 \, d_r \\ &= \int_b^a \frac{\lambda}{2\pi\varepsilon_1 r} \, d_r + \int_c^b \frac{\lambda}{2\pi\varepsilon_2 r} \, d_r \\ &= \frac{\lambda}{2\pi}\left(\frac{1}{\varepsilon_1} \ln\frac{b}{a} + \frac{1}{\varepsilon_2} \ln\frac{c}{b}\right) \ [\mathrm{V}] \end{aligned} \tag{4.46}$$

가 된다. 따라서, 동축원통도체의 단위길이당 정전용량은

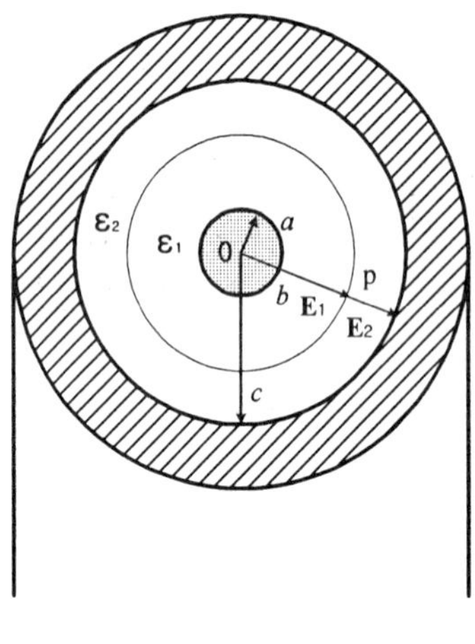

[그림 4-8] 복합유전체로 채워진 동축 원통도체

$$C_0 = \frac{\lambda}{V_{ac}} = \frac{2\pi}{\left\{\frac{1}{\varepsilon_1} \ln\frac{b}{a} + \frac{1}{\varepsilon_2} \ln\frac{c}{b}\right\}} \ [\mathrm{F/m}] \tag{4.47}$$

이다. 이 결과식을 보면 유전율이 각각 ε_1, ε_2[F/m]인 유전체를 갖는 두 개의 동축원통형 콘덴서를 직렬연결한 경우와 같음을 알 수 있다. 또한 각 유전체에서의 전계는 식 (4.45)와 식 (4.47)로부터

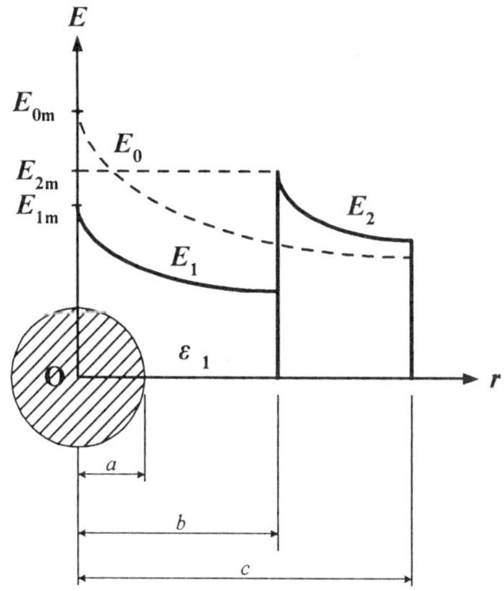

[그림 4-9] 동축원통내의 전계

$$E_1 = \frac{C_0 V}{2\pi \varepsilon_1 r} \text{ [V/m]} \quad (a < r < b)$$
$$E_2 = \frac{C_0 V}{2\pi \varepsilon_2 r} \text{ [V/m]} \quad (b < r < c) \tag{4.48}$$

가 된다.

[그림4-9]에서와 같이 $\varepsilon_1 > \varepsilon_2$인 경우 전계분포는 두 종류의 유전체로 사용하였을 경우의 전계 E_1, E_2는 한 종류의 유전체를 사용한 경우의 전계 E_0보다 같은 전위차에 대한 최대 전계값이 낮아져 절연효과가 높아지므로 보다 높은 고전압을 인가할 수 있다. 이러한 원리를 이용한 절연방식을 단절연(段絶緣 ; graded insulation)이라 하며, 보통 30[kV]급 이상의 고압 송전용 지중케이블 등에 이용되고 있다.

4-7 유전체 사이의 힘

4-7-1 전계와 유전체 경계면이 수직한 경우

전계와 유전체 경계면이 수직한 때 유전체 경계면 사이에 작용하는 힘은 다음과 같다. [그림 4-10]처럼 유전율이 각각 ε_1, ε_2[F/m]인 두 유전체의 경계면 사이에 힘 F_x[N/m²]이 작용하여 Δx[m]만큼 움직였을 때 힘 F_x가 한 일은

$$\Delta W = F_x \Delta x \ [\text{J/m}^2]$$

이며, 이 일의 양만큼 에너지가 감소하여 다음 관계가 성립한다.

$$F_x \Delta x = -\Delta W = -(W_1 - W_2)\Delta x \tag{4.49}$$

$$\begin{aligned} F_x = -\frac{\Delta W}{\Delta x} &= -\frac{(W_1 - W_2)\Delta x}{\Delta x} \\ &= W_2 - W_1 \\ &= \frac{1}{2}E_2 D_2 - \frac{1}{2}E_1 D_1 \\ &= \frac{1}{2}\left(\frac{1}{\varepsilon_2} - \frac{1}{\varepsilon_1}\right) D^2 \ [\text{N/m}^2] \end{aligned} \tag{4.50}$$

따라서, 식 (4.50)에서 $W_2\left(=\frac{1}{2}E_2 D_2\right)$는 [그림 4-10](b)에서 처럼 오른쪽으로 작용하는 힘이며 $W_1\left(=\frac{1}{2}E_1 D_1\right)$은 왼쪽으로 작용하는 힘이다.

이처럼 유전체 경계면에서는 두 힘의 차에 의한 응력을 받으며, 이 힘을 맥스웰의 응력이라 한다.

여기서, 전속밀도의 경계조건에 의해 $D_1 = D_2 = D$이므로 예를 들어 $\varepsilon_1 < \varepsilon_2$이라면 $F_x < 0$이므로 유전율이 큰 유전체에서 유전율이 작은 유전체쪽으로 힘이 작용한다.

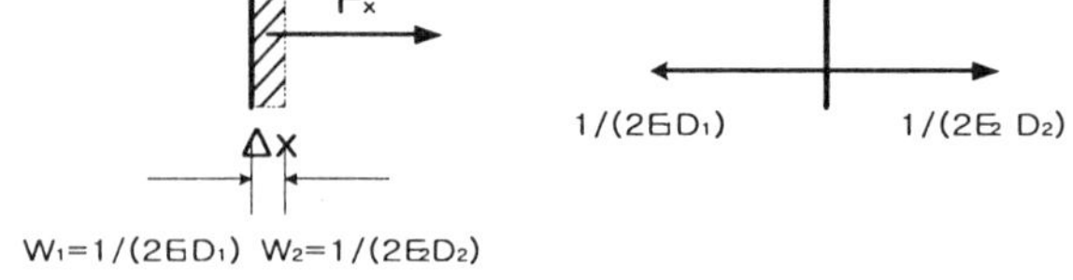

(a) (b)

[그림 4-10] 전계와 경계면이 수직한 경우

4-7-2 전계와 경계면이 평행한 경우

전계와 유전체 경계면이 평행할 때 유전체 경계면 사이에 작용하는 힘은 다음과 같다. [그림 4-11]처럼 유전율이 각각 ε_1, ε_2[F/m]인 두 유전체에서 전계는 경계조건에 의해 $E_1=E_2=E$이다. 경계면 사이에 힘 F_x[N]가 작용하여 Δx[m]만큼 움직였을 때 한 일은

$$\Delta W = F_x \Delta x \ [\mathrm{J/m^2}]$$

이 되고, 이 일의 양만큼 에너지가 감소하여 다음 관계가 성립한다.

$$F_x \Delta x = -\Delta W = -(W_1 - W_2)\Delta x \tag{4.51}$$

또한 Δx 부분의 전속밀도가 D_2에서 D_1로 변화한 것을 알 수 있으며, 이 전하의 변화를 위해 전원으로부터 공급된 에너지는

$$V \cdot \Delta Q = (Ed) \cdot (D_1 - D_2)\Delta x = E(D_1 - D_2)d\Delta x \tag{4.52}$$

가 된다. 이 식에서 단위면적당 d는 일정하므로

$$E(D_1 - D_2)\Delta x \tag{4.53}$$

가 된다. 즉, 이 크기만큼 전원으로부터 전하가 공급되어 전극간 전위차를 일정하게 유지하게 된다. 따라서

$$F_x \Delta x = -(W_1 - W_2)\Delta x + E(D_1 - D_2)\Delta x \tag{4.54}$$

가 되며, 힘 F_x는

$$\begin{aligned} F_x &= E(D_1 - D_2) - (W_1 - W_2) \\ &= E(D_1 - D_2) - \frac{1}{2}(ED_1 - ED_2) \\ &= \frac{1}{2}ED_1 - \frac{1}{2}ED_2 \end{aligned} \tag{4.55}$$

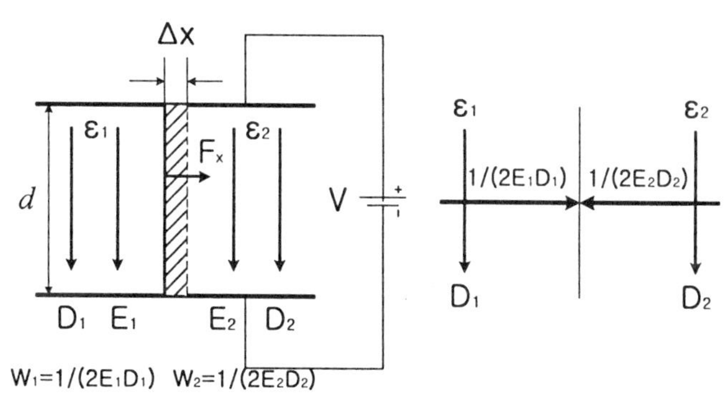

(a) (b)

[그림 4-11] 전계와 경계면이 수직한 경우

가 된다. 이 힘은 [그림 4-11](b)에서 압축변형력으로 표시된다. 위식에 $D=\varepsilon E$의 관계를 대입하여 정리하면

$$F_x = \frac{1}{2}(\varepsilon_1 - \varepsilon_2)E^2 \ [\mathrm{N/m^2}] \tag{4.56}$$

의 새로운 관계식이 얻어진다.

예를 들어 $\varepsilon_1 > \varepsilon_2$이라면 $F_x > 0$이 되며 유전율이 큰 유전체에서 유전율이 작은 유전체쪽으로 힘이 작용한다.

연습문제

■ 주관식 ■

1. 비유전율 $\varepsilon_s = 4$인 유리를 사용하여 절연 내압 20[kV], 정전용량 C=100[pF]인 평행판 커패시터를 만들고자 한다. 전극 면적을 구하여라. 단, 유리의 절연 내력은 4[kV/mm]라 한다.

2. 반지름 1[m]인 도체구가 $\varepsilon_s = 2$인 대기중에 있는 기름에 절반이 잠겨있다. 이 도체구의 정전용량를 구하여라.

3. 비유전율 $\varepsilon_s = 5$인 유전체로 채워진 평행판 커패시터의 전극 넓이 S=200[cm^2], 그 간격이 d=1[cm]이다. 전극간에 500[V]의 전압을 가하면전극 사이에 작용하는 힘은 몇 [N]인가?

4. 반지름 a=50[cm]인 도체구 표면에 두께 t=20[cm]인 유전체층($\varepsilon_s = 4$)으로 싸여 있을 때, 이 도체구의 정전용량을 구하여라.

5. 정진용량이 0.2[μF]인 평행판 공기 커패시터에, 극판 간격의 1/2 두께의 비유전율 12인 유전체를 넣을 때의 정전용량을 구하여라.

6. 정전용량이 C_0=10[μF]인 평행판 공기 커패시터의 극판 면적의 2/3에 비유전율 $\varepsilon_s = 10$인 유리판을 넣었을 때, 커패시터의 정전용량은 얼마인가?

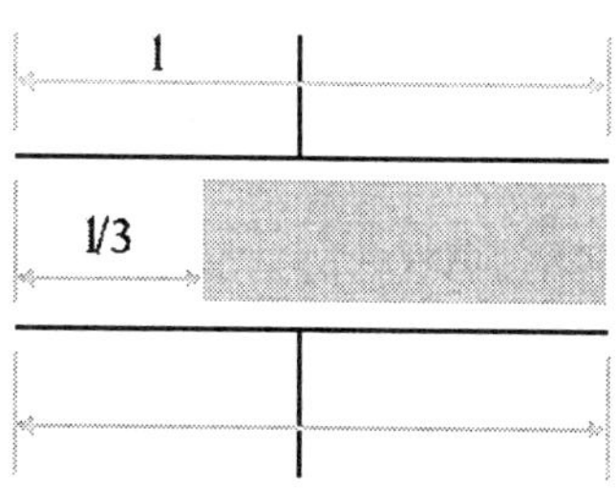

7. 공기 중에서 전계 E_1=5[kV/cm]가 30°의 입사각으로 기름의 경계면에 닿을 때, 굴적각 θ_2와 기름($\varepsilon_s = 2$) 중의 전계 E_2를 구하여라.

8. 비유전율 $\varepsilon_s = 6$ 인 베클라이트 중의 전속밀도 D=4×10^{-6}[C/m^2]일 때 분극의 세기를 구하여라.

9. 평등전계 $E=10^3$[V/m]가 비유전율 $\varepsilon_s=10$인 유전체 내에 주어지고 있을 때, 유전체 내에서의 분극의 세기 P와 전속밀도 D를 구하여라.

10. 반지름 a=1[m]의 도체구에 1[kV]의 전압을 인가했을 때, 도체가 가지고 있는 에너지는 몇 [J]인가?

■ 객관식 ■

1. 일정 전하로 충전된 콘덴서(진공)판간에 비유전율 ε_s의 유전체를 채우면?

	용 량	전위차	전계의 세기
㉮	ε_s배	ε_s배	ε_s배
㉯	ε_s배	$\frac{1}{\varepsilon_s}$배	$\frac{1}{\varepsilon_s}$배
㉰	$\frac{1}{\varepsilon_s}$배	$\frac{1}{\varepsilon_s}$배	$\frac{1}{\varepsilon_s}$배
㉱	$\frac{1}{\varepsilon_s}$배	ε_s배	ε_s배

2. 평행판 콘덴서의 판 사이에 비유전율 ε_s의 유전체를 삽입하였을 때의 정전용량은 진공일 때의 용량의 몇 배인가?

㉮ ε_s ㉯ (ε_s-1) ㉰ $\frac{1}{\varepsilon_s}$ ㉱ (ε_s+1)

3. 비유전율 $\varepsilon_s=5$인 유전체 내의 한 점에서 전계의 세기가 $E=10^4$[V/m]일 때, 이 점의 분극의 세기는?

㉮ $\frac{10^{-5}}{9\pi}$ ㉯ $\frac{10^{-9}}{9\pi}$ ㉰ $\frac{10^{-5}}{18\pi}$ ㉱ $\frac{10^{-9}}{18\pi}$

4. 5〔C〕의 전하가 비유전율 $\varepsilon_s=2.5$인 매질 내에 있다고 한다면, 이 전하에서 나오는 전체 전기력선의 수는?

㉮ $\frac{5}{\varepsilon_0}$개 ㉯ $\frac{12.5}{\varepsilon_0}$개 ㉰ $\frac{2}{\varepsilon_0}$개 ㉱ $\frac{1}{2\varepsilon_0}$개

5. 그림에서 동심 원통간에 비유전율 $\varepsilon_{1S}=3$, $\varepsilon_{2S}=5$인 인 두 종류의 유전체로 채웠을 때의 단위길이당 정전용량 〔F/m〕을 구하면?(단, $a=10$[cm], $b=20$[cm], $c=40$[cm], $c=45$[cm]이다.)

㉮ $\frac{2\pi\varepsilon_0}{\ln 2}$ ㉯ $\frac{2\pi\varepsilon_0}{\ln\frac{1}{2}}$ ㉰ $\frac{15\pi\varepsilon_0}{4\ln\frac{1}{2}}$ ㉱ $\frac{15\pi\varepsilon_0}{4\ln 2}$

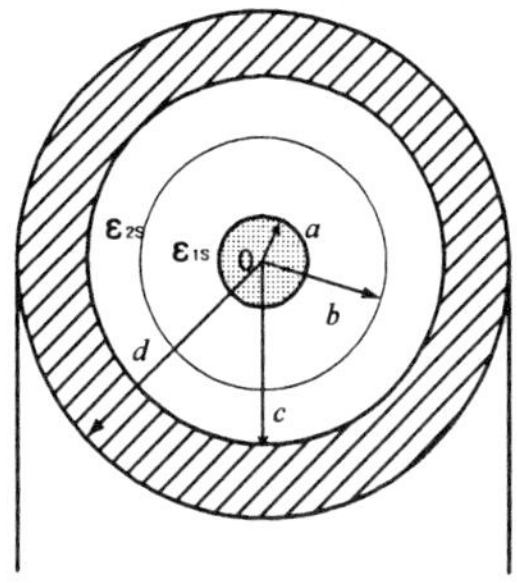

6. 진공 중에서 어떤 대전체의 전속이 Q이었다. 이 대전체를 비유전율 2.2인 유전체 속에 넣었을 경우 전속은?

㉮ Q　　㉯ εQ　　㉰ $2.2Q$　　㉱ 0

7. 유전율이 각각 ε_1, ε_2인 두 유전체가 접해 있다. 각 유전체 중의 전계 및 전속 밀도가 각각 E_1, D_1 및 E_2, D_2이고 경계면에 대한 입사각 및 굴절각이 θ_1, θ_2일 때 경계 조건으로 옳은 것은?

㉮ $\dfrac{E_2}{E_1} = \dfrac{\sin\theta_2}{\sin\theta_1}$　　㉯ $\dfrac{\cos\theta_2}{\cos\theta_1} = \dfrac{D_2}{D_1}$

㉰ $\dfrac{\tan\theta_2}{\tan\theta_1} = \dfrac{\varepsilon_2}{\varepsilon_1}$　　㉱ $\tan\theta_2 - \tan\theta_1 = \varepsilon_1\varepsilon_2$

8. 유전율이 서로 다른 두 종류의 경계면에 전속과 전기력선이 수직으로 도달할 때 맞지 않는 것은?

㉮ 전속과 전기력선은 굴절하지 않는다.
㉯ 전속 밀도는 불변이다.
㉰ 전계의 세기는 연속이다.
㉱ 전속선은 유전율이 큰 유전체 중으로 모이려는 성질이 있다.

9. 다음은 전계강도와 전속밀도에 대한 경계 조건을 설명한 것이다. 옳지 않은 것은? (단, 경계면의 진전하 분포는 없으며, $\varepsilon_1 > \varepsilon_2$로 한다.)

㉮ 전속은 유전율이 큰 쪽으로 접속되려는 성질이 있다.
㉯ 유전율이 큰 ε_1의 영역에서 전속밀도 (D_1)는 유전율이 작은 ε_2의 영역에서의 전속밀도 (D_2)와 $D_1 \geq D_2$의 관계를 갖는다.
㉰ 경계면 사이의 정전력은 유전율이 작은 쪽으로 작용한다.
㉱ 전계가 ε_1의 영역에서 ε_2의 영역으로 입사될 때 ε_2에서 전계 강도가 더 커진다.

10. 면적이 $S[\mathrm{m}^2]$, 극판 간격이 d〔m〕, 유전율이 $\varepsilon[\mathrm{F/m}]$인 평행판 콘덴서에 V〔V〕의 전압이 가해졌을 때 축적되는 전하 Q〔C〕은?

㉮ $\dfrac{\varepsilon_0 S}{d}V$ ㉯ $\dfrac{\varepsilon_0}{d}V$ ㉰ $\dfrac{\varepsilon S}{d}V$ ㉱ $\dfrac{dS}{\varepsilon_0}V$

11. 극판의 면적이 $S=10\,[\mathrm{cm}^2]$, 간격이 $d=1\,[\mathrm{mm}]$의 평행판 콘덴서에 비유전율이 $\varepsilon_s=3$인 유전체를 채웠을 때 전압 100〔V〕를 인가하면 축적되는 에너지는?

㉮ 2.1×10^{-7} ㉯ 0.3×10^{-7} ㉰ 1.3×10^{-7} ㉱ 0.6×10^{-7}

12. 그림에서와 같이 평행판 콘덴서의 두 극판간에 $\varepsilon_{S1}=6$, $\varepsilon_{S2}=9$인 유전체를 같은 두께로 삽입하고 단자 AB간에 100〔V〕의 전압을 가하면 $\varepsilon_{S2}=9$인 유전체에 걸리는 전압〔V〕은?

㉮ 60 ㉯ 40 ㉰ 30 ㉱ 20

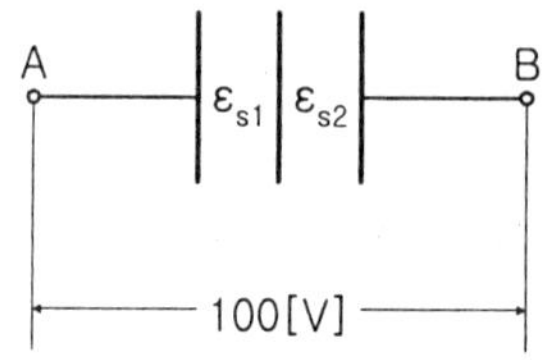

13. 합성수지의 절연체에 $5\times10^3\,[\mathrm{V/m}]$의 전계를 가했을 때, 이 때의 전속밀도를 구하면 약 몇 [C/m^2]이 되는가? 단, 이 절연체의 비유전율은 10으로 한다.

㉮ 40.257×10^{-5} ㉯ 41.275×10^{-8} ㉰ 42.527×10^{-4} ㉱ 44.275×10^{-8}

14. 유전율 $\varepsilon\,[\mathrm{F/m}]$인 유전체 내에서 반지름 a〔m〕인 도체구의 전위가 V〔V〕일 때 이 도체구가 가진 에너지는 몇 〔J〕인가?

㉮ $4\pi\varepsilon aV$ ㉯ $2\pi\varepsilon aV$ ㉰ $4\pi\varepsilon aV^2$ ㉱ $2\pi\varepsilon aV^2$

15. 면적이 $300\,[\mathrm{cm}^2]$, 판 간격 2〔cm〕인 2 장의 평행판 금속 사이를 비유전율 5인 유전체로 채우고 두 판 간에 20〔kV〕의 전압을 가할 경우 판 간에 작용하는 정전 흡입력〔N〕은?

㉮ 0.75 ㉯ 0.66 ㉰ 0.89 ㉱ 10

16. $\varepsilon_1>\varepsilon_2$의 두 유전체의 경계면에 전계가 수직으로 입사할 때 경계면에 작용하는 힘과 방향에 대한 설면이 옳은 것은?

㉮ $f=\dfrac{1}{2}\left(\dfrac{1}{\varepsilon_2}-\dfrac{1}{\varepsilon_1}\right)D^2$의 힘이 ε_1에서 ε_2로 작용한다.

㉯ $f=\dfrac{1}{2}\left(\dfrac{1}{\varepsilon_2}-\dfrac{1}{\varepsilon_1}\right)E^2$의 힘이 ε_2에서 ε_1로 작용한다.

㉰ $f=\dfrac{1}{2}\left(\dfrac{1}{\varepsilon_2}-\dfrac{1}{\varepsilon_1}\right)D^2$의 힘이 ε_2에서 ε_1로 작용한다.

㉱ $f=\frac{1}{2}\left(\frac{1}{\varepsilon_2}-\frac{1}{\varepsilon_1}\right)E^2$의 힘이 ε_1에서 ε_2로 작용한다.

17. 정전에너지와 전속밀도, 비유전율 ε_r과의 관계에 대한 설명 중 틀린 것은?
㉮ 동일 전속에서는 ε_r이 클수록 축적되는 정전에너지는 작아진다.
㉯ 축적되는 정전에너지가 일정할 때 ε_r이 클수록 전속밀도가 커진다.
㉰ 굴절각이 큰 유전체의 ε_r이 크다.
㉱ 전속은 매질 내에 축적되는 에너지가 최대가 되도록 분포된다.

18. 접지된 무한 평면도체 전방의 한 점 P에 있는 점전하 $+Q$[C]의 평면도체에 대한 영상전하는?
㉮ 점 P의 대칭점에 있으며, 전하는 $-Q$[C]이다.
㉯ 점 P의 대칭점에 있으며, 전하는 $-2Q$[C]이다.
㉰ 평면 도체 상에 있으며, 전하는 $-Q$[C]이다.
㉱ 평면 도체 상에 있으며, 전하는 $-2Q$[C]이다.

19. 무한 평면도체로부터 거리 a[m]인 곳에 점전하 Q[C]이 있을 때 Q[C]과 무한 평면도체 간의 작용력[F]은? (단, 공간 매질의 유전율은 ε[F/m]이다.)
㉮ $\frac{Q^2}{2\pi\varepsilon_0 a^2}$ ㉯ $\frac{-Q^2}{16\pi\varepsilon_0 a^2}$ ㉰ $\frac{Q^2}{4\pi\varepsilon a^2}$ ㉱ $\frac{Q^2}{16\pi\varepsilon a^2}$

20. 무한 평면도체로부터 거리 a[m]인 곳에 점전하 Q[C]이 있을 때 이 무한 평면 도체표면에 유도되는 면 밀도가 최대인 점의 전하밀도는 몇 [C/m^2]인가?
㉮ $-\frac{Q}{2\pi a^2}$ ㉯ $-\frac{Q}{4\pi a}$ ㉰ $-\frac{Q}{\pi a^2}$ ㉱ 0

제5장

전 류

5-1 전류의 정의

전하의 이동을 전류라 부르며, 전류의 방향은 단위정전하(+1[C])의 이동방향을 (+)로 한다. 이때 전류의 크기는 어떤 단면을 단위 시간에 통과하는 전하량으로 정의한다. 이 관계를 식으로 표현하면 다음과 같다.

시간 t[sec] 동안 도체의 임의단면을 전하 Q[C]이 통과하였을 때 전류의 크기 I[A]는

$$I=\frac{Q}{t} \quad [\mathrm{A}=\mathrm{C/sec}] \tag{5.1}$$

가 되며, 순간전류를 i[A]라 하면

$$i=\frac{dQ}{dt} \quad [\mathrm{A}] \tag{5.2}$$

가 된다. 여기서 전류의 단위는 [A](암페어 : Ampere)이며 MKS 단위계이다. 1[A]란 임의단면을 1[sec] 동안에 1[C]의 전하가 이동하였을 때의 전류의 크기를 말한다.

또 t_1[sec]에서 t_2[sec] 사이에 순간전류 $i(t)$가 흘렀을 때 이동한 총 전하량은

$$q=\int_{t_1}^{t_2} i(t)dt \quad [\mathrm{C}] \tag{5.3}$$

이 된다.

전류밀도는 전류의 방향과 수직인 1[m^2]의 단면적을 통과하는 전류로 정의하며 다음 식으로 표현한다.

$$J=\frac{di}{dS} \quad [\mathrm{A/m^2}] \tag{5.4}$$

또한, 단위체적밀도 n[개/m^2]의 전자가 전계 E[V/m]로 가속되어 속도 v[m/s] 움직일 때 전류밀도는

$$J=nev=ne\mu E=\sigma E \quad [\mathrm{A/m^2}] \tag{5.5}$$

로 계산된다.

전류의 종류에는 금속 중의 자유전자의 이동에 의한 전도전류, 진공 중의 전자 및 정(+), 부(−) 이온에 의한 전류로 대류전류, 유전체 중의 구속전자의 변위, 즉 전속밀도의 시간적 변화에 의한 전류로 변위전류가 있다.

또한, 전류의 크기와 방향이 시간에 따라 변하지 않는 전류를 직류(直流, DC : direct current), 전류의 크기와 방향이 시간에 따라 변하는

전류를 **교류**(交流, AC : alternating current)라 한다.

예제 5-1

전자가 매초 10^{10}개의 비율로 도체의 단면을 통과하면, 이것은 몇 [A]의 전류가 되는가? 단, 전자 1개의 전하량은 1.602×10^{-19}[C]이다.

풀이

$$Q=1.602\times10^{-19}\times10^{10}=1.602\times10^{-9}\,[\mathrm{C}]$$

$$I=\frac{Q}{t}=\frac{1.602\times10^{-9}}{1}=1.602\times10^{-9}\,[\mathrm{A}]$$

5-2 저　항

5-2-1 Ohm의 법칙

Ohm의 법칙은 "도선에 흐르는 전류 I는 금속선 양단간의 전위차 V에 비례하며 금속선의 저항 R에 반비례한다"는 법칙이다.

[그림 5-1]에 표시한 것처럼 도선의 양단 a, b의 전위차 V를 $(=V_1-V_2)$, a에서 b로 흐르는 전류를 I라 하면

$$I=\frac{V}{R} \tag{5.6}$$

로 표시된다. 또한 식 (5.6)은 다음 식으로 나타낼 수 있다.

$$V=RI \tag{5.7}$$

식 (5.7)은 저항 R의 도선에 전류 I가 흐를 때 전류방향으로 전위가 $V=RI$[V]만큼 낮아진다는 것을 의미하며 이를 전압강하라 한다. 여기서 비례상수 R은 도체의 종류, 모양, 크기 및 온도 등에 의하여 결정되는 양으로 도선의 전기저항 또는 저항(resistance)이라 하며, 단위는 [Ω](옴 : ohm)이 된다.

$$R=\frac{V}{I}\,[\Omega] \tag{5.8}$$

도체의 저항은 단면적 $S[\mathrm{m}^2]$에 반비례하고 길이 l[m]에 비례하는 특성을 지니고 있으며 다음 식과 같이 표시된다.

$$R=\rho\frac{l}{S}\ (\rho\ :\ \text{저항률(resistivity)}) \tag{5.9}$$

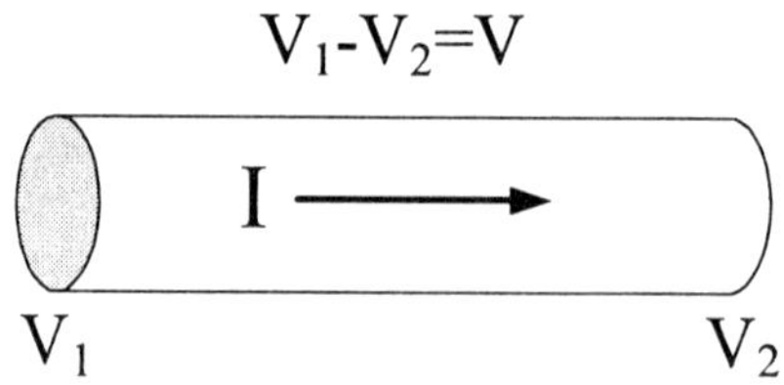

[그림 5-1] Ohm의 법칙

여기서 비례상수 ρ는 도체의 재질과 온도에 따라 정해지는 고유한 양으로 그 도체에 대한 고유저항 또는 저항률이라 하며, 단위는 [Ω · m]로 단위면적 1[m^2], 단위길이 1[m], 즉 단위체적에 대한 도체의 저항값을 의미한다.

저항의 역수를 컨덕턴스(conductance)라 하며, 전류가 흐르기 쉬운 정도를 표시하는 양이다. 단위는 [℧](모오 : mho) 또는 [S](지멘스 : siemens]로 표시한다.

$$G=\frac{1}{R}=\frac{1}{\rho}\frac{S}{l}=\sigma\frac{S}{l}\ \ [\mathrm{S}=1/\Omega] \tag{5.10}$$

여기서, σ는 도전률 또는 도전도(conductivity)라 하며 단위는 [S/m =℧/m]이다. {표 5-1}은 물질의 도전율을 나타낸 것이다.

{표 5-1} 물질의 도전율 (σ)

물 질	σ, ℧/m	물 질	σ, ℧/m
은	$6.17\times10'$	탄소	7×10^4
동	5.80×10^7	실리콘	1.2×10^3
금	4.10×10^7	해수	5
알루미늄	3.82×10^7	훼라이트(대표값)	100
텅스텐	1.82×10^7	석영석	10^{-2}
아연	1.67×10^7	청정수	10^{-3}
놋쇠	1.5×10^7	점토	10^{-4}
니켈	1.45×10^7	증류수	10^{-4}
철	1.03×10^7	모래흙	10^{-5}
청동	1×10^7	화강암	10^{-6}
납	0.7×10^7	대리석	10^{-8}
알루미늄	0.3×10^7	베이크라이트	10^{-9}
망가닌	0.227×10^7	자기	10^{-10}
콘스탄탄	0.226×10^7	다이아몬드	2×10^{-13}
게르마늄	0.22×10^7	폴리스틸렌	10^{-16}
스텐레스강	0.11×10^7	석영	10^{-17}
니크롬	0.1×10^7		

5-2-2 저항의 온도계수

금속과 같은 도체는 온도가 높아지면 결정을 구성한 원자의 열진동이 활발해져 전하를 운반하는 캐리어(carrier)인 자유전자와 충돌이 증가되며 따라서 전기저항이 증가하게 된다.

0[℃]일 때 도체의 온도계수가 α_0, 저항이 R_0[Ω]이면, t[℃]일 때 도체의 저항은

$$R_t = R_0(1+\alpha_0 t) \tag{5.11}$$

가 되며, 0[℃]일 때 도체의 고유저항의 온도계수를 α_0라 하면, t[℃]의 온도계수는 다음과 같다.

$$\alpha_t = \frac{\alpha_0}{1+\alpha_0 t} \tag{5.12}$$

t_1[℃]일 때 온도계수가 α_{t_1}, 저항이 R_1[Ω]이면, t_2[℃]에서 저항 R_2[Ω]는

$$R_2 = R_1[1+\alpha_{t_1}(t_2-t_1)]\ [\Omega] \tag{5.13}$$

이며, t_1[℃]일 때 온도계수 α_{t_1}는

$$\alpha_{t_1} = \frac{1}{T}\frac{R_2-R_1}{R_1}\quad (\because T = t_2 - t_1) \tag{5.14}$$

가 된다. 이것은 도체의 재질에 따라 정해지는 상수로 t_1[℃]에서 1[℃]의 온도상승에 대한 저항의 증가 비율을 말하며 이것을 t_1[℃]에 대한 저항의 온도계수라 부른다.

t_1[℃]에서 고유저항 ρ_1, 고유저항의 온도계수 α_{t_1}, t_2[℃]에서 고유저항을 ρ_2라 하면 다음 관계가 성립한다.

$$\rho_{t_2} = \rho_{t_1}[1+\alpha_{t_1}(t_2-t_1)] \tag{5.15}$$

$$\alpha_{t_1} = \frac{\rho_{t_2}-\rho_{t_1}}{\rho_{t_1}(t_2-t_1)} \tag{5.16}$$

{표 5-2} 도체의 온도계수(α_0, 20℃)

금 속	온도계수($\times 10^{-3}$)	금 속	온도계수($\times 10^{-3}$)
Au	3.4	Sn	4.2
Ag	3.8	Pb	3.9
Cu	3.93	Bi	4.0
Al	3.9	Hg	0.89
W	4.5	Zn	3.7
Mo	3.3	청동	1.7
Ni	6.0	인청동	3.5
Fe	5.0	콘스탄탄	0.02
Pt	3.0	망가닌	0.01

예제 5-2

0[℃]일 때 저항의 온도계수가 0.004인 도체의 저항이, 0[℃]일 때 저항의 3배로 될 때의 온도는 몇 [℃]가 되는가?

풀이 $R = R_0(1+\alpha t)$에서

$$3R_0 = R_0(1+0.004t)$$

$$t = \frac{2}{0.004} = 500[℃]$$

이다.

5-2-3 주울의 법칙(전력과 열)

저항 $R[\Omega]$의 도선에 I[A]의 전류가 흐르면 $V=RI$[J/C]의 전압강하가 도선의 양단 사이에 발생한다. 다시 말하면 1[C]의 전하가 $R[\Omega]$의 저항을 통과할 때는 V[J] 만큼의 에너지(일)가 필요(소비)하다는 것을 의미한다.

따라서 전류 I[A]란 1초에 전하 1[C]의 이동을 의미하므로 전류 I[A], 전위차 V[V=J/C]일 때 저항 R에서 소비되는 전력은

$$P = V\,[J/C] \times I\,[C/s] = VI = I^2R = \frac{V^2}{R}\,[W=J/s] \tag{5.17}$$

이 된다.

이 전기 에너지는 전류가 흐를 때 이동되는 자유전자가 도체중의 원자들과 충돌(마찰)로 소비되는 것으로 열이 되어 도체의 온도를 상승시키는 원인이 되며 이러한 열을 주울열(Joule heat)이라고 한다. 이 열을 열량으로 표시할 때는 칼로리(cal)라는 단위를 쓰며 그 관계는 다음과 같다.

$$1\,[\mathrm{cal}] = 4.186\,[\mathrm{J}] \tag{5.18}$$

따라서 1[J]의 일은 0.24[cal]의 열량과 같으므로 저항 $R[\Omega]$의 도선에 전압 V[V]를 인가해 전류 I[A]가 t[s]동안 흐를 때 발생하는 열량은

$$\begin{aligned} W &= 0.24\, I^2 Rt = 0.24\, VIt = 0.24 \frac{V^2}{R} t \\ &= 0.24 Pt\ [\mathrm{cal}] \end{aligned} \tag{5.19}$$

이 되며, 이 관계를 주울의 법칙(Joule's law)이라 한다.

5-3 저항의 연결

5-3-1 직렬연결

[그림 5-2]와 같이 저항 R_1, R_2, R_3를 직렬연결하고 회로의 양단자 a, b에 전위차 V[V]를 인가하여 전류가 흘렀을 때, 각 저항에 나타나는 전압강하를 V_1, V_2, V_3[V]라 하면

$$V_1 = I R_1, \quad V_2 = I R_2, \quad V_3 = I R_3 \tag{5.20}$$

이므로, 양 단자 a, b 사이의 전압 V[V]는

$$V = V_1 + V_2 + V_3 = (R_1 + R_2 + R_3) I\,[\mathrm{V}] \tag{5.21}$$

가 되며, 양 단자 a, b 사이의 합성저항 R은

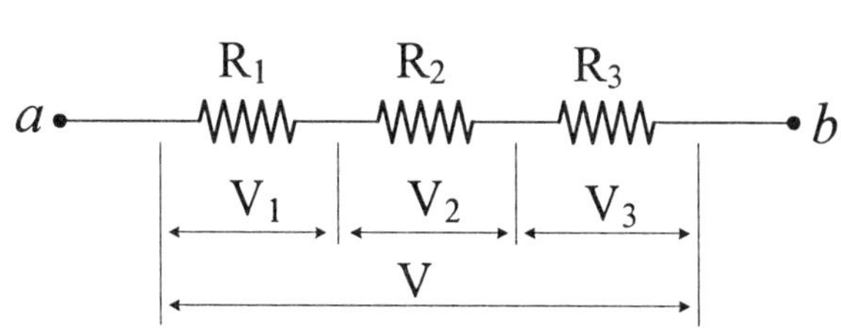

[그림 5-2] 직렬회로

$$R = \frac{V}{I} = R_1 + R_2 + R_3 \ [\Omega] \tag{5.22}$$

이 된다.

즉, 직렬연결의 합성저항은 각 저항의 합으로 주어지며, 각 저항값보다 커진다. 일반적으로

$$R_s = \sum_{i=1}^{n} R_i = R_i + R_2 + R_3 + \cdot \cdot \cdot + R_n \ [\Omega] \tag{5.23}$$

으로 표현된다. 그리고 전압은 각 저항에서 다음과 같이 분배된다.

$$V_1 = \frac{R_1}{R_s} V, \ \ V_2 = \frac{R_2}{R_s} V, \ \ V_3 = \frac{R_3}{R_s} V \tag{5.24}$$

5-3-2 병렬연결

[그림 5-3]과 같이 저항 R_1, R_2, R_3를 병렬연결하고 회로의 양단자 a, b에 전위차 V[V]를 인가하여 전류가 흘렀을 때, 각 저항에 흐르는 전류를 I_1, I_2, I_3[A]라 하면

$$I_1 = \frac{V}{R_1}, \ \ I_2 = \frac{V}{R_2}, \ \ I_3 = \frac{V}{R_3} \tag{5.25}$$

이며, 양 단자 a, b 사이의 전 전류 I[A]는

$$I = I_1 + I_2 + I_3 = \left(\frac{1}{R_1} + \frac{1}{R_2} + \frac{1}{R_3}\right) V \ [\text{A}] \tag{5.26}$$

가 되며, 양 단자 a, b 사이의 합성저항 R은

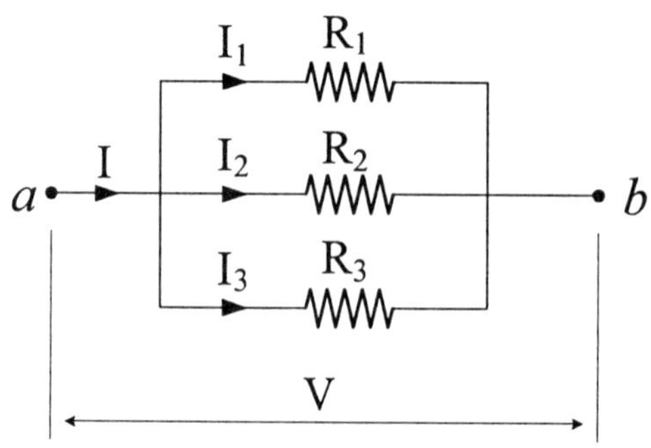

[그림 5-3] 병렬회로

$$R = \frac{V}{I} = \frac{1}{\frac{1}{R_1} + \frac{1}{R_2} + \frac{1}{R_3}} = \frac{R_1 R_2 R_3}{R_1 R_2 + R_2 R_3 + R_3 R_1} \ [\Omega] \tag{5.27}$$

이 된다. 즉, 병렬연결의 합성저항은 각 저항값보다 작아진다.

일반적으로 병렬연결 합성저항은 다음과 같이 표시된다.

$$R_p = \frac{1}{\sum_{i=1}^{n} \frac{1}{R_i}} \ [\Omega] \tag{5.28}$$

그리고 각 저항에 분배되는 전류는

$$I_1 = \frac{R_p}{R_1} I, \quad I_2 = \frac{R_p}{R_2} I, \quad I_3 = \frac{R_p}{R_3} I \ [\mathrm{A}] \tag{5.29}$$

이며, 각 저항을 통하는 전류는 각 저항의 크기에 반비례함을 알 수 있다.

[그림 5-2]에서 각 저항의 컨덕턴스를 G_1, G_2, G_3[V]라 하면

$$\frac{1}{R_p} = G = G_1 + G_2 + G_3 \ [\mathrm{S}] \tag{5.30}$$

가 되며, 각 저항에 흐르는 전류는

$$I_1 = \frac{G_1}{G} I, \ I_2 = \frac{G_2}{G} I, \ I_3 = \frac{G_3}{G} I \tag{5.31}$$

가 되어, 전류는 컨덕턴스에 비례하여 분배됨을 알 수 있다.

예제 5-3

$R_1 = 50[\Omega]$, $R_2 = 100[\Omega]$, $R_3 = 150[\Omega]$일 때 세 저항을 직렬 접속했을 때와 병렬 접속했을 때의 합성저항을 구하여라.

풀이 직렬합성저항 : $R_s = R_1 + R_2 + R_3 = 50 + 100 + 150 = 300[\Omega]$

병렬합성저항 : $\frac{1}{R_p} = \frac{1}{R_1} + \frac{1}{R_2} + \frac{1}{R_3}$에서 다음과 같다.

$$R_p = \frac{R_1 R_2 R_3}{R_1 R_2 + R_2 R_3 + R_3 R_1} = \frac{50 \times 100 \times 150}{50 \times 100 + 100 \times 150 + 150 \times 50} \fallingdotseq 27.27 \ [\Omega]$$

5-4 키르히호프 법칙

(1) 키르히호프의 제1법칙(전류법칙)

제1법칙은 "회로망 임의의 접합점(junction)에 유입하는 전류총합과 유출하는 전류총합은 같다"로 정의된다. [그림 5-4](a)에서처럼 유입하는 전류를 정(+), 유출하는 전류를 부(−)로 하여 제 1법칙을 접합점에 적용하면

$$I_1 - I_2 - I_3 + I_4 = 0 \tag{5.32}$$

가 되며, 이 식을 일반적으로 나타내면

$$\sum I_i = 0 \tag{5.33}$$

의 관계식이 성립하며, 접합점에서의 전류의 연속성을 나타낸다.

(2) 키르히호프의 제2법칙(전압법칙)

제2법칙은 "회로망의 임의의 폐회로에서 기전력의 총합은 저항과 전류의 곱에 대한 대수합과 같다"이다. [그림 5-4](b)와 같은 폐회로에서 시계침(화살표)방향으로 일주할 때 같은 방향의 기전력은 정(+) 전압강하는 부(−)로 정하면 제 2법칙은

$$E_1 - IR_1 - IR_2 + E_2 - E_3 = 0$$

$$E_1 + E_2 - E_3 = IR_1 + IR_2 + IR_3 \tag{5.34}$$

으로 된다. 이 식을 일반적으로 나타내면 다음과 같다.

$$\sum E_i = \sum I_i R_i \tag{5.35}$$

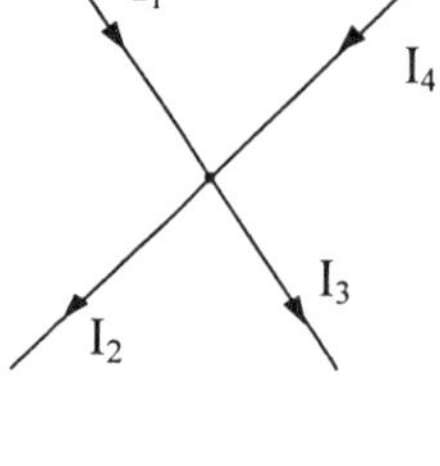

(a) 제 1법칙

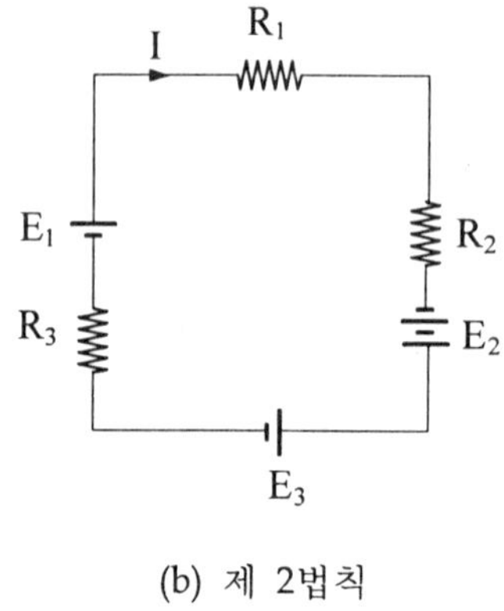

(b) 제 2법칙

[그림 5-4] 키르히호프 법칙

5-5 전지의 연결

5-5-1 직렬연결

[그림 5-5]는 전지의 내부저항을 고려한 전지의 등가회로이다. 전지에 외부저항 $R[\Omega]$을 연결하면 전지의 양단자에서 측정되는 전압은 실제의 기전력 E[V]가 나타나지 않고 그보다는 작은 V[V]가 측정된다.

이것은 등가회로에서 보는 것과 마찬가지로 전지에는 내부저항 $r[\Omega]$이 있어 외부회로와 연결시 내부저항에 의한 전압강하 rI[V]가 발생하기 때문이다.

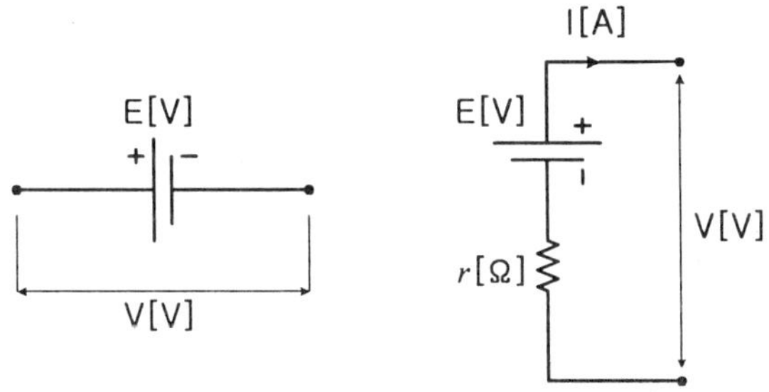

(a) 전지 (b) 등가회로

[그림 5-5] 전지의 등가회로

[그림 5-6](a)와 같이 외부저항 $R[\Omega]$에 기전력 E[V], 내부저항 $r[\Omega]$인 건전지 n개를 직렬연결하여 전류 I[A]가 흐를 경우, 이 회로에 키르히호프 제 2법칙을 적용하면 전류 I[A]를 구하면

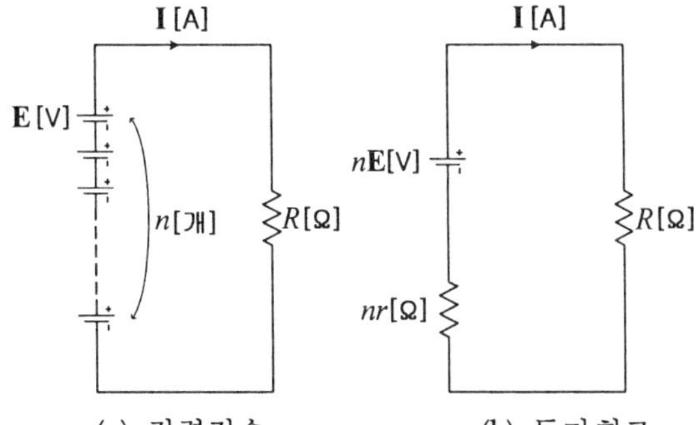

(a) 직렬접속 (b) 등가회로

[그림 5-6] 전지의 직렬접속

$$nE = RI + nrI$$

$$I = \frac{nE}{nr + R} = \frac{E}{r + \frac{R}{n}} \ \text{[A]} \tag{5.36}$$

가 되며 이에 따른 등가회로는 [그림 5-6](b)가 된다.

5-5-2 병렬연결

[그림 5-7](a)와 같이 외부저항 R[Ω]에 기전력 E[V], 내부저항 r[Ω]인 건전지 m개를 병렬연결하여 전류 I[A]가 흐를 경우, 병렬연결이므로 전지의 기전력의 전체 크기는 변화가 없으며, 합성내부저항은 $\frac{r}{m}$[Ω]로 병렬연결된 개수만큼 반비례하여 감소한다.

따라서 이 회로에 키르히호프 제2법칙을 적용하면 전류 I[A]를 구하면

$$E = RI + r\frac{I}{m}$$

가 되며, 따라서

$$I = \frac{E}{\frac{r}{m} + R} = \frac{mE}{r + mR} \ \text{[A]} \tag{5.37}$$

가 되며, 이에 따른 등가회로는 [그림 5-7](b)가 된다.

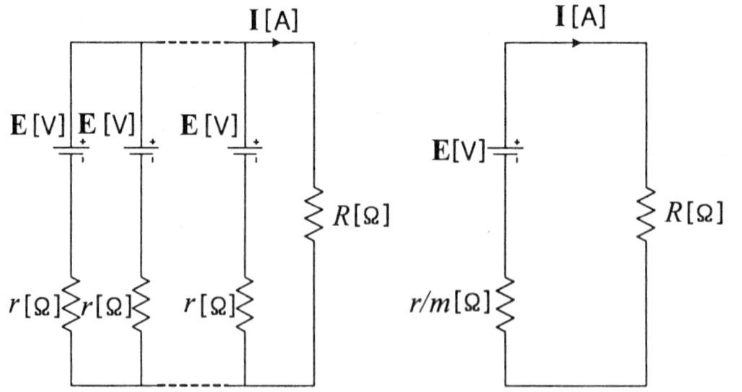

(a) 병렬회로　　　　(b) 등가회로

[그림 5-7] 건전지의 병렬접속

5-5-3 직병렬 연결

[그림 5-8](a)와 같이 외부저항 $R[\Omega]$에 기전력 E[V], 내부저항 $r[\Omega]$인 건전지를 직렬로 n개 병렬로 m개 연결할 때 외부저항에 흐르는 전류 I[A]를 구하면 다음과 같다.

직렬회로 개수만큼 기전력과 내부저항은 비례하여 증가하며 병렬회로 개수 만큼 내부저항 반비례하므로 기전력은 nE[V]가 되며, 전체 내부저항은 $n\frac{r}{m}[\Omega]$이 된다. 따라서 키르히호프 제2법칙을 적용하면

$$nE = RI + nr\frac{I}{m}$$

가 되며, 전류 I[A]는

$$I = \frac{nE}{\frac{nr}{m} + R} = \frac{E}{\frac{r}{m} + \frac{R}{n}}\ [\mathrm{A}] \tag{5.38}$$

의 관계식이 얻어지며, 이에 따른 등가회로는 [그림 5-8](b)과 같다.

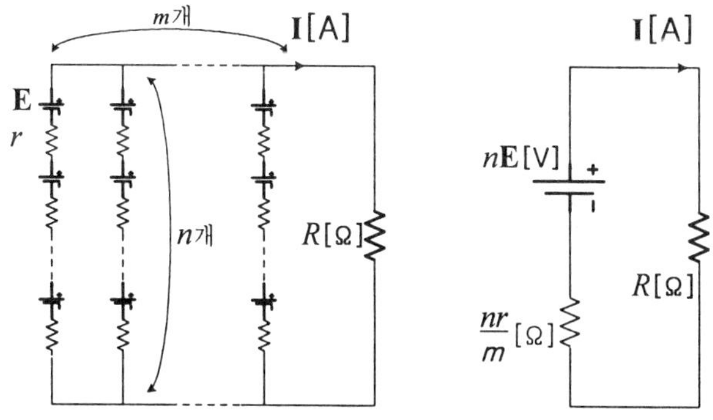

(a) 직병렬회로 (b) 등가회로

[그림 5-8] 건전지의 직병렬 연결

예제 5-4

전지로 된 전원의 단자전압을 내부저항 200[Ω]의 전압계로 측정하니 40[V]이고, 내부저항 600[Ω]의 전압계로 측정하니 60[V]이었다. 전지의 기전력과 내부저항은 얼마인가?

풀이 $V = E - IR_i$ 에서

$$40 = E - \frac{E}{R_i+200} \times R_i = E\left(\frac{200}{R_i+200}\right) \quad -①$$

$$60 = E - \frac{E}{R_i+600} \times R_i = E\left(\frac{600}{R_i+600}\right) \quad -②$$

①식에서 $40(R_i+200) = 200E$ －③

②식에서 $60(R_i+600) = 600E$ －④

③×3 －④ 에서 $60R_i - 12000 = 0 \therefore R_i \fallingdotseq 200[\Omega]$

③ 에 대입하면

$$40(200+200) = 200E \quad \therefore E = 80[\mathrm{V}]$$

그러므로, 전지의 기전력은 80[V], 내부저항은 200[Ω]이다.

예제 5-5

내부저항 $R_i[\Omega]$, 기전력 $E[\mathrm{V}]$인 전지에 부하저항 R을 연결했을 때, 부하에서 소비되는 전력이 최대값으로 되는 R값과, 최대전력 P_m을 구하여라.

풀이 $P = RI^2 = R\left(\frac{E}{R_i+R}\right)^2$ [W]

또, P의 최대값의 조건은

$$\frac{\partial P}{\partial R} = 0 \quad \left(\frac{\partial^2 P}{\partial R^2} < 0 \text{ 일 때}\right)$$

이고,

$$R_i + R - 2R = 0$$

$$\therefore R = R_i$$

일 때 최대값

$$\left(\frac{\partial^2 P}{\partial R^2} = \frac{\partial}{\partial R}\left\{\frac{E^2(R_i - R)}{(R_i+R)^3}\right\}\right.$$

$$= \frac{E^2\{-(R_i+R)^3 + (R_i - R)\cdot 3(R_i+R)^2\cdot 1\}}{(R_i+R)^6}$$

$$\left. = \frac{E^2(R_i+R)^2\{-(R_i+R) + 3(R_i - R)\}}{(R_i+R)^6} < 0, \therefore (R = R_i)\text{에서 최대}\right)$$

이고, 또한 다음과 같다.

$$P_m = R_i\left(\frac{E}{R_i+R_i}\right)^2 = \frac{R_i E^2}{4R_i^2} = \frac{E^2}{4R_i} \quad [\mathrm{W}]$$

5-6 열전현상

5-6-1 열전효과(제벡 효과)

[그림 5-9]와 같이 두 종류의 금속 A, B를 접속하여 하나의 폐회로를 만들어 그 두 개의 접합부분을 다른 온도 T_1, T_2로 유지하면 열기전력을 일으켜 전류가 흐르는 현상을 열전효과 또는 제벡효과(seebeck effect)라 한다.

이때 이 한 쌍의 금속을 열전대(thermocouple), 폐회로에 발생하는 기전력을 열기전력(thermo-electromotive force), 열기전력에 의해 흐르는 전류를 열전류라 한다.

이처럼 열기전력이 발생하는 것은 두 금속의 접촉에 의해 생기는 접촉 전위차가 온도에 따라 다르기 때문이다. 이 열기전력의 크기는 금속의 종류, 접합점 온도에 따라 결정되고 접합면적과 관계가 없다. 즉, 두 금속 접촉부의 온도차가 $\Delta T = T_2 - T_1$일 때 열기전력 ΔV라 하면

$$\Delta V = Q \cdot \Delta T$$

가 되며, Q를 열전능(thermo electric power)이라 한다. 또한 실험식으로 $Q = a + bT$로 주어진다.

이 식에서 a, b는 금속에 따라 주어지는 열전상수이고, T는 접합점의 온도차이다. 만약 접촉점의 온도가 T_1, T_2일 때 열기전력은

$$\begin{aligned} V &= \int_{T_1}^{T_2} Q dT = \int_{T_1}^{T_2} (a + bT) dT \\ &= a(T_2 - T_1) + \frac{1}{2} b(T_2^2 - T_1^2) \end{aligned} \tag{5.39}$$

이 된다.

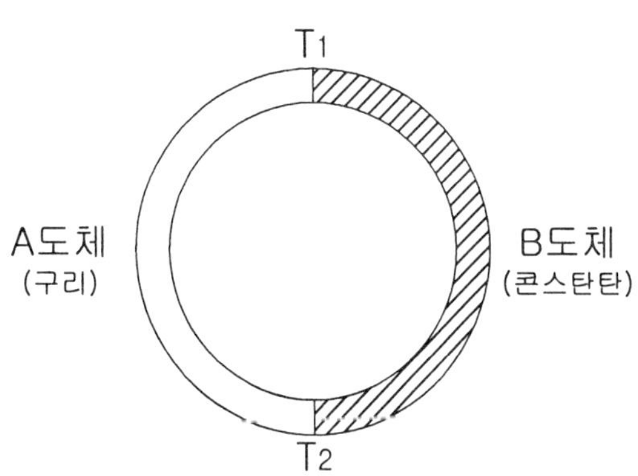

[그림 5-9] 열전효과

5-6-2 펠티에 효과

열전효과의 반대현상으로 두 종류의 금속으로 폐회로를 만들어 전류를 흘리면 양 접속점에서 열이 흡수(온도강하)되거나 발생(온도상승)하는 현상으로 펠티에 효과(Peltier effect)라 한다. 이 때 발생하는 열량은

$$H = P\int_0^t I dt \ \ [\text{cal}] \qquad (5.40)$$

가 된다. 여기서 P는 펠티어 계수, t[sec]는 전류를 흘리는 시간, I는 폐회로에 흘리는 전류량이다.

펠티에 효과는 전자냉동 등에 응용되고 있다.

5-6-3 톰슨 효과

동일한 금속 도선에서 두 점간에 온도차가 있을 때 전류를 흘리면 열의 발생 또는 흡수가 생기는 현상을 **톰슨 효과**(Thomson effect)라 한다. 두 점의 온도차가 $\Delta T = T_2 - T_1$인 경우 도선을 통과한 전하량을 Q[C]이라 하면, 열량 H는

$$H = Q\int_{T_1}^{T_2} \sigma dt \ \ [\text{cal}]$$

가 된다. 이 때 σ는 금속의 종류 및 온도에 따라 결정되는 상수로 톰슨계수라 한다.

연습문제

■ 주관식 ■

1. 5[mA]의 전류가 도선에 흐르고 있을 때, 1[s] 간에 어떤 단면적을 통과하는 전자의 수를 구하여라. 단, 전자의 전하량 $e=1.602\times10^{-19}$[C]이다.

2. 비유전율 2, 저항률 5×10^{7}[Ω · m]인 유전체로 채워진, 정전용량 10[μF]의 커패시터에 100[V]의 전압이 가해지면 누설전류는 몇 [A]인가?

3. 1[kW]의 전열기로 5[ℓ]의 물을 0[℃]에서 100[℃]까지 온도를 높이는데 걸리는 시간[분]을 구하여라. 단, 발생열량의 90[%]가 물의 온도를 높이는데 유효하다고 한다.

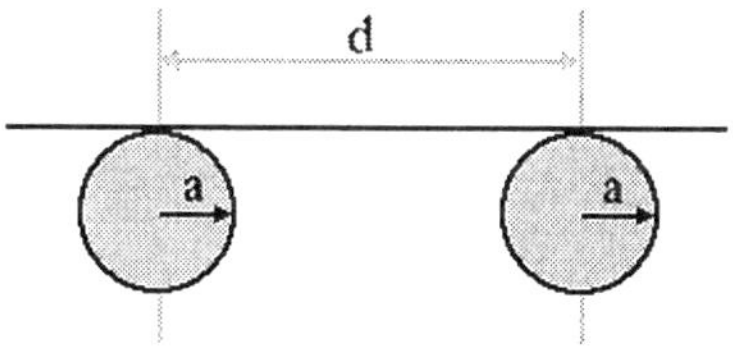

4. 반지름 a[m]인 두 개의 구도체를 대지에 묻어 놓을 때, 도체와 대지의 고유저항을 각각 0, ρ[Ω · m]라 하고, $d\gg a$이면 양 도체구간의 저항은 몇 [Ω]인가?

5. 반경 $a=1$[cm], $b=2$[cm]인 동심원통도체 사이에 저항률 $\rho=2\times10^{5}$[Ω · m], 비유전율 $\varepsilon_s=5$인 유전체가 있을 때 두 도체간의 단위길이당의 절연저항은 몇 [MΩ]인가?

6. 전지 10[개]를 직렬 접속하여 부하저항 100[Ω]인 회로에 사용한 경우와, 이것을 5개 직렬접속하고 그것 둘을 병렬로 접속하여 동일 부하에 사용한 경우, 부하전류는 후자가 전자의 3[배]였다. 이때 전지 1개의 내부저항을 구하여라.

7. 온도계수 α_1, 저항 R_1[Ω]의 저항기에 직렬로 온도계수 α_2, 저항 R_2[Ω]의 보상저항기를 접속하였을 때, 합성온도계수는 얼마인가?

8. 주어진 일정한 동선을 10배의 길이로 늘렸을 때, 저항은 몇 배가 되는가?

9. 균일한 저항선으로 된 대각선이 있는 정사각형 회로의 1변의 저항값을 $r=1$[kΩ]라고 할 때, 대각선 교점 A에서 한 모서리 B 사이의 합성저항을 구하여라.

■ 객관식 ■

1. 다음 중 옴의 법칙은 어느 것인가? (단, k는 도전율 ρ는 고유저항, E는 전계의 세기이다.)

㉮ $\mathrm{i} = k\mathbf{E}$　　㉯ $\mathrm{i} = \dfrac{\mathbf{E}}{k}$　　㉰ $\mathrm{i} = \rho\mathbf{E}$　　㉱ $\mathrm{i} = -k\mathbf{E}$

2. 지름 2〔mm〕의 동선에 π〔A〕의 전류가 균일하게 흐를 때의 전류밀도는 몇 $[\mathrm{A/mm^2}]$인가?

㉮ 10^3　　㉯ 10^4　　㉰ 10^5　　㉱ 10^6

3. MKS 단위계로 고유저항의 단위는?

㉮ $[\Omega \cdot \mathrm{m}]$　　㉯ $[\Omega \cdot \mathrm{mm^2/m}]$　　㉰ $[\mu\Omega \cdot \mathrm{cm}]$　　㉱ $[\Omega \cdot \mathrm{cm}]$

4. 지름 3.2〔mm〕, 길이 500〔m〕인 경동선의 상온에서의 저항은 대략 얼마인가? (단, 상온에서의 고유저항은 $e = \dfrac{1}{55} \times 10^{-6}[\Omega \cdot \mathrm{m}]$이다.)

㉮ 1.13　　㉯ 2.26　　㉰ 3.3　　㉱ 3.8

5. 20〔℃〕에서 저항 온도계수 $\alpha_{20} = 0.004$인 저항선의 저항이 100〔Ω〕이다. 이 저항선의 온도가 80〔℃〕로 상승될 때 저항은 몇 〔Ω〕이 되겠는가?

㉮ 24　　㉯ 48　　㉰ 72　　㉱ 124

6. 10^6[cal]의 열량은 어느 정도의 전력량 〔kWh〕에 상당하는가?

㉮ 0.06　　㉯ 1.16　　㉰ 0.27　　㉱ 4.17

7. 10^6[cal]의 열량은 어느 정도의 전력량에 상당하는가?

㉮ 0.06[kWh]　　㉯ 1.16[kWh]　　㉰ 0.27[kWh]　　㉱ 4.17[kWh]

8. 어떤 전지와 연결된 외부 회로 저항은 5〔Ω〕이고, 전류는 3〔A〕가 흐르면 외부회로에 3〔Ω〕의 저항을 직렬로 추가 접속하였을 때 회로에 흐르는 전류는 2〔A〕로 감소한다. 이 때 전지의 기전력은 몇 〔V〕인가?

㉮ 10　　㉯ 12　　㉰ 16　　㉱ 18

9. 다음은 도체의 전기저항에 대한 설명이다. 틀린 것은?

㉮ 고유 저항은 백금보다 구리가 크다.
㉯ 단면적에 반비례하고 길이에 비례한다.
㉰ 도체 반지름의 제곱에 반비례한다.
㉱ 같은 길이, 단면적에서도 온도가 상승하면 저항이 증가한다.

10. 직류 전원의 단자전압을 내부저항 250〔Ω〕의 전압계로 측정하니 50〔V〕이고 750〔Ω〕의 전압계로 측정하니 75〔V〕이었다. 전원의 기전력 E〔V〕 및 내부저항

r〔Ω〕의 값은 얼마인가?

㉮ 100, 250　㉯ 100, 25　㉰ 250, 100　㉱ 125, 5

11. 평행판 콘덴서에 유전율 9×10^{-8}〔F/m〕, 고유저항 $\rho=10^{6}$〔Ω·m〕인 액체를 채웠을 때 정전용량이 3[μF]이었다. 이 양극판 사이의 저항은 몇 〔kΩ〕인가?

㉮ 37.6　㉯ 30　㉰ 18　㉱ 15.4

12. 전기저항 R과 정전용량 C, 고유저항 ρ 및 유전율 ε 사이의 관계는?

㉮ $RC=\rho\varepsilon$　㉯ $\dfrac{R}{C}=\dfrac{\varepsilon}{\rho}$　㉰ $\dfrac{C}{R}=\rho\varepsilon$　㉱ $R=\varepsilon C\rho$

13. 반지름 a〔m〕의 반구형 도체를 고유저항 ρ[Ω·m]의 대지 표면에 부딪쳤을 때 접지 저항은?

㉮ $\dfrac{1}{2\pi\rho\alpha}$　㉯ $\dfrac{\rho}{2\pi\alpha}$　㉰ $2\pi\rho\alpha$　㉱ $\dfrac{\alpha}{2\pi\rho}$

14. 두 종류의 금속으로 된 회로에 전류를 통하면 각 접속점에서 열의 흡수 또는 발생이 일어나는 현상은?

㉮ 톰슨 효과　㉯ 제벡 효과　㉰ 볼타 효과　㉱ 펠티에 효과

15. 전류가 흐르고 있는 도체에 자계를 가하면 도체 측면에는 정부의 저하가 나타나 두 면 간에 전위차가 발생하는 현상은?

㉮ 핀치 효과　㉯ 톰슨 효과　㉰ 홀 효과　㉱ 제벡 효과

제6장

정 자 계

6-1 자기현상과 자화

자석이 철편을 끄는 성질을 자기(magnetism)이라 하며 작용하는 힘의 강한 부분을 자극(magnetic pole)이라 한다. 자석을 매달았을 때 지구의 북쪽을 가리키는 극을 북극(north pole, N-pole) 또는 정극, 남쪽을 가르키는 극을 남극(south pole, S-pole) 또는 부극이라 하며, S극에서 N극으로 향하는 축을 자축(magnetic axis)이라 한다.

[그림 6-1]과 같이 N극 가까이 철편(a)를 놓았을 때 가까운 곳에 S극 먼 곳에 N극이 나타나는데 이 때 철편은 자화되었다 한다. 이처럼 물체에 자기를 띠는 자극이 발생하는 것을 자화(magnetization), 자화되는 현상을 자기유도(magnetic induction), 자화되는 물질을 자성체(magnetic material)라 부른다.

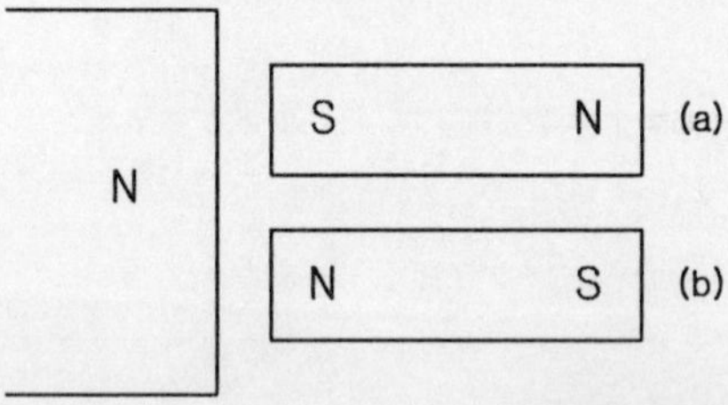

[그림 6-1] 자석과 자화

자성체는 [그림 6-1](a)처럼 자화되는 물질을 상자성체, [그림 6-1](b)와 같이 자화되는 물질을 역자성체, 철, 니켈, 코발트 등과 같이 자화현상이 강한 것을 강자성체 및 훼리자성체라 하며 그 예는 다음과 같다.

- 상자성체 : Al, Mn, Pt, W, Sn, O_2, N_2
- 역자성체 : Bi, C, Cu, Si, Ge, S, H_2, He, Ag
- 강자성체 : Fe, Ni, Co 및 이들의 합금
- 훼리자성체 : ferrite($FeO \cdot Fe_2O_3$, $NiFe_2O_4$ 등), Ni-Zn ferrite 등

6-2 쿨롱의 법칙

정자계에서 자극 사이에 작용하는 힘의 성질은 정전계의 쿨롱의 법칙과 유사하여 자극의 세기를 나타내는 자극의 자기량을 자하(磁荷 :

magnetic charge)라 부르며 기호는 m으로 하여 N극에는 $+m$, S극에는 $-m$의 자하가 있다고 본다.

자석은 N극과 S극이 서로 분리될 수 없으므로 힘의 측정에 있어서는 한 자석 자극중 상대에 위치한 반대자극의 영향이 서로 미치지 않아야 한다.

따라서 상대 자극이 서로 영향이 미치지 않을 정도로 매우 가늘고 긴 자석을 가정, 도입하여 징자계의 해석에 이용하며 이러한 자석의 자극을 점자극(point magnetic pole)이라 한다.

두 점자극의 자하를 m_1, m_2, 자극간 거리를 r이라 할 때 두 점자극 사이에 작용하는 힘 F는

$$F = k\frac{m_1 m_2}{r^2} \text{ [N]} \tag{6.1}$$

이 되며, 이 식을 자기에 관한 쿨롱의 법칙(Coulomb's law)이라 한다. 이 때 힘의 크기는 두 점자극의 자하량의 곱에 비례하며 거리에 반비례하고, 힘의 방향은 양 자극을 연결하는 직선 위에 있게 된다.

MKS 단위계에서 단위는 웨버(Weber : Wb)라 하여 [Wb]로 표기하며 1[Wb]란 신공 중에 $r=1$[m] 떨어진 두 점자극의 자하 ($m_1=m_2$) 사이에 작용하는 힘이 6.33×10^4[N]일 때의 자하량으로 정의한다. 따라서 $k=6.33\times10^4$ 이 되며 따라서 식 (6.1)은

$$F = 6.33\times 10^4 \frac{m_1 m_2}{r^2} \text{ [N]} \tag{6.2}$$

이 되며, MKS 단위계에서는

$$6.33\times 10^4 = \frac{1}{4\pi\mu_0}$$

라 놓으므로, μ_0는 다음과 같이 된다.

$$\mu_0 = \frac{1}{4\pi\times6.33\times 10^4} = 4\pi\times10^{-7} = 1.26\times10^{-6} \text{ [H/m]} \tag{6.3}$$

μ_0는 진공의 투자율(permeability of free space)이며, 단위는

$$[\mu_0] = [\text{Wb}^2/\text{N}\cdot\text{m}^2] = [\text{H/m}] \tag{6.4}$$

가 된다. 여기서 [H]는 인덕턴스의 단위 henry를 의미한다.

식 (6.1)의 Coulomb의 법칙은

$$F = \frac{1}{4\pi\mu_0}\frac{m_1 m_2}{r^2} \text{ [N]} \tag{6.5}$$

이 되며, 벡터식으로 표시하면

$$\mathbf{F} = \frac{1}{4\pi \mu_0} \frac{m_1 m_2}{r^2} \mathbf{r}_0 \text{ [N]} \tag{6.6}$$

이며, 여기서 $\mathbf{r}_0$는 힘의 방향을 가리키는 단위벡터이다.

진공 이외의 매질에서는 매질의 투자율에 영향을 받으며, 따라서 Coulomb의 법칙은

$$F = \frac{1}{4\pi\mu} \frac{m_1 m_2}{r^2} = \frac{1}{4\pi \mu_0 \mu_s} \frac{m_1 m_2}{r^2} \text{[N]} \tag{6.7}$$

가 된다. μ는 자성체의 투자율로

$$\mu = \mu_0 \mu_s$$

와 같으며, μ_0는 진공중에서의 투자율, μ_s는 비투자율이 된다.

예제 6-1

공기중에서 250[μWb]와 4000[μWb]의 두 자극 사이에 작용하는 힘이 6.33[N]이었다면, 두 자극간의 거리는 얼마인가?

풀이

$$F = \frac{m_1 m_2}{4\pi\mu_0 r^2} = 6.33 \times 10^4 \times \frac{m_1 m_2}{r^2} \text{ 에서}$$

$$r = \sqrt{\frac{6.33 \times 10^4 \times m_1 m_2}{F}} = \sqrt{\frac{6.33 \times 10^4 \times 2.5 \times 10^{-4} \times 4 \times 10^{-3}}{6.33}}$$

$$= 10^{-1} \text{ [m]} = 10 \text{ [cm]}$$

6-3 자 계

자석 주위에 철편을 놓으면 자석에 의한 힘이 미치는 것을 알 수 있는데 이처럼 자기력이 미치는 공간을 자계(magnetic field) 혹은 정자계(static magnetic field)라 부른다.

자계 중 한 점에 +1[Wb]의 단위정자하를 놓았을 때 작용하는 힘을 그 점에 대한 자계의 세기(magnetic field intensity)라 정의한다. 자계의 세기는 벡터량으로 기호 **H**로 표시하며, 이때 H의 단위는 [N/Wb]나 [AT/m]를 사용한다.

진공중 정자하 $+m$[Wb]에 의한 자계내 r[m] 되는 점 P에서의 자계

의 세기는 정의에 따라 식 (6.5)에 $m_1=m$[Wb], $m_2=1$[Wb]를 대입하면

$$\mathbf{H}=\frac{1}{4\pi\mu_0}\frac{m\times1}{r^2}\ \mathbf{r}_0=\frac{1}{4\pi\mu_0}\frac{m}{r^2}\ \mathbf{r}_0\ \text{[N/Wb]} \tag{6.8}$$

$$H=\frac{1}{4\pi\mu_0}\frac{m}{r^2}\ \text{[N/Wb]}$$

이 된다.

이 식에서 **H**의 방향은 N극에 대해서는 반발하는 방향이며, S극에 대해서는 끌리는 방향이 되므로, 여러 종류의 점자극에 의한 한 점의 자계의 세기는 각각의 자하에 의한 자계의 벡터합이 된다.

또한 자계의 세기 **H**되는 점에 m'[Wb]의 점자하를 놓았을 때 점자하가 받는 힘이 **F**[N]이라 할 때 그 점의 자계의 세기는

$$\mathbf{H}=\frac{\mathbf{F}}{m'}\ \text{[N/Wb]} \tag{6.9}$$

이며

$$\mathbf{F}=m'\mathbf{H}\ \text{[N]}$$

$$F=m'H\ \text{[N]} \tag{6.10}$$

가 된다.

예제 6-2

진공중에서 +5[Wb]와 −10[Wb]의 두 점자하가 $r=2$[m]의 거리에 있을 때, 두 자하 사이 중점 P의 자계의 크기는 몇 [AT/m]인가?

풀이 $H=\frac{m}{4\pi\mu_0 r^2}$을 이용하여

$$H_p=\frac{m_1}{4\pi\mu_0\left(\frac{r}{2}\right)^2}-\frac{m_2}{4\pi\mu_0\left(\frac{r}{2}\right)^2}\fallingdotseq 6.33\times10^4\times\frac{15}{1}$$

$$=9.495\times10^5\ \text{[AT/m]}$$

6-4 자기력선

자계내(磁界內)에서 자기력이 작용하는 형태나 분포 특성 등을 자계의 세기 H[N/Wb]와 같은 수치 해석적인 방법으로는 판단하기 어렵지만, 자기력이 작용하는 모양을 그림으로 나타내면 자기현상을 쉽게 이

해할 수 있으므로 자기력의 작용하는 크기와 방향을 나타내는 자기력선이 만들어졌다.

이처럼 자기력선(line of magnetic force) 또는 자력선이란 자계내에서 단위정자극(+1[Wb])이 아무 저항없이 움직일 수 있다고 가정하였을 때 단위정자극이 자기력에 의해 이동하면서 그려지는 선으로 정의하였으며 다음과 같은 성질을 보이고 있다.

첫째, 자력선은 N극에서 나와 S극에서 끝난다.

둘째, 같은 방향으로 향하는 자기력선은 서로 반발한다.

셋째, 자력선은 서로 교차하지 않는다.

넷째, [그림 6-2](a)와 같이 자계내 임의면을 수직으로 지나는 자력선 밀도 [lines/m^2]는 그 면에서의 자계의 세기 H[N/Wb]와 같다. 따라서, 다음과 같이 정의된다.

$$H[\text{lines/m}^2] = H[\text{N/Wb}] \tag{6.11}$$

그러나 [그림 6-2](b)와 같이 자기력선과 면이 수직하지 않을 때 자계의 세기와 자기력선의 관계는 다음과 같이 설명된다.

자계의 세기 H[N/Wb=lines/m^2]의 dS[m^2]에 대한 법선성분은 $H\cos\theta$이므로 임의면 dS[m^2]를 수직으로 통과하는 자기력선 수는

$$dN = H\cos\theta dS = \mathbf{H} \cdot \mathbf{n}\, dS \tag{6.12}$$

가 된다. 따라서 면 S를 지나는 자기력선 총수는

$$\int\int_S H\cos\theta dS = \int\int_S \mathbf{H} \cdot \mathbf{n}\, dS \tag{6.13}$$

가 된다. 여기서 $\mathbf{n}$은 면 dS[m^2]에 대한 법선단위 벡터이다.

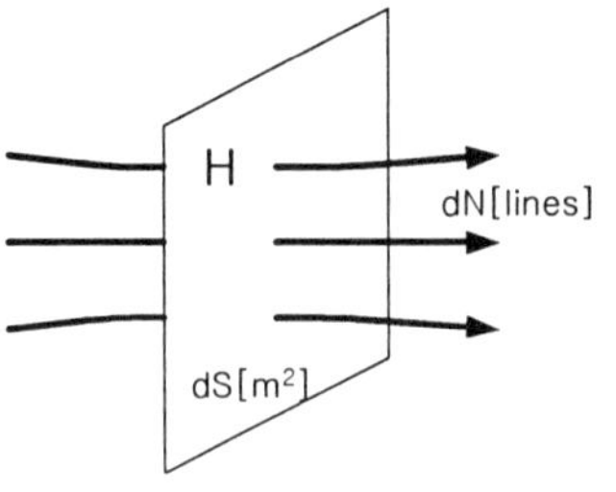

(a) 0°

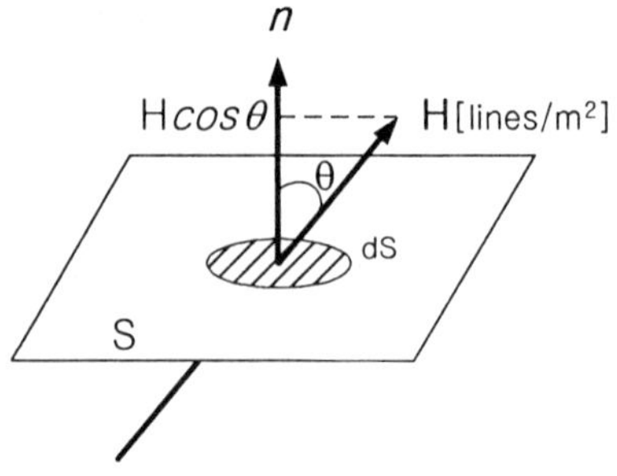

(b) θ

[그림 6-2] 자기력선

6-5 자 위

정전계와 마찬가지로 자계내 한 점 P의 **자위**는 "단위정자하(+1[Wb])를 자계의 세기가 0인 무한원점에서 자계 중 임의의 점 P까지 운반하는데 필요한 일의 양"으로 정의하며 이것을 식으로 나타내면 다음과 같다.

$$U_p = -\int_{\infty}^{p} H \cdot dl \ [\mathrm{AT}] = [\mathrm{J/Wb}] \tag{6.14}$$

[그림 6-3]에서 단위정자하를 자계 H[N/Wb=AT/m]와 반대방향으로 dl[m]만큼 이동할 때 요구되는 일은

$$dU = -\mathbf{H} \cdot d\mathbf{l} \ [\mathrm{AT} = \mathrm{J/Wb}] \tag{6.15}$$

이 되며, 단위는 [AT](ampere turn) 또는 [A](ampere)를 사용한다. 그러므로 두 점 A, B 사이의 자위차는 단위정자하(+1[wb])를 점 B에서 A까지 움직이는데 필요한 일이 되며 다음 식과 같이 된다.

$$U_{AB} = U_A - U_B = -\int_{B}^{A} \mathbf{H} \cdot d\mathbf{l} \ [\mathrm{AT} = \mathrm{J/Wb}] \tag{6.16}$$

[그림 6-3]으로부터 점자극 $+m$[Wb]로부터 거리 r[m]만큼 떨어진 점 P의 자위는

$$\begin{aligned} U_p &= -\int_{\infty}^{r} \mathbf{H} \cdot d\mathbf{l} = -\int_{\infty}^{r} \frac{1}{4\pi\mu_0} \frac{m}{x^2} d\mathbf{l} \\ &= \frac{1}{4\pi\mu_0} \frac{m}{r} \ [\mathrm{J/Wb} = \mathrm{AT}] \end{aligned} \tag{6.17}$$

이 된다. 자위의 단위는 기호 [J/Wb]나 [AT]를 사용한다.

1[AT=J/Wb]는 1[Wb]의 단위정자하를 운반할 때 요구되는 일이 1[J] 일 때의 두 점 사이의 자위차를 말한다.

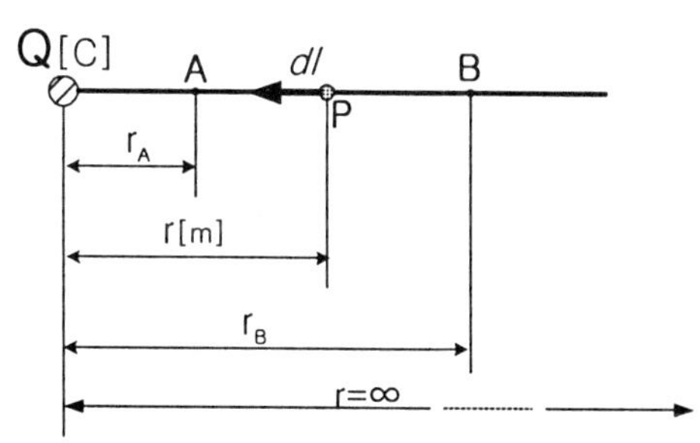

[그림 6-3] 점자극내의 자위 및 자위차

자위는 스칼라량이므로 여러 점자극 m_1, m_2, m_3, …, m_n에 의한 자계 내 한 점의 자위는 각 점자극에 의한 자위를 대수적으로 합하면 된다.

$$U = \frac{1}{4\pi\mu_0}\sum_{i=1}^{n}\frac{m}{r_i}\ [\mathrm{AT}] \tag{6.18}$$

자계 내에서 단위정자극을 자계와 반대방향으로 dl[m]만큼 변위시켰을 때 소요되는 일은

$$dU = -\mathbf{H}\cdot d\mathbf{l} = -H\cos\theta dl\ [\mathrm{J/Wb}]$$

가 되며, 여기서 θ는 **H**와 d**l**의 사이각이다.

$$H\cos\theta = -\frac{dU}{dl} \tag{6.19}$$

가 되며, 이 식은 자계의 d**l** 방향 성분은 자위의 d**l** 방향 기울기, 즉 **자위경도**(磁位傾度)와 같다는 의미를 지닌다. 따라서, 미분연산자 나블라(∇)를 도입하면 식 (6.19)는 다음 식과 같이 된다.

$$\mathrm{H} = -\mathrm{grad}\ U\ [\mathrm{AT/m}] \tag{6.20}$$

6-6 자기쌍극자

크기가 같고, 부호가 다른 정, 부의 자극이 극히 미소한 거리로 떨어져 있는 한 쌍의 점자극을 **자기쌍극자**(magnetic dipole)라 한다.

[그림 6-4]와 같이 자극의 세기 $\pm m$[Wb], 길이 l[m]인 소자석 주위의 임의의 점 P의 자위 및 자계의 세기는 다음과 같다.

소자석의 중심 O를 좌표의 원점으로 하여 소자석 주위의 점 P의 좌표를 극좌표 $P(r, \theta)$로 하였을 때 점 P의 자위 U는

$$U_p = \frac{m}{4\pi\mu_0}\left(\frac{1}{r_1} - \frac{1}{r_2}\right) \tag{6.21}$$

이 되며,

$$r_1 \fallingdotseq r - \frac{\delta}{2}\cos\theta, \qquad r_2 \fallingdotseq r + \frac{\delta}{2}\cos\theta$$

이고, 이 식을 식 (6.21)에 대입하여 정리하면

$$U_p = \frac{m}{4\pi\mu_0}\frac{\delta\cos\theta}{r^2 - \frac{\delta^2}{4}\cos^2\theta} \tag{6.22}$$

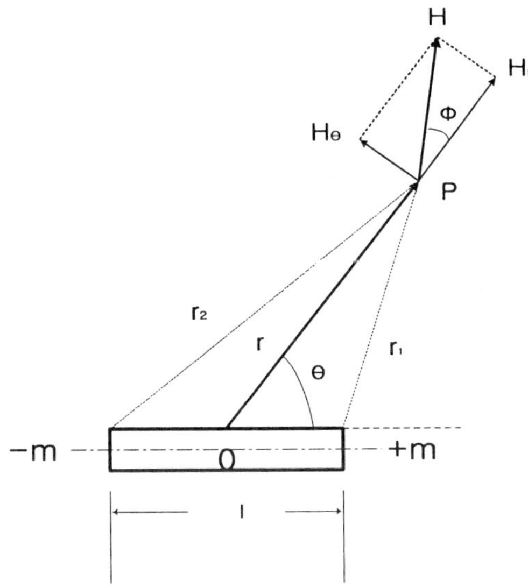

[그림 6-4] 자기쌍극자(소자석)

$r \gg \delta$ 이므로 $\frac{\delta^2}{4}\cos^2\theta \fallingdotseq 0$ 으로 놓으면 자위 U_p 는

$$U_p \fallingdotseq \frac{M\cos\theta}{4\pi\mu_0 r^2} \tag{6.23}$$

가 된다. 여기서, $m\delta$ 는 자석의 크기를 표시하는 양으로 자석의 자기능률(磁氣能率) 또는 자기 모멘트(magnetic moment)라 하며 M 으로 표시하면

$$M = ml \ [\text{Wb} \cdot \text{m}] \tag{6.24}$$

가 된다.

쌍극자 중심 O로부터 점 P의 극좌표는 (r, θ)이므로 점 P에서 전계 H를 r방향의 성분 H_r과 r에 수직인 θ방향 성분 H_θ로 분해하여 구좌표계로 표시하면

$$\begin{aligned} \boldsymbol{H} &= -grad\ U = -\left(\frac{\partial U}{\partial r}\ \mathbf{a}_r + \frac{\partial U}{r\partial\theta}\ \mathbf{a}_\theta\right) \\ &= H_r\ \mathbf{a}_r + H_\theta\ \mathbf{a}_\theta\ [\text{V/m}] \end{aligned} \tag{6.25}$$

로 놓을 수 있으며, 여기서 $\mathbf{a}_r$, $\mathbf{a}_\theta$는 r과 θ방향의 단위벡터이다.

따라서,

$$H_r = -\frac{\partial U}{\partial r} = 2\frac{M\cos\theta}{4\pi\mu_0 r^3} \quad [\mathrm{AT/m}] \tag{6.26}$$

$$H_\theta = -\frac{\partial U}{r\partial\theta} a_\theta = \frac{M\sin\theta}{4\pi\mu_0 r^3} \quad [\mathrm{AT/m}] \tag{6.27}$$

가 된다. 따라서 점 P에서 자계의 크기와 방향은 다음과 같이 표현된다.

$$H = \sqrt{H_r^2 + H_\theta^2}$$

$$= \frac{M}{4\pi\mu_0 r^3}\sqrt{1+3\cos^2\theta} \ [\mathrm{AT/m}] \tag{6.28}$$

$$\phi = \tan^{-1}\left(\frac{H_\theta}{H_r}\right) = \tan^{-1}\left(\frac{\sin\theta}{2\cos\theta}\right)$$

$$= \tan^{-1}\left(\frac{1}{2}\tan\theta\right) \tag{6.29}$$

6-7 판 자 석

[그림 6-5]에서처럼 얇은 판의 양면에 N, S극의 자극을 지닌 자석을 판자석이라 한다.

판자석에 의하여 형성되는 전위는 다음과 같다. 판자석의 표면자하밀도를 $\pm\sigma$[Wb/m^2], 양면 자극의 두께를 δ[m]라 할 때 판자석상의 미소면적 dS[m^2]에 의한 점 P의 자위를 dU[AT]라고 하면, 이 dS 부분의 양면 자하 $\pm\sigma dS$[C]를 자극으로 하는 길이 δ[m]의 자기쌍극자로 볼 수 있으므로, 이 자기쌍극자에 의한 P점 자위 dU[AT]는

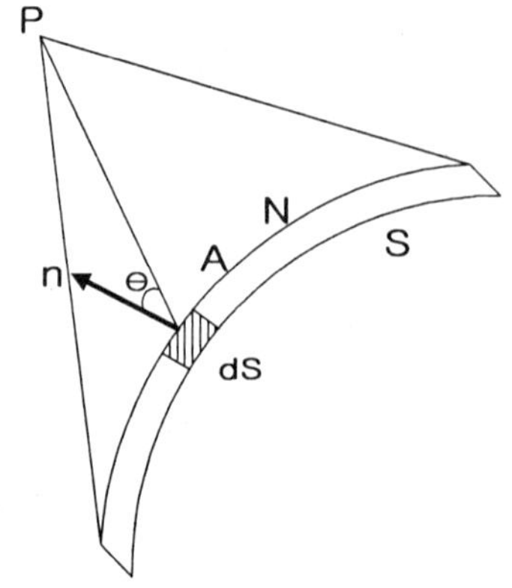

[그림 6-5] 판 자 석

$$dU=\frac{1}{4\pi\mu_0}\frac{\sigma\delta dS\cos\theta}{r^2}=\frac{1}{4\pi\mu_0}\frac{PdS\cos\theta}{r^2}\ [\mathrm{J/Wb}] \tag{6.30}$$

가 된다.

여기서, $\sigma\delta=P$[Wb/m]는 판자석의 단위면적당 자기 모멘트이며 판자석의 세기를 나타낸다.

판전체에 대한 자위(磁位)는

$$U=\frac{P}{4\pi\mu_0}\oint_S\frac{dS\cos\theta}{r^2}\ [\mathrm{J/Wb}] \tag{6.31}$$

가 된다.

위식에서 $\oint_S\frac{dS\cos\theta}{r^2}$는 판자석 전표면 S가 점 P에 대하여 갖는 입체각 ω[sr]이므로, 식 (6.31)은

$$U_P=\frac{P}{4\pi\mu_0}\omega\ [\mathrm{J/Wb}] \tag{6.32}$$

가 된다. 점 Q의 판자석 아래면에 대한 입체각을 ω'라 하면 판자석 아래면 측의 점 Q의 자위는

$$U_Q=\frac{P}{4\pi\mu_0}\omega'\ [\mathrm{J/Wb}] \tag{6.33}$$

가 되므로, 판자석 양면상 두 점 P, Q의 자위차는

$$U=U_P-U_Q=\frac{P}{4\pi\mu_0}(\omega-\omega')=\frac{P}{4\pi\mu_0}\{\omega-(-\omega)\}$$

$$=\frac{P}{2\pi\mu_0}\omega\ [\mathrm{J/Wb}]$$

$$\therefore\ U=\frac{P}{2\pi\mu_0}\omega\ [\mathrm{J/Wb}] \tag{6.34}$$

가 된다.

점 P, Q가 판자석 양쪽 면에 무한히 접근할 때 입체각 $\omega=2\pi$가 되므로, 판자석 양면간 자위차는 다음 식이 된다.

$$U=\frac{P}{\mu_0}\ [\mathrm{J/Wb}] \tag{6.35}$$

예제 6-3

자하밀도 σ[Wb/m^2]과 두께 d[m]인 판자석의 N극으로부터 r[m] 떨어진 점 P에서의 자위를 구하는 식을 구하여라. 단, 점 P에서 판자석을 보는 입체각을 ω라 한다.

풀이 판자석의 세기 $M_0 = \sigma \cdot d$ [Wb/m]

판자석에 의한 자위는 $U = \dfrac{M_0}{4\pi\mu_0}\omega$ [AT]이므로

$\therefore\ U_p = \dfrac{\sigma \cdot d}{4\pi\mu_0}\omega$ [AT]

연습문제

■ 주관식 ■

1. 길이 $l=10$[cm], 자극의 세기 $\pm m=\pm 40[\mu Wb]$의 막대 자석의 자축 방향에 +자극으로부터 $r_1=1$[m] 거리의 점 P_1 및 자축에 직각으로 자축중심에서 $r_2=1$[m] 거리의 점 P_2의 자계의 세기를 구하여라.

2. 공중에서 자하량 ±10[Wb], 길이 0.2[m]인 막대자석이 있다. 자축과 45°의 각을 이루고, 자석의 중심점에서 거리 2[m]인 점의 자위를 구하여라.

3. 비투자율 $\mu_s=100$인 매질 중에 4×10^{-6}[Wb]와 2×10^{-5}[Wb]의 2개의 점자하를 놓았을 때, 두 점자하 사이에 20×10^{-4}[N]의 힘이 작용했다면, 점자하 사이의 거리는 얼마인가?

4. 길이 10[cm]인 막대자석의 +극에서 5[cm] 떨어진 자축상의 점에서 자계의 세기가 15[AT/m]이면 자극의 자하는 몇 [Wb]인가?

■ 객관식 ■

1. 10^{-5}[Wb] 와 1.2×10^{-5}[Wb]의 점자극을 공기 중에서 2〔cm〕 거리에 놓았을 때 극간에 작용하는 힘은 몇 〔N〕인가?

㉮ 1.9×10^{-2} ㉯ 1.9×10^{-3} ㉰ 3.8×10^{-3} ㉱ 3.8×10^{-4}

2. 500〔AT/m〕의 자계 중에 어떤 자극을 놓았을 대 3×10^3[N]의 힘이 작용했다면 이 때의 자극의 세기는 몇 〔Wb〕이겠는가?

㉮ 2 ㉯ 3 ㉰ 5 ㉱ 6

3. 비투자율 μ, 자속밀도 **B**인 자계 중에 있는 m〔Wb〕의 자극이 받는 힘은?

㉮ $\dfrac{\mathbf{B}m}{\mu_0\mu_s}$ ㉯ $\dfrac{\mathbf{B}m}{\mu_0}$ ㉰ $\dfrac{\mu_0\mu_s}{\mathbf{B}m}$ ㉱ $\dfrac{\mathbf{B}m}{\mu_s}$

4. 자극의 크기 $m=4$[Wb]의 점자극으로부터 $r=4$[m] 떨어진 점의 자계의 세기 〔AT/m〕를 구하면?

㉮ 7.9×10^3 ㉯ 6.3×10^4 ㉰ 1.6×10^4 ㉱ 1.3×10^3

5. 자기 쌍극자에 의한 자계는 쌍극자 중심으로부터의 거리의 몇 승에 반비례하는가?

㉮ 1 ㉯ $\frac{3}{2}$ ㉰ 2 ㉱ 3

6. 전계 $\mathbf{E}$[V/m]내에 모멘트 $\mathbf{P}$[C · m]인 쌍극자가 놓여 있을 때 쌍극자가 받는 회전 모멘트 〔N · m〕는?

㉮ $\mathbf{P} \cdot \mathbf{E}$ ㉯ $\mathbf{E} \cdot \mathbf{P}$ ㉰ $\mathbf{E} \times \mathbf{P}$ ㉱ $\mathbf{P} \times \mathbf{E}$

7. 그림과 같이 균일한 자계의 세기 H〔AT/m〕 내에 자극의 세기가 ±m〔Wb〕, 길이 1〔m〕인 막대자석을 그 중심 주위에 회전할 수 있도록 놓는다. 이 때 자석과 자계의 방향이 이룬 각을 θ라 하면 자석이 받는 회전력 〔N · m〕은?

㉮ $mHl\cos\theta$ ㉯ $mHl\sin\theta$ ㉰ $2mHl\sin\theta$ ㉱ $2mHl\tan\theta$

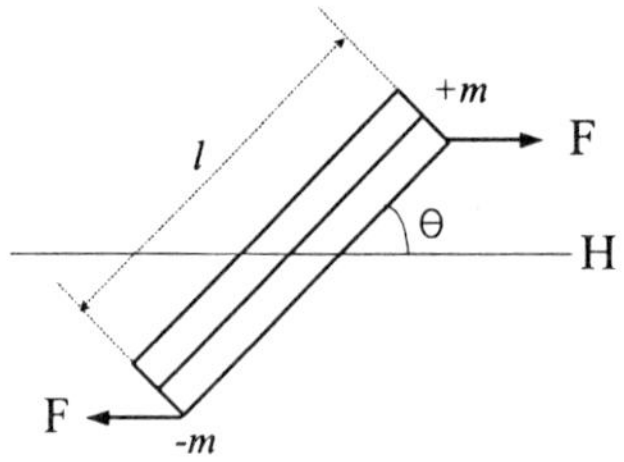

8. 평등 자장 H인 곳에 자기 모멘트 M을 자장과 수직방향으로 놓았을 때 이 자석의 회전력은?

㉮ $\frac{M}{H}$ ㉯ $\frac{H}{M}$ ㉰ MH ㉱ $\frac{1}{MH}$

9. 자극의 세기가 8×10^{-6}[Wb], 길이가 5〔cm〕인 막대 자석을 150〔AT/m〕의 평등자계 내에 자계와 30° 의 각도로 놓았다면 자석이 받는 회전력 〔N · m〕은?

㉮ 1.2×10^{-2} ㉯ 3×10^{-4} ㉰ 5.2×10^{-6} ㉱ 2×10^{-7}

10. 자극의 세기가 m인 판자석의 N극으로부터 r〔m〕 떨어진 점 P에서 자위를 구하는 식은? (단, 점 P에서 판자석을 보는 입체각은 ω라 한다.)

㉮ $-\frac{m}{4\pi\mu_0}\omega$ ㉯ $-\frac{m}{2\pi\mu_0}\omega$ ㉰ $\frac{m}{4\pi\mu_0}\omega$ ㉱ $\frac{m}{2\pi\mu_0}\omega$

제 7 장

전류에 의한 자계

7-1 암페어의 오른나사(오른손) 법칙

1820년 에르스텟(Oersted 덴마크)는 전류가 흐르는 도선 주위의 자침이 움직인다는 사실로부터 도선에 흐르는 전류에 의해 도선 주위에 자계가 발생한다는 것을 발견하였다.

그 후 Biot와 Savart는 전류와 자계사이의 정량적 관계를 수식화한 실험적 결과인 Biot-Savart 법칙을 발표하였으며, 2년 후 암페어(Ampere)에 의해 도선에 흐르는 전류와 이로 인하여 발생한 자계 사이의 정량적, 정성적인 관계에 대한 이론이 확립되었다.

연구 결과로부터 직선도선에 흐른 전류에 의해 도선으로부터 r[m] 떨어진 점에 발생한 자계의 성질은 다음과 같다.

첫째, 자계의 세기 H는 전류의 크기 I에 비례하며, 직선으로부터의 거리에 반비례한다.

둘째, 자력선은 도선을 중심 축으로 하는 동심원 상에 분포하며, 자계의 방향은 도선이 놓인 평면에 직각이며 우수계를 형성한다.

즉, 전류에 의한 자계의 방향은 [그림 7-1]과 같이 오른손의 엄지 손가락을 세웠을 때, 엄지 손가락 방향으로 전류가 흐르면 다른 네 손가락이 감는 방향으로 자계가 발생하며, 네 손가락이 감는 방향으로 전류가 흐르면 엄지손가락 방향으로 자계가 발생한다고 하여 암페어의 오른손 법칙(Ampere's right hand rule)이라 한다.

또는 전류가 오른나사의 진행방향으로 흐르면 자계는 오른나사의 회전방향으로 발생하고, 전류가 오른나사의 회전방향으로 흐르면 자계는 오른나사의 진행방향으로 생긴다고 하여 암페어의 오른나사 법칙(Ampere's right screw rule)이라 한다.

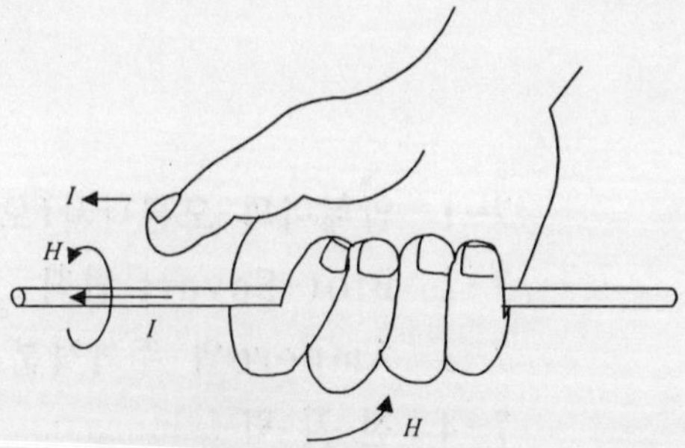

[그림 7-1] 암페어의 오른손 법칙

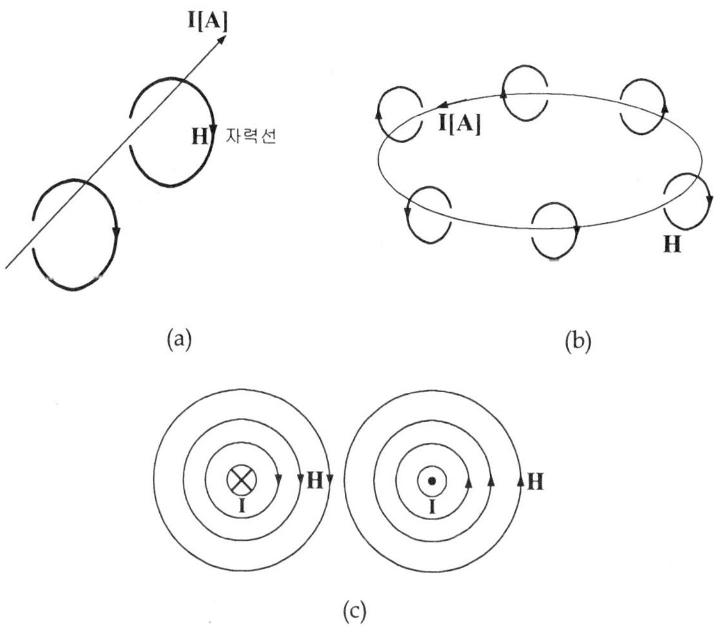

[그림 7-2] 전류와 자력선

[그림 7-2]는 각종 전류에 의한 자계의 방향으로 직선도선의 전류에 의한 자계는 [그림 7-2](a)처럼 동심원 모양의 자력선이 되며, 원형의 폐회로에 흐르는 전류에 의한 자계는 [그림 7-2](b)처럼 전류가 흐르는 면에 수직이 된다.

또한 [그림 7-2](c)는 직선전류에 의한 자력선의 방향으로 ⊙는 지면에서 나오는 경우이며 ⊗는 전류가 지면으로 들어가는 경우를 나타낸다.

7-2 Biot-Savart 법칙

임의의 모양의 전류도선에 의한 어떤 점의 자계를 구하는 실험법칙으로 다음과 같다.

[그림 7-3]과 같이 매우 가는 곡선 도선의 미소부분 dl에 전류 I가 흐를 때 임의의 아주 작은 전류선분(電流線分) Idl에 의한 점 P의 자계(磁界)세기 dH는

$$dH = \frac{I \cdot dl\ \sin\theta}{4\pi\, r^2} \quad [\mathrm{AT/m}] \tag{7.1}$$

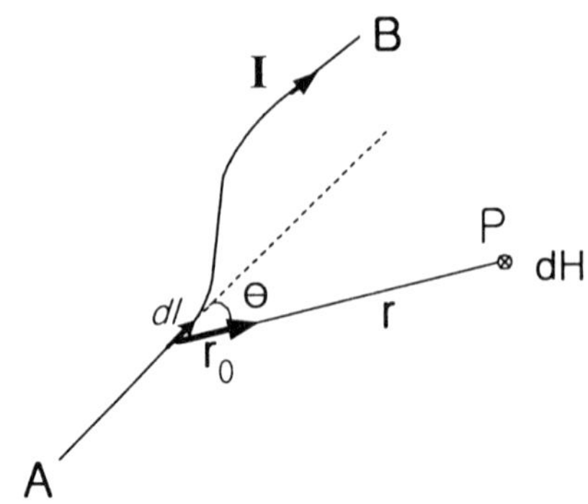

[그림 7-3] Biot-Savart 법칙

와 같이 주어진다. 여기서 r은 $d\mathbf{l}$에서 점 P까지 거리이며, θ는 $d\mathbf{l}$과 r 사이의 각이다. 그리고 dH의 방향은 거리 벡터 r과 $d\mathbf{l}$로 이루는 평면에 수직으로 $d\mathbf{l}$에서 r로 회전에 의한 오른나사 법칙에 따라 결정된다. 이러한 실험적 법칙을 비오-사바르 법칙(Biot-Savart's law)이라 한다.

그러므로 전류가 흐르는 도선 전체에 의한 자계의 세기는

$$H=\int_A^B dH=\frac{I}{4\pi}\int_A^B \frac{dl\sin\theta}{r^2}\ \ [\mathrm{AT/m}] \tag{7.2}$$

가 된다.

Biot-Savart 법칙을 벡터식으로 표현하면

$$\begin{aligned} d\,\mathbf{H} &= \frac{\mathbf{I}\cdot d\,\mathbf{l}\sin\theta}{4\pi\, r^2}\ \mathbf{r}_0=\frac{I}{4\pi}\frac{d\,\mathbf{l}\times\ \mathbf{r}_0}{r^2} \\ &= \frac{I}{4\pi}\frac{d\,\mathbf{l}\times\mathbf{r}}{r^3}\ \ [\mathrm{AT/m}] \end{aligned} \tag{7.3}$$

$$\mathbf{H}=\frac{I}{4\pi}\int_A^B \frac{d\,\mathbf{l}\times\ \mathbf{r}_0}{r^2}\ \ [\mathrm{AT/m}] \tag{7.4}$$

여기서, $\mathbf{r}_0$는 $d\mathbf{l}$에서 점 P로 향하는 단위벡터이다.

7-2-1 원형 coil 중심의 자계

[그림 7-4]와 같이 원형 coil 미소부분 $d\mathbf{l}$에 흐르는 전류 $Id\mathbf{l}$에 의한 원형 coil 중심 자계 dH는 Bior-Savart의 법칙에 미소부분 $d\mathbf{l}$과 반지름 r의 사이각이 $\theta=90^\circ$이므로 $\sin 90^\circ=1$을 대입하여 풀면

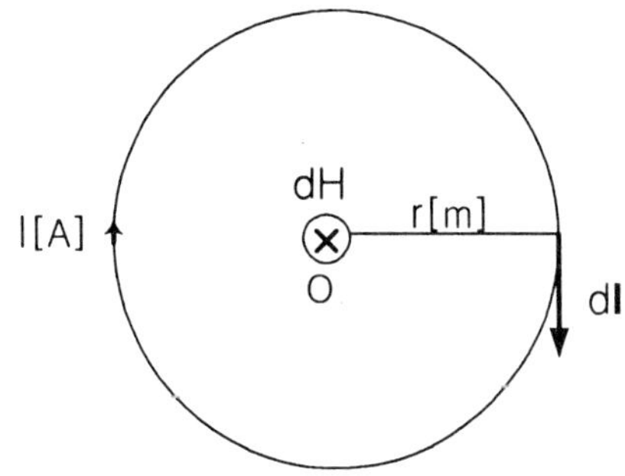

[그림 7-4] 원형코일 중심의 자계

$$dH = \frac{Idl}{4\pi r^2} \tag{7.5}$$

dH를 원형 coil의 둘레 $2\pi r$에 대하여 적분하면 중심점의 자계의 세기 H는

$$H = \int_0^{2\pi r} dH = \int_0^{2\pi r} \frac{Idl}{4\pi r^2} = \frac{I}{4\pi r^2} \int_0^{2\pi r} dl$$

$$= \frac{I}{4\pi r^2} 2\pi r \tag{7.6}$$

$$= \frac{I}{2r} \quad [\mathrm{AT/m}]$$

가 된다. 또한 원형 coil이 N회 감겨져 있을 경우 H는

$$H = \frac{NI}{2r} [\mathrm{AT/m}] \tag{7.7}$$

이다.

예제 7-1

직경 50[cm], 권수 5회의 원형 코일에 2[A]의 전류를 흘릴 때, 코일 중심의 자계를 구하여라. 또, 직경 10[cm]일 때, 코일 중심의 자계가 같으려면 권수를 몇 회 감으면 되는가?

풀이 $H_0 = \frac{NI}{2a}$ 에서

$$H_0 = \frac{5 \times 2}{2 \times 0.25} = 20 \ [\mathrm{AT/m}]$$

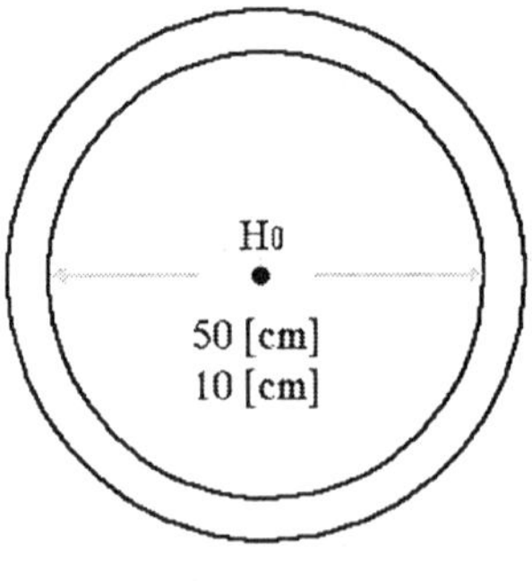

또 $H_0 = \dfrac{N' \times 2}{2 \times 0.05} = 20$에서

$N' = 1$회

7-2-2 원형 coil 중심축상의 자계

[그림 7-5]와 같이 반지름 a[m]인 원형 coil의 전류 I[A]에 의한 중심축상의 x[m]되는 점 P의 자계 H는 다음과 같다.

원형 coil의 원주상의 미소부분 $d\mathbf{l}$에 흐르는 미소전류선분 $Id\mathbf{l}$에 의한 점 P의 자계 dH는 미소부분 $d\mathbf{l}$과 r의 사이각이 $\theta = 90°$이므로 $\sin = 90°$ $=1$과 $r = \sqrt{a^2 + x^2}$을 대입하여 풀면

$$dH = \frac{Idl}{4\pi r^2} = \frac{Idl}{4\pi(a^2 + x^2)} \quad [\mathrm{AT/m}] \tag{7.8}$$

가 되며, 축방향 성분 dH_x는 다음 결과 식이 된다.

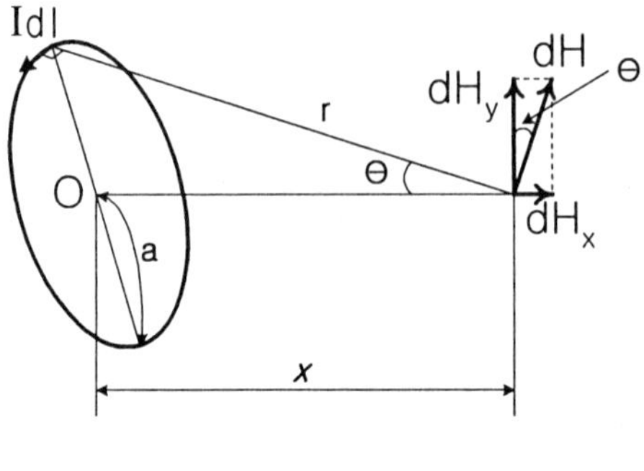

[그림 7-5] 원형코일 중심축상의 자계

$$dH_x = dH\sin\theta = \frac{Idl}{4\pi(a^2+x^2)}\frac{a}{\sqrt{a^2+x^2}} \tag{7.9}$$

축의 수직성분 dH_y는 $Id\boldsymbol{l}$의 반대편 대칭전류선분에 의한 자계와 서로 상쇄되어 0이 된다. 따라서 원형 coil의 전체 전류에 의한 자계의 세기 H는

$$\begin{aligned} H &= \int_0^{2\pi a} dH_x = \int_0^{2\pi a} dH\sin\theta \\ &= \frac{I}{4\pi(a^2+x^2)}\frac{a}{\sqrt{a^2+x^2}}\int_0^{2\pi a} dl \\ &= \frac{a^2 I}{2(a^2+x^2\}^{3/2}}\ \text{[AT/m]} \end{aligned} \tag{7.10}$$

가 된다. 여기서, 자계 H의 방향은 암페어의 오른손 법칙에 따라 $+x$ 방향이 된다.

7-2-3 유한길이 직선전류의 자계

[그림 7-6]과 같이 유한길이 전류선분 $\overline{AB}$에 진류 I[A]가 흐를 때 거리 r[m]에 위치한 점 P의 자계의 세기는 다음과 같다.

직선도선상의 미소부분 dl의 미소전류선분 Idl에 의한 점 P의 자계의 세기 dH는

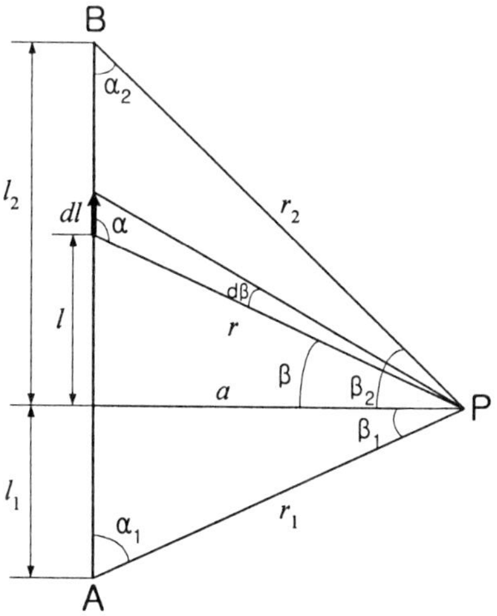

[그림 7-6] 유한길이 직선전류의 자계

$$dH = \frac{Idl\ \sin\alpha}{4\pi\ r^2} = \frac{Idl\ \cos\beta}{4\pi\ r^2}\ \ [\mathrm{AT/m}] \tag{7.11}$$

가 된다. 여기서, $\sin\alpha = \cos\beta$이므로

$$\begin{aligned} r &= a\ \sec\beta \\ l &= a\ \tan\beta \\ dl &= a\ \sec^2\beta d\beta \end{aligned} \tag{7.12}$$

가 되며, 따라서,

$$\begin{aligned} H &= \int_A^B dH = \frac{I}{4\pi a}\int_{-\beta_1}^{+\beta_2} \cos\beta d\beta \\ &= \frac{I}{4\pi a}(\sin\ \beta_2 + \sin\ \beta_1) \\ &= \frac{I}{4\pi a}(\cos\ \alpha_1 + \cos\ \alpha_2)\ \ [\mathrm{AT/m}] \end{aligned} \tag{7.13}$$

가 된다. 여기서 α_1, α_2는 전류도선의 양단 A, B와 점 P가 이루는 각이다.

만약, 직선전류도선이 무한히 길다면, $\alpha_1 = \alpha_2 = 0$ 이 되어 자계 H는

$$H = \frac{I}{2\pi a}\ \ [\mathrm{AT/m}] \tag{7.14}$$

가 된다.

예제 7-2

그림과 같이 자유공간에서 반경 a=1[m]인 반원 BC와 두 개의 무한장 직선 AB, CD로 이루어진 도선에 전류 I=4[A]가 흐를 때 원의 중심 O점의 자속밀도를 구하여라.

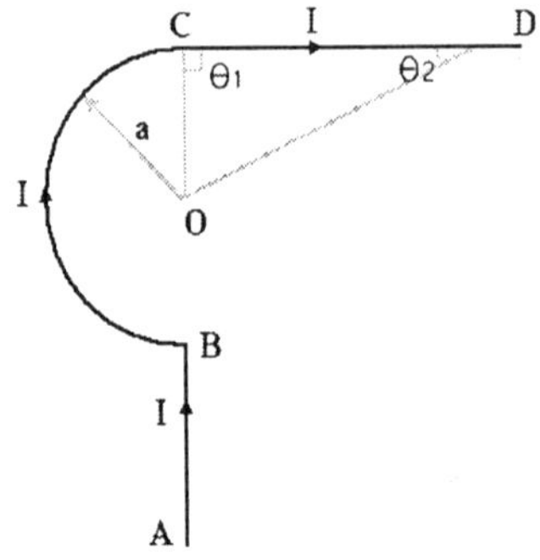

풀이

$$H_{AB}=\frac{I}{4\pi a}(\cos 0^\circ+\cos 180^\circ)=0$$

$$H_{BC}=\frac{I}{2a}\times\frac{1}{2}=\frac{I}{4a}\quad H_{CD}=\frac{I}{4\pi a}(\cos 90^\circ+\cos 0^\circ)=\frac{I}{4\pi a}$$

$$\therefore\ H_0=H_{AB}+H_{BC}+H_{CD}=\frac{I}{4a}+\frac{I}{4\pi a}$$

$$=\frac{I}{4\pi a}(\pi+1)$$

$$=\frac{4}{4\pi\times 1}\times(\pi+1)\ [\mathrm{AT/m}]$$

자속밀도는

$$B_0=\mu_0 H_0=4\pi\times 10^{-7}\times\frac{\pi+1}{\pi}$$

$$\fallingdotseq 16.57\times 10^{-7}\ [\mathrm{Wb/m^2}]$$

이다.

예제 7-3

진공중에서 두 변의 길이가 $l_1=50[\mathrm{cm}]$, $l_2=50\sqrt{3}[\mathrm{cm}]$인 직사각형의 폐회로에 $I=2[\mathrm{A}]$의 전류가 흐를 때, 직사각형의 대각선 교점에서의 자속밀도를 구하여라.

풀이

$$H_1=\frac{I}{4\pi\left(\frac{l_1}{2}\right)}(\cos\theta_1+\cos\theta_2)=\frac{2}{4\pi\times 0.25\times\sqrt{3}}(\cos 60^\circ+\cos 60^\circ)$$

$$=\frac{2}{\sqrt{3}\pi}\ [\mathrm{AT/m}]$$

$$H_2=\frac{I}{4\pi\left(\frac{l_2}{2}\right)}(\cos\theta_1'+\cos\theta_2')=\frac{2}{4\pi\times 0.25}(\cos 30^\circ+\cos 30^\circ)$$

$$=\frac{2\sqrt{3}}{\pi}\ [\mathrm{AT/m}]$$

$$H_0=(H_1+H_2)\times 2=\left(\frac{2}{\sqrt{3}\pi}+\frac{2\sqrt{3}}{\pi}\right)\times 2=\frac{2+6}{\sqrt{3}\pi}\times 2$$

$$=\frac{16\sqrt{3}}{3\pi}\ [\mathrm{AT/m}]$$

$$B_0=\mu_0 H_0=4\pi\times 10^{-7}\times\frac{16\sqrt{3}}{3\pi}=\frac{64\sqrt{3}}{3}\times 10^{-7}$$

$$=36.95\times 10^{-7}\ [\mathrm{Wb/m^2}]$$

7-2-4 유한장 솔레노이드에 의한 자계

[그림 7-7]과 같이 반지름 a[m], 단위길이당 권수 n[turns/m], 전체 권수 N[turns], 길이 l[m]의 유한장 솔레노이드에 전류 I[A]가 흐를 때 축상 점 P의 자계의 세기는 다음과 같다.

축 상의 점 P에서 y[m] 되는 곳에 위치한 dy 부분의 원형전류 $ndyI$에 의한 점 P의 자계의 세기는

$$dH_x = \frac{a^2 ndyI}{2(a^2+y^2)^{3/2}} = \frac{nI\sin^2\beta}{2r}dy \ [\text{AT/m}] \tag{7.15}$$

가 된다. 그런데 [그림 7-7]로부터

$$y = a\cot\beta$$

$$dy = -a\ \text{cosec}^2\beta d\beta = -\frac{ad\beta}{\sin^2\beta} = -\frac{rd\beta}{\sin\beta} \tag{7.16}$$

가 되므로,

$$dH_x = -\frac{nI\sin\beta}{2}d\beta \ [\text{AT/m}] \tag{7.17}$$

가 되며, 솔레노이드 전체에 의한 자계는

$$\begin{aligned} H_x &= \int_l dH_x = -\frac{nI}{2}\int_{\beta_1}^{\beta_2}\sin\beta d\beta \\ &= \frac{nI}{2}(\cos\beta_2 - \cos\beta_1) \ [\text{AT/m}] \end{aligned} \tag{7.18}$$

가 된다. $\cos\beta_1$, $\cos\beta_2$를 a, x, l로 표현하면

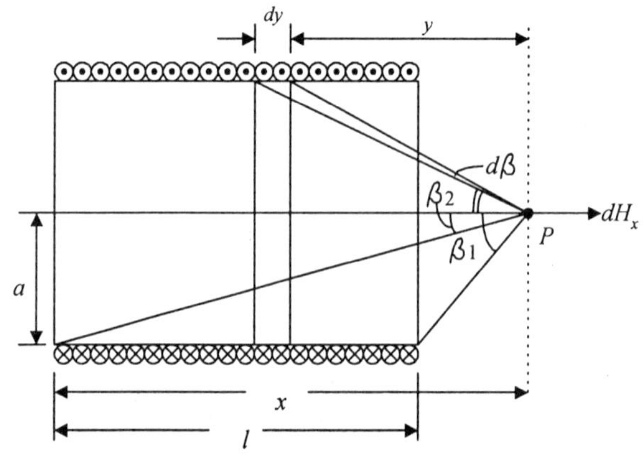

[그림 7-7] 유한장 솔레노이드의 자계

$$\cos\beta_1 = \frac{x-l}{\sqrt{a^2+(x-l)^2}}$$

$$\cos\beta_2 = \frac{x}{\sqrt{a^2+x^2}} \tag{7.19}$$

이 되며, 따라서

$$\begin{aligned} H_x &= \frac{NI}{2l}\left\{\frac{x}{\sqrt{a^2+x^2}} + \frac{l-x}{\sqrt{a^2+(x-l)^2}}\right\} \\ &= \frac{nI}{2}\left\{\frac{x}{\sqrt{a^2+x^2}} + \frac{l-x}{\sqrt{a^2+(x-l)^2}}\right\} \end{aligned} \tag{7.20}$$

가 된다.

솔레노이드 중심의 자계 H_0는 $x=\frac{l}{2}$인 경우이므로

$$H_0 = \frac{NI}{\sqrt{l^2+4a^2}} \quad [\mathrm{AT/m}] \tag{7.21}$$

가 되고, 솔레노이드 길이가 매우 길어 $l \gg a$인 경우

$$H_0 = \frac{NI}{l} = nI \quad [\mathrm{AT/m}] \tag{7.22}$$

가 된다.

7-3 Ampere의 주회적분 법칙

대칭적으로 분포된 전류에 의한 자계의 경우에 이용하는 법칙으로 다음과 같다.

[그림 7-8]과 같이 무한직선전류 I[A]에 의한 자계의 세기는 식 (7.14)로부터 $H=\frac{I}{2\pi r}$ [AT/m]가 되며, 자계의 방향은 암페어의 오른손 법칙에 의한 방향을 갖는 전류를 축으로 하는 동심원이 된다.

따라서 전류에 의해 형성된 반지름 r[m]의 자력선 동심원의 자계 H와 미소변위 $d\mathbf{l}$를 취하여 동심원 즉 원주 C에 대해 적분을 취하면 이들은 방향이 같으므로

$$\oint_C \mathbf{H}\cdot d\,\mathbf{l} = \oint_C H dl = H\cdot 2\pi r = \frac{I}{2\pi r}\cdot 2\pi r = I \ [\mathrm{A}] \tag{7.23}$$

가 된다.

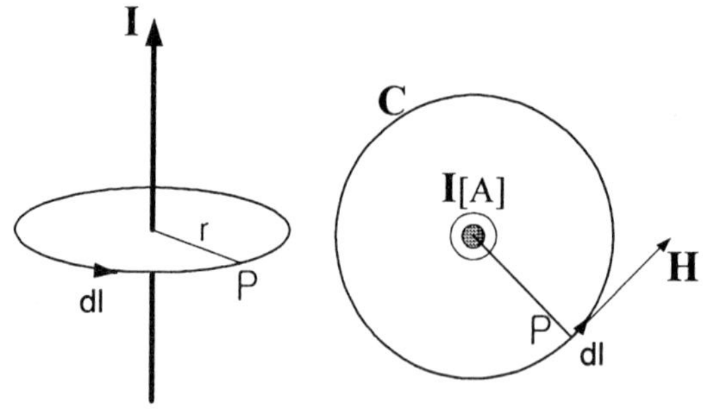

[그림 7-8] 무한장 직선전류와 자계

식 (7.23)은 "자계내에서 임의의 폐곡선 C에 대한 자계 **H**[AT/m]의 선적분은 이 폐곡선과 쇄교(관통)하는 전류 *I*[A]와 같다."는 의미가 있으며 다음 관계식으로 정의된다.

$$\oint \mathbf{H} \cdot d\,\mathbf{l} = I \tag{7.24}$$

여기서, 이 관계식을 암페어의 주회적분법칙(Ampere's circuital intergrating law)이라 한다.

또한 자력선의 적분로 *C*가 *N*[turns]의 전류 coil과 쇄교하는 경우 암페어의 주회적분 법칙은 다음과 같이 된다.

$$\oint \mathbf{H} \cdot d\,\mathbf{l} = NI \tag{7.25}$$

예제 7-4

동축 원통도체에 왕복전류 I=2[A]가 흐르고 있다. 중심축으로부터 내원통반경 a=1[cm] 및 외원통 내반경 b=2[cm], 외원통 외반경 c=3[cm] 사이의 자유공간에 분포되는 단위 길이당의 자속수를 구하여라.

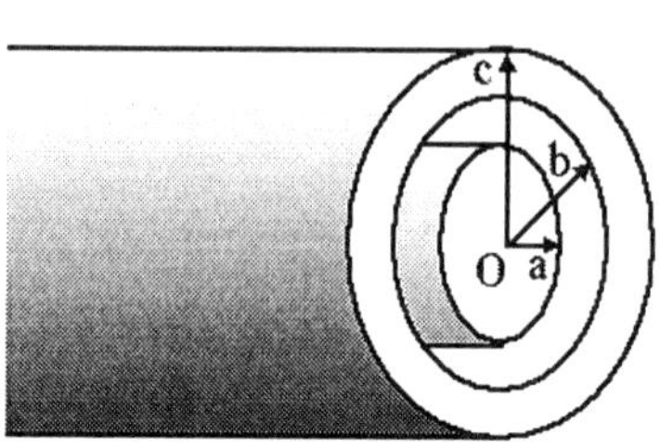

풀이

$$\Phi = \int_a^b \mu_0 H \cdot dr \cdot 1 = \int_a^b \frac{\mu_0 I}{2\pi r} dr = \frac{\mu_0 I}{2\pi} \ln\frac{b}{a} \text{ [W b/m]}$$

$$\therefore \Phi = \frac{4\pi \times 10^{-7} \times 2}{2\pi} \ln 2$$

$$\fallingdotseq 2.77 \times 10^{-7} \text{ [Wb/m]}$$

7-3-1 무한히 긴 직선전류에 의한 자계

[그림 7-8]과 같이 무한히 긴 직선도선에 전류 I[A]가 흐를 때 직선전류를 축으로 하는 반지름 r[m]의 원을 적분로 C로 취하면 대칭성에 의해 원주상의 모든 점에서 자계의 크기는 같고 암페어의 오른손 법칙에 의한 방향을 갖는다. 그러므로 자계 H를 적분로 C에 대해 적분하면

$$\oint \mathbf{H} \cdot d\mathbf{l} = H \oint dl = H \cdot 2\pi r \tag{7.26}$$

이 되며, 자력선의 적분로 C와 쇄교하는 전류는 I[A]이므로

$$H \cdot 2\pi r = I \tag{7.27}$$

가 된다. 따라서 자계 H에 대하여 정리하면

$$H = \frac{I}{2\pi r} \text{ [AT/m]} \tag{7.28}$$

가 된다.

예제 7-5

공기중에서 20[A]의 전류가 흐르는 무한히 긴 평행왕복도선이 50[cm]의 간격으로 놓여 있을 때, 두 도선 간격의 중점 P_0에서의 자계의 세기와 한쪽 도선에서 20[cm] 떨어진 점 P_1의 자계의 세기를 구하여라.

풀이 중점의 자계의 세기는

$$H_0 = \frac{I}{2\pi r} \times 2 = \frac{20}{2\pi \times 0.25} \times 2 = \frac{80}{\pi} \fallingdotseq 25.465 \text{ [AT/m]}$$

P_1의 자계의 세기는

$$H_{p1} = \frac{20}{2\pi \times 0.2} + \frac{20}{2\pi \times 0.3} = \frac{60+40}{2\pi \times 0.6} \fallingdotseq 26.526 \text{ [AT/m]}$$

이다.

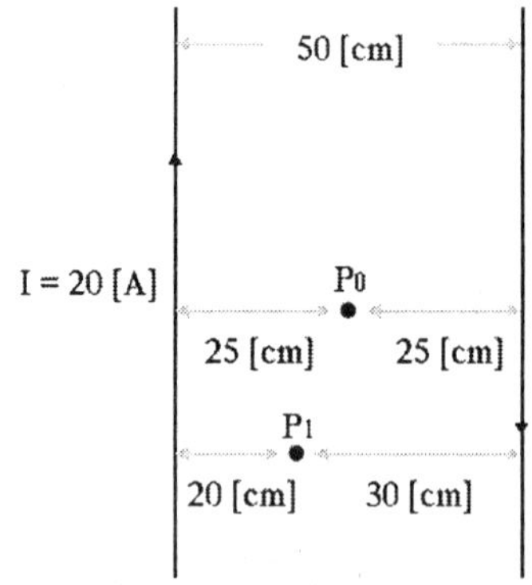

7-3-2 무한히 긴 원주형 전류에 의한 자계

[그림 7-9]와 같이 반지름 a[m]의 무한장(無限長) 원주도체에 균일하게 흐르는 전류 I[A]에 의한 자력선 분포는 원주 중심축에 대하여 대칭이 될 것이므로 자력선은 도체내외에 동심원을 그릴 것이다. 이 때 원주도체 외부와 내부의 자계의 세기를 구해 보자.

(1) 원주외부 ($r>a$)의 자계

[그림 7-9](a)와 같이 원주도체 중심축으로부터 반지름 $r>a$[m]의 동심원을 자기력선의 적분로 C로 취하면, 자기력선은 암페어의 오른손 법칙에 따르고, 원주도체 외부의 자계 H_0는 크기가 일정하며, 방향은 접선방향이 된다. 따라서 적분로 C에 대하여 암페어의 주회적분을 취하면

$$\oint_C = \mathbf{H}_o \cdot d\,\mathbf{l} = 2\pi r H_o = I \tag{7.29}$$

가 되며, 이에 따라 원주도체 외부의 자계 H_0는

$$H_o = \frac{I}{2\pi r} \quad [\mathrm{AT/m}] \tag{7.30}$$

가 된다.

(2) 원주내부 ($r<a$)의 자계

[그림 7-9](b)와 같이 원주도체 중심축으로부터 반지름 $r<a$[m]인 도체 내부의 동심원을 자기력선의 적분로 C'로 취하여 Ampere의 주회적분을 취하면

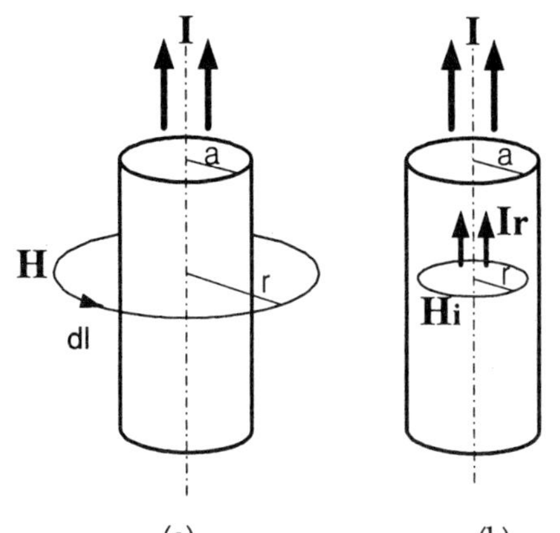

[그림 7-9] 무한히 긴 원주도체전류에 의한 자계

$$\oint_{C'} H_i \cdot dl = I_r$$

$$2\pi r \cdot H_i = I_r \tag{7.31}$$

$$H_i = \frac{I_r}{2\pi r} \ [\mathrm{AT/m}] \tag{7.32}$$

가 되며, 여기서 I_r[A]는 도체내부 자계의 적분로 C′와 쇄교하는 전류로 도체내부에서 전류가 균일하게 흐른다고 하면

$$I_r = \frac{\pi r^2}{\pi a^2} I = \frac{r^2}{a^2} I \tag{7.33}$$

가 되며, 식 (7.32)에 대입하여 H_i에 대해 정리하면

$$\therefore \ H_i = \frac{I}{2\pi a^2} r \ [\mathrm{AT/m}] \tag{7.34}$$

따라서 무한히 긴 원주도체전류에 의한 내부자계는 원주 축에서의 거리 r[m]에 비례하여 증가하며, 도체외부에서는 r[m]에 반비례하여 감소한다.

만일 도체의 전류가 표피효과에 의해 원주도체의 표면에만 흐른다면, 도체내부 자력선의 적분로 C' 내의 전류는 0이 되며

$$2\pi r \cdot H_i = 0$$

$$H_i = 0 \tag{7.35}$$

이 되어, 도체내부에는 자력선이 존재하지 않음을 보여준다.

예제 7-6

동축 케이블에서, 2[A]의 왕복전류가 흐르고 있다. 중심에서의 반경 $a=1$[mm], $b=2$[mm], $c=3$[mm]일 때, 각 도체의 표면에서의 자계 H_a, H_b, H_c를 구하여라.

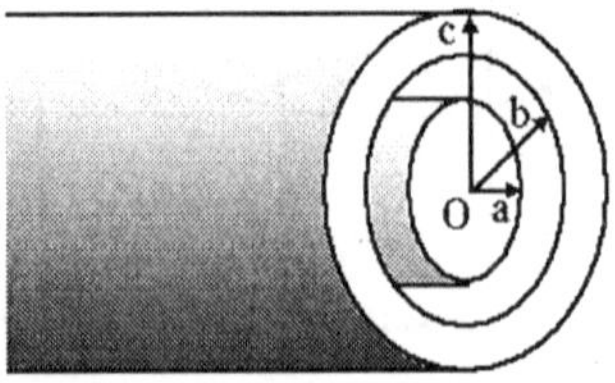

풀이

$$H_a=\frac{I}{2\pi a}=\frac{2}{2\pi\times1\times10^{-3}}=\frac{1000}{\pi}\ \text{[AT/m]}$$

$$H_b=\frac{I}{2\pi b}=\frac{2}{2\pi\times2\times10^{-3}}=\frac{500}{\pi}\ \text{[AT/m]}$$

$$H_c=\frac{I+(-I)}{2\pi c}=0\ \text{[AT/m]}$$

7-3-3 무한장 solenoid에 의한 자계

[그림 7-10]과 같이 원통 위에 도선을 감아서 만든 coil을 솔레노이드(solenoid)라 한다. 코일의 단위길이당 권수가 n[turns/m]이고 도선에 흐르는 전류가 I[A]인 솔레노이드의 내부와 외부의 자계는 다음과 같다.

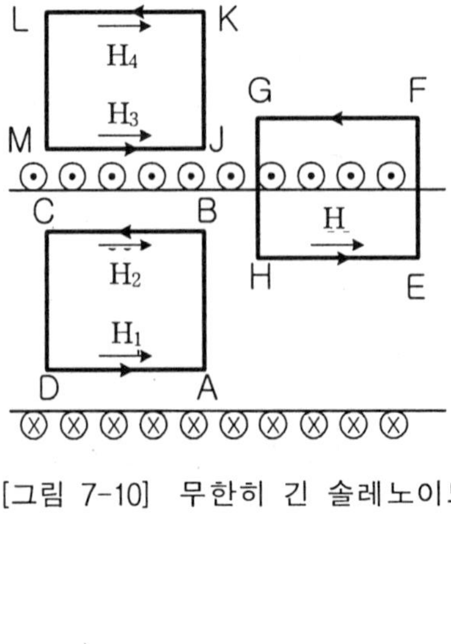

[그림 7-10] 무한히 긴 솔레노이드

(1) 무한장 solenoid 내부자계

[그림 7-10]과 같이 솔레노이드 내부에 자기력선의 적분로로 사각형의 폐곡선 *ABCD*를 취하여 암페어의 주회적분 법칙을 적용하면 구간 *AB*와 *CD*에 대한 적분은 자계와 적분로의 방향이 직각이 되므로 0이 되며, *DA*와 *BC*에 대한 적분은 *DA*와 *BC* 구간의 자계를 H_1, H_2라 하면

$$\oint_C \mathbf{H} \cdot d\,\mathbf{l} = H_1 l - H_2 l \tag{7.36}$$

이 된다. 그러나 폐곡선 *ABCD*와 솔레노이드 전류 *I*[A]는 쇄교하지 않으므로 즉, 적분로 내부에 전류가 0이므로 식 (7.36)은

$$H_1 l - H_2 l = 0 \tag{7.37}$$

$$H_1 = H_2 \tag{7.38}$$

가 된다.

따라서, 이 관계는 솔레노이드 내부 어느 위치에서도 항상 성립하므로 솔레노이드 내부의 자계는 평등자계이며, 그 방향은 솔레노이드 축에 항상 평행하다는 사실을 나타내고 있다.

(2) 무한장 solenoid 외부자계

[그림 7-10]에서 솔레노이드의 외부 적분로 *JKLM*을 취하여 암페어의 주회적분 법칙을 적용하면 구간 *JK*와 *LM*에 대한 적분은 자계와 적분로의 방향이 직각이 되므로 0이 되고, *MJ*와 *KL*의 자계를 H_3, H_4라 하면 적분로와 쇄교전류가 없으므로 $H_3 = H_4$가 되어 외부자계 역시 평등자계임을 나타내고 있다.

그러나 솔레노이드 외부의 무한원에서 자계의 세기는 0이므로 솔레노이드 외부에서 자계의 세기는 다음과 같다.

$$H_3 = H_4 = 0 \tag{7.39}$$

(3) 솔레노이드 내부자계의 세기

솔레노이드의 내외부 적분로 *EFGH*를 취하여 암페어의 주회적분 법칙을 적용하면 구간 *EF*와 *GH*에 대한 적분은 자계와 적분로의 방향이 직각이 되므로 0이 되며, *FG*에 대한 적분은 솔레노이드의 외부가 되어 자계가 존재하지 않으므로 적분 결과는 0가 되어 *HE* 구간, 즉 길이 l의 적분로만 남게 된다.

따라서, 주회적분 결과

$$\oint_C \mathbf{H} \cdot d\,\mathbf{l} = Hl = nIl \tag{7.40}$$

가 되므로, 솔레노이드 내부의 자계는 다음과 같다.

$$H = nI \ [\mathrm{AT/m}] \tag{7.41}$$

(4) 환상 solenoid(toroid) 내의 자계

[그림 7-11]과 같이 환상원통(環狀圓筒)에 권선 수 N[turns]의 코일이 감겨져 있는 솔레노이드를 환상 솔레노이드 혹은 토로이드(toroid)라 한다.

환상 솔레노이드에 전류 i[A]가 흐르면 내부의 자력선은 중심점이 O인 동심원을 그리게 되므로, 반지름 a[m]인 토로이드 내부의 원주 C를 적분로로 취하여 암페어의 주회적분 법칙을 적용하면

$$\oint_c H \cdot dl = H \cdot 2\pi a = Ni \tag{7.42}$$

가 되며, 환상 솔레노이드 내부자계는

$$H = \frac{Ni}{2\pi a} = \frac{Ni}{l} = n_0 i \ [\mathrm{AT/m}] \tag{7.43}$$

여기서, n_0[turns/m]는 단위길이당 권수이다.

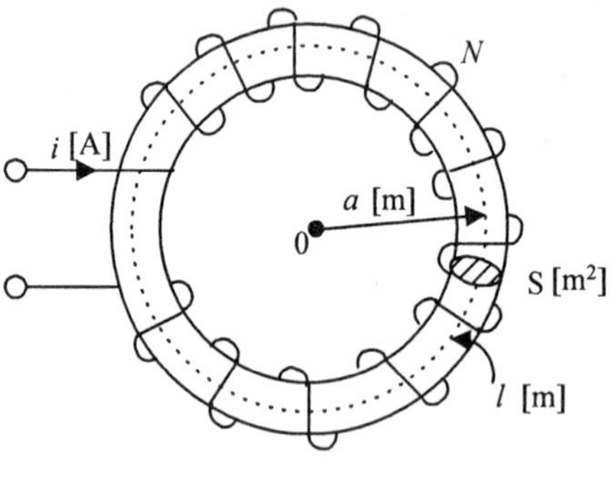

[그림 7-11] 환상 솔레노이드

예제 7-7

고리형 철심의 평균 반지름이 10[cm], 철심의 원형 단면적 20[cm^2], 철심의 비투자율 1000일 때, 400회의 코일을 감은 고리형 솔레노이드가 있다. 이때 코일에 2[A]의 전류를 흘리면 철심을 통과하는 전체 자속은 얼마인가?

풀이 $\Phi = \mu HS = \mu_0 \mu_s \cdot \dfrac{NI}{2\pi r} \cdot S$

$= 4\pi \times 10^{-7} \times 1000 \times \dfrac{400 \times 2}{2\pi \times 0.1} \times 20 \times 10^{-4}$

$= 32 \times 10^{-4}$ [Wb]

7-4 전자력(전류와 자계 사이에 작용하는 힘)

7-4-1 플레밍(Fleming)의 왼손법칙

전류가 흐르는 도선을 자계중에 놓으면 전류와 자계의 상호작용으로 도선은 힘을 받는다. 이처럼 전류와 자계 사이에 작용하는 힘을 전자력(electro magnetic force)라 한다.

[그림 7-12]와 같이 자석에 의해 발생한 자력선은 N극에서 S극으로 향하며, 지면에 수직인 방향으로 나오는 전류가 흐르는 도체는 암페어의 오른손 법칙에 따른 좌회전 자계가 발생한다.

따라서 자석의 자계 속에 전류도선을 넣으면 각각의 자석과 전류의 자력선은 합성자력선을 형성하게 되며, 그림에서처럼 자력선 밀도는 위쪽에서는 감소하고 아래쪽에서는 증가하게 되어 도체에 위쪽으로 향하는 힘이 작용하게 된다.

이 힘의 크기는 자계 H[AT/m], 전류 I[A], 도선의 길이 l[m]에 비례한다. 따라서

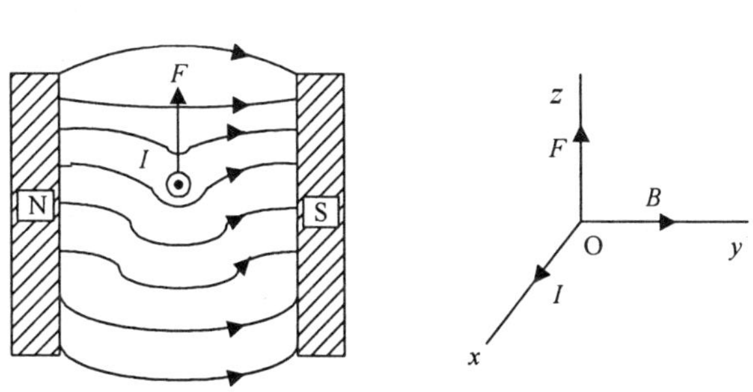

(a) (b)

[그림 7-12] 자계와 전류의 전자력

$$F = \mu_0 HIl = IBl \ [\mathrm{N}] \tag{7.44}$$

이 된다.

따라서, 자계와 도체의 각도가 θ라면

$$F = I\mu_0 Hl\sin\theta = IBl\sin\theta \ [\mathrm{N}] \tag{7.45}$$

이들 관계를 좌표를 통하여 구체적으로 나타내면 [그림 7-13]과 같다. 왼손의 둘째 손가락을 자계의 방향, 가운데 손가락을 전류의 방향으로 잡으면 엄지손가락은 힘의 방향을 가르킨다. 이 관계를 플레밍의 왼손 법칙(Fleming's left hand rule)이라 한다.

또한 플레밍의 왼손 법칙을 수식으로 나타내면

$$\mathbf{F} = (\mathbf{I} \times \mathbf{B}) \ [\mathrm{N/m}] \tag{7.46}$$

가 된다.

만약, 도체의 길이가 l[m]이면 전자력은

$$\mathbf{F} = (\mathbf{I} \times \mathbf{B})\, l \ [\mathrm{N}] \tag{7.47}$$

이 된다.

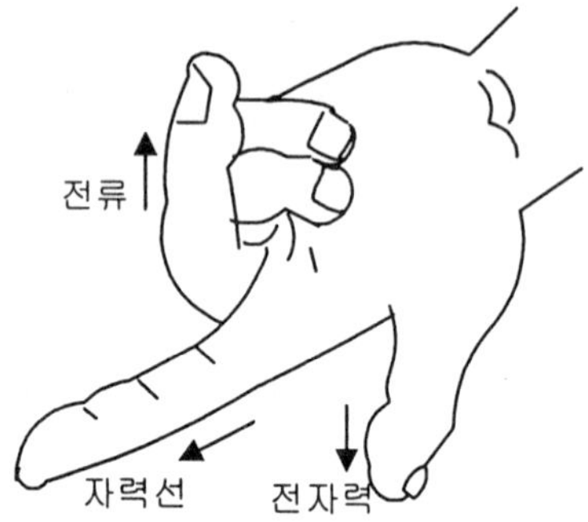

[그림 7-13] 플레밍(Fleming)의 왼손법칙

예제 7-8

공기중에서 5×10^5[AT/m] 인 평등자계 속에 길이 20[cm]의 도선이 평등자계와 30°의 각으로 놓여 있을 때, 이 도선이 0.1[N]의 힘을 받는다면 도선에 흐르는 전류는 몇 [A]인가?

풀이 $F = IBl\sin\theta = I\mu_0 Hl\sin\theta$에서

$$0.1 = I\times 4\pi\times 10^{-7}\times 5\times 10^{5}\times 0.2\times \sin 30^\circ$$

$$= I\times 2\pi\times 10^{-2}$$

$$\therefore\ I = \frac{0.1}{2\pi\times 10^{-2}} = \frac{10}{2\pi}\ [\mathrm{A}] = \frac{5}{\pi}\ [\mathrm{A}]$$

7-4-2 플레밍의 왼손법칙 응용 예

(1) 평행도체 전류 사이에 작용하는 힘

[그림 7-14](a)처럼 두 도선의 전류의 방향이 같을 경우 도선 사이의 자력선이 서로 상쇄되어 흡인력이 발생하며 방향이 반대가 되면 [그림 7-14](b)에서 처럼 반발력이 발생한다.

[그림 7-15]와 같이 간격 d[m]로 평행하게 놓여진 무한히 긴 도선에 전류 I_1, I_2[A]가 흐르면이 두 도선 사이에 작용하는 힘의 크기는 다음과 같다.

[그림 7-15]로부터 선류 I_1에 의한 I_2 위치의 자계의 세기는

$$H_1 = \frac{I_1}{2\pi d}\ \ [\mathrm{AT/m}] \tag{7.48}$$

이다.

따라서 전류 I_2가 흐르는 도체가 단위길이당 받는 힘은

$$\begin{aligned} F &= \mu_0 H_1 I_2 = \frac{\mu_0 I_1 I_2}{2\pi d} \\ &= \frac{2 I_1 I_2}{d}\times 10^{-7}\ \ [\mathrm{N/m}] \end{aligned} \tag{7.49}$$

가 된다.

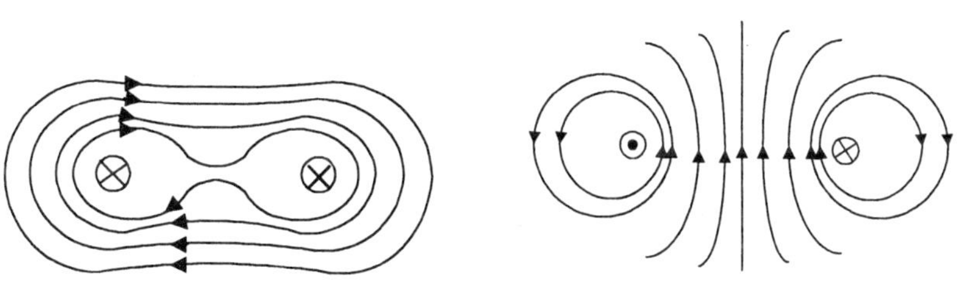

(a) (b)

[그림 7-14] 평행 도체 사이의 자력선

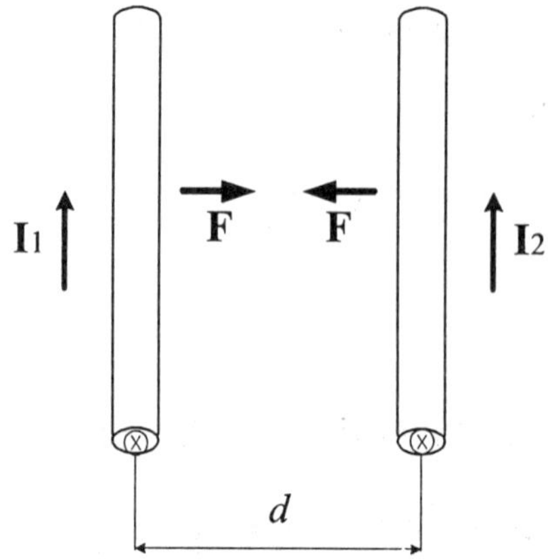

[그림 7-15] 평행도체 전류 사이의 힘

예제 7-9

자유공간에서 50[cm] 의 간격으로 평행하게 놓여진 무한히 긴 두 도선에 각각 1[A], 2[A]의 전류가 흐를 때 두 도선의 단위길이당 작용하는 힘을 구하여라.

풀이 $f = \frac{\mu_0 I_1 I_2}{2\pi d} = \frac{4\pi \times 10^{-7} \times 1 \times 2}{2\pi \times 0.5} = 8 \times 10^{-7}$ [N/m]

(2) 자계와 하전입자

평등자계 H[AT/m] 내에서 q[C]의 전하가 자계와 직각으로 v[m/s]의 속도로 움직일 때 전하가 받는 힘은 다음과 같다.

전하 q[C]이 t[sec] 동안에 l[m]의 거리를 이동하였을 때 이에 해당하는 전류는

$$Il = q\frac{l}{t} = qv \ \text{[A·m]} \tag{7.50}$$

가 된다. 따라서 [그림 7-16]과 같이 평등자계 H[AT/m] 내에서 수직으로 이동하는 q[C]의 전하가 받는 힘은

$$F = IBl = qv\mu_0 H = qvB \ \text{[N]} \tag{7.51}$$

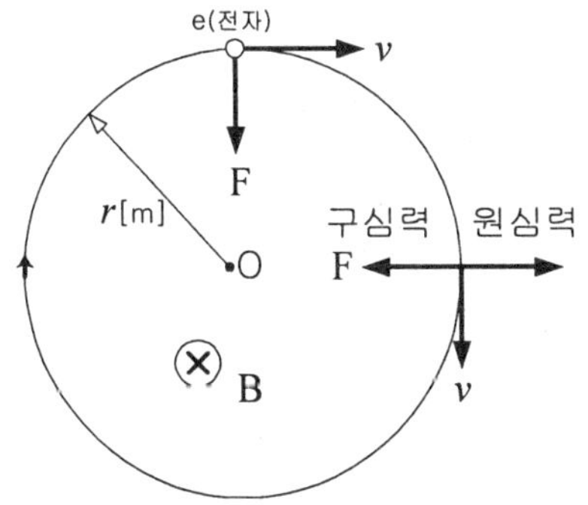

[그림 7-16] 평등자계 내의 운동전하

$$\mathbf{F} = q\mathbf{v} \times \mathbf{B} \text{ [N]} \tag{7.52}$$

여기서, $F = qvB$[N]은 로렌츠의 힘(Lorentz force)이라 한다.

전하가 이 전자력에 의해 운동방향과 직각으로 받는, 플레밍의 왼손 법칙에 의한 전자력은 구심력이 되어 반지름 r[m]의 원운동을 하게 된다. 이때 구심력과 원심력이 같아야 원운동을 하므로

$$qvB = m\frac{v^2}{r} \tag{7.53}$$

이 되며, 따라서 원궤도 반지름은 다음과 같이 된다.

$$r = \frac{mv}{qB} \tag{7.54}$$

(3) 회 전 력

[그림 7-17]과 같은 구형(矩形 : 사각형) 코일에 I[A]가 흐르면 도체에 $F = IB$[N/m]의 힘이 화살표 방향으로 작용하여 회전력이 발생한다. 자속밀도가 B[Wb/m^2], 도체의 유효길이가 a[m], 도체의 폭이 b[m], 코일면과 자계와의 사이각이 ϕ라 하면 도체 1개에 작용하는 전자력 F는

$$F = IBa \text{ [N]} \tag{7.55}$$

가 된다. 따라서 도체면에 직각으로 작용하는 힘 F'는

$$F' = F\cos\phi \tag{7.56}$$

이므로, 회전력 T는

$$\tau = F' b = \frac{b}{2} F\cos\phi + \frac{b}{2} F\cos\phi = bF\cos\phi$$

$$= bIBa\cos\phi \text{ [N·m]} \tag{7.57}$$

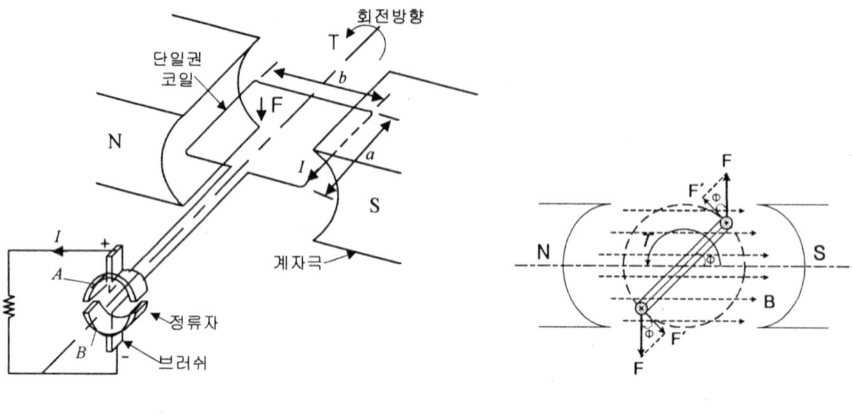

[그림 7-17] 구형도체전류와 회전력

이 된다. 여기서 $S=ab[m^2]$은 전류 코일의 면적이다.

식 (7.56)으로부터 회전력은 $\phi=0^{\circ}$ (자계방향과 코일면이 평행)일 때 최대가 되며, $\phi=90^{\circ}$ (자계방향과 코일면이 직교)일 때 0이 된다.

예제 7-10

공기중에서 자계 $H=2\times10^2[AT/m]$의 평등자계내에 전류 2[A]가 흐르는 반경 10[cm]의 원형 코일이, 코일면의 법선벡터와 자계 사이에 30°의 각으로 놓여져 있으면 회전력은 얼마인가?

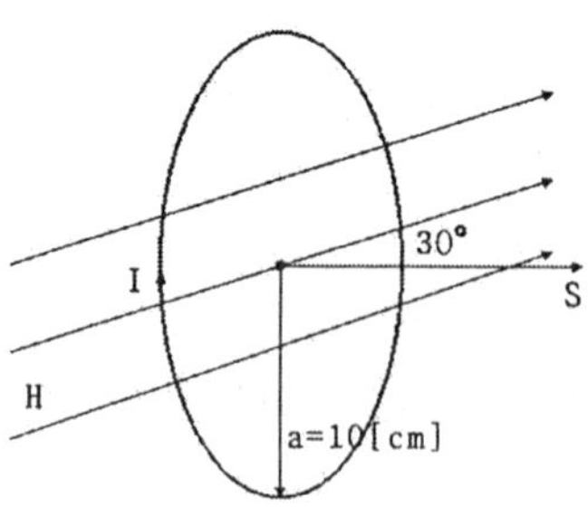

풀이 회전력(토오크) : $\mathbf{T}=\mathbf{M}\times\mathbf{H}=\mu I\mathbf{S}\times\mathbf{H}=I\mathbf{S}\times\mathbf{B}$에서

$$T=ISB\sin\theta=I\times\pi a^2\times\mu_0 H\sin\theta$$

$$=2\times\pi\times(0.1)^2\times4\pi\times10^{-7}\times2\times10^2\times\frac{1}{2}$$

$$=8\pi^2\times10^{-7}\ [\text{N}\cdot\text{m}]$$

7-4-3 핀치 효과 홀 효과

(1) 홀 효 과

[그림 7-18]과 같이 수직방향의 자속밀도 $B[\mathrm{Wb/m^2}]$ 내에 놓여있는 균일한 P형 반도체에 x 방향으로 전류 I[A]를 흘리면 플레밍의 왼손법칙에 의해 (+)로 대전된 정공에는 $-y$축 방향인 단면 3으로 힘이 작용하여 밀리게 된다.

따라서 반도체 내부에 양과음의 공간전하분포에 불균형이 발생하여 단면 3에는 양이온, 단면 4에는 음이온이 분포하기 때문에 단면 3, 4 사이에는 다음 식과 같은 전위차가 발생한다.

$$V_o = R_H \frac{IB}{d} \ [\mathrm{V}] \tag{7.58}$$

여기서 비례상수 R_H는 홀상수라 부르며 물질에 따라 그 값이 결정된다.

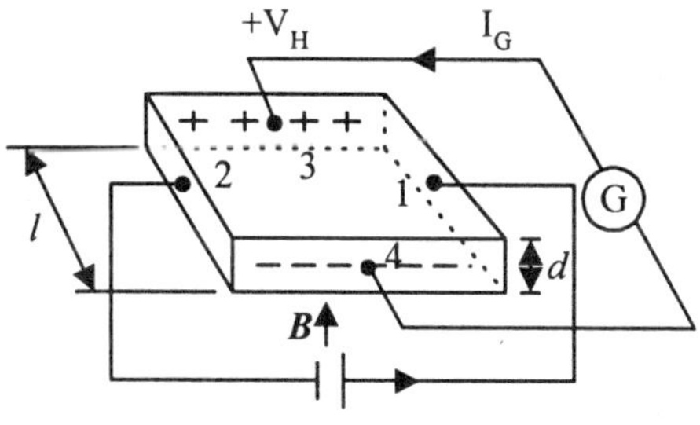

[그림 7-18] 홀 효 과

(2) 핀치 효과

도전성을 갖는 액체에 대전류가 흐르면 전류의 이동이 발생한다. 이러한 도전성 액체내의 전류의 흐름은 자계를 생성하며 액체전류와 자신이 만든 자계 사이에는 플레밍의 왼손법칙에 의한 전자력이 작용한다.

[그림 7-19]는 도전성 액체가 흐르고 있는 관의 단면을 나타낸 것이다. 도전성 액체에 지면으로 전류를 흘리면 전류의 방향과 수직방향으로 원형자계가 발생하며 액체(전류)에는 관의 중심으로 전기력이 구심력으로 작용하여 액체의 단면은 수축하게 된다.

이에 따라 전류의 유동면적 감소로 저항이 증가되어 전류의 흐름은 감소하게 되며, 전류가 줄어들면 반대로 수축력은 감소하여 전류의 유동

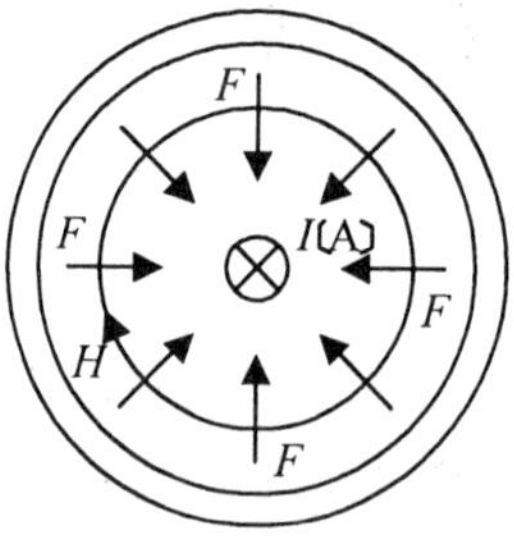

[그림 7-19] 핀치 효과

면적은 다시 증가하게 되어 전류가 증가하고, 또 다시 증가한 전류에 의해 수축력이 발생하는 현상이 반복된다. 이러한 현상을 핀치 효과(Pinch effect)라 한다.

이와 같은 핀치 효과에 의하여 열에너지를 좁은 공간에 보낼 수도 있으며, 전기조명으로는 초고압 수은증기관내에서 방전으로 인한 아아크로 이 현상이 일어나게 되고 이에 따라 고온의 아아크가 중심축에 집중되어 온도의 급격한 상승이 일어나 10,000℃에 이르는 매우 높은 온도의 광원이 얻어지며, 이 빛을 조명에 이용하며, 이 원리를 이용한 것으로 초고압수은등이 있다.

연습문제

■ 주관식 ■

1. 전류 $I=2$[A]가 흐르는 가늘고 긴 도선에서 수직으로 2[m] 떨어진 점의 자계를 구하여라. 또, 도선 수 $N=5$개가 모여 있을 때는 얼마인가?

2. 공기중에 놓여진 한 변의 길이가 1[m]인 정사각형의 폐회로에 2[A]의 전류가 흐르는 경우, 사각형 중심의 자계의 크기와 자속밀도를 구하여라.

3. 반지름 $a=10$[cm]의 원형전류 $I=2$[A]가 흐르고 있을 때, 원형전류의 중심 O에서 수직거리 $x=1$[m]인 점 P의 자계를 구하여라.

4. 1[cm]당 권수 $n=10$회 감긴 무한장 솔레노이드에 $I=2$[A]의 전류를 흘리면, 솔레노이드 내의 자계는 얼마인가?

5. 무한장 직선 도선의 일부를 구부려서 반원을 만들고 5[A]의 전류를 흘릴 때, 반원의 중심에서의 자계의 세기를 구하여라.

6. 무한장 직선 도선의 간격이 20[cm]이고, 같은 방향의 전류 $I=10$[A]가 흐르고 있다. 이 때 도선 간격을 40[cm]로 하기 위해서 필요한 일은 몇 [J]인가?

7. $d=5$[cm]의 간격을 가진 2개의 평행 도선에 각각 100[A]의 전류가 흐를 때, 도선의 단위길이당 작용하는 힘을 구하여라.

■ 객관식 ■

1. 전류에 의한 자계의 방향을 결정하는 법칙은?
   ㉮ 렌츠의 법칙　㉯ 플레밍의 오른손법칙
   ㉰ 플레밍의 왼손법칙　㉱ 암페어의 오른손법칙

2. 직선 전류에 의해서 그 주위에 생기는 환상의 자계 방향은?
   ㉮ 전류의 방향　㉯ 전류와 반대방향
   ㉰ 오른나사의 진행방향　㉱ 오른나사의 회전방향

3. 반지름 a〔m〕인 원형 코일에 전류 I〔A〕가 흘렀을 때 코일 중심의 자계의 세기〔AT/m〕는?
   ㉮ $\dfrac{I}{2a}$　㉯ $\dfrac{I}{4a}$　㉰ $\dfrac{I}{2\pi a}$　㉱ $\dfrac{I}{4\pi a}$

4. 무한장 원주형 도체에 전류가 표면에만 흐른다면 원주 내부의 자계의 세기는 몇 〔AT/m〕인가? (단, r〔m〕는 원주의 반지름이다.)

㉮ $\dfrac{I}{2\pi r}$　㉯ $\dfrac{NI}{2\pi r}$　㉰ $H=0$　㉱ $\dfrac{I}{2r}$

5. 무한장 직선도체에 전류 I〔A〕가 흐를 경우, 도선으로부터 R〔m〕 떨어진 점의 자속밀도 B의 크기는?

㉮ $B=\dfrac{I}{4\pi R}$　㉯ $B=\dfrac{I}{2\pi\mu R}$　㉰ $B=\dfrac{\mu I}{2\pi R}$　㉱ $B=\dfrac{\mu I}{4\pi R}$

6. 그림과 같이 l_1[m]에서 l_2[m]까지 전류 I[A]가 흐르고 있는 직선 도체에서 수직거리 a[m] 떨어진 점 P의 자계 [AT/m]를 구하면?

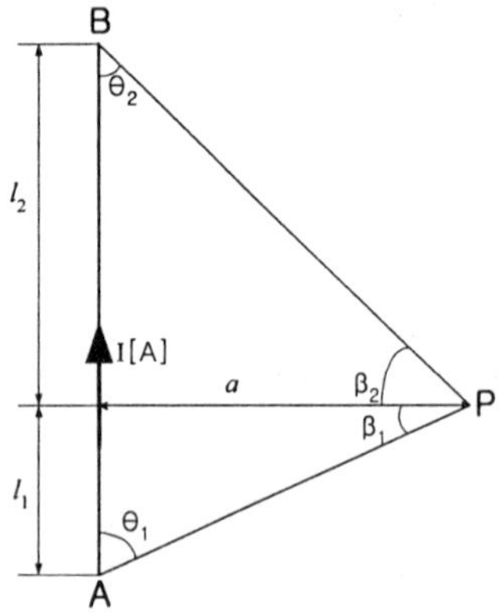

㉮ $\dfrac{I}{4\pi a}(\sin\theta_1+\sin\theta_2)$　㉯ $\dfrac{I}{4\pi a}(\cos\theta_1+\cos\theta_2)$

㉰ $\dfrac{I}{2\pi a}(\sin\theta_1+\sin\theta_2)$　㉱ $\dfrac{I}{2\pi a}(\cos\theta_1+\cos\theta_2)$

7. 그림과 같이 권수 N회, 평균반지름 r〔m〕인 환상 솔레노이드에 I〔A〕의 전류가 흐를 때 중심 O점의 자계에 세기는 몇 〔AT/m〕인가?

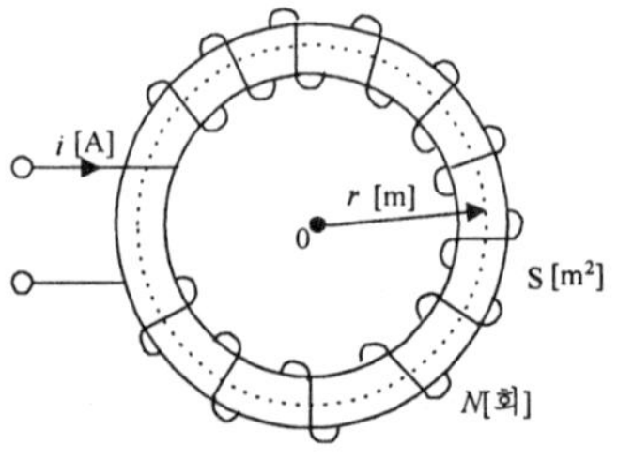

㉮ 0　㉯ NI　㉰ $\dfrac{NI}{2\pi r}$　㉱ $\dfrac{NI}{2\pi r^2}$

8. 1〔cm〕마다 권수가 100인 무한장 솔레노이드에 20〔mA〕의 전류를 유통시킬 때 솔레노이드 내부의 자계의 세기〔AT/m〕는?

㉮ 10　　㉯ 20　　㉰ 100　　㉱ 200

9. 1 [Wb/m^2]의 자속 밀도에 수직으로 놓인 10〔cm〕의 도선에 10〔A〕의 전류가 흐를 때 도선이 받는 힘은 몇 〔N〕인가?

㉮ 0.5　　㉯ 1　　㉰ 5　　㉱ 10

10. 전하 q[C]이 진공 중에 자계 H[AT/m]에 수직방향으로 v[m/sec]의 속도로 움직일 때 받는 힘은?

㉮ $\frac{qH}{\mu_0 v}$　　㉯ qvH　　㉰ $\frac{1}{\mu_0} qvH$　　㉱ $\mu_0 qvH$

11. 서로 같은 방향으로 전류가 흐르고 있는 나란한 두 도선 사이에 어떤 힘이 작용하는가?

㉮ 서로 미는 힘　　㉯ 서로 당기는 힘

㉰ 하나는 밀고, 하나는 당기는 힘　　㉱ 회전하는 힘

12. 그림과 같은 반지름 a〔m〕인 원형 코일에 I〔A〕가 흐르고 있다. 이 도체 중심축 상 x〔m〕인 점 P의 자위〔A〕는?

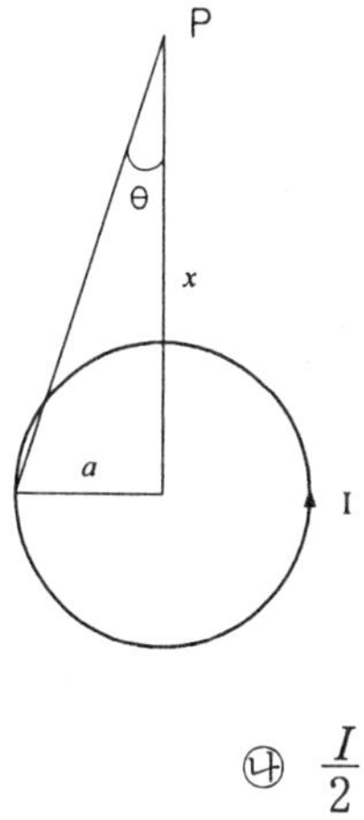

㉮ $\frac{I}{2}\left(1 - \frac{x}{\sqrt{a^2 + x^2}}\right)$　　㉯ $\frac{I}{2}\left(1 - \frac{a}{\sqrt{a^2 + x^2}}\right)$

㉰ $\frac{I}{2}\left(1 - \frac{x^2}{\sqrt{(a^2 + x^2)^{3/2}}}\right)$　　㉱ $\frac{I}{2}\left(1 - \frac{a^2}{\sqrt{(a^2 + x^2)^{3/2}}}\right)$

13. 평등 자계 내에 수직으로 돌입한 전자의 궤적은?

㉮ 원운동을 하는데, 원의 반지름은 자계의 세기에 비례한다.

㉯ 구면 위에서 회전하고 반지름은 자계의 세기에 비례한다.

㉰ 원운동을 하고, 반지름은 전자의 처음 속도에 비례한다.

㉱ 원운동을 하고, 반지름은 자계의 세기에 반비례한다.

제8장

자 성 체

8-1 강자성체의 자화현상

Fe, Ni, Co 및 이들의 합금과 같은 강자성체는 결정을 형성할 때 자기쌍극자 모멘트의 방향이 같은 원자들로 일정한 분역을 이루고 있으며 외부자계에 대해 단체적 거동을 보이므로 강한 자성을 보인다.

강자성체에 존재하는 자기쌍극자 모멘트가 같은 결정들로 구성된 분역을 자구(磁區 : magnetic domain)라 부른다. 자구는 자성체 내에서 하나의 소자석(분자자석)과 같은 역할을 하며 자구의 크기는 수 [μm]에서 수 [mm]에 이르고 금속현미경으로 관찰이 가능하다.

[그림 8-1]은 외부 자계에 따른 강자성체 내 자구들의 거동과 자성체의 자화 과정을 보여준다. [그림 8-1](a)처럼 외부자계가 없을 때($H=0$) 자구의 분자자석(화살표)은 각각의 방향이 달라 서로 상쇄되어 자성체 전체로서의 자기쌍극자 모멘트는 0이 된다.

자계가 자성체에 가해지면 [그림 8-1](b)와 같이 인가 자계의 방향과 비교적 가까운 방향의 자구가 자계 방향으로 회전하기 시작하여 자구의 영역이 커진다.

외부 자계의 세기가 더욱 강해지면 [그림 8-1](c)와 같이 대부분의 자구는 외부 자계 방향에 가까운 결정축에 평행이 되도록 회전하며 자계의 세기가 더욱 강해지면 [그림 8-1](d)와 같이 자구는 자계의 방향으로 완전히 회전하게 되어 자화가 더 이상 진행되지 않는 자기포화(磁氣飽和 : magnetic saturation) 상태에 이른다.

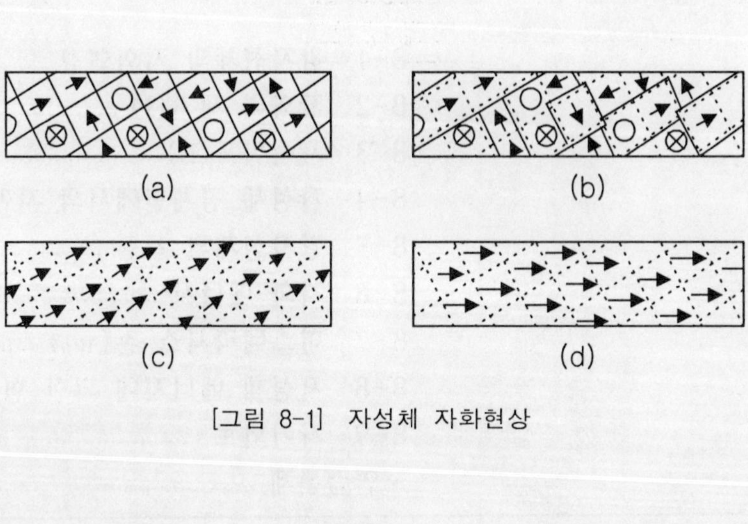

[그림 8-1] 자성체 자화현상

8-2 자화의 세기(J)

[그림 8-2](a)처럼 강자성체에 자계를 인가하면 자구의 분자자석이 인가전계의 방향으로 배열되어 자성체 양단면에는 N극과 S극이 나타난다. 이때 자성체 양단면에 유도된 자기량 밀도(단위면적당 자기량)를 그 자성체에 대한 **자화의 세기**라 하며 자성체의 자화정도를 나타낸다.

[그림 8-2](b)는 자화된 자성체로 자화의 세기 J는 자성체 양단면에 발생한 단위면적당 자기량으로 정의하며 다음 식으로 나타낸다.

$$J=\frac{m}{A}\ \ [\mathrm{Wb/m^2}] \tag{8.1}$$

식 (8.1)의 분모 분자에 자성체 길이 l[m]를 곱하면 자화의 세기는 단위체적에 대한 자기쌍극자 모멘트로 정의되며 다음 식과 같다.

$$J=\frac{m\cdot l}{A\cdot l}=\frac{M}{V}\ \ [\mathrm{Wb\cdot m/m^3}] \tag{8.2}$$

여기서, 자화의 방향은 S극에서 N으로 향하는 방향을 기준으로 하며 V는 자성체의 체적이다. 또한 S극에서 N로 향하는 변위벡터 l[m]로 인해 자기쌍극자 모멘트는 $\mathbf{M}=ml$로 벡터가 되며 따라서 자화의 세기는 벡터량이 된다.

$$\mathbf{J}=\frac{\mathbf{M}}{V}\ \ [\mathrm{Wb\cdot m/m^3}] \tag{8.3}$$

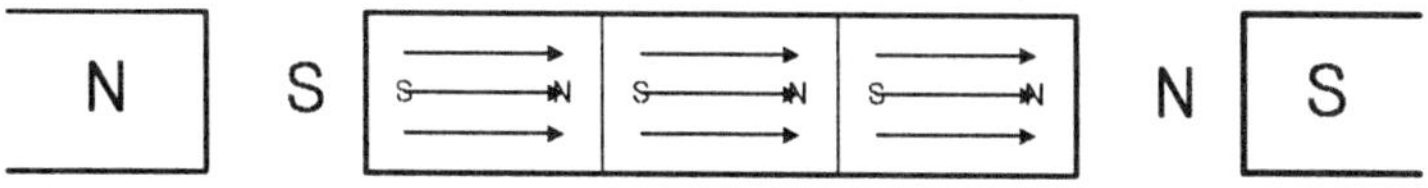

(a)

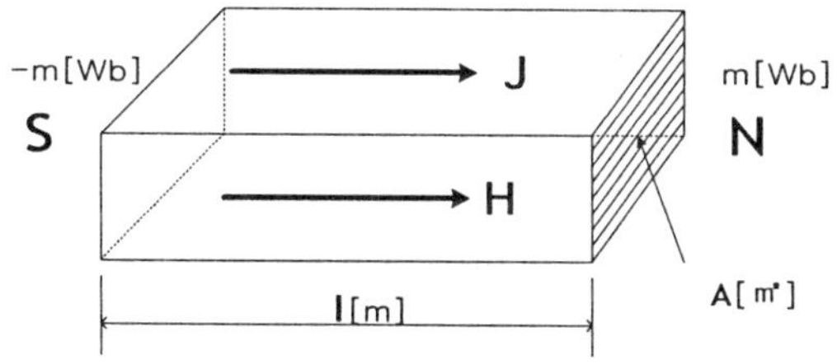

(b)

[그림 8-2] 자화된 자성체의 자화의 세기

자성체 내에는 외부자계와 자화의 세기(磁化度)에 의한 역자계에 의해 중첩된 자계가 존재한다.

자성체의 자화의 세기 **J**는 자성체 내에 존재하는 자계의 세기 **H**에 비례한다.

$$J=\chi H=\mu_0(\mu_s-1)H \ \ [\mathrm{Wb/m^2}] \tag{8.4}$$

$$\mathbf{J}=\chi\mathbf{H}=\mu_0(\mu_s-1)\mathbf{H} \ \ [\mathrm{Wb/m^2}] \tag{8.5}$$

$\chi(=\mu_0\chi_s$: chi)는 자화율(磁化率 : magnetic susceptibility)로 자성체의 종류에 따른 비례상수이며, $\chi_s=\dfrac{\chi}{\mu_0}=\mu_s-1$를 비자화율(比磁化率 : relative magnetic susceptibility)이라 한다.

또한 μ_s는 비투자율(비투자율 : relative permeability)이라 한다.

예제 8-1

자성체 내부자계가 10[A/m]이고, 비투자율 μ_s는 2000인 자성체가 있다. 이 자성체의 자화의 세기는 얼마인가?

풀이 식 (8.4)에서

$$J=\mu_0(\mu_s-1)H$$

$$=4\pi\times10^{-7}(2000-1)\times10 \fallingdotseq 8\pi\times10^{-3}\,[\mathrm{Wb/m^2}]$$

8-3 자속밀도(B)

[그림 8-3]과 같이 진공 중에 평등자계 $\mathbf{H}_0$ 내에 자성체를 놓으면 자화로 인하여 자화의 세기 J에 따르는 자극 S, N이 자성체 표면에 유도된다. 이 자성체 내부에는 자화에 의한 역자계(H')와 평등외부자계(H_0)에 의한 자계가 공존하므로 자성체 내부의 자계는

$$H=H_0-H' \ \ [\mathrm{N/Wb=AT/Wb}] \tag{8.6}$$

이다.

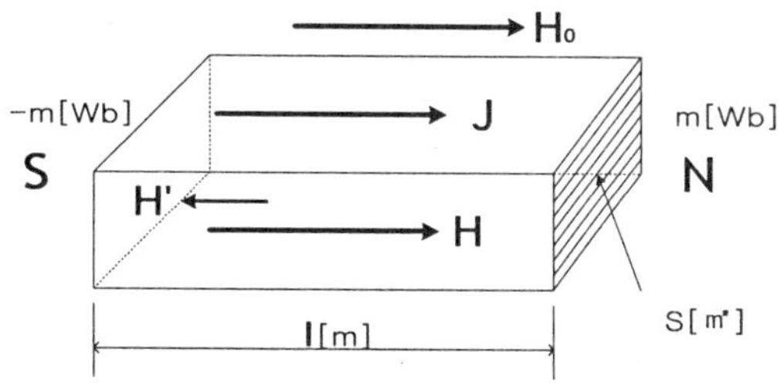

[그림 8-3] 자성체내 자속밀도

따라서 자성체 내부에는 내부자계 **H**에 의한 자력선과 자화의 세기 **J**에 의한 자화선이 동시에 존재하며, 이것을 합성한 새로운 벡터량 **B**를 도입한다.

$$B = \mu_0 H + J \ [\mathrm{Wb/m^2}] \tag{8.7}$$

벡터량 **B**는 자성체에 자계가 인가되었을 때 자기 유도된 정도를 나타내며 자속밀도(磁束密度 : magneticflux density) 또는 자기유도도(磁氣誘導度 : intensity of magnetic induction)라 부르며, 단위는 [Wb/m^2]이다.

그리고 자속밀도의 [C.G.S.emu] 단위는 [gauss]이며 다음과 같은 관계가 있다.

$$[\mathrm{Wb/m^2}] = [\mathrm{T}] = [10^4 \mathrm{gauss}] \tag{8.8}$$

식 (8.7)에 식 (8.4)를 대입하면

$$B = \mu_0 H + J = \mu_0 H + \chi H = (\mu_0 + \chi)H = \mu H \ [\mathrm{Wb/m^2}]$$
$$\mathbf{B} = \mu \mathbf{H} \ [\mathrm{Wb/m^2}] \tag{8.9}$$

여기서 μ는 자성체의 투자율(permeability)로

$$\mu = \mu_0 \mu_r = \mu_0 + \chi \tag{8.10}$$

이며, μ_s는 비투자율(relative permeability)이라 부르며 다음과 같다.

$$\mu_s = \frac{\mu}{\mu_0} = \frac{\mu_0 + \chi}{\mu_0} = 1 + \frac{\chi}{u_0} = 1 + \chi_s \tag{8.11}$$

비투자율은 단위가 없으며 자성체의 성질에 따라 결정되는 값으로 {표 8-1}과 같다.

[표 8-1] 각종물질의 비투자율(μ_R)

물 질	μ_R	물 질	μ_R
비스머스	0.9999986	베리리움	1.00000079
파라핀	0.99999942	염화니켈	1.00004
나무	0.9999995	유화망간	1.0001
은	0.99999981	니켈	50
알루미늄	1.00000065	선철	60
코발트	60	규소강	3,500
철분	100	순철	4,000
훼라이트(대표값)	1,000	Mumetal	20,000
파마로이45	2,500	Sendust	20,000
변압기용 철	3,000	Supermally	100,000

자계가 작용하는 공간이 자성체가 없는 진공이나 공기일 경우 자화의 세기 $\mathbf{J}=0$이므로

$$B=\mu_0 H \ [\mathrm{Wb/m^2}]$$
$$\mathbf{B}=\mu_0 \mathbf{H} \ [\mathrm{Wb/m^2}] \tag{8.12}$$

가 된다.

자속밀도 $\boldsymbol{B}$의 방향으로 그려진 선을 **자속선**(磁束線 : line of magnetic flux)이라 하며, 자계내 임의 점의 **자속선밀도**[lines/m^2]를 그 점에서의 자속밀도 B[Wb/m^2]와 같도록 정의한다.

[그림 8-4]처럼 자속밀도 B[Wb/m^2]인 임의면 dS[m^2]를 수직으로 지나는 총 자속선수 즉, 자속 $d\Phi$는

$$d\Phi = BdS \ [\mathrm{Wb = lines}]$$

가 되며, 자속밀도 B[Wb/m^2]가 면적 dS[m^2]에 수직이 아닐 경우 자속은

$$\Phi = \int\int_S d\Phi = \int\int_S \mathbf{B}\cdot\mathbf{n}dS \ [\mathrm{Wb}] \tag{8.13}$$

이다. 여기서 $\mathbf{n}$은 면 S의 법선벡터이다.

자석은 아무리 나누어도 N, S 양자극이 항상 동시에 존재하므로 같은 수의 유출, 유입하는 자속을 발생한다. 따라서 자화된 자성체를 둘러싸고 있는 폐곡면 S를 통하여 발산하는 자속의 총수는 0이 되며, 다음 식으로 나타낼 수 있다.

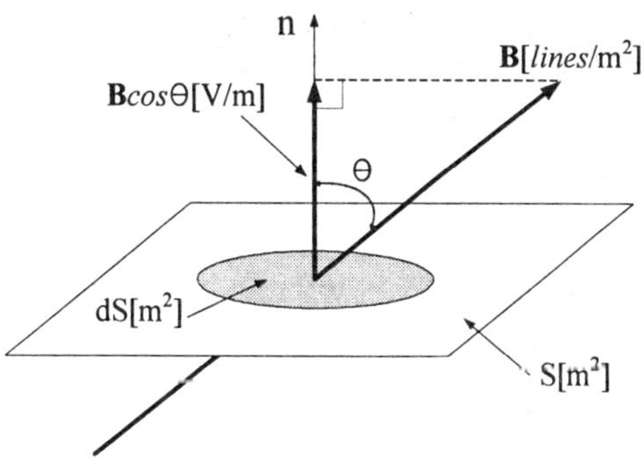

[그림 8-4] 자 속

$$\int\int_S \mathbf{B}\cdot\mathbf{n}\,dS = 0 \tag{8.14}$$

발산의 정리를 적용하면

$$\int\int_S \mathbf{B}\cdot\mathbf{n}\,dS = \int\int\int_v div\ \mathbf{B}\,dv = 0 \tag{8.15}$$

가 된다. 또한 자성체내의 모든 점에서 성립하므로

$$\mathrm{div}\,\mathbf{B} = 0 \tag{8.16}$$

이 된다. 이것은 자속밀도 **B**의 새로운 발산이 없음을 의미하며 따라서 자속선은 항상 연속으로 폐곡선을 이루고 있음을 나타낸다.

예제 8-2

자계중에 철심을 넣었더니 철심 내부의 자계가 800[AT/m]이었고, 철심 내부의 자속밀도는 0.5[Wb/m²]이면, 철심의 비투자율은 얼마인가?

풀이 철심의 내부자계 $H=800$[AT/m], 자속밀도 $B=0.5$[Wb/m²], 따라서 철의 비투자율 μ_s는 $B=\mu H=\mu_0\mu_s H$ 로부터

$$0.5 = 4\pi\times10^{-7}\times\mu_s\times800$$

$$\therefore\ \mu_s = \frac{0.5}{4\pi\times10^{-7}\times800} \fallingdotseq 497$$

가 된다.

8-4 자성체 경계면에서의 자계

전기기기처럼 여러 종류의 자성체로 구성되어 있는 경우 자력선은 이들을 통과하게 된다. 이처럼 자력선이 투자율이 서로 다른 자성체의 경계면을 통과할 때, 자계와 자속밀도는 경계면 양측에서 다음 경계조건에 의해 굴절이 일어난다.

첫째, 자계의 세기의 경계면에 대한 접선성분(평행성분)은 경계면 양측에서 서로 같다. 즉 연속적임을 의미한다.

둘째, 자속밀도의 경계면에 법선성분은 경계면 양측에서 서로 같다. 즉, 연속적이다.

[그림 8-5](a)와 같이 투자율이 μ_1, μ_2인 두 자성체가 접하여 있을 때 경계면 각 매질에서 자계의 세기를 H_1, H_2, 자속밀도를 B_1, B_2 입사각과 굴절각을 θ_1, θ_2라 하자.

지금 경계면 간의 두 점 A, B 사이의 자위차는

$$H_1 \sin\ \theta_1 \cdot \overline{AB} = \ H_2 \sin\ \theta_2 \cdot \overline{AB}$$

이 되며, 정리하면

$$\begin{aligned} & H_1 \cdot \sin\theta_1 = H_2 \cdot \sin\theta_2 \\ & H_{1t} = H_{2t} \end{aligned} \tag{8.17}$$

의 첫 번째 조건이 얻어진다.

[그림 8-5](b)와 같이 투자율이 경계면 각 매질에서 자속밀도를 B_1, B_2라 할 때, 경계면의 법선을 축으로 하는 단면적 $dS[\text{m}^2]$인 작은 원통을 가우스 폐곡면으로 취하면, 이 원통으로 유출, 유입하는 자속선 수는 동일하므로

$$B_1 \cos\theta_1 \cdot dS = B_2 \cos\theta_2 \cdot dS$$

$$\begin{aligned} & B_1 \cos\theta_1 = B_2 \cos\theta_2 \\ & B_{1n} = B_{2n} \end{aligned} \tag{8.18}$$

의 두 번째 조건이 얻어진다.

한편 $B = \mu H$이므로 식 (8.17)은

$$\mu_1 H_1 \cos\theta_1 = \mu_2 H_2 \cos\theta_2 \tag{8.19}$$

가 되며, 식 (8.17), 식 (8.18)로부터

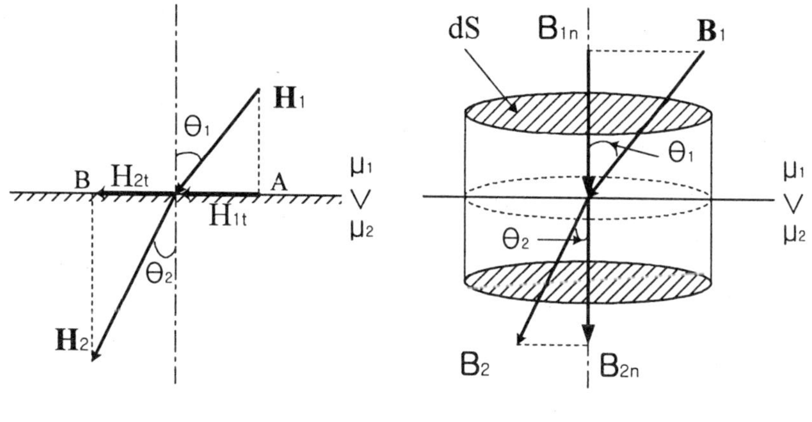

[그림 8-5] 경계면에서의 자계와 자속의 경계조건

$$\frac{H_1 \sin\ \theta_1}{B_1 \cos\ \theta_1} = \frac{H_2 \sin\ \theta_2}{B_2 \cos\ \theta_2}$$

$$\frac{\tan\theta_1}{\tan\theta_2} = \frac{\mu_1}{\mu_2} \tag{8.20}$$

의 관계식이 얻어지며, 이것은 굴절각은 투자율에 비례한다는 것을 의미한다. 이 관계를 자력선의 굴절의 법칙이라 부른다.

예를 들면, $\mu_1 < \mu_2$일 경우 $\theta_1 < \theta_2$이 되어 자속밀도는 $B_1 < B_2$가 된다. 이는 자속은 투자율이 작은 자성체(공기)에서 투자율이 큰 자성체(철심)로 모이는 경향이 있음을 나타낸다.

8-5 강자성체의 특징

8-5-1 B-H 자화곡선

지금까지 자성체에 대한 해석에서는 투자율 μ와 자화율 χ가 항상 일정한 값을 갖는 것으로 취급하였다. 그러나 강자성체의 경우 자화의 거동(mechanism)은 매우 복잡하여 투자율 μ과 자화율 χ는 인가전계의 세기에 따라 그 값이 변하며 따라서 상수로 다룰 수는 없다.

[그림 8-6]은 철이나 니켈 같은 강자성체에 자계를 가했을 경우 자화 특성이다. 자화의 세기 J 곡선을 관찰해 보면 처음 H가 작을 때는 J는

비교적 천천히 증가하나(Oa 부분), 자계 H가 그 이상 서서히 증가함에 따라서 J는 급격히 증가한다(ab 부분). 그러나 b 부분을 지나면서 J는 증가는 점점 감소하여 자계의 세기 H가 더 증가하여도 더 이상 증가하지 않는 포화상태에 이른다.

이와 같이 강자성체에서는 H와 B의 관계는 관계식 $B=\mu H$ 에서처럼 정비례하지 않으며 이것은 투자율 $\mu(=\mu_0\mu_s)$가 일정한 값을 가지지 않는다는 것을 의미한다.

즉, $\dfrac{dB}{dH}$로부터 자계 H의 증가에 따른 투자율 μ의 변화율을 구하면 [그림 8-6]의 $\mu-H$ 곡선과 같이 되며 H의 크기가 작은 영역에서 크게 증가하다가 BH 곡선의 직선에 가까운 부분 (ab부분)에서 최대투자율 μ_m이 발생한 후 점차로 감소함을 알 수 있다. 특히 $H=0$의 투자율 $\mu_i=\left(\dfrac{dB}{dH}\right)_{H=0}$를 초기투자율(初期透磁率 : initial permeability)이라 한다

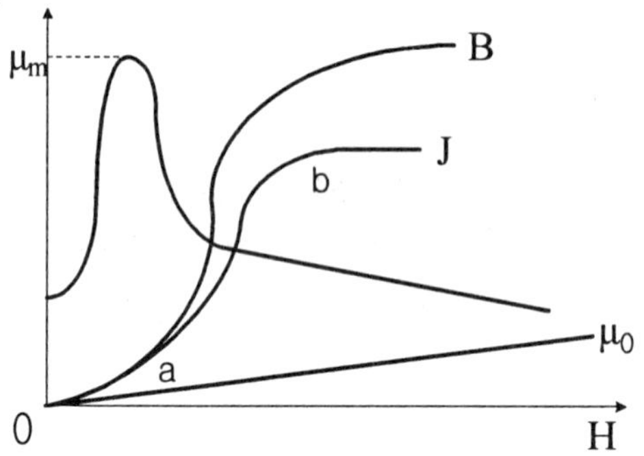

[그림 8-6] 강자성체의 자화곡선

8-5-2 히스테리시스 현상

강자성체에 외부자계를 인가하여 포화상태까지 자화시킨 후, 외부자계를 감소시키면 자화상태는 일의적으로 감소하지 않는다. 즉, 자속밀도(B)의 값이 자계(H)가 증가할 때의 값과 감소할 때의 값이 다른 현상을 히스테리시스 현상이라 한다.

[그림 8-7]은 자기이력곡선으로 자계의 세기 H를 점 a까지 $0\to+H_m$으로 증가시킨 후 $H_m\to 0$으로 감소시키면 자속밀도 B는 곡선 Oa로 증가하였다가 곡선 ab로 감소한다.

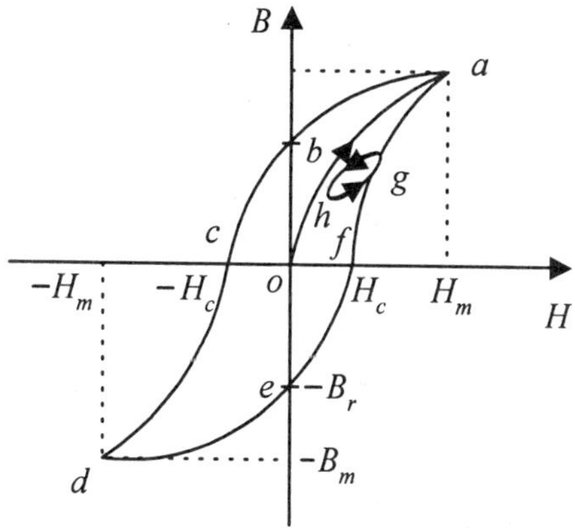

B_r : 잔류자속밀도[Wb/m^2], H_c : 보자력[AT/m]

[그림 8-7] 자기이력곡선

$H=0$[AT/m]인 b점에서 자속밀도 B는 0이 되지 않고 잔류자속밀도(殘留磁束密度 : remnant flux density) B_r[Wb/m^2]를 남기며 이를 잔류자기(residual magnetism)라 부르기도 한다.

이어서 자계를 반대방향으로 증가시키면 자화곡선은 bc로 되어 점 c의 H_c 값에서 자속밀도 B는 0이 된다. 이처럼 자속밀도 B를 0으로 만드는 자계 $+-H_c(=Oc=Of)$를 보자력(保磁力 : coercive force)이라 한다.

자계를 반대방향으로 더욱 증가시키면 점 d에서 포화되며 이어 자계 H를 감소시킨 후 +방향으로 증가시키면 자화곡선은 $0\to+B_m\to+B_r\to0\to-B_m\to-B_r\to0\to+B_m$의 값을 가지는 $oabcdefa$의 궤적을 그리게 되어 하나의 폐곡선을 그리게 되며 이 곡선을 히스테리시스 루프(hysteresis loop)라 한다.

8-6 자화 에너지

[그림 8-8]과 같은 자화특성을 지닌 강자성체를 자화하는 데 필요한 단위체적당 에너지는 자화곡선과 종축(B축)으로 둘러싸인 면적이다. 따라서, 자속밀도 B를 시간 dt[sec]내에 자속밀도를 dB만큼 증가시키는데 필요한 에너지는

$$dw=\boldsymbol{H}\cdot d\boldsymbol{B}\ \ [\mathrm{J/m^3}] \tag{8.21}$$

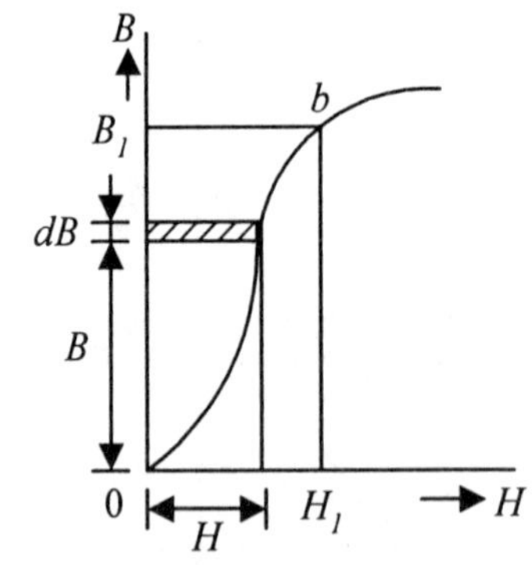

[그림 8-8] 자화 에너지

이 되며, [그림 8-8]에서 빗금친 면적에 해당된다.

따라서 자속밀도를 0에서 B_1까지 자화하는데 단위체적당 필요한 에너지는

$$w = \int_0^{B_1} \boldsymbol{H} \cdot d\boldsymbol{B} = \int_0^{B_1} HdB \ [\mathrm{J/m^3}] \tag{8.22}$$

가 되며, 따라서 [그림 8-8]에서 면적 ObB_1O에 해당된다.

자성체의 투자율이 μ[H/m]일 때 이자성체를 0에서 B까지 자화시킬 때 필요한 에너지 밀도 w는

$$w = \int_0^{B} HdB = \int_0^{B} \frac{B}{\mu} dB = \frac{1}{2} \frac{B^2}{\mu} \quad [\mathrm{J/m^3}]$$

이 된다. 따라서 다음 관계식으로 유도된다.

$$w = \frac{1}{2} \frac{B^2}{\mu} = \frac{1}{2} \mu H^2 = \frac{1}{2} HB \ [\mathrm{J/m^3}] \tag{8.24}$$

이 관계식은 자성체를 자화시키는데 필요한 에너지밀도 또는 자성체에 저장된 자계에너지를 의미한다.

따라서 체적이 $V = Sl$ [$\mathrm{m^3}$]인 자성체의 자속밀도가 B일 때 이 자성체에 저장된 에너지는

$$W = \frac{1}{2} \frac{B^2}{\mu} Sl = \frac{1}{2} \mu H^2 Sl = \frac{1}{2} HBSl \ [\mathrm{J}] \tag{8.25}$$

이다.

예제 8-3

체적 4[m^3]인 자성체의 비투자율이 1000, 자성체내의 자계가 20[AT/m]이다. 이 자성체에 저축되는 자계 에너지 밀도를 구하여라.

풀이 자계 에너지밀도는 다음과 같다.

$$w = \frac{1}{2}\mu H^2 = \frac{1}{2}\mu_0\mu_s H^2 = \frac{1}{2}\times 4\pi\times 10^{-7}\times 1000\times(20)^2$$

$$= 8\pi\times 10^{-2}$$

$$\fallingdotseq 25.13\times 10^{-2}\,[\mathrm{J/m^3}]$$

8-7 히스테리시스 손(w_h)

강자성체를 히스테리시스 곡선을 따라 일주(一週)시키는데 단위 체적당 소요되는 에너지는

$$w_h = \oint H\cdot dB : \text{히스테리시스 loop의 면적}$$

이 되며, 히스테리시스 곡선으로 둘러싸인 면적이 된다.

히스테리시스 곡선의 면적, 즉 w_h의 의미는 다음과 같다. 주기적으로 변화하는 자계에 의하여 강자성체가 자화를 반복할 경우 1 cycle 당 단위체적마다 이 loop 면적에 해당하는 에너지가 필요하다.

그런데 이 자성체는 1 cycle 순환 후에도 아무런 외형적 변형이 없으므로 결국 이 에너지는 자구가 회전할 때 발생되는 마찰열이 되어 강자성체의 온도를 상승시키는데 소비된다. 따라서 이것은 자기에너지 면에선 일종의 손실로 히스테리시스손이라 부른다.

체적 V[m^3]를 가진 강자성체에서 f[Hz]의 교류에 의한 자화에서는

$$P_h = f\cdot V\cdot w_h\ [\mathrm{W}] \tag{8.26}$$

의 에너지가 열로 소비되며, 일반적으로 이 에너지손(損)은 교류(交流)용 전기기기의 철심에서 발생하므로 철손(鐵損 : iron loss)에 속한다.

Steinmetz는 일반적으로 히스테리시스 곡선은 최대 자속밀도(最大磁束密度)에 의하여 그 모양과 면적이 좌우된다는 사실에 기인하여 다음 관계식을 구하였다.

$$w_h = \eta B_m^{\ 1.6}\,[\mathrm{J/m^3}] \tag{8.27}$$

이 식을 스타인메츠(Steinmetz)의 실험식이라 부르며, η는 강자성체에 따라 정해지는 상수로 히스테리시스 상수라 하고, 지수 1.6을 스타인메츠 정수라 한다.

식 (8.27)을 식 (8.26)에 대입하면

$$P_h = f \cdot V \cdot \eta B_m^{\ 1.6} \,[\mathrm{W}] \tag{8.28}$$

와 같이 표시된다.

8-8 자성체 에너지에 의한 힘

[그림 8-9]처럼 자석의 N극이 전자력(F_x)에 의해 dx만큼 이끌린 경우 자성체 사이에 작용하는 힘은 다음과 같다.

자성체의 자속밀도를 B[Wb/m²], 투자율을 μ[H/m]라 할 때 자성체와 자성체 사이에 분포된 자계 에너지 밀도는 각각

$$\frac{1}{2}\frac{B^2}{\mu}\,[\mathrm{J/m^3}],\quad \frac{1}{2}\frac{B^2}{\mu_0}\,[\mathrm{J/m^3}]$$

이 된다.

자성체의 N극이 전자력에 의해 dx만큼 움직였을 때, 그림의 빗금친 부분에 자계 에너지 밀도의 변화가 생기며 그 차는

$$dw = w_2 - w_1 = \frac{1}{2}\frac{B^2}{\mu} - \frac{1}{2}\frac{B^2}{\mu_0}\ \ [\mathrm{J/m^3}] \tag{8.29}$$

가 된다.

이 때 자성체 단면적이 S[m²]이라면, 자계 에너지의 전체 변화량을 dW는

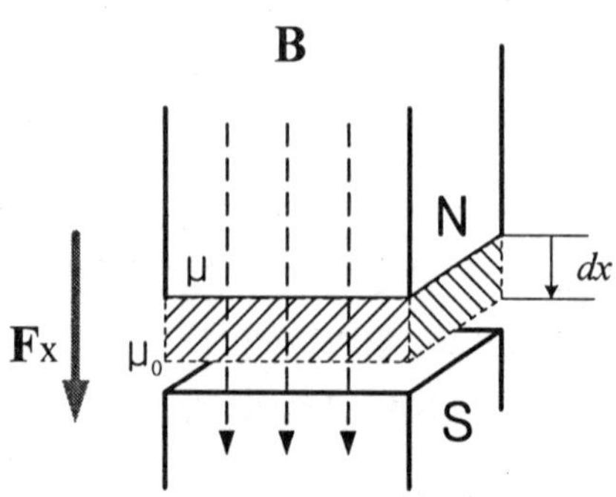

[그림 8-9] 자성체 사이의 힘

$$dW = dw \cdot S \cdot dx = \frac{B^2 S}{2}\left(\frac{1}{\mu} - \frac{1}{\mu_0}\right)dx \text{ [J]} \tag{8.30}$$

이 되므로, 자성체 사이에 작용하는 전자력은 다음과 같다.

$$Fx = -\frac{dW}{dx} = \frac{B^2 S}{2}\left(\frac{1}{\mu_0} - \frac{1}{\mu}\right) \text{ [N]} \tag{8.31}$$

예를 들어, 자극이 철인 전자석의 경우 철의 비투자율이 $\mu_s \gg 1$이므로 (5,000>1)이 전자석에 작용하는 전자력은

$$Fx = \frac{B^2 S}{2}\frac{1}{\mu_0} = \frac{1}{2}BHS = \frac{1}{2}\mu_0 H^2 S \text{ [N]} \tag{8.32}$$

이 되며, 자극의 단위 면적당 작용하는 힘은

$$f = \frac{1}{2}BH = \frac{B^2}{2\mu_0} = \frac{1}{2}\mu_0 H^2 \text{ [N/m}^2\text{]} \tag{8.33}$$

이 된다.

예제 8-4

공기중에서 단면적 S=100[cm^2]이고, 같은 세기의 N, S 자극이 마주 내하고 있다. 자성체 내부 자계가 1000[AT/m]일 때, 두 자극간에 작용하는 힘은 얼마인가?

풀이 식 (8.32)에서

$$F_x = \frac{1}{2}\mu_0 H^2 S$$

$$= \frac{1}{2} \times 4\pi \times 10^{-7} \times (1000)^2 \times 100 \times 10^{-4}$$

$$= 2\pi \times 10^{-3} \text{ [N]}$$

이 된다.

8-9 자기회로

8-9-1 자기회로

전류가 흐르는 길을 전기회로라 하는 것처럼 자속이 흐르는 길을 자기회로(magnetic circuit)라 한다. 전기회로와 자기회로는 많은 유사함이 있기 때문에 전기회로의 여러 법칙이 자기회로에 적용된다.

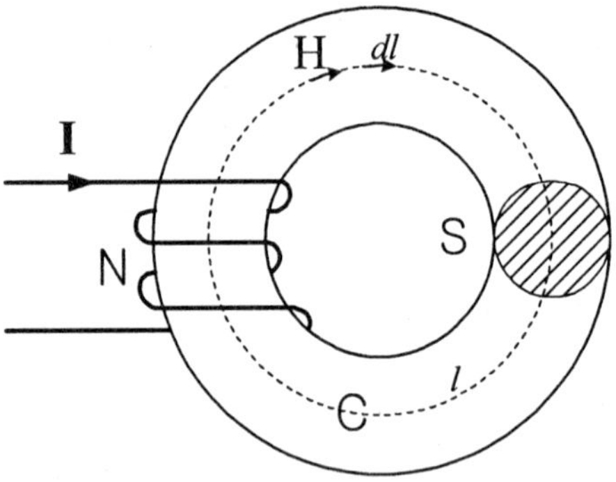

[그림 8-10] 자기회로

[그림 8-10]은 권수 N[turns]의 coil이 감겨진 자기회로이다. 이 회로에 I[A]의 전류가 흐를 때 자기회로내 자계를 H[AT/m], 자계방향의 미소선분 벡터를 $d\mathbf{l}$[m]라 하면 이 회로에 Ampere의 주회적분법칙을 적용하면

$$\oint_c \mathbf{H} \cdot d\mathbf{l} = NI\,[\mathrm{AT}] \tag{8.34}$$

이 된다.

NI는 자기회로의 자속 Φ[Wb]를 만들어내는 에너지로 기자력(mmf : magneto motive force)이라 부르며, 다음과 같이 표기한다.

$$\mathcal{F}_m = NI\ [\mathrm{AT}] \tag{8.35}$$

이 자기회로를 구성한 자성체의 투자율 μ[H/m], 자속밀도 B[Wb/m^2], 자기회로의 단면적 S[m^2], 자속 Φ[Wb]라 할 때 자속은

$$\Phi = BS = \mu HS\ [\mathrm{Wb}] \tag{8.36}$$

가 되며, 이 식을 자계 H에 대하여 정리하면

$$H = \frac{\Phi}{\mu S}\ [\mathrm{AT/m}] \tag{8.37}$$

가 된다. 따라서 이 식을 식 (8.34)에 대입하면

$$\mathcal{F}_m = \oint_c \mathbf{H} \cdot d\mathbf{l} = \oint_c H dl = \oint_c \frac{\Phi}{\mu S} d\mathbf{l}\ [\mathrm{AT}] \tag{8.38}$$

이 되며, 자기회로에서 자속 Φ의 크기는 일정하며, 자로(磁路)의 전체 길이가 $\oint_c dl = l$[m] 이므로 식 (8.38)은

$$\mathcal{F}_m = \Phi \oint_c \frac{1}{\mu S} d\mathbf{l} = \Phi \frac{l}{\mu S}\ [\mathrm{AT}] \tag{8.39}$$

가 된다.

식 (8.35)와 식 (8.39)로부터

$$NI=\frac{l}{\mu S}\Phi= R_m\Phi \tag{8.40}$$

라 놓을 수 있으며, 여기서

$$R_m=\frac{NI}{\Phi}=\frac{l}{\mu S}\,[\mathrm{AT/Wb}] \tag{8.41}$$

이 된다. 이것은 전기회로의 전기저항 $\left(R-\rho\frac{l}{S}=\frac{1}{\sigma}\frac{l}{S}\right)$와 같은 의미의 물리량으로 자기회로에 대한 자기저항(magnetic resistance or reluctance)이라 하며 단위는 [AT/Wb]를 사용한다.

또한, 자기저항의 역수 $1/R_m$을 퍼미언스(permeance)라 한다. 이상의 관계로부터

$$NI= R_m\Phi$$

$$R_m=\frac{NI}{\Phi} \tag{8.42}$$

$$\Phi=\frac{NI}{R_m}$$

의 관계식이 얻어지며, 이 식을 자기회로의 Ohm의 법칙이라 한다.

{표 8-2}는 전기회로와 자기회로의 대응관계를 요약한 것이다.

{표 8-2} 전기회로와 자기회로

전 기 회 로			자 기 회 로		
기전력	V	[V]	기자력	$\mathcal{F}$	[AT]
전류	I	[A]	자속	Φ	[Wb]
전기저항	R	[Ω]	자기저항	R_m	[AT/Wb]
전계	E	[V/m]	자계	H	[AT/m]
전류밀도	J	$[A/m^2]$	자속밀도	B	$[Wb/m^2]$
도전율	σ	[℧]	투자율	μ	[H/m]

예제 8-5

어떤 고리형 자성체에 코일을 100회 감고 2[A]의 전류를 흘릴 때, 이 자성체에 400[μWb]의 자속이 통과했다. 그리고, 철심의 단면적은 10[cm^2]이고, 고리형 자성체의 평균 반지름은 10[cm]일 때, 이 자성체의 비투자율을 구하여라.

풀이 $\Phi=\frac{NI}{R_m}$, $R_m=\frac{l}{\mu S}$ 에서 $\Phi=\frac{\mu SNI}{l}$ 이므로

$$4\times10^{-4}=\frac{4\pi\times10^{-7}\times\mu_s\times10\times10^{-4}\times100\times2}{2\times\pi\times10\times10^{-2}}$$

$\therefore\ \mu_s=1000$

8-9-2 자기회로의 키르히호프 법칙

자기회로도 전기회로와 마찬가지로 다음과 같이 키르히호프 법칙이 성립한다.

첫째, 자기회로에서 임의의 결합점으로 유입하는 자속의 합과 유출하는 자속의 합은 같다.

$$\sum_{i=1}^{n}\Phi_i=0 \tag{8.43}$$

둘째, 임의의 폐자로에서 자속과 자기저항의 곱의 대수합은 폐자로에 있는 기자력의 대수합과 같다.

$$\sum_{i=1}^{n}R_i\,\Phi_i=\sum_{i=1}^{m}N_i\,I_i \tag{8.44}$$

8-9-3 복합 자기회로

(1) 직병렬회로

여러 개의 자성체로 구성된 자기회로에서 자성체의 자기저항이 각각

$$R_1=\frac{l_1}{\mu_1 S_1},\ R_2=\frac{l_2}{\mu_2 S_2},\ R_3=\frac{l_3}{\mu_3 S_3}\ [\mathrm{AT/Wb}]$$

일 때 각 회로 구성에 대한 자기저항은 다음과 같다.

■ 직렬회로

자기저항 R_1, R_2, R_3인 자성체가 직렬로 연결되어 있을 경우 합성저항은

$$\begin{aligned}R_m&=R_1+R_2+R_3\\&=\frac{l_1}{\mu_1 S_1}+\frac{l_2}{\mu_2 S_2}+\frac{l_3}{\mu_3 S_3}\ [\mathrm{AT/Wb}]\end{aligned} \tag{8.45}$$

와 같다. 또한 기자력이 $\mathcal{F}_m$[AT]일 때, 각 자기저항을 통하는 자속은

$$\Phi = \frac{\mathcal{F}_m}{R_m} = \frac{\mathcal{F}_m}{R_1+R_2+R_3} \text{ [Wb]} \tag{8.46}$$

각 저항체에서 그 크기는 일정하며, 각 자기저항에서 소요되는 기자력과 총기자력은

$$\begin{aligned} \mathcal{F}_m &= \mathcal{F}_1 + \mathcal{F}_2 + F_3 \\ &= \Phi R_1 + \Phi R_2 + \Phi R_3 \\ &= \frac{l_1 \Phi_1}{\mu_1 S_1} + \frac{l_2 \Phi_2}{\mu_2 S_2} + \frac{l_3 \Phi_3}{\mu_3 S_3} \\ &= \frac{l_1 B_1}{\mu_1} + \frac{l_2 B_2}{\mu_2} + \frac{l_3 B_3}{\mu_3} \\ &= l_1 H_1 + l_2 H_2 + l_3 H_3 \text{ [AT]} \end{aligned} \tag{8.47}$$

예제 8-6

그림과 같이 공극을 갖고 있으면서 권수 N[turns]로 coil이 감긴 환상철심형 자기회로가 있다. coil에 I[A]의 전류를 흘렸을 때 합성자기저항과 자속 Φ을 구하시오.

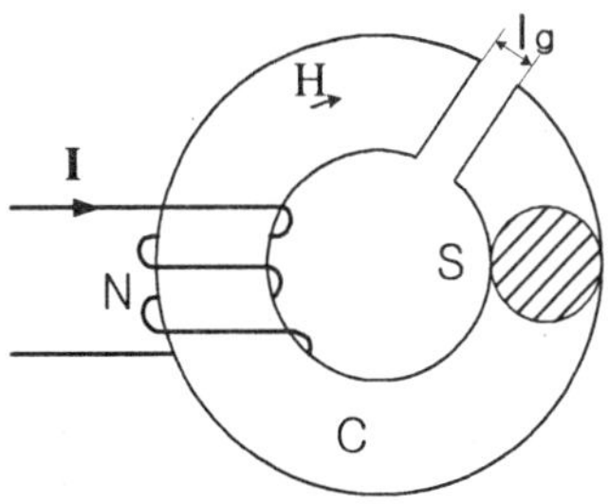

〔그림〕 공극이 있는 자기회로

풀이 환상철심의 철심과 공극 부분의 투자율이 각각 μ, μ_0[H/m], 단면적은 $S_c = S_g = S$[m^2], 길이는 각각 l_c와 l_g[m]라 하면, 각 부분의 자기저항 R_c, R_g는

$$R_c = \frac{l_c}{\mu S}, \quad R_g = \frac{l_g}{\mu S}$$

가 되므로 합성자기저항 R_m은 다음과 같이 된다.

$$R_m = R_c + R_g = \frac{l_c}{\mu S} + \frac{l_g}{\mu_0 S} \text{ [AT/Wb]}$$

기자력은 $\mathcal{F}=NI$ [AT]이므로, 단면적 S를 통하여 자속는

$$\Phi=\frac{F}{R}=\frac{NI}{\frac{l_c}{\mu S}+\frac{l_g}{\mu S}}\ \text{[Wb]}$$

이 된다.

■ 병렬회로

전기회로의 병렬 연결할 경우와 마찬가지로 자기저항 R_1, R_2, R_3 자성체가 병렬로 연결되어 있을 경우 합성저항은

$$R_m=\frac{1}{\frac{1}{R_1}+\frac{1}{R_2}+\frac{1}{R_3}}\ \text{[AT/Wb]} \tag{8.48}$$

이 된다.

예제 8-7

철심 ACB의 부분에 N_1[turns]의 코일을 감아서 I_1[A]의 전류를 흘리고 ADB에 N_2[turns]의 코일을 감아 I_2[A]를 흘릴 때, AB의 철심을 통하는 자속 ϕ_3를 구하라. 단, ACB, ADB, AB의 철심 길이를 각각 l_1, l_2, l_3 단면적을 S_1, S_2, S_3 투자율을 μ_1, μ_2, μ_3라 한다.

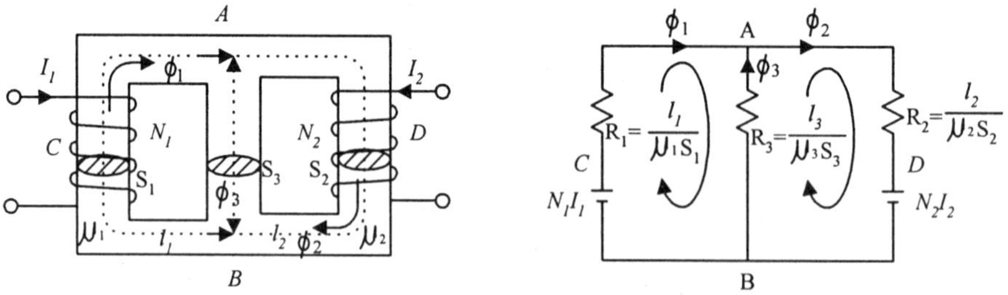

[그림] 병렬자기회로

풀이 철심 ACB, ADB, AB의 자기저항을 각각 R_1, R_2, R_3라 하면

$$R_1=\frac{l_1}{\mu_1 S_1},\ R_2=\frac{l_2}{\mu_2 S_2},\ R_3=\frac{l_3}{\mu_3 S_3}$$

철심 A의 자속 교점에 키르히호프 제 1 법칙을 적용하면

$$\phi_1 - \phi_2 + \phi_3 = 0 \cdots\cdots ①$$

또, 폐회로 $ABCA$에 키르히호프 제 2 법칙을 적용하면

$$R_1\phi_1 - R_3\phi_3 = N_1 I_1 \cdots\cdots ②$$

폐회로 $ADBA$에서는

$$R_2\phi_2 + R_3\phi_3 = N_2 I_2 \cdots\cdots ③$$

①, ②, ③식의 연립 방정식에서 AB 철심의 자속 ϕ_3는 다음과 같다.

$$\phi_3 = \frac{\begin{vmatrix} 1 & -1 & 0 \\ R_1 & 0 & N_1I_1 \\ 0 & R_2 & -N_2I_2 \end{vmatrix}}{\begin{vmatrix} 1 & -1 & 1 \\ R_1 & 0 & -R_3 \\ 0 & R_2 & R_3 \end{vmatrix}} = \frac{-R_1N_2I_2 - R_2N_1I_1}{R_1R_2 + R_2R_3 + R_3R_1} \ [\text{Wb}]$$

연습문제

■ 주관식 ■

1. 길이 $l=20$[cm], 단면의 반경 $a=2$[cm]인 원기둥형 자성체가 길이 방향으로 균일하게 자화되어 있을 때, 자화의 세기는 $J=0.2$[Wb/m^2]이다. 이 자성체의 자기 모멘트 [Wb · m]를 구하여라.

2. 두 개의 강자성체가 마주 대하고 있을 때, 자속 밀도는 B[Wb/m^2]이고, 마주 대한 면적은 S=20[cm^2]이다. 이 면에 작용하는 힘을 구하여라.

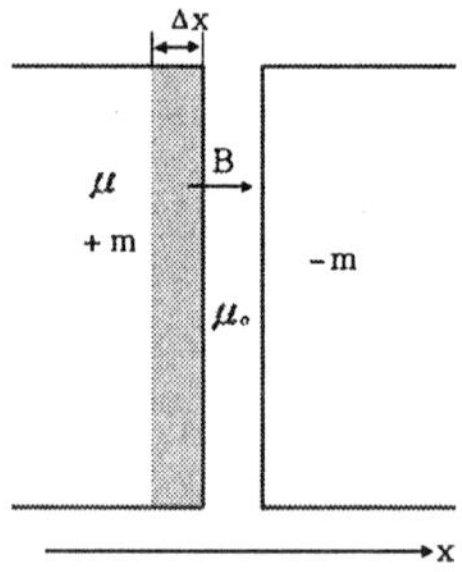

3. 비투자율 $\mu_s=200$, 부피 2[m^2]인 철심의 자속밀도가 1×10^{-3}[Wb/m^2]이다. 이 철심에 저축되는 자계 에너지는 몇 [J]인가?

4. $H=5$[AT/m]의 평등자계와 같은 방향으로 $M=10$[Wb · m]인 막대자석이 자축을 중심으로 정렬되어 있을 때, 이 자석을 자계와 직각이 되도록 회전시키는데 필요한 일을 구하여라.

5. 공기중에 고리형 철심의 자기회로가 있다. 철심의 비투자율 μ_s, 자로의 평균길이를 l이라 할 때, 이 회로의 일부에 미소공극 L_G를 만들면, 회로의 자기저항은 처음의 몇 배가 되는가? 단, $l \gg l_g$라고 생각한다.

6. 반경 a=0.1[cm], 길이 50[cm]인 원주형 자성체의 비투자율이 $\varepsilon_s=500$일 때, 이 자성체의 자기저항을 구하여라.

7. $d=5$[cm]의 간격을 가진 2개의 평행 도선에 각각 100[A]의 전류가 흐를 때, 도선의 단위길이당 작용하는 힘을 구하여라.

■ 객관식

1. 히스테리시스 곡선에서 횡축과 만나는 것은 다음 중 어느 것인가?
   ㉮ 투자율　㉯ 잔류자기　㉰ 자력선　㉱ 보자력

2. 전자석에 사용하는 연철(soft iron)은 다음 어느 성질을 가지는가?
   ㉮ 잔류자기, 보자력이 모두 크다.
   ㉯ 보자력이 크고 히스테리시스 곡선의 면적이 작다.
   ㉰ 보자력과 히스테리시스 곡선의 면적이 모두 작다.
   ㉱ 보자력이 크고 잔류자기가 작다.

3. 다음의 관계식 중 성립할 수 없는 것은?(단, μ는 투자율, x는 자화율, μ_0는 진공의 투자율, J는 자화의 세기이다.)
   ㉮ $\mu = \mu_0 + x$　㉯ $\mathbf{B} = \mu\mathbf{H}$　㉰ $\mu_s = 1 + \frac{x}{\mu_0}$　㉱ $\mathbf{J} = x\mathbf{B}$

4. 자계의 세기가 1500[AT/m]이고, 자속 밀도가 2.8[Wb/m^2]이다. 이 공간의 비투자율은 몇 〔H/m〕인가?
   ㉮ 1.86×10^{-3}　㉯ 18.6×10^{-3}　㉰ 1480　㉱ 148

5. 자계의 세기가 800〔AT/m〕이고, 자속 밀도가 0.2[Wb/m^2]인 재질의 투자율은 몇 〔H/m〕인가?
   ㉮ 2.5×10^{-3}　㉯ 4×10^{-3}　㉰ 2.5×10^{-4}　㉱ 4×10^{-4}

6. 반지름 3〔cm〕 원형 단면을 가진 환상의 연철심(비투자율 400)에 코일을 감고 이것에 전류를 흘린 결과 철심 중의 자계가 400〔AT/m〕로 되었다. 자화의 세기 [Wb/m^2]는?
   ㉮ 약 0.5　㉯ 약 0.2　㉰ 약 2×10^{-4}　㉱ 약 5×10^{-4}

7. 강자성체의 자속밀도 **B**의 크기와 자화의 세기 **J**의 크기 사이에는 어떤 관계가 있는가?
   ㉮ **J**는 **B**보다 약간 크다.　㉯ **J**는 **B**보다 대단히 크다.
   ㉰ **J**는 **B**보다 약간 작다.　㉱ **J**는 **B**보다 대단히 작다.

8. 다음 중 감자율이 0인 것은?
   ㉮ 가늘고 짧은 막대 자성체　㉯ 굵고 짧은 막대 자성체
   ㉰ 가늘고 긴 막대 자성체　㉱ 환상 솔레노이드

9. 투자율 μ이고, 감자율 N인 자성체를 외부 자계 H_0중에 놓았을 때의 자성체의 자화세기 J[C/m^2]를 구하면?

㉮ $\dfrac{\mu_0(\mu_s+1)}{1+N(\mu_s+1)}$　　㉯ $\dfrac{\mu_0\mu_s}{1+N(\mu_s+1)}H_0$

㉰ $\dfrac{\mu_0\mu_s}{1+N(\mu_s-1)}H_0$　　㉱ $\dfrac{\mu_0(\mu_s-1)}{1+N(\mu_s-1)}H_0$

10. 두 개의 자극판이 놓여 있다. 이 때의 자극판 사이의 자속 밀도 B[Wb/m^2], 자계의 세기 H〔AT/m〕, 투자율 μ라 하는 곳의 자계의 에너지 밀도 [J/m^3]는?

㉮ $\dfrac{1}{2}HB^2$　㉯ HB　㉰ $\dfrac{1}{2\mu}H^2$　㉱ $\dfrac{1}{2\mu}B^2$

11. 투자율이 각각 μ_1, μ_2인 두 자성체의 경계면에서 자계의 면에 대한 입사각, 굴절각을 θ_1, θ_2라 하면 그 관계식은 어느 것인가?

㉮ $\dfrac{\sin\theta_1}{\sin\theta_2}=\dfrac{\mu_1}{\mu_2}$　　㉯ $\dfrac{\cos\theta_1}{\cos\theta_2}=\dfrac{\mu_1}{\mu_2}$

㉰ $\dfrac{\tan\theta_2}{\tan\theta_1}=\dfrac{\mu_1}{\mu_2}$　　㉱ $\dfrac{\cot\theta_1}{\cot\theta_2}=\dfrac{\mu_1}{\mu_2}$

12. 투자율이 다른 두 자성체의 경계면에서의 굴절각은?

㉮ 투자율에 비례한다.　㉯ 투자율에 반비례한다.
㉰ 비투자율에 비례한다.　㉱ 비투자율에 반비례한다.

13. 자기회로에 대한 키르히호프의 법칙 중 옳은 것은?

㉮ 수개의 자기 회로가 1점에서 만날 때는 각 회로의 기자력의 대수합은 0이다.
㉯ 수개의 자기회로가 1점에서 만날 때는 각 회로의 자속과 자기 저항을 곱한 것의 대수합은 0이다.
㉰ 하나의 폐자기 회로에 대하여 각 분로의 기자력과 자기 저항을 곱한 것의 대수합은 폐자기 회로에 작용하는 자속의 대수합과 같다.
㉱ 하나의 폐자가 회로에 대하여 각 분로의 자속과 자기 저항을 곱한 것의 대수합은 회로에 작용하는 기자력의 대수합과 같다.

14. 자기 회로에서 단면적, 길이, 투자율을 모두 $\dfrac{1}{2}$배로 하면 자기 저항은 몇 배가 되는가?

㉮ 0.5　㉯ 2　㉰ 1　㉱ 8

15. 단면적 S[m^2], 길이 l[m], 비투자율 μ_s, 진공의 비투자율 μ_0[H/m]일 때의 자기저항은?

㉮ $\dfrac{l}{\mu_0\mu_s S}$　㉯ $\dfrac{\mu_0\mu_s l}{S}$　㉰ $\dfrac{S}{\mu_0\mu_s l}$　㉱ $\dfrac{\mu_0\mu_s S}{l}$

16. 전자석의 흡인력은 자속밀도를 B라 할 때 어떻게 되는가?

㉮ B에 비례 ㉯ $B^{\frac{3}{2}}$에 비례 ㉰ $B^{1.6}$에 비례 ㉱ B^2에 비례

17. 그림과 진공 중에 자극 면적이 $2[cm^2]$, 간격이 0.1〔cm〕인 자성체 내에서 포화 자속밀도가 $2[Wb/m^2]$일 때 두 자극면 사이에 작용하는 힘의 크기〔N〕는?

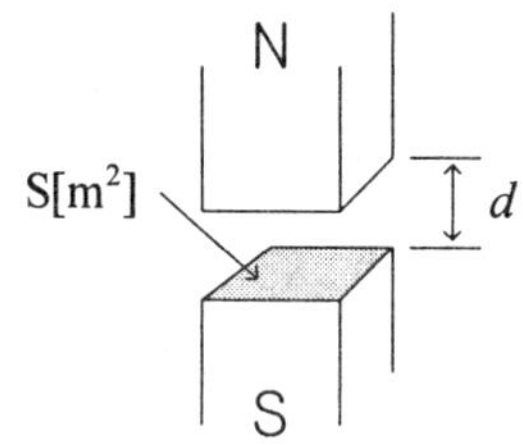

㉮ 0.318 ㉯ 3.18 ㉰ 31.8 ㉱ 318

18. 그림과 같이 공극의 면적 $S=100[cm^2]$의 전자석에 자속밀도 $B=0.5[Wb/m^2]$의 자속이 생기고 있을 때 철편을 흡인하는 힘은 약 몇 〔N〕인가?

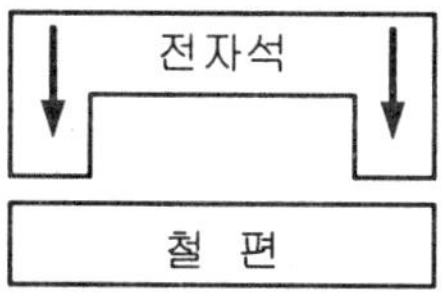

㉮ 1000 ㉯ 2000 ㉰ 3000 ㉱ 4000

제9장

전자유도

9-1 Faraday 전자유도 법칙

1820년 에르스텟(Oersted)이 전류가 흐르는 도선 주위의 자침이 움직인다는 사실로부터 도선에 흐르는 전류에 의해 도선 주위에 자계가 발생한다는 것을 발견한 이후 패러데이(Faraday)는 반대로 자계가 전류를 일으킬 수 있을 것이라는데 착안하여 연구한 결과 1831년에 전자유도에 관한 실험적 법칙을 발견하였다.

[그림 9-1]의 실험장치는 자계로부터 전류를 얻기 위해 고안된 것으로 다음과 같은 구조를 갖고 있다. 철심 toroid의 양쪽에 두 개의 coil이 감겨있으며 coil A는 전지와 스위치가 연결된 구조로 자계를 발생시키는 부분으로, coil B는 검류계와 연결되어 있어 자계에 의한 유도전류를 계측하기 위한 부분으로 되어 있다.

이 때 패러데이는 큰 전류로 강한 자기장을 만들기 위해 강한 전지를 사용하여도 검류계는 움직이지 않았지만, 스위치를 닫는 순간 검류계의 바늘이 움직였다가 0점으로 되돌아가며, 스위치를 여는 순간 검류계의 바늘은 반대방향으로 움직였다가 다시 제자리로 돌아가는 것을 관찰하였다.

이와 같은 실험을 통하여 자계가 시간적으로 변화할 때 전류를 유도시킨다는 사실을 발견하였다.

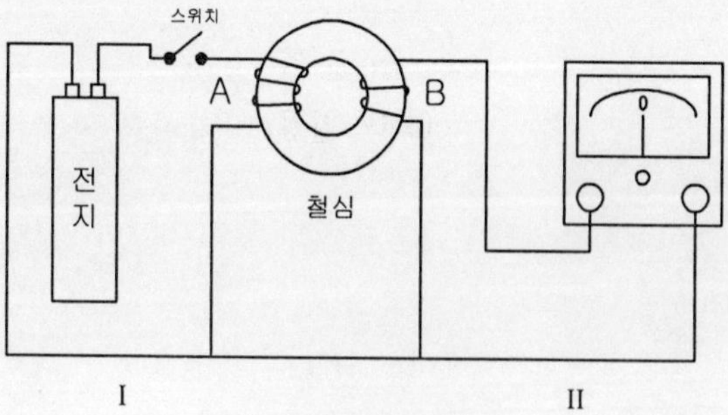

[그림 9-1] 패러데이의 실험장치

[그림 9-2](a)와 같이 자석이 위로 움직여 coil과 근접하게 되면 coil을 통과하는 즉, coil과 쇄교(鎖交)하는 자속이 증가하게 되며, 따라서 coil에는 자속의 증가를 방해하는 방향으로(시계 방향)으로 유도기전력이 유도되어 유도전류가 발생한다.

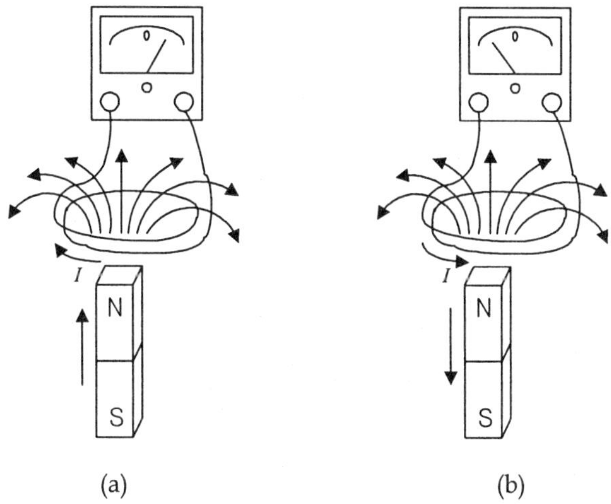

[그림 9-2] 자석의 이동에 따른 전자유도

이와 반대로 [그림 9-2](b)처럼 자석이 아래로 움직여 coil과 멀어지게 되면 coil을 통과하는 자속이 감소하게 되며, 따라서 자속의 감소를 방해하기 위해 반시계 방향으로 유도전류가 유도되어 새로운 자속이 발생하여 자속을 증가시키게 된다.

이처럼 도체를 쇄교하는 자력선의 변화가 일어나거나 도체가 자력선을 끊을 때 도체 양단에 기전력이 발생하는 현상을 패러데이의 전자유도(electromagnetic induction)라 하며 이 때의 전류를 유도전류(induced current), 기전력을 유도기전력(induced electro-motive force)이라 한다.

이와 같이 자연계에서는 현재의 상태를 항상 그대로 유지하려고 하는 현상이 있으며 이를 뉴튼(Newton)의 관성의 법칙이라 한다. 마찬가지로 전자계에서 존재하는 전자유도도 일종의 관성법칙으로 이것을 전자관성(電磁慣性)이라고 한다.

이 관계로부터 dt[sec] 동안에 코일과 쇄교하는 자속이 $d\Phi$[Wb]만큼 변화할 때 유도기전력은

$$e = \frac{-d\Phi}{dt} \quad [\mathrm{V}] \tag{9.1}$$

로 표시하며, 쇄교자속이 1[sec] 동안에 1[Wb]의 비율로 변하면 1[V]의 기전력이 유도됨을 나타낸다.

여기서, 자속(磁束)의 시간적 변화율인 $\frac{d\Phi}{dt}$ [Wb/sec]는 "전자유도에 의한 기전력의 크기는 쇄교자속 Φ[Wb]가 시간적으로 변화하는 비율과 같다."라고 정의할 수 있으며, 이 관계를 패러데이의 법칙(Faraday's law)이라 한다.

또한 부호 "−"는 "유도기전력 e[V]의 방향은 처음 자속과 반대방향의 자속을 발생시키는 방향이다."는 것을 의미하며 이 관계를 렌츠의 법칙(Lentz's law)이라 한다.

코일의 권수가 N[turns]이면 쇄교자속수는 $N\Phi$[Wb · turns]가 되며, 유도 기전력은

$$e = -N\frac{d\Phi}{dt} \ [\mathrm{V}] \tag{9.2}$$

가 된다. 이 식을 노이만의 법칙(Neumann's law)이라 한다.

예제 9-1

어떤 원형 회로에 20[Wb]의 자속이 쇄교하며 통과하고 있다. 그런데, 0.2[sec]만에 이 자속을 0[Wb]로 감소시키면, 회로에 유기되는 유도 기전력은 몇 [V]인가?

풀이 유도 기전력 $e = -\frac{d\phi}{dt}$ 의 식에서

$$\triangle\phi = 0 - 20 = -20 \ [\mathrm{Wb}], \quad \triangle t = 0.2 \ [\mathrm{sec}]$$

이다. $\frac{d\phi}{dt} \fallingdotseq \frac{\triangle\phi}{\triangle t}$ 이므로 유도기전력은

$$e = -(-20)/0.2 = 100[\mathrm{V}]$$

이다.

9-2 플레밍의 오른손 법칙

9-2-1 운동도체에 의한 유도기전력

지금까지의 Faraday 전자유도법칙은 고정된 회로에 시간적으로 자속이 변화하는 경우에 대하여 다루었으나, 이 절에서는 시간적으로 크기가 변하지 않는 자속 중에서 전기회로를 구성하고 있는 도체가 이동하는 경우에 대하여 다루고자 한다.

[그림 9-3]과 같이 평등자속밀도 B[Wb/m^2]에 코일면이 수직으로 놓여진 구형(矩形)코일중 한 변의 길이가 l[m]인 도체 ab가 dt[sec] 동안

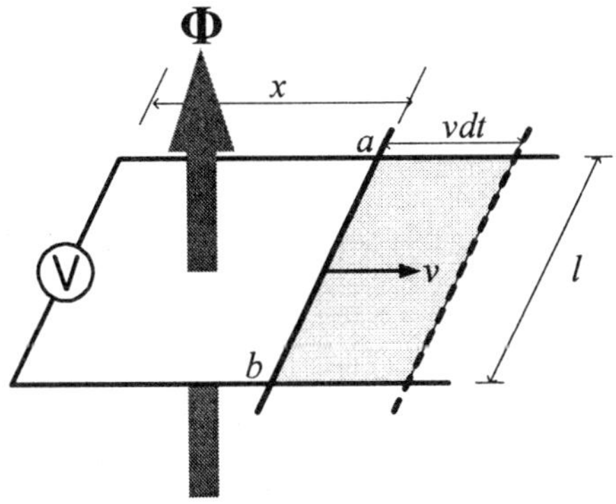

[그림 9-3] 운동하는 도체의 유도기전력

속도 v[m/s]로 이동하였다면 이로 인한 자속의 증가는 dt[sec] 사이에 변화된 면적이

$$dS = lvdt \ [\mathrm{m}^2] \tag{9.3}$$

이므로, dt[sec] 사이에 변화된 쇄교자속은

$$d\Phi = BdS = Blv\,dt \tag{9.4}$$

가 된다.

따라서 유도기전력은 식 (9.1)에 의해

$$e = -\frac{d\Phi}{dt} = -\frac{Blvdt}{dt} = -Blv \ [\mathrm{V}] \tag{9.5}$$

가 된다.

여기서, 부호 "−"는 자속의 증가를 방해하는 방향, 즉 $a \to b$ 방향으로 기전력이 유도됨을 의미한다.

따라서 식 (9.5)는 평등자속밀도 B[Wb/m^2]의 자계내에 위치한 길이 l[m]의 도선이 v[m/s]의 속도로 자속에 수직하여 이동하면 $e = Blv$[V]의 유도기전력이 도선에 발생한다고 말할 수 있다.

또한 이것은 도체가 자속을 끊는다고 말할 수 있으며, 반대로 정지된 도선에 자속이 이동하였을 경우도 같은 결과가 나온다.

9-2-2 Fleming의 오른손 법칙

[그림 9-4]와 같이 자계내에서 속도 v[m]로 이동하는 길이 l[m]의 운동도체와 자속과의 사이각이 θ일 때 운동도체에 유기되는 기전력은

$$e = Blv\sin\theta \ [\mathrm{V}]$$

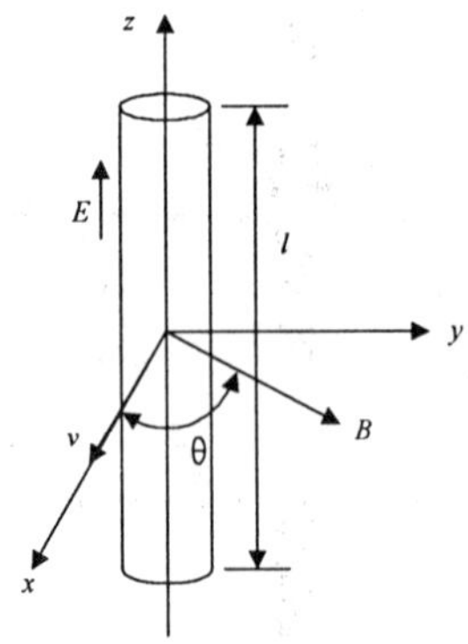

[그림 9-4] 자속밀도 B와 각 θ로 운동하는 도체의 유도기전력

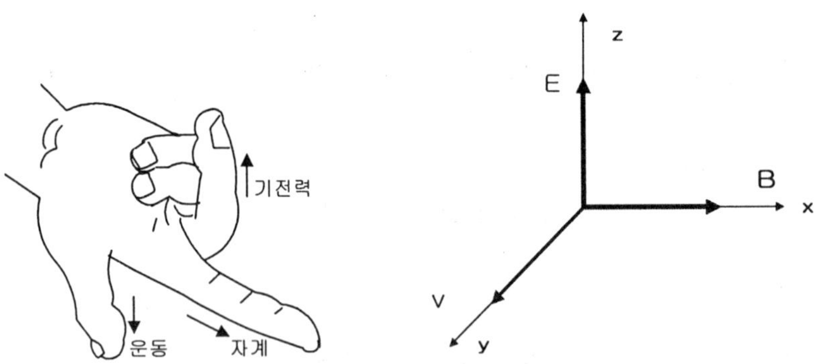

(a) (b)

[그림 9-5] 플레밍의 오른손 법칙

가 된다.

이 관계는 플레밍의 오른손 법칙으로 설명된다. 즉, [그림 9-5](a)처럼 오른손의 엄지, 검지, 중지를 서로 직각으로 하여 엄지를 속도 v의 도체운동 방향, 검지를 자속밀도 B의 방향으로 할 때 중지는 유도기전력 e의 방향이 되며 이 관계를 플레밍의 오른손 법칙(Fleming's right hand law)이라 한다.

또한, 플레밍의 오른손 법칙을 [그림 9-5](b)처럼 직각좌표계에서의 벡터외적으로도 표시한다.

속도 v방향에서 자속밀도 B의 방향으로 회전할 때 오른나사의 진행 방향이 유도기전력의 방향이 되며 이를 수식으로 나타내면

$$\mathbf{e} = (\mathbf{v} \times \mathbf{B})\, l \ \ [\mathrm{V}] \tag{9.6}$$

의 벡터식이 된다.

예제 9-2

(a) 권수 N[turns], 면적 $S[m^2]$인 원형코일이 자속밀도 $B[Wb/m^2]$인 평등자계 내에서 자계와 수직으로 만나는 축을 중심으로 각속도 ω[rad/sec]로 회전하는 경우, 이 코일에 유기되는 기전력을 구하여라. (b) $N=100$[turns], $S=1[m^2]$, $B=0.5[Wb/m^2]$, $\omega=2\pi$[rad/sec]이면, 기전력은 몇 [V]인가?

풀이 (a) 자속밀도 B와 코일면이 이루는 각은 θ이고, 코일 권수는 N이므로 전체 코일이 쇄교하는 쇄교자속수는,

$$\Phi = NBS\cos\theta \ [\text{Wb}]$$

그러므로, 코일이 회전하면 유도기전력 식에 의해서

$$e = -\frac{d\Phi}{dt} = -\frac{d}{dt}(NBS\cos\theta) = -NBS\frac{d}{dt}\cos\theta$$
$$= NBS\sin\theta\frac{d\theta}{dt} \ [\text{V}]$$

이고,

$$\frac{d\theta}{dt} = \omega \ [\text{rad/sec}], \quad \theta = \omega t[\text{rad}]$$

이므로, 위의 식에 대입하면,

$$e = NBS\sin\omega t \cdot \omega = NBS\omega\sin\omega t \ [\text{V}]$$

이다.

(b) 실제 주어진 값을 대입하면

$$e = 100\times0.5\times1\times2\pi\times\sin2\pi t = 100\pi\sin2\pi t \ [\text{V}]$$

(주파수 f인 정현파는 $\sin2\pi ft$로 표현되므로 $\therefore f=1$[Hz], 최대전압은 $E_m=100\pi$ [V]임)

9-3 와 전 류

일반적으로 도체와 자속의 상대적인 운동으로 도체내 자속의 시간적인 변화가 발생하거나 도체를 관통하는 자속이 변화를 일으키면 이 자속의 변화를 방해하기 위하여 도체 내에 국부적으로 형성되는 폐회로를 따라 유도되는 전류를 와전류(渦電流 : eddy current) 또는 맴돌이 전류라 한다.

이 와전류의 크기나 모양은 도체의 형상, 크기, 도전율 및 자속의 시간적 변화 등에 의하여 매우 복잡하게 정해진다. 이 와전류의 밀도는 다음 식과 같다.

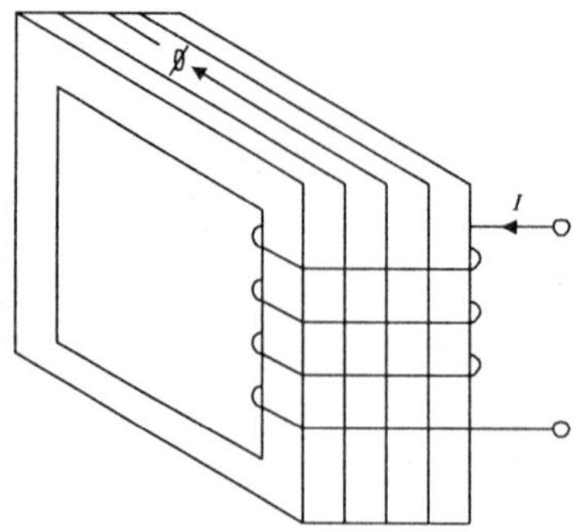

[그림 9-6] 성층철심

$$rot\ J = -k\frac{\partial B}{\partial t} \tag{9.7}$$

와전류가 도체내에 발생하면 전류에 의한 Joule열이 발생하여 전력의 손실이 일어나는데 이 손실을 와류손(eddy current loss)이라 한다.

이 와류손 P_e는 주로 교류에 의한 자속의 변화로 도체내에서 발생하며 다음과 같은 관계를 갖는다.

$$P_e = Akf^2 B_m{}^2 \ [\mathrm{W/m^2}] \tag{9.8}$$

여기서, k[℧/m]는 도체의 도전율, f[Hz]는 교번자속의 주파수, B_m은 최대자속밀도, t[m]는 도체의 두께, A는 비례상수이다.

와류손실은 교류기기의 철심에서 주로 발생하므로 철손(鐵損 : iron loss)에 속한다. 전자유도를 이용하는 변압기와 같은 전기기기에서는 철심에 코일을 감아서 전류를 흘리는데 자속의 변화가 심하여 큰 와류손실이 발생한다.

따라서 이 와류손실을 감소시키기 위하여 서로 절연한 얇은 규소강판을 적층하여 사용하므로 전류의 흐름을 억제시키는 데 이 성층한 철심을 성층철심(laminated core)이라 부르며, [그림 9-6]에 그 구조를 나타내었다.

9-4 표피효과

원주형 도체에 인가된 전원이 교류인 경우 도체에 흐르는 전류의 크기와 방향은 시간적으로 변하게 되며 이에 따라 도체내 자속이 시간적으로 변화하면 전자유도 작용에 의하여 유도기전력이 전류와 반대방향으로 발생한다.

따라서 도체의 중심부일수록 쇄교하는 자속이 증가함에 따라 역기전력이 커지게 되어 도체에 흐르는 전류는 도체표면으로 밀려나게 된다. 이러한 현상을 표피효과(skin effect)라 하며, 교류전원이 고주파일수록 도체의 도전율과 투자율이 클수록 표피효과는 심해진다.

도전율이 κ[℧/m]이고 투자율은 μ[H/m]인 도체에 주파수가 f[Hz]인 교류전원을 인가하였을 때, 표피효과에 의해 도체내에 흐르는 전류가 표면전류 I_a의 e^{-1}, 즉, 0.368배로 감소되는 깊이를 δ[m]라 하면

$$\delta=\sqrt{\frac{2}{\omega\mu k}}=\frac{1}{\sqrt{\pi f\mu k}}\ [\text{m}] \tag{9.9}$$

가 되는데, 이것을 표피두께(skin depth) 또는 침투두께(depth penitration)라 한다.

이 침투깊이에서는 도체내부의 전류 값은 식 (9.10)처럼 표면 전류값의 36.8%로 감소하며, 이와 동시에 수송전력도 0.135(=0.368^2)배로 감소하게 된다.

$$I_a e^{-1} \fallingdotseq 0.368\, I_a \tag{9.10}$$

따라서, 표피효과에 의해 도전체내 전류 또는 자속의 분포는 표피에서의 깊이에 대하여 지수함수적으로 감소함을 알 수 있다.

그리고 도전율과 주파수가 최대 값을 갖는 완전도체 혹은 초고주파의 경우 전류 또는 자속은 도체내부로 침투하지 못하고 표면만을 흐르게 된다고 생각할 수 있다.

예제 9-3

어떤 구리 도선의 전도도는 약 $1/(2\times10^{-8})$[℧/m] 비투자율은 표면전류밀도의 $1/e$이 되는 침투 두께를 구하시오.

풀이 $\frac{1}{e}=0.368$ 배 되는 깊이는 침투두께라 하며, 식 (9.9)에 의해서 다음과 같다.

침투두께 : $\delta=\sqrt{\frac{2}{\omega\mu k}}=\frac{1}{\sqrt{\pi f\mu k}}=\frac{1}{\sqrt{\pi f\mu_0\mu_s k}}$

그러므로,

$$\delta = \frac{1}{\sqrt{\pi \times 1000 \times 4\pi \times 10^{-7} \times 1 \times 1/(2 \times 10^{-8})}}$$

$$= \frac{1}{2\pi \times 10^{2} \times 1/\sqrt{2}}$$

$$= \frac{1}{100\sqrt{2}\pi}$$

$$\fallingdotseq 2.251 \times 10^{-3} \ [\text{m}]$$

$$= 2.251 \ [\text{mm}]$$

연습문제

■ 주관식 ■

1. 길이 1[m]의 직선 도선을 자속밀도 0.5[Wb/m^2]의 평등자 중에 자계와 수직으로 두고, 이 도선을 20[m/s]의 속도로 자계와 30°의 각도로 움직일 때, 유기되는 기전력을 구하여라.

2. 자계와 평행한 축을 가진 반경 20[cm]의 도체 원판이 매 분당 600[rpm]으로 회전하고 있을 때, 원판 중심과 원판 가장자리 사이에 5[V]의 기전력이 생기면 원판을 통과하는 자계의 크기는 얼마인가? 단, 자계는 원판 전체에 균일하게 통과한다고 한다.

3. 0.4[Wb/m^2]의 평등자계중에 자계와 직각 방향으로 놓인 길이 50[cm]의 도선을 자계와 30°의 방향으로 40[m/s]의 속도로 이동시킬 때, 도체 양단에 유기되는 기전력은 몇 [V]인가?

4. 단면적 200[mm^2]의 정사각형 단면의 철심에 주파수 f=60[Hz], 최대자속 밀도 2.0[Wb/m^2]의 교번자속을 주어서 최대전압 V_m=10[kV]의 기전력을 발생시키기 위한 코일의 권수를 구하여라.

5. 어떤 도체에 주파수 f=2[MHz]의 전류를 흘릴 때, 이 도체의 표피 두께는 얼마인가? 단, 도체의 전도도는 5.5×10^7[℧/m], 비투자율은 1이라고 한다.

■ 객관식 ■

1. 전자유도 현상에서 유기 기전력에 관한 법칙은?

㉮ 렌츠의 법칙　　㉯ 패러데이의 법칙
㉰ 앙페르의 법칙　　㉱ 쿨롱의 법칙

2. 패러데이의 법칙에 대한 설명으로 가장 적합한 것은?

㉮ 전자유도에 의해 회로에 발생하는 기전력은 자속 쇄교수의 시간에 대한 증가율에 비례한다.
㉯ 전자유도에 의해 회로에 발생하는 기전력은 자속의 변화를 방해하는 반대 방향으로 기전력이 유도된다.
㉰ 정전유도에 의해 회로에 발생하는 가자력은 자속의 변화 방향으로 유도된다.
㉱ 전자유도에 의해 회로에 발생하는 기전력은 자속 쇄교수의 시간에 대한 감쇠율에 비례한다.

3. 자속밀도 $0.5[\mathrm{Wb/m^2}]$인 균일한 자계 내에 반지름 10〔cm〕, 권수 1000〔회〕인 원형 코일이 매분 1800회전할 때 이 코일의 저항이 100〔Ω〕일 경우 이 코일에 흐르는 전류의 최대값〔A〕은?

㉮ 14.4 ㉯ 23.5 ㉰ 29.6 ㉱ 43.2

4. 자속밀도 $B[\mathrm{Wb/m^2}]$가 도체 중에서 $f[\mathrm{Hz}]$로 변화할 대 도체 중에 유기되는 기전력 e는 무엇에 비례하는가?

㉮ $e \propto \frac{B}{f}$ ㉯ $e \propto \frac{B^2}{f}$ ㉰ $e \propto \frac{f}{B}$ ㉱ $e \propto Bf$

5. 자속밀도 $0.5[\mathrm{Wb/m^2}]$의 균일한 자계 내에 반지름 10〔cm〕, 권수 1000〔T〕인 원형 코일이 매분 1800회전할 때, 이 코일의 저항이 100〔Ω〕일 경우 이 코일에 흐르는 전류의 최대값 〔A〕은?

㉮ 14.4 ㉯ 23.5 ㉰ 29.6 ㉱ 43.2

6. $0.2[\mathrm{Wb/m^2}]$의 평등 자계 속에 자계와 직각 방향으로 놓인 길이 30〔cm〕의 도선을 자계와 30° 각의 방향으로 30〔m/s〕의 속도로 이동시킬 때 도체 양단에 유기되는 기전력은 몇 〔V〕인가?

㉮ $0.9\sqrt{3}$ ㉯ 0.9 ㉰ 1.8 ㉱ 90

7. $l_1 = \infty[\mathrm{m}]$, $l_2 = 1[\mathrm{m}]$의 두 직선 도선을 $d = 50[\mathrm{cm}]$의 간격으로 평행하게 놓고 l_1을 중심 축으로 하여 l_2를 속도 100〔m/sec〕로 회전시키면 l_2에 유기되는 전압은 몇 〔V〕인가? (단, l_1에 흐르는 전류 $I_1 = 50[\mathrm{mA}]$이다.)

㉮ 0 ㉯ 5 ㉰ 2×10^{-6} ㉱ 3×10^{-6}

8. 그림과 같은 길이 a, b의 구형도체가 x축 상을 $v[\mathrm{m/s}]$로 움직이고 있을 때 도체에 유기되는 기전력은? (단, $B = B_0$이고, xy평면에 직각이라 한다.)

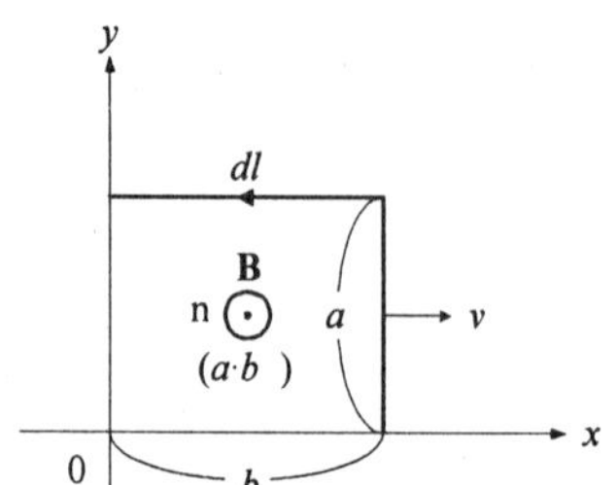

㉮ 0 ㉯ B_0bv ㉰ B_0av ㉱ B_0abv

9. 도전율이 σ, 투자율이 μ인 도체에 교류 전류가 흐를 때의 표피 효과에 대한 설명으로 옳은 것은?

㉮ 도전율이 클수록 크다.

㉯ 도전율과 투자율에는 관계가 없다.
㉰ 교류 전류의 주파수가 높을수록 작다.
㉱ 투자율이 클수록 작다.

10. 주파수 $f=100$ [MHz]일 때 구리의 표피두께(skin depth)는 대략 몇[mm]인가?

㉮ 3.3×10^{-2}　㉯ 6.61×10^{-2}　㉰ 3.3×10^{-3}　㉱ 6.61×10^{-3}

제 10 장

인덕턴스

10-1 자기 인덕턴스

전기회로(코일)에서는 자기 자신의 회로에 흐르는 전류의 변화에 따라 기전력이 발생한다. 이것은 회로에 흐르는 전류가 변화하여 이 전류에 의한 쇄교자속수가 변화하면 이 변화를 방해하는 방향의 기전력이 자기자신의 회로 내에 발생하기 때문이며, 이러한 현상을 자기유도(self induction)라 한다.

[그림 10-1]과 같이 권수 N회 감겨진 코일에 전류 i[A]가 흐를 때 코일에서 발생한 쇄교자속 λ는 권수 N과 자속 Φ의 곱으로 회로의 전류 i[A]에 비례할 것이므로

$$\lambda = N\Phi \propto i \tag{10.1}$$

가 되며,

$$\lambda = N\Phi = Li \ \ [\mathrm{Wb-turns}] \tag{10.2}$$

가 된다. 따라서 자속쇄교수의 변화에 따른 유도기전력은

$$e = -\frac{d\lambda}{dt} = -N\frac{d\Phi}{dt} = -L\frac{di}{dt} \ \ [\mathrm{V}] \tag{10.3}$$

의 관계식이 성립한다. 여기서, 비례상수 L은 회로의 크기, 모양, 주위 매질의 투자율에 따라 정해지며, 이것을 자기 인덕턴스(coefficient of self inductance)라 하며, 다음과 같이 정의된다.

$$L = \frac{N\Phi}{i} \ \ [\mathrm{H}] \tag{10.4}$$

이 식은 회로에 1[A]의 단위전류가 흐를 때 코일과 쇄교하는 자속쇄교수가 자기 인덕턴스의 크기가 같음을 의미한다. 따라서 자기 인덕턴스의 단위 1[H](henry : 헨리)는 회로전류 1[A]에 대한 1[Wb]의 자속쇄교수로 다음 식과 같이 정의된다.

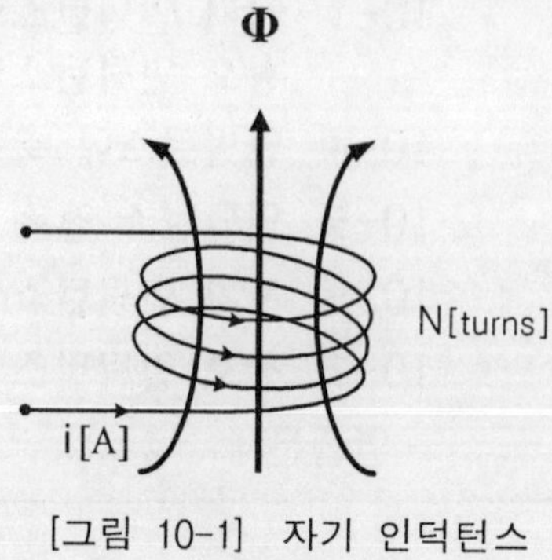

[그림 10-1] 자기 인덕턴스

$$1\ [\mathrm{H}] = \frac{1\ [\mathrm{Wb}]}{1\ [\mathrm{A}]} \tag{10.5}$$

또한 식 (10.5)는 식 (10.3)에 의해

$$1\,[\mathrm{H}] = \frac{1\ [\mathrm{V}]\cdot[\mathrm{s}]}{1\ [\mathrm{A}]} = 1\ \ [\Omega\cdot\mathrm{s}] \tag{10.6}$$

와 같이 된다. 이것은 자기 인덕턴스 1[H]는 단위시간 1[s]에 회로전류가 1[A]의 비율로 변할 때 유도되는 기전력이 1[V]임을 의미하며, 따라서 회로의 전류가 1[s]에 1[A]의 비율로 변화할 때의 발생한 유도기전력의 크기를 그 회로의 자기 인덕턴스의 값이라고 정의할 수 있다.

예제 10-1

원형 코일에 전류 2[A] 가 흐를 때 0.8[Wb] 의 자속이 생길 때, 이 코일이 50회 감겨 있을 경우와 100회 감겨 있을 경우의 자기 인덕턴스를 구하여라.

풀이 $N=50$회 일 때 전체 쇄교자속수 $\lambda = N\Phi = LI$ 에서

$50\times0.8=40=L\times2$

$\therefore\ L=20\ [\mathrm{H}]$

$N=100$회 일 때 전체 쇄교자속수는

$100\times0.8=80=L\times2$

$\therefore\ L=40\ [\mathrm{H}]$

이다.

10-2 상호 인덕턴스

[그림 10-2]와 같이 두 개의 회로 Ⅰ, Ⅱ가 근접하여 있을 때, 회로 Ⅰ에 전류 i_1[A]이 흘러 발생한 자속($\Phi_1 = \Phi_{11} + \Phi_{21}$)중 회로 Ⅱ와 쇄교하는 자속을 Φ_{21}이라 하면, 회로 Ⅰ에 전류 i_1에 의한 회로Ⅱ의 자속쇄교수 $N_2\Phi_{21}$은 전류 i_1에 비례할 것이므로

$$N_2\Phi_{21} \propto i_1$$

와 같으며, 따라서

$$N_2\Phi_{21} = M_{21} i_1 \tag{10.7}$$

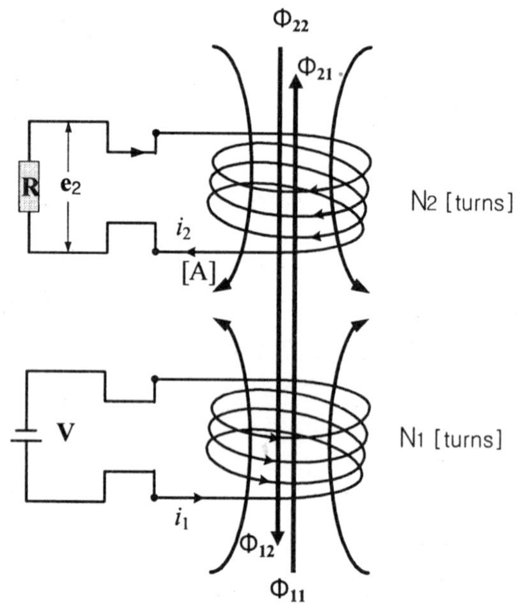

[그림 10-2] 상호 인덕턴스

처럼 비례상수 M_{21}를 도입한 다음의 관계식이 성립한다.

따라서 회로 I 의 전류 i_1[A]가 시간적으로 변화하여 회로 II와 쇄교하는 자속쇄교수 Φ_{21}가 변한다면 이 자속쇄교수의 변화에 따른 유도기전력은

$$e_{21} = -\frac{d\lambda_{21}}{dt} = -\frac{d(N_2\Phi_{21})}{dt} = -M_{21}\frac{di_1}{dt} \ [\mathrm{V}] \tag{10.8}$$

이 된다. 여기서 비례상수 M_{21}은 회로 전류의 크기와는 무관하며 두 회로의 크기, 모양, 상호 위치, 주위 매질의 투자율에 따라 결정되므로 이것을 두 회로간의 상호 인덕턴스(mutual inductance)라 하며 다음과 같이 표시된다.

$$M_{21} = \frac{N_2\Phi_{21}}{i_1} \ [\mathrm{Wb/A = H}] \tag{10.9}$$

상호 인덕턴스의 단위는 자기 인덕턴스와 마찬가지로 1[H](henry : 헨리)를 사용하며, 고정된 두 회로 사이에 전류를 서로 교환하였을 때 상호유도작용은 서로 같을 것이므로 다음 관계가 성립한다.

$$M_{12} = M_{21} \tag{10.10}$$

예제 10-2

임의의 코일에 2000[AT]의 기자력을 주니 4×10^{-4}[Wb]의 자속이 코일을 통과했다. 이때 기자력에 의해서 코일에 가해진 에너지를 구하여라.

풀이 $W=\frac{1}{2}LI^2=\frac{1}{2}\frac{N\Phi}{I}I^2=\frac{1}{2}N\Phi I$에 의해서 기자력 $NI=2000$[AT], 자속 $\Phi=4\times10^{-4}$[Wb]를 대입하면

$$W=\frac{1}{2}\times2000\times4\times10^{-4}=0.4\ [\mathrm{J}]$$

이 된다.

10-3 자기 인덕턴스와 상호 인덕턴스의 관계

[그림 10-3](a)와 같이 회로 C_1과 C_2 사이에 상호 인덕턴스가 존재하는 경우 두 회로에 각각 i_1과 i_2의 전류가 흐를 때 두 회로와 쇄교하는 자속이 각각 Φ_1과 Φ_2라면

$$\Phi_1=\Phi_{11}+\Phi_{12}=L_1i_1+M_{12}i_2$$

$$\Phi_2=\Phi_{21}+\Phi_{22}=M_{21}i_1+L_2i_2 \qquad (10.11)$$

와 같이 된다. 여기서, $\Phi_{11}(=L_1i_1)$, $\Phi_{22}(=L_2i_2)$는 자기자신의 전류에 의한 자속쇄교수이므로

$$L_1,\ L_2>0 \qquad (10.12)$$

인 관계가 성립한다.

그러므로, 상호 인덕턴스는 회로 C_1의 발생하는 자속이 회로 C_2와 쇄교할 때 회로 C_2에서 발생하는 자속과 같은 방향이 이므로 $M_{21}>0$이 된다.

[그림 10-3](b)에서는 C_2의 자속이 회로 C_1과 쇄교할 때 C_1에서 발생하는 자속과 방향이 다르므로 $M_{12}>0$, $M_{12}<0$가 된다. 따라서

$$\Phi_1=\Phi_{11}-\Phi_{12}=L_1I_1-MI_2$$

$$\Phi_2=\Phi_{22}-\Phi_{21}=L_2I_2-MI_1 \qquad (10.13)$$

이 된다.

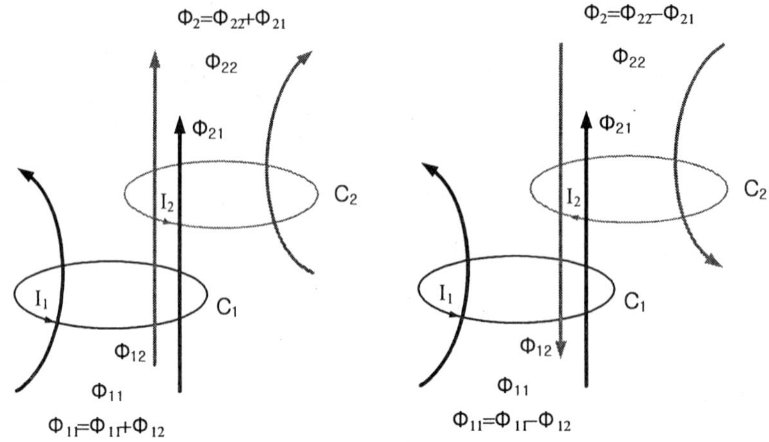

(a) (b)

[그림 10-3] 두 회로 사이의 상호 인덕턴스

일반적으로 한 회로에서 발생한 자속이 모두 상대회로와 쇄교하지 않으므로, 즉 누설자속이 존재하면

$$\Phi_{11} = L_1 I_1 > \Phi_{12} = M I_1 \tag{10.14}$$

$$\Phi_{22} = L_2 I_2 > \Phi_{21} = M I_2 \tag{10.15}$$

의 관계가 성립하며, 따라서 식 (10.14)와 식 (10.15)를 곱하면

$$\Phi_{11}\Phi_{22} > \Phi_{12}\Phi_{21} \tag{10.16}$$

$$L_1 L_2 > M^2 \tag{10.17}$$

이 된다. 식 (10.17)로부터

$$k = \frac{M}{\sqrt{L_1 L_2}} \leq 1 \quad (0 \leq k \leq 1) \tag{10.18}$$

의 관계식이 얻어진다.

여기서 k는 자기(自己)회로의 발생자속과 타(他)회로와의 쇄교자속비이며 두 회로의 자기적 결합정도를 표시하는 계수로 결합계수(coupling coefficiet)라 부른다.

결합계수(k)를 쇄교자속의 비로 다음과 같이 다시 표현하면

$$k = \frac{\Phi_{12}}{\Phi_{11}} = \frac{\Phi_{21}}{\Phi_{22}} = \frac{\text{타회로와의 쇄교자속수}}{\text{전자속}} \tag{10.19}$$

가 된다.

여기서, $k=0$일 때는 무결합이라 부르며 두 회로가 전혀 자기적으로 결합되지 않았음을 나타내고, $k=1$일 때는 완전결합이라 부른다.

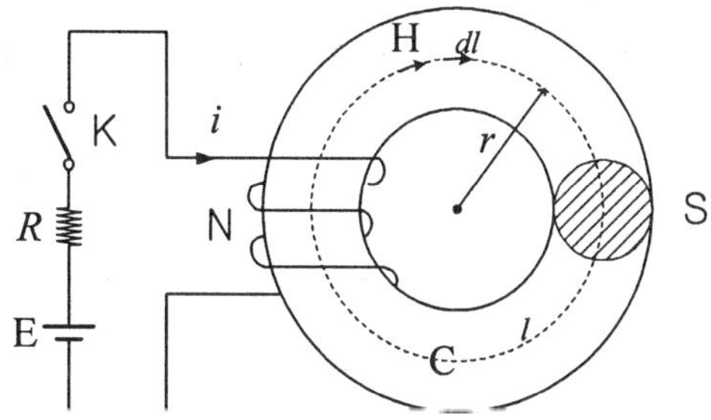

[그림 10-4] 자계 에너지

10-4 인덕턴스에 축적되는 에너지

전자 에너지를 이용하여 인덕턴스를 다음과 같이 정의할 수 있다. [그림 10-4]에서 자기 인덕턴스가 L[H]인 토로이드의 스위치를 닿았을 때 코일에 흐르는 전류의 순시치를 i[A]라 하면, 이 자기회로에 유도되는 역기전력은 식 (10.3)로부터

$$e = -N\frac{d\Phi}{dt} = -L\frac{di}{dt} \ [\mathrm{V}] \tag{10.20}$$

가 되며, 이 회로에 키르히호프 전압법칙을 적용하면

$$U - L\frac{di}{dt} = Ri \ [\mathrm{V}] \tag{10.21}$$

가 된다. 이 식의 양변에 idt를 곱하면

$$Uidt = R\,i^2 dt + Lidi \ [\mathrm{J}] \tag{10.22}$$

와 같은 에너지 관계식이 얻어지는데, 이 경우 우변 2번째 항인 $Lidi$는 토로이드내 저장되는 전자 에너지로

$$dW = V idt = L\,idi \ [\mathrm{J}] \tag{10.23}$$

스위치를 넣는 순간 과도전류가 0에서 I[A]까지 이르렀다면 회로에 저장되는 총 전자 에너지는

$$W = \int dW = L\int_0^I idi = \frac{1}{2}LI^2 \ [\mathrm{J}] \tag{10.24}$$

가 된다.

한편 토로이드내 총 자속쇄교수는 $\lambda = N\Phi$[Wb · turns]이므로 식 (10.2)의 관계를 적용하면

$$W=\frac{1}{2}N\Phi I=\frac{1}{2}\Phi I\ [\mathrm{J}](N=1) \tag{10.25}$$

가 되며, 다음 관계가 성립한다.

$$W=\frac{1}{2}\Phi I=\frac{1}{2}L\,I^2=\frac{1}{2}\frac{\Phi^2}{I}\ [\mathrm{J}] \tag{10.26}$$

식 (10.24)로부터 자기 인덕턴스는

$$L=\frac{2W}{I^2}\ \left[H=\frac{J}{A^2}\right] \tag{10.27}$$

가 되며, 여기에 식 (10.26)을 대입하여 회로에 흐르는 전류와 전자 에너지 W를 구하면 자기 인덕턴스를 얻을 수 있다.

또한, 환상형 솔레노이드(토로이드)내 자계는 암페르의 주회적분에 의해

$$H=\frac{N}{l}I$$

이며, 여기서 자로의 길이는

$$l=2\pi r\ [\mathrm{m}]$$

이다. 토로이드내 자속밀도는

$$B=\mu H=\mu\frac{N}{l}I \tag{10.28}$$

이며, 자기 인덕턴스는

$$L=\Phi\frac{N}{I}=\frac{BSN}{I}\ [\mathrm{H}] \tag{10.29}$$

가 되고, 토로이드내 축척되는 자기 에너지는

$$W=\frac{1}{2}LI^2=\frac{1}{2}BSNI\ [\mathrm{J}] \tag{10.30}$$

이 된다.

따라서 토로이드내 자기회로의 부피는 $V=Sl[\mathrm{m}^3]$이므로 단위체적당 저장되는 에너지 밀도 w는

$$w=\frac{W}{Sl}=\frac{1}{2}BH\ [\mathrm{J/m^3}] \tag{10.31}$$

이 되며, 이 식으로부터 다음과 같은 관계가 성립한다.

$$w=\frac{1}{2}BH=\frac{1}{2}\mu H^2=\frac{1}{2}\frac{B^2}{\mu}\ [\mathrm{J/m^3}] \tag{10.32}$$

10-5 인덕턴스 접속

10-5-1 상호 인덕턴스가 없는 접속

(1) 직렬접속

[그림 10-5](a)와 같이 상호 인덕턴스가 없는 자기 인덕턴스가 각각 L_1, L_2인 인덕턴스를 직렬로 연결하여 회로의 양단에 전압 V를 인가하면 각 인덕턴스에 흐르는 전류는 같으며, 회로의 전체 기전력은 각 인덕턴스에 유기되는 기전력의 합과 같다. 따라서

$$V = V_1 + V_2 \tag{10.33}$$

가 되며, 회로 전체의 합성 인덕턴스를 L이라 하면 식 (10.33)은

$$L\frac{di}{dt} = L_1\frac{di}{dt} + L_2\frac{di}{dt}$$

$$L\frac{di}{dt} = (L_1 + L_2)\frac{di}{dt} \tag{10.34}$$

가 된다. 따라서 이 회로의 합성 인덕턴스는

$$L = L_1 + L_2 \tag{10.35}$$

이다.

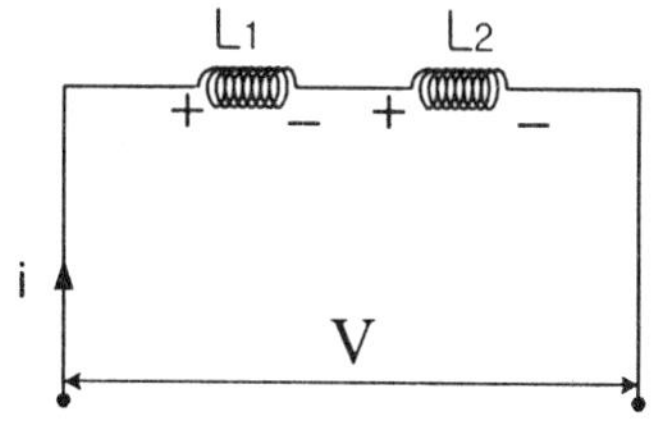

(a)

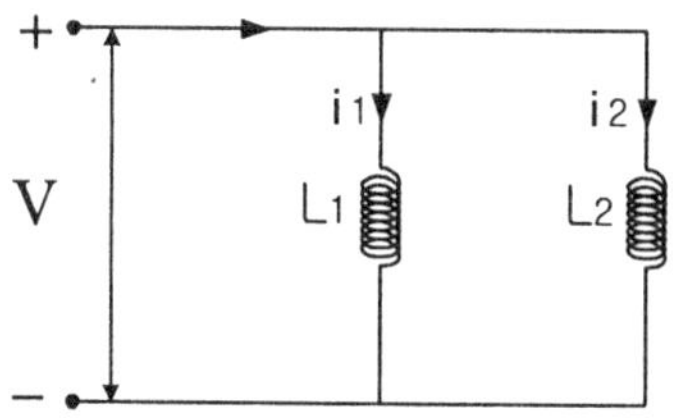

(b)

[그림 10-5] 상호 인덕턴스가 없는 인덕턴스 연결

(2) 병렬접속

[그림 10-5](b)처럼 인덕턴스 L_1, L_2를 병렬접속하고 양단에 전압을 인가하였을 때 각 인덕턴스에 유기되는 기전력은 같다.

$$V = V_1 = L_1 d\frac{i_1}{dt} = V_2 = L_2 d\frac{i_2}{dt} \tag{10.36}$$

병렬회로의 합성 인덕턴스를 L이라 하면 식 (10.36)은

$$L\frac{di}{dt}=L_1 d\frac{i_1}{dt}=L_2 d\frac{i_2}{d} \tag{10.37}$$

가 된다. 이 때 전류의 합은 i는 $i=i_1+i_2$이므로 식 (10.37)의 첫 번째 항은

$$L\frac{di}{dt}=L\frac{d(i_1+i_2)}{dt}=L\frac{di_1}{dt}+L\frac{i_2}{dt} \tag{10.38}$$

가 되며, 식 (10.36)과 식 (10.38)로부터

$$\frac{V}{L}=\frac{V}{L_1}+\frac{V}{L_2} \tag{10.39}$$

가 되므로, 합성 인덕턴스는

$$\frac{1}{L}=\frac{1}{L_1}+\frac{1}{L_2} \tag{10.40}$$

또는

$$L=\frac{L_1L_2}{L_1+L_2} \tag{10.41}$$

가 된다.

10-5-2 상호 인덕턴스가 있는 접속

(1) 직렬접속

[그림 10-6](a)와 같이 상호 인덕턴스가 M[H], 자기 인덕턴스가 각각 L_1, L_2이며 회로 전체의 합성 인덕턴스가 L인 직렬회로에서 각 인덕턴스에 유도되는 전압은

$$V_1=L_1\frac{di}{dt}+M\frac{di}{dt}$$

$$V_2=M\frac{di}{dt}+L_2\frac{di}{dt} \tag{10.42}$$

가 되며, 회로 전체에 유도되는 전압은 $V=V_1+V_2$이므로

$$L\frac{di}{dt}=L_1\frac{di}{dt}+L_2\frac{di}{dt}+2M\frac{di}{dt}$$

$$=(L_1+L_1+2M)\frac{di}{dt} \tag{10.43}$$

의 관계식이 된다. 따라서 합성인덕턴스는 다음과 같다.

$$L=L_1+L_1+2M \tag{10.44}$$

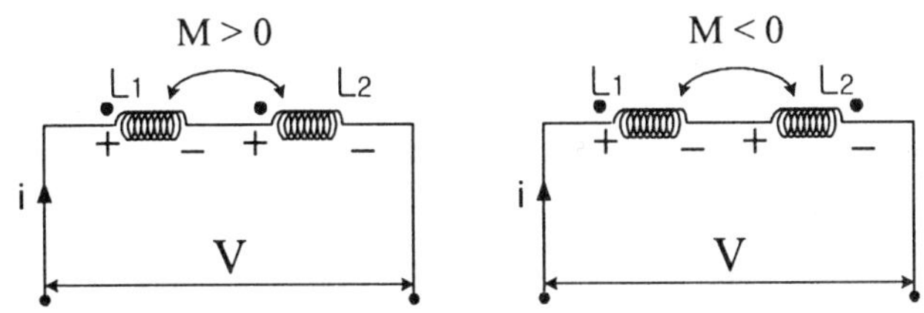

(a) (b)

[그림 10-6] 상호 인덕턴스가 있는 직렬접속

[그림 10-6]에서 점의 의미는 전류가 점이 찍힌 단자로 유입할 때 두 인덕턴스의 자속이 같은 방향이 됨을 의미한다. 따라서 [그림 10-6](a)의 경우 상호 인덕턴스는 $M>0$이 되며 가동접속이라고 한다.

[그림 10-6](b)의 경우 인덕턴스 L_1은 점이 찍힌 단자로 전류가 유입하나, 인덕턴스 L_2는 점이 안찍힌 단자로 전류가 유입하므로 두 인덕턴스의 자속이 서로 반대가 되어 상호인덕턴스는 $M<0$이 되며, 이를 차동접속이라고 부른다.

(2) 병렬접속

[그림 10-7](a)와 같이 상호 인덕턴스가 M[H]인 두 인덕턴스의 병렬접속회로에서 전류 i[A]가 흐를 경우 합성 인덕턴스는 다음과 같다.

회로에서 전류의 합은 i는

$$i = i_1 + i_2$$

이므로, 양변을 시간에 대해 미분하면 다음과 같다.

$$\frac{di}{dt} = \frac{di_1}{dt} + \frac{di_2}{dt} \tag{10.45}$$

회로 전전압과 각 인덕턴스의 전압은 $V = V_1 = V_2$이므로

$$L\frac{di}{dt} = (L_1 + M)\frac{di_1}{dt} = (L_2 + M)\frac{di_2}{dt} \tag{10.46}$$

가 되며, 다음 관계가 얻어진다.

$$\frac{di}{dt} = \frac{V}{L}$$

$$\frac{di_1}{dt} = \frac{V}{L_1 + M}$$

$$\frac{di_2}{dt} = \frac{V}{L_2 + M} \tag{10.47}$$

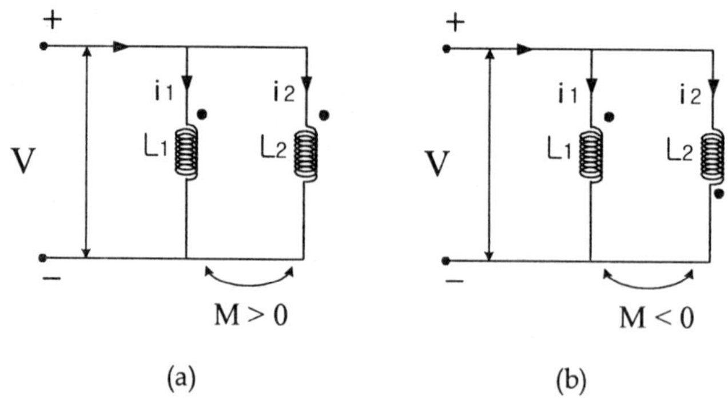

[그림 10-7] 상호 인덕턴스가 있는 병렬접속

따라서 식 (10.47)을 식 (10.45)에 대입하여 정리하면 [그림 10-7](a)의 가동접속인 경우 합성 인덕턴스는

$$\frac{1}{L}=\frac{1}{L_1+M}+\frac{1}{L_2+M} \tag{10.48}$$

또는

$$L=\frac{L_1L_2-M^2}{L_1+L_2-2M} \tag{10.49}$$

이 된다. [그림 10-7](b)처럼 차동 접속하였을 경우 합성 인덕턴스는

$$\frac{1}{L}=\frac{1}{L_1-M}+\frac{1}{L_2-M} \tag{10.50}$$

이거나, 또는

$$L=\frac{L_1L_2-M^2}{L_1+L_2+2M} \tag{10.51}$$

이 된다.

10-6 자기 인덕턴스 계산 예

10-6-1 solenoid의 자기 인덕턴스

(1) 무한 solenoid

[그림 10-8]과 같이 단위길이에 대한 권수 n[turns/m], 단면적 $S[\mathrm{m}^2]$인 무한히 긴 솔레노이드에 I[A]의 전류가 흐를 때 자기 인덕턴스는 다음과 같다.

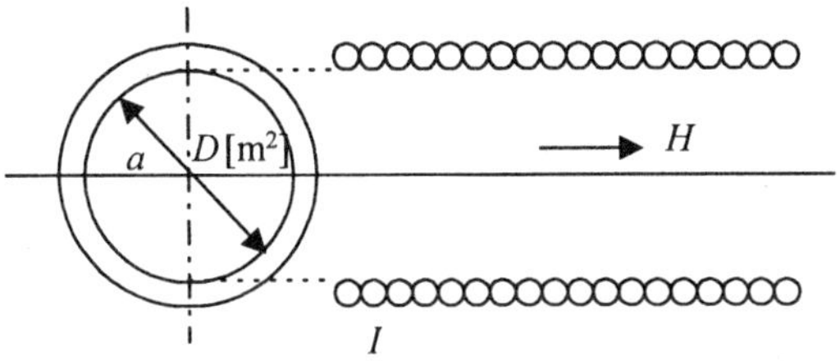

[그림 10-8] 무한히 긴 솔레노이드

회로전류 I[A]에 의한 솔레노이드 내부의 자계는 $H=nI$이므로 솔레노이드 내부 물질의 투자율 $\mu=\mu_0\mu_s$가 일정하다면 자속밀도는 $B=\mu H=\mu nI$이므로, 자속 Φ는

$$\Phi=B\cdot S=\mu_0\,\mu_s HS=\mu_0\,\mu_s nIS \tag{10.52}$$

이며, 단위길이 당 자속쇄교수 $\lambda(=n\Phi)$는

$$\lambda=n\Phi=\mu_0\,\mu_s n^2 IS \tag{10.53}$$

가 된다.

따라서 단위길이당 쇄교자속수 λ[Wb · turns]는

$$L_0=\frac{\lambda}{I}=\mu_0\,\mu_s n^2 S\,[\text{H/m}] \tag{10.54}$$

이다. 여기서, 솔레노이드 단면적 $S=\pi(D^2/4)\,[\text{m}^2]$을 대입하면 식 (10.54)의 자기인덕턴스는 다음과 같이 된다.

$$\begin{aligned} L_0 &=4\pi\mu_s n^2\pi\frac{D^2}{4}\times10^{-7} \\ &=\pi^2\mu_s n^2 D^2\times10^{-7}\,[\text{H/m}] \end{aligned} \tag{10.55}$$

또한 길이 l[m]인 솔레노이드의 자기 인덕턴스는 단위길이당 인덕턴스에 l[m]을 곱하여 정리하면

$$\begin{aligned} L_l &=\mu_0\,\mu_s n^2 Sl \\ &=\pi^2\mu_s n^2 D^2 l\times10^{-7}\,[\text{H}] \end{aligned} \tag{10.56}$$

이 된다.

(2) 유한 solenoid

[그림 10-9]와 같이 비투자율 μ_s, 단면적 S[m²], 길이 l[m], 권수 N[turns]인 솔레노이드에 I[A]의 전류가 흐를 때 솔레노이드 내부

에는 자속 Φ[Wb]가 발생한다. 이들 관계에 자기회로에 대한 Ohm의 법칙은 다음과 같다.

$$\mathcal{F} = NI = \Phi R_m \text{ [AT]}$$

$$\Phi = \frac{NI}{R_m} = \frac{NI}{\dfrac{l}{\mu_0 \mu_s S}} = \frac{\mu_0 \mu_s NIS}{l} \text{ [AT]} \tag{10.57}$$

이다. 자기 인덕턴스는 식 (10.4)로부터

$$L = \frac{N\Phi}{I} = \frac{\mu_0 \mu_s N^2 S}{l} = 4\pi \frac{\mu_s N^2 S}{l} \times 10^{-7} \text{ [H]} \tag{10.58}$$

이 되며, 분모 분자에 길이 l을 곱하면

$$L = 4\pi \frac{\mu_s N^2 \pi \left(\dfrac{D}{2}\right)^2}{l} \times 10^{-7} \times \frac{l}{l}$$

$$= \pi^2 \mu_s n^2 D^2 l \times 10^{-7} \text{ [H]}$$

이 되며 이 식은 무한장 솔레노이드의 식 (10.56)과 같다.

그러나 일반적으로 사용되는 유한장 솔레노이드에서는 단부(端部)의 자계가 중심보다 적으므로 실제 계산치는 솔레노이드의 모양에 따라서 상수 $k = D/l$가 결정되어 다음식으로 표시된다.

$$L_0 = k\pi^2 \mu_s n^2 D^2 l \times 10^{-7} \text{ [H]} \tag{10.59}$$

로 된다. 여기서 상수 k는 나가오까 계수라 한다.

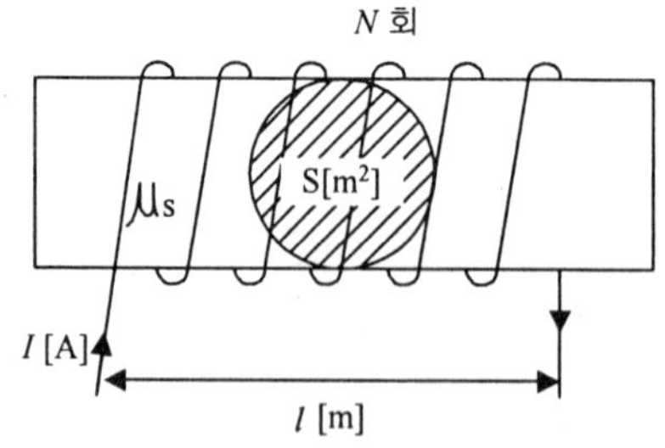

[그림 10-9] 유한길이 솔레노이드

{표10-1} 나가오가 계수

D	D/l	D	D/l
0	1.000	1.0	0.688
0.1	0.959	2.0	0.526
0.2	0.920	3.0	0.429
0.3	0.884	4.0	0.365
0.4	0.850	5.0	0.32
0.5	0.818	6.0	0.285
0.6	0.789	7.0	0.258
0.7	0.761	8.0	0.237
0.8	0.735	9.0	0.219
0.9	0.711	10.0	0.203

(3) 환상 solenoid(toroid)

[그림 10-10]과 같이 반지름 a[m], 단면적 S[m^2], 코일 권수 N[turns/m], 투자율 $\mu = \mu_0 \mu_s$인 환상 솔레노이드에 전류 i[A]를 흘렸을 때 Φ[Wb]의 자속이 발생하였다.

이 솔레노이드의 자기 인덕턴스는 환상철심의 자로(磁路)길이 $l = 2\pi a$[m]를 유한장 솔레노이드 자기 인덕턴스인 식 (10.53)에 대입하면

$$L = \frac{\mu_0 \mu_s N^2 S}{2\pi a} \text{ [H]} \tag{10.60}$$

이 되어, 환상 솔레노이드의 자기 인덕턴스가 된다.

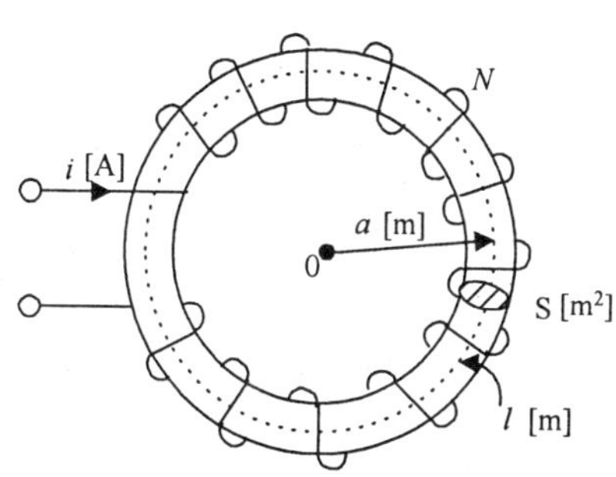

[그림 10-10] 환상 솔레노이드

10-6-2 동축 케이블

[그림 10-11]과 같은 반지름 $a(<b)$, b[m]인 공심 동축 케이블의 단위 길이당 자기 인덕턴스는 다음과 같다.

축으로부터 반지름 $r(a<r<b)$[m], 두께 dr[m], 길이 1[m]인 내부도체를 둘러싼 얇은 원통을 고려할 때 r[m]인 점의 자계의 세기 H_r은

$$H_r = \frac{I}{2\pi r} \ [\mathrm{AT/m}]$$

로, 그 점에서의 자속밀도는

$$B_r = \mu_0 H_r = \frac{\mu_0 I}{2\pi r} \ [\mathrm{Wb/m^2}] \tag{10.61}$$

가 되어, 두께 dr[m]인 원통을 지나는 자속은

$$d\Phi = B_r dr = \frac{\mu_0 I}{2\pi r} dr \ [\mathrm{AT}] \tag{10.62}$$

이 된다. 그러므로 두 도체간, 즉 a, b 사이를 지나는 자속은

$$\Phi = \int_a^b d\Phi = \frac{\mu_0 I}{2\pi}\int_a^b \frac{1}{r} dr = \ln \frac{\mu_0 I}{2\pi} [\ln r]_a^b$$

$$= \frac{\mu_0 I}{2\pi} \ln \frac{a}{b} \ [\mathrm{Wb/m}] \tag{10.63}$$

가 되며, 단위길이당 자기 인덕턴스는

$$L_0 = \frac{N\Phi}{I} = \frac{\mu_0}{2\pi} \ln \frac{a}{b} \ [\mathrm{H/m}] \ (\text{단,} \quad N=1) \tag{10.64}$$

가 된다.

또한 심선 내부의 자기인덕턴스 $\frac{\mu}{8\pi}$ [H/m]를 고려하면 공심 동축 케이블의 단위길이당 자기 인덕턴스는

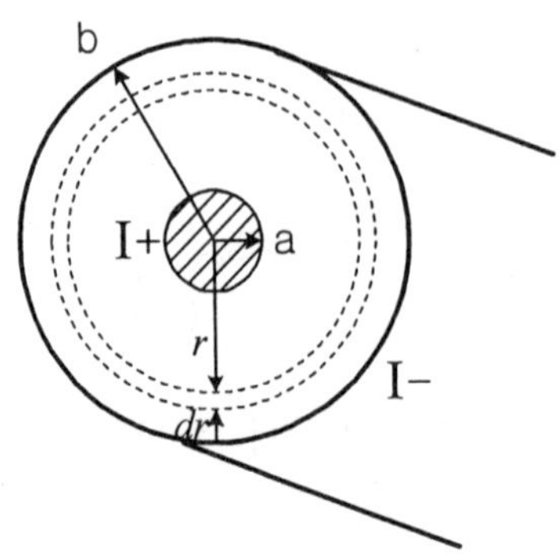

[그림 10-11] 동축 케이블

$$L_0 = \frac{\mu_0}{2\pi} \ln \frac{a}{b} + \frac{\mu}{8\pi} \text{ [H/m]} \tag{10.65}$$

가 된다.

예제 10-3

내경 $a=5$[cm], 외경 $b=10$[cm], 높이 $h=20$[cm]인 내부가 빈 원기둥형 고리 철심에 $N=100$회의 코일을 감았을 때, 이 코일의 자기 인덕턴스를 구하여라. 단, 철심의 비투자율은 $\mu_s=1000$이다.

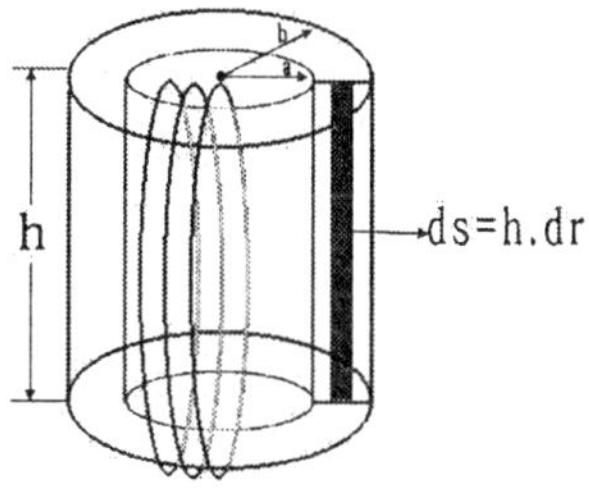

풀이

$$Li=\lambda=N\Phi=N\int_a^b B\cdot ds = N\int_a^b \frac{Ni}{2\pi r}\mu\cdot h\cdot dr$$

$$=\frac{N^2 i\mu h}{2\pi}\ln\frac{b}{a}$$

$$L=\frac{N^2\mu h}{2\pi}\ln\frac{b}{a} \text{ [H]}$$

와 같이 자기 인덕턴스가 주어진다. 따라서 다음과 같다.

$$L=\frac{(100)^2\times 4\pi\times 10^{-7}\times 1000\times 0.2}{2\pi}\times \ln 2 = 0.4\times\ln 2 \fallingdotseq 0.277 \text{ [H]}$$

10-6-3 평행왕복도체의 자기 인덕턴스

[그림 10-12]와 같이 공기중에서 도선의 반지름 a[m], 선간거리 $d(\gg a)$[m]인 평행왕복도선의 단위길이에 대한 자기 인덕턴스는 다음과 같다.

두 도선의 전류 $\pm I$[A]에 의한 두 도선 사이의 자계는 암페르의 오른손 법칙에 따라 같은 방향이 된다.

지금 도선 1의 중심축으로부터 도선 1, 2를 연결하는 직선상의 x[m] 되는 점의 자계의 세기는

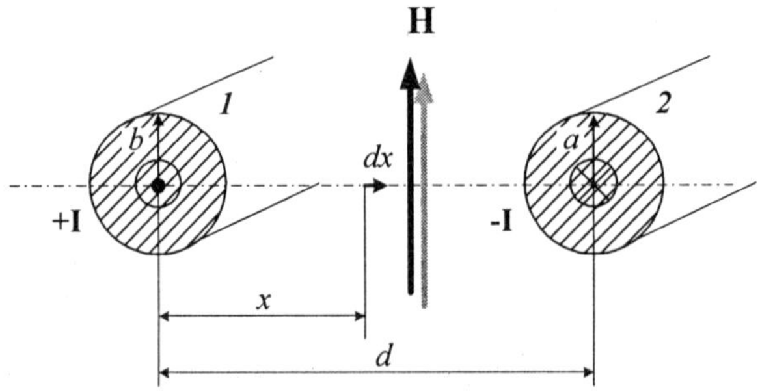

[그림 10-12] 평행왕복도체

$$H_x = \frac{I}{2\pi x} + \frac{I}{2\pi(d-x)} \quad [\text{AT/m}] \tag{10.66}$$

가 되며, 자속밀도는

$$B_x = \mu_0 H_x = \frac{\mu_0 I}{2\pi}\left(\frac{1}{x} + \frac{1}{d-x}\right) \ [\text{Wb/m}^2] \tag{10.67}$$

이 된다.

따라서 그 위치에서 단위길이의 미소면적 $dS = dx \times 1 = dx$를 취했을 때 자속 $d\Phi$는

$$d\Phi = B_x\, dS = \mu_0 H_x\, dx = \frac{\mu_0 I}{2\pi}\left(\frac{1}{x} + \frac{1}{d-x}\right) dx \tag{10.68}$$

가 되며, 도선 1, 2 사이에 단위길이당 쇄교자속은

$$\begin{aligned}\Phi &= \int_a^{d-a} d\Phi = \frac{\mu_0 I}{2\pi}\int_a^{d-a}\left(\frac{1}{x} + \frac{1}{d-x}\right)dx \\ &= \frac{\mu_0 I}{\pi}\ln\frac{d-a}{a} \\ &\fallingdotseq \frac{\mu_0 I}{\pi}\ln\frac{d}{a} \quad [\text{Wb/m}]\end{aligned} \tag{10.69}$$

가 된다. 그러므로 단위길이당 자기 인덕턴스는

$$L_0 = \frac{\Phi}{I} = \frac{\mu_0}{\pi}\ln\frac{d}{a} \quad [\text{H/m}] \tag{10.70}$$

의 관계식이 얻어지며, 두 도선 내부의 인덕턴스를 고려하면

$$L_0 = \frac{\mu_0}{\pi}\ln\frac{d}{a} + \frac{\mu}{4\pi} \quad [\text{H/m}] \tag{10.71}$$

가 된다.

10-7 상호 인덕턴스 계산 예

10-7-1 솔레노이드의 상호 인덕턴스

(1) 환상 solenoid

[그림 10-13]과 같이 자로길이 l[m], 단면적 S[m^2], 투자율 $\mu = \mu_0\mu_s$ 인 철심에 코일 권수 N_1, N_2[turns]의 두 코일을 감았을 때 1차 코일의 전류 I_1에 의한 자속 Φ_1[Wb]는

$$\Phi_1 = \frac{N_1 I_1}{R_m} = \frac{N_1 I_1}{\dfrac{l}{\mu_0\mu_s S}} = \frac{\mu_0\mu_s N_1 S}{l} I_1 \text{ [Wb]} \tag{10.72}$$

가 된다.

그러므로 2차 코일과 쇄교하는 자속수는

$$N_2\Phi_1 = \frac{\mu_0\mu_s N_1 N_2 S}{l} I_1 \text{ [Wb]} \tag{10.73}$$

가 되므로 1, 2차 코일 사이의 상호 인덕턴스는

$$M_{21} = \frac{N_2\Phi_1}{I_1} = \frac{\mu_0\mu_s N_1 N_2 S}{l}$$

$$= 4\pi\frac{\mu_s N_1 N_2 S}{l} \times 10^{-7} \text{ [H]} \tag{10.74}$$

가 된다. 여기서 1, 2차 코일의 자기 인덕턴스는 식 (10.53)으로부터

$$L_1 = \frac{4\pi\mu_s N_1^2 S}{l} \times 10^{-7} \text{ [H]}$$

$$L_2 = \frac{4\pi\mu_s N_2^2 S}{l} \times 10^{-7} \text{ [H]} \tag{10.75}$$

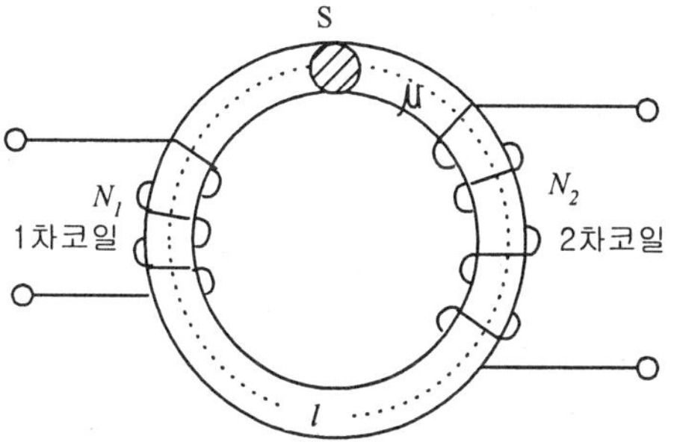

[그림 10-13] 환상 솔레노이드의 자기 인덕턴스

예제 10-4

환상 철심에 권수 $N_1=100$회, $N_2=200$회인 두 코일이 결합계수 0.8로 결합되어 있을 때, N_2 코일의 자기 인덕턴스가 $L_2=5$[H]이면, 두 코일간의 상호 인덕턴스는 얼마인가?

풀이 두 코일의 자기 인덕턴스는 다음과 같다.

$$L_1=\frac{\mu N_1^2 S}{l},\ L_2=\frac{\mu N_2^2 S}{l}$$

$$\frac{L_1}{L_2}=\frac{N_1^2}{N_2^2}$$

$$\therefore\ L_1=\frac{N_1^2}{N_2^2}L_2$$

결합계수는 $k=\frac{\pm M}{\sqrt{L_1 L_2}}$ 으로부터

$$0.8=\frac{M}{\sqrt{\frac{N_1^2}{N_2^2}L_2\cdot L_1}}=\frac{M\cdot N_2}{N_1 L_2}$$

이므로

$$\therefore\ M=\frac{N_1 L_2}{N_2}\times 0.8$$

$$=\frac{100\times 5}{200}\times 0.8$$

$$=2\,[\mathrm{H}]$$

이 된다.

(2) 유한길이 solenoid

[그림 10-14]와 같이 권수 N_1[turns], 단면적 S[m^2], 길이 l[m]의 공심 원통 솔레노이드의 바깥쪽을 같은 중심축을 같이하여 권수 N_2[turns]의 공심 원통 솔레노이드가 둘러싸고 있을 때 두 솔레노이드간의 상호인덕턴스는 다음과 같다.

안쪽 솔레노이드의 코일의 전류 I_1[A]에 의한 Φ_1[Wb]는

$$\Phi_1=\frac{\mu_0\mu_s N_1 S}{l}I_1\ [\mathrm{Wb}]$$

이다. 따라서, 안쪽 코일에서 발생한 자속 Φ_1은 전부 바깥쪽 코일과 쇄교하므로 두 코일간의 $M(=M_{21})$ 상호 인덕턴스는 다음과 같다.

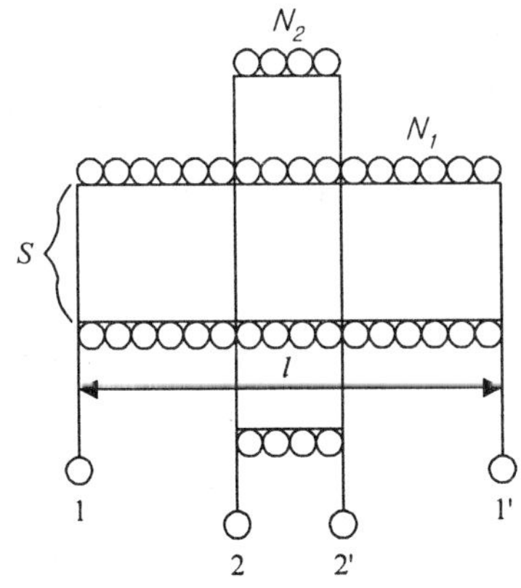

[그림 10-14] 유한길이 솔레노이드의 상호 인덕턴스

$$M = \frac{N_2 \Phi_1}{I_1} = \frac{\mu_0 \mu_s N_1 N_2 S}{l}$$

$$= \frac{4\pi\mu_s N_1 N_2 S}{l} \times 10^{-7} \text{ [H]} \tag{10.76}$$

10-7-2 2조의 왕복배전선

[그림 10-15]와 같이 왕복 도선 A_1, A_2와 B_1, B_2인 2조의 배전선에 있어서 도선 A_1, A_2의 전류 $\pm I_1$[A]에 의한 B_1, B_2 사이에 위치한 점 P의 자계는

$$H_+ = \frac{I_1}{2\pi r}(d_1 < d_2) \text{ [AT/m]} \tag{10.77}$$

$$H_- = \frac{-I_1}{2\pi r}(d_3 < d_4) \text{ [AT/m]} \tag{10.78}$$

가 되므로 B_1, B_2 사이의 길이 1[m], 폭 dr[m]인 미소면적 dS[m^2]을 지나는 자속은

$$\Phi_+ = B_+ \cdot dS = \mu_0 H_+ dS = \frac{\mu_0 I_1}{2\pi r} dr \times 1 = \frac{\mu_0 I_1}{2\pi r} dr \tag{10.79}$$

$$\Phi_- = B_- \cdot dS = \mu_0 H_- dS = \frac{-\mu_0 I_1}{2\pi r} dr \times 1 = \frac{-\mu_0 I_1}{2\pi r} dr \tag{10.80}$$

가 되며 B_1, B_2 사이와 단위길이당 쇄교하는 자속수는

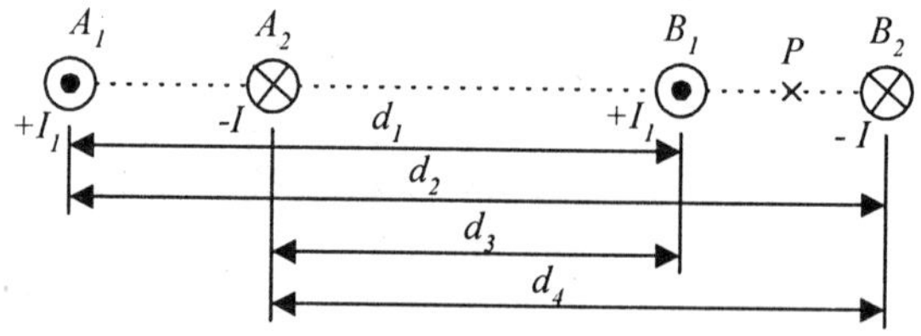

[그림 10-15] 2조의 왕복배전선

$$\lambda_+ = \int_{d_1}^{d_2} \frac{\mu_0 I_1}{2\pi r} dr = \frac{\mu_0 I_1}{2\pi} \ln \frac{d_2}{d_1} \quad [\mathrm{Wb/m}] \tag{10.81}$$

$$\lambda_- = \int_{d_3}^{d_4} \frac{-\mu_0 I_1}{2\pi r} dr = \frac{\mu_0 I_1}{2\pi} \ln \frac{d_3}{d_4} \quad [\mathrm{Wb/m}] \tag{10.82}$$

가 된다. 그러므로 도선 A_1, A_2의 전류 $\pm I_1$[A]에 의한 B_1, B_2 사이의 자속쇄교수는

$$\lambda_{BA} = \lambda_+ + \lambda_- = \frac{\mu_0 I_1}{2\pi} \ln \frac{d_2 d_3}{d_1 d_4} \quad [\mathrm{H/m}] \tag{10.83}$$

가 되므로, 상호 인덕턴스는 다음과 같다.

$$M = \frac{\lambda_{BA}}{I_1} = \frac{\mu_0}{2\pi} \ln \frac{d_2 d_3}{d_1 d_4} \quad [\mathrm{H/m}] \tag{10.84}$$

연습문제

■ 주관식 ■

1. 단면적 $S[m^2]$, 자로의 길이 $l[m]$, 투자율 $\mu[H/m]$의 환상철심에 1[m]당 N회 균등하게 코일을 감았을 때의 자기 인덕턴스는 어떻게 구하는가?

2. 같은 보빈 위에 동일한 권수를 인덕턴스 L[H]의 코일 2개를 결합계수가 1이 되도록 접근시켜 감고, 이것을 직렬로 접속했을 때의 합성 인덕턴스[H]를 구하여라.

3. 100[H]인 같은 코일 2개를 직렬로 자속이 감소하는 방향으로 접속하였더니 합성 인덕턴스가 20[H]였다면, 상호 인덕턴스는 얼마인가?

4. 두 코일을 같은 방향으로 직렬접속하면 합성 인덕턴스가 200[mH]이고, 서로 반대 방향으로 직렬접속하면 50[mH]이다. 이 때 두 코일 간의 상호 인덕턴스는 몇 [H]인가?

5. 인덕턴스가 20[mH], 50[mH]인 두 코일 사이의 결합계수가 0.5이다. 이때, 두 코일을 직렬접속하여 10[A]의 전류가 흐르게 할 때, 두 코일에 저축되는 총 에너지를 구하여라.

6. 고리형 철심에 A, B의 두 코일이 결합계수 1로 감겨 있다. A 코일에 흐르는 전류가 10[A/sec]로 변화할 때, A 코일에는 30[V], B 코일에는 10[V]의 기전력이 유도되었다면 각각의 코일에 유도되는 자기 인덕턴스와 두 코일간의 상호 인덕턴스는 얼마인가?

7. 권수 200[turns], 자기인덕턴스 50[mH]의 코일에 3[A]의 전류를 흘릴 때, 코일 전체의 쇄교 자속수를 구하여라.

■ 객관식 ■

1. 인덕턴스의 단위 〔H〕와 같은 단위는?
   ㉮ [F]　　㉯ [V/m]　　㉰ [A/m]　　㉱ [Wb/A]

2. 자기 인덕턴스 0.05〔H〕의 회로에 흐르는 전류가 매초 530〔A〕의 비율로 증가할 때 자기 유도 기전력〔V〕을 구하면?
   ㉮ −25.5　　㉯ −26.5　　㉰ −25.5　　㉱ 26.5

3. 자기 인덕턴스 0.5〔H〕의 코일에 1/200 〔s〕동안 전류가 25〔A〕로 부터 20〔A〕로 줄었다. 이 코일에 유기된 기전력의 크기 및 방향은?

㉮ 50[V], 전류와 같은 방향　　㉯ 50[V], 전류와 반대 방향
㉰ 500[V], 전류와 같은 방향　　㉱ 500[V], 전류와 반대 방향

4. 자기 인덕턴스를 계산하는 공식이 아닌 것은? (단, **A**는 벡터 퍼텐셜〔Wb/m〕이고, J는 전류밀도 [A/m^2]이다.)

㉮ $L = \frac{N\Phi}{I}$　　㉯ $L = \frac{1}{I^2}\int_v \mathbf{B}\cdot\mathbf{H}\,dv$
㉰ $L = \frac{1}{I^2}\int_c \mathbf{A}\cdot d\mathbf{l}$　　㉱ $L = \frac{1}{I^2}\int_v \mathbf{A}\cdot\mathbf{J}\,dv$

5. 코일의 권수를 2배로 하면 인덕턴스의 값은 몇 배가 되는가?

㉮ $\frac{1}{2}$배　　㉯ $\frac{1}{4}$배　　㉰ 2배　　㉱ 4배

6. 자기회로의 자기저항이 일정할 때 코일의 권수를 $\frac{1}{2}$로 줄이면 자기 인덕턴스는 원래의 몇 배가 되는가?

㉮ $\frac{1}{\sqrt{2}}$배　　㉯ $\frac{1}{2}$배　　㉰ $\frac{1}{4}$배　　㉱ $\frac{1}{8}$배

7. 권수 200회이고, 자기인덕턴스 20〔mH〕의 코일에 2〔A〕의 전류를 흘리면 자속〔Wb〕은?

㉮ 0.04　　㉯ 0.01　　㉰ 4×10^{-4}　　㉱ 2×10^{-4}

8. 환상 철심에 A, B 코일이 감겨 있다. 전류가 150〔A/s〕로 변화할 때 코일 A에 45〔V〕, B에 30〔V〕의 기전력이 유기될 때의 B코일의 자기인덕턴스〔mH〕는? (단, 결합계수 $k = 1$이다.)

㉮ 133　　㉯ 200　　㉰ 275　　㉱ 300

9. 두 코일이 있다, 각 코일의 자기 인덕턴스가 $L_1 = 0.15$[H], $L_2 = 0.2$[H], 상호 인덕턴스가 M=0.1[H]라고 하면, 두 코일의 결합계수 k는?

㉮ 0.456　　㉯ 0.578　　㉰ 0.628　　㉱ 0.725

10. N회 감긴 환상 코일의 단면적이 S[m^2]이고 평균 길이가 l[m]이다. 이 코일의 권수를 반으로 줄이고 인덕턴스를 일정하게 하려면?

㉮ 길이를 $\frac{1}{4}$배로 한다.　　㉯ 단면적을 2배로 한다.
㉰ 전류의 세기를 2배로 한다.　　㉱ 전류의 세기를 4배로 한다.

11. 반지름이 a〔m〕인 원통 도체가 있다. 이 원통 도체의 길이가 l[m]일 때 내

부 인덕턴스〔H〕는 얼마인가?(단, 원통 도체의 투자율은 μ[H/m]이다.)

㉮ $\frac{\mu}{4\pi}$　　㉯ $\frac{\mu}{4\pi}l$　　㉰ $\frac{\mu}{8\pi}$　　㉱ $\frac{\mu}{8\pi}l$

12. 두 자기 인덕턴스를 직렬로 하여 합성 인덕턴스를 측정하였더니 75〔mH〕가 되었다. 이 때 한 쪽 인덕턴스를 반대로 접속하여 측정하니 25〔mH〕가 되었다면 두 코일의 상호 인덕턴스〔mH〕는 얼마인가?

㉮ 12.5　　㉯ 20.5　　㉰ 25　　㉱ 30

13. 자기 인덕턴스가 20〔mH〕인 코일에 전류를 흘려 주었을 때 코일과의 쇄교 자속수가 0.2〔Wb〕였다. 이 때 코일에 저축되는 자기에너지〔J〕는?

㉮ 0.5　　㉯ 1　　㉰ 2　　㉱ 4

14. 그림과 같이 직렬로 접속된 두 개의 코일이 있을 때, $L_1 = 20$ [mH], $L_2 = 80$ [mH]), 결합 계수 $k = 0.8$이다. 여기에 0.5〔A〕를 흘릴 때 이 합성 코일에 저축되는 에너지〔J〕는?

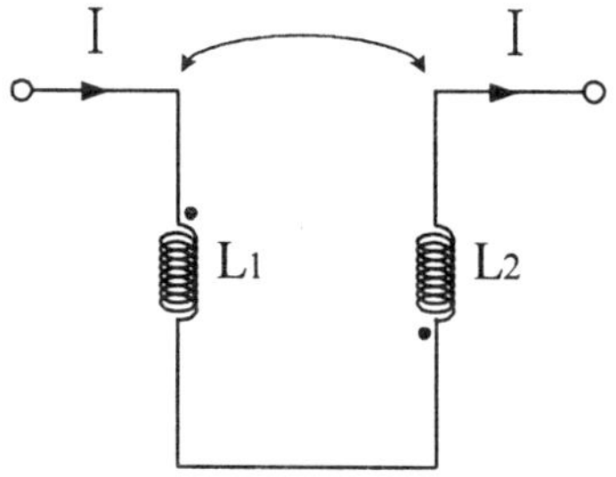

㉮ 1.1×10^{-3}　　㉯ 2.05×10^{-2}　　㉰ 6.63×10^{-2}　　㉱ 8.2×10^{-2}

제 11 장

전 자 계

11-1 맥스웰의 전자방정식

자속 Φ와 쇄교하는 폐곡선 C를 주변으로 한 곡면 $S[\mathrm{m}^2]$를 생각해 보자. 코일을 통과하는 자속밀도 $B[\mathrm{Wb/m^2}]$가 시간적으로 변화할 때 Faraday의 법칙에 따라 유도되는 역기전력은 다음과 같이 정의된다.

$$e=-\frac{d}{dt}\int\int_s \mathbf{B}\cdot\mathbf{n}d\,\mathrm{S} \tag{11.1}$$

$$e=\oint_C \mathbf{E}\cdot d\,\mathbf{L}$$

따라서

$$\oint_C \mathbf{E}\cdot d\,\mathbf{L}=-\frac{d}{dt}\int\int_s \mathbf{B}\cdot\mathbf{n}d\mathbf{S} \tag{11.2}$$

가 된다. 이 경우는 자계가 시간에 따라 변화하는 것이므로 식 (11.2)의 우변은

$$-\frac{d}{dt}\int\int_S \mathbf{B}\cdot\mathbf{n}dS=\int\int_S -\frac{\partial\mathbf{B}}{\partial t}\cdot\ \mathbf{n}d\mathbf{S} \tag{11.3}$$

로 나타낼 수 있다.

식 (11.2)의 좌변은 Stokes의 정리에 의하여

$$\oint_C \mathbf{E}\cdot d\,\mathbf{L}=\int\int_s(\nabla\times\mathbf{E})\cdot\mathbf{n}\,d\mathbf{S} \tag{11.4}$$

가 되므로, 식 (11.2)는 다음과 같이 변형된다.

$$\int\int_s(\nabla\times\mathbf{E})\cdot\ \mathbf{nd}\ \mathbf{S}=\int\int_s -\frac{\partial\mathbf{B}}{\partial \mathrm{t}}\cdot\mathbf{n}\,d\mathbf{S} \tag{11.5}$$

따라서 다음과 같은 관계식이 유도된다.

$$\nabla\times\mathbf{E}=-\frac{\partial\mathbf{B}}{\partial t} \tag{11.6}$$

이 식은 공간도체내 한 점의 자속밀도 **B**가 시간에 따라 변화하면, 이 변화를 방해하는 방향으로 전계 **E**가 자속밀도 주위에 유도되어 회전함을 의미한다. 이 관계식을 맥스웰의 제1방정식이라 한다.

11-2 변위전류

전기 에너지 흐름인 전류는 도체에 흐르는 전도전류(conduction current), 전해액 혹은 플라즈마중의 이온의 흐름과 같은 대류전류

(convection current), 유전체(절연체)에서 구속전자의 변위에 따른 변위전류(displacement current)로 크게 나누어지며, 이들은 모두 암페르의 주회적분법칙에 따른 자계가 주위에 발생한다.

공간도체 내를 흐르는 정상전류(전도전류)에 발생하는 자계는 $\text{rot}\mathbf{H}=\mathbf{J}[\text{A/m}^2]$로 주어진다.

지금 [그림 11-1]과 같은 전기회로에서 콘덴서의 극판에 전하 Q[C]이 충전되면 극판 사이에는 충전전하밀도 σ[C/m²]에 의한 전속밀도 D[C/m²]가 다음과 같이 주어진다.

$$\mathbf{D}=\mathbf{n}\sigma\ [\text{C/m}^2]$$

따라서 극판 전전하는 $Q=\sigma S$[C]이며 극판에 유입하는 전류는

$$I=\frac{dQ}{dt}=\frac{d\sigma}{dt}S=\frac{dD}{dt}S=\frac{d\,\mathbf{D}}{dt}\cdot\mathbf{n}S=I_d$$

와 같이 변위전류 I_d로 변형되어, 극판사이에 발생한 전속밀도의 시간적 변화가 전류밀도의 역할을 하고 있다. 여기서 **n**은 극판에 대한 수직방향 법선벡터이다.

Maxwell은 이것을 변위전류밀도라 하고 다음과 같이 나타내었다.

$$\mathbf{J}_d=\frac{\partial\,\mathbf{D}}{\partial t}\ [\text{A/m}^2] \tag{11.7}$$

이 변위전류 역시 주위에 회전 자계를 발생시켜 다음 관계가 성립한다.

$$\text{rot}\,\mathbf{H}=\frac{\partial\mathbf{D}}{\partial t}\ [\text{A/m}^2] \tag{11.8}$$

이 관계식은 전속밀도(전계)가 시간적으로 변화하면 이에 따라 주위에 회전하는 자기력선이 발생함을 의미하며, 모든 매질(유전체)에 대하여 적용되며 Maxwell의 제2전자방정식이다.

만일 매질 중에 전도전류와 변위전류가 동시에 존재한자면

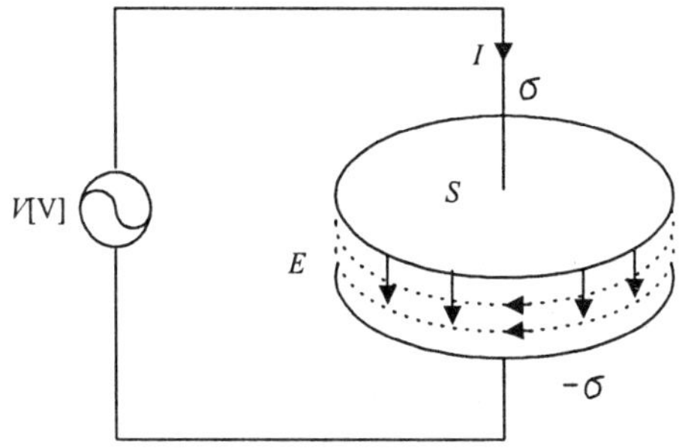

[그림 11-1] 콘덴서의 변위전류

$$\text{rot}\,\mathbf{H} = \mathbf{J} + \frac{\partial \mathbf{D}}{\partial t} \ \ [\text{A/m}^2] \tag{11.9}$$

로 결정되는 자계가 발생할 것이다.

시간적으로 변화하는 전계 및 자계에 의해 생성되는 자계 및 전계는 주의 매질(유전체, 자성체, 도전체)의 영향을 받으며, 다음과 같은 관계가 있다.

$$\mathbf{D} = \varepsilon \mathbf{E} \ \ [\text{C/m}^2]$$

$$\mathbf{B} = \mu \mathbf{H} \ \ [\text{Wb/m}^2]$$

$$\mathbf{J} = \sigma \mathbf{E} \ \ [\text{A/m}^2]$$

$$\mathbf{J} = \rho_v \mathbf{E} \ \ [\text{A/m}^2] \tag{11.10}$$

이들 방정식을 맥스웰 방정식의 보조방정식이라 한다.

11-3 자유공간 내의 전자파

자유공간 내에서 시간적으로 변화하는 전계 및 자계는 식 (11.6)과 식 (11.9)의 맥스웰의 전자방정식과 매질의 관계를 표시하는 식 (11.10)을 만족하며, 여기에서 유도되는 전자계는 전자파(electromagnetic wave)로 공간을 전파한다.

맥스웰의 제1, 제2 전자방정식은

$$\nabla \times \mathbf{H} = \frac{\partial \mathbf{D}}{\partial t} = \varepsilon_0 \frac{\partial \mathbf{E}}{\partial t} \tag{11.11}$$

$$\nabla \times \mathbf{E} = -\frac{\partial \mathbf{B}}{\partial t} = -\mu_0 \frac{\partial \mathbf{H}}{\partial t} \tag{11.12}$$

가 얻어진다. 식 (11.12)의 양변에 회전을 취하면

$$\nabla \times \nabla \times \ \mathbf{E} = -\mu_0 \frac{\partial}{\partial t} \nabla \times \ \mathbf{H} = -\mu_0 \varepsilon_0 \frac{\partial^2 \ \mathbf{E}}{\partial t^2} \tag{11.13}$$

의 관계식이 유도되며, 벡터 공식으로부터

$$\nabla \times \nabla \times \mathbf{E} = \nabla(\nabla \cdot \mathbf{E}) - \nabla^2 \mathbf{E} \tag{11.14}$$

의 관계가 얻어진다.

자유공간에서는 전하분포는 $\rho\,[\text{C/m}^3] = 0$이므로

$$\nabla \cdot \mathbf{E} = 0$$

이 되며, 이 관계를 식 (11.13)과 식 (11.14)에 대입하여 정리하면

$$\nabla^2 \ \mathbf{E} = \mu_0 \varepsilon_0 \frac{\partial^2 \ \mathbf{E}}{\partial t^2} \tag{11.15}$$

가 주어진다.

마찬가지로 방법으로 식 (11.11)의 양변에 벡터회전을 취하면

$$\nabla^2 \cdot \mathbf{H} = \mu_0 \varepsilon_0 \frac{\partial^2 \mathbf{H}}{\partial t^2} \tag{11.16}$$

의 관계식 유도되며, 여기서, 식 (11.15)와 식 (11.16)은 횡파인 전자파의 파동방정식이다. 전계와 자계는 항상 공존하므로 자유공간내에서 시간변수의 전계와 자계는 전자파의 상태로 전파함을 알 수 있다.

전자파의 자유공간에서 전파속도는 다음과 같다. [그림 11-2]와 같이 전자파가 v[m/s]의 속도로 x방향으로 전파하며, 전계와 자계 E, B는 각각 y, z 방향으로 파장이 λ, 진동수가 f인 sin함수로 진동하고 있다고 하면

$$E = E_y = E_0 \sin(kx - \omega t)$$

$$B = B_z = B_0 \sin(kx - \omega t) \tag{11.17}$$

와 같이 표현할 수 있다. 여기서 k는 파수(wave number)로

$$k = \frac{2\pi}{\lambda}$$

가 되며, ω는 각주파수로

$$\omega = 2\pi f$$

이다. 따라서 파동의 전파속도는

$$f\lambda = \frac{\omega}{k} = v \tag{11.18}$$

가 된다.

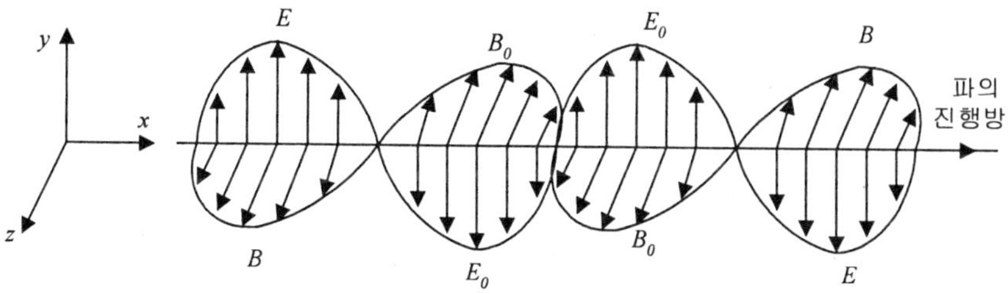

[그림 11-2] 전자파의 전파모형

따라서 맥스웰의 전자방정식 (11.12)로부터

$$\frac{\partial E}{\partial x} = -\frac{\partial B}{\partial t} \tag{11.19}$$

가 얻어지며, 여기에 식 (11.18)을 대입하여 정리하면

$$kE_0 \cos(kx - \omega t) = \omega B_0 \cos(kx - \omega t)$$

가 되며, 다음과 같이 된다.

$$\frac{E_0}{B_0} = \frac{\omega}{k} = v \tag{11.20}$$

여기서, v는 파동의 속도이다. 또한

$$\frac{E}{B} = \frac{E_0}{B_0} = v \tag{11.21}$$

가 된다.

또한 맥스웰의 전자방정식 (11.11)로부터

$$\frac{\partial B}{\partial x} = -\varepsilon_0 \mu_0 \frac{\partial E}{\partial t} \tag{11.22}$$

가 얻어지며, 여기에 식 (11.18)을 대입하여 정리하면

$$kB_0 \cos(kx - \omega t) = \varepsilon_0 \mu_0 \omega E_0 \cos(kx - \omega t)$$

$$\frac{B_0}{E_0} = \frac{\varepsilon_0 \mu_0 \omega}{k} = \varepsilon_0 \mu_0 v \tag{11.23}$$

가 된다.

따라서 식 (11.20)과 식 (11.22)로부터 전자파의 전파속도는

$$v = \frac{1}{\sqrt{\varepsilon_0 \mu_0}} \tag{11.24}$$

이 된다.

진공의 유전율 $\varepsilon_0 = \frac{1}{36\pi \times 10^9}$ [F/m] 와 진공의 투자율 $\mu_0 = 4\pi \times 10^{-7}$ [H/m]로부터

$$v = \frac{1}{\sqrt{\varepsilon_0 \mu_0}} = 3 \times 10^8 \ [\text{m/s}] \tag{11.25}$$

로 진공중의 빛의 속도 c와 같다. 또한, 전자파의 파장은

$$\lambda = \frac{c}{f} = \frac{3 \times 10^8}{f} \ [\text{m}] \tag{11.26}$$

이 된다.

11-4 포인팅 정리

전계와 자계의 세기가 **E**, **H** 되는 자유공간에 단위체적당 전계 에너지 $W_E=\frac{1}{2}\varepsilon E^2$와 자계 에너지 $W_H=\frac{1}{2}\varepsilon H^2$가 분포할 때 이 공간 내 저장된 에너지는 단위체적당

$$W=\frac{1}{2}(\varepsilon_0\ \mathbf{E}^2+\mu_0\ \mathbf{H}^2)\,[\mathrm{J/m^3}] \tag{11.27}$$

이 된다.

지금 각각 **E**, **H**의 전자계가 평면파를 이루고 식 (11.24)로 표현되는 속도 v[m/s]로 공간을 전파한다면 진행방향에 대하여 수직되는 단위면적을 단위시간에 통과하는 에너지는

$$P=\frac{1}{2}(\varepsilon_0\ \mathbf{E}^2+\mu_0\ \mathbf{H}^2)v\ \ [\mathrm{W/m^2}] \tag{11.28}$$

가 된다.

또한 식 (11.24)와 식 (11.21), 식 (11.24)로부터

$$v=\frac{1}{\sqrt{\mu\ \varepsilon}}$$

$$E=\sqrt{\frac{\mu_0}{\varepsilon_0}}H$$

의 관계가 성립하므로

$$\begin{aligned}P&=\frac{1}{\sqrt{m_0\varepsilon_0}}\left\{\frac{1}{2}\varepsilon_0E\left(\sqrt{\frac{m_0}{\varepsilon_0}}H\right)+\frac{1}{2}m_0H\left(\sqrt{\frac{\varepsilon_0}{m_0}}E\right)\right\}\\&=EH\,[\mathrm{W/m^2}]\end{aligned} \tag{11.29}$$

이 된다.

이 관계식은 전력이 전자파 형태로 단위면적을 통과하여 전자파의 진행방향으로 흐르고 있음을 의미한다. 전자파가 평면파인 경우는 [그림 11-2]와 같이 **E**와 **H**는 서로 수직이고 크기 EH[W/m^2]는 **E**와 **H**의 벡터곱(외적)이 되므로

$$\mathbf{P}=\mathbf{E}\times\mathbf{H}\ \ [\mathrm{W/m^2}] \tag{11.30}$$

로 표시할 수 있다. 이 관계식은 전자파에너지 흐름의 방향과 크기를 동시에 나타내고 있으며, 이 벡터를 **포인팅 벡터**(poynting vector)라 한다.

또한 임의면를 통하여 당위시간에 흐르는 에너지(방사전력)은

$$P=\int\int_s \mathbf{P}\cdot\mathbf{n}dS=\int\int_s (\mathbf{E}\times\mathbf{H})\cdot\mathbf{n}dS \tag{11.31}$$

로 주어진다.

이처럼 전자계내 임의점의 전계나 전자파의 에너지를 구하는데 이용되는 이상의 관계를 포인팅 정리(poynting's theorem)라 한다.

예제 11-1

[그림 11-3]과 같이 반지름 a[m], 길이가 1[m]인 전선에 전류 I[A]가 흐를 때, 이 전선에 유입하는 전력은 얼마인가?

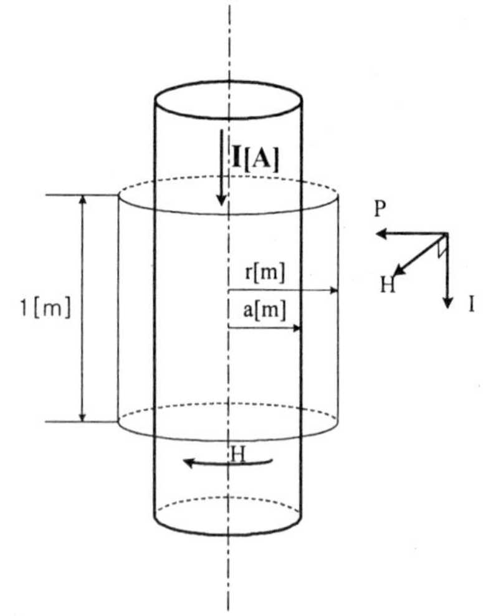

[그림 11-3]

풀이 그림처럼 전선의 주위를 둘러싼 반지름 r[m]인 폐곡면을 취하면 전계 E는 전선에 평행한 방향이며, 자계 H는 암페르의 오른손 법칙에 따라 폐곡면상 원주의 절선 방향으로 서로 수직하게 된다. 따라서 포인팅 벡터는 E와 H의 벡터곱(외적)이 되므로 전선의 중심 축을 향하며 중심 축과 직각을 이루게 된다.

이 전선에 에너지가 유입되는 면적은 폐곡면의 측면 면적이므로

$$S=2\pi r\times 1\ [\mathrm{m}^2]$$

이 되며, 전선에 작용하는 전계의 세기는

$$E=\frac{V}{1}=RI\ [\mathrm{V/m}]$$

자계의 세기는

$$H = \frac{I}{2\pi r} \text{ [V/m]}$$

가 된다. 따라서, 전선 1[m]당 유입되는 전력은

$$P = EH \times S = RI \frac{I}{2\pi r} 2\pi r = RI^2 \text{ [W]}$$

가 된다.

이것은 전력의 수송은 전선 주위의 전계와 자계에 의해 이루어지며, 전선은 단지 에너지의 흐름을 안내하는 역할을 하고 있음을 의미한다.

연습문제

■ 주관식 ■

1. 정전용량 2[μF], 극판간 거리 1[cm], 평판 면적 50[cm^2]인 평행판 공기 콘덴서가 있다. 콘덴서 양단에 $v=20\sin 30\pi t$[V]의 교류전압을 인가할 때 변위전류의 최대값 [mA]을 구하여라.

2. 비유전율 $\varepsilon_s=80$인 물 속에서의 전자파의 속도 [m/s]를 구하여라.

3. 비유전율 $\varepsilon_s=3$, 비투자율 $\mu_s=3$, 비저항 $\rho=2$[Ω · m]인 매질이 있다. 이 매질 내에서의 전자파의 주파수가 1[MHz]일 때 전자파의 속도를 구하여라.

4. 주파수 1[MHz], 진폭 0.5[kW/m^2]인 평면파가 있다. 진공 중에서 평면파에 수직되는 단면 5[m^2]을 통과하는 전력 [W]을 구하여라.

5. 30[W] 백열전구에서 공급되는 전력이 50%만이 방사 에너지로 방사될 때, 이 전구에서 1[m]되는 점의 전계의 세기 [W/m]를 구하여라.

6. 50[kW]의 전력의 안테나에서 전자파가 사방에 균일하게 방사될 때 안테나에서 5[kW] 거리에 위치한 점의 전계의 세기 [V/m]를 구하여라.

■ 객관식 ■

1. 맥스웰은 전극간의 유도체를 통하여 흐르는 전류를 (ㄱ)전류라 하고 이것도 (ㄴ)를 발생한다고 가정하였다. ( ) 안에 알맞은 것은?

㉮ ㄱ-전도 ㄴ-자계　　㉯ ㄱ-변위 ㄴ-자계　　㉰ ㄱ-전도 ㄴ-자계　　㉱ ㄱ-변위 ㄴ-자계

2. 자유 공간에 있어서 변위전류가 만드는 것은?

㉮ 전계　　㉯ 전속　　㉰ 자계　　㉱ 자속

3. 간격 d[m]인 2개의 평행판 전극 사이에 유전율 ε의 유전체가 있다. 전극 사이에 전압 $v=V_m\sin\omega t$[V]를 가했을 때 변위전류밀도 [A/m^2]는?

㉮ $\frac{\varepsilon}{d}V_m\cos\omega t$　　㉯ $\frac{\varepsilon}{d}\omega V_m\cos\omega t$

㉰ $\frac{\varepsilon}{d}\omega V_m\sin\omega t$　　㉱ $-\frac{\varepsilon}{d}V_m\cos\omega t$

4. 전자파의 진행 방향은?

㉮ 전계 $\mathbf{E}$의 방향과 같다.
㉯ 자계 $\mathbf{H}$의 방향과 같다.
㉰ $\mathbf{E}\times\mathbf{H}$의 방향과 같다.
㉱ $\mathbf{H}\times\mathbf{E}$의 방향과 같다.

5. 다음 반정식에서 전자계의 기초 방정식이 아닌 것은?

㉮ $div\,\mathbf{B} = \mathbf{i} + \dfrac{\partial \mathbf{D}}{\partial t}$　　㉯ $div\,\mathbf{H} = \mathbf{i} + \dfrac{\partial \mathbf{D}}{\partial t}$

㉰ $rot\,\mathbf{E} = -\dfrac{\partial \mathbf{B}}{\partial t}$　　㉱ $rot\,\mathbf{E} = -\mu\dfrac{\partial \mathbf{H}}{\partial t}$

6. 맥스웰(Maxwell)의 전자계에 관한 제 1기본 방정식은?

㉮ $rot\,\mathbf{D} = i + \dfrac{\partial \mathbf{H}}{\partial t}$　　㉯ $rot\,\mathbf{H} = i + \dfrac{\partial \mathbf{D}}{\partial t}$

㉰ $rot\,\mathbf{i} = \mathbf{H} + \dfrac{\partial \mathbf{D}}{\partial t}$　　㉱ $rot\left(\mathbf{i} + \dfrac{\partial \mathbf{D}}{\partial t}\right) = \mathbf{H}$

7. 자속밀도의 변화에 의하여 도체 내에 유기 기전력이 발생되는 경우 관계식은? (단, $\mathbf{E}$는 전계, $\mathbf{B}$는 자속 밀도, $\mathbf{v}$는 도체속도, $\mathbf{k}$는 도전율, $\mathbf{1}$는 전류밀도이다.)

㉮ $rot\,\mathbf{E} = rot\,(\mathbf{B}\times\mathbf{v})$　　㉯ $rot\,\mathbf{E} = -\dfrac{\partial \mathbf{B}}{\partial t}$

㉰ $\mathbf{E} = \mathbf{k}\mathbf{i}$　　㉱ $\mathbf{E} = \mathbf{v}\times\mathbf{B}$

8. 유전율 ε, 투자율 μ인 매질 내에서 전자파의 속도는?

㉮ $\sqrt{\dfrac{\mu}{\varepsilon}}$ [m/s]　㉯ $\sqrt{\mu\varepsilon}$ [m/s]　㉰ $\sqrt{\dfrac{\varepsilon}{\mu}}$ [m/s]　㉱ $\dfrac{3\times10^{8}}{\sqrt{\mu_s\varepsilon_s}}$ [m/s]

9. 비유전율 $\varepsilon^{s}=5$인 유전체내에서 전자파의 전파 속도는 몇 〔m/sec〕인가?

㉮ 133×10^{6}　㉯ 134×10^{7}　㉰ 133×10^{7}　㉱ 134×10^{6}

10. 유전율 $\varepsilon = 8.855\times10^{-12}$[F/m]인 진공 중을 전자파가 전파할 때 진공 중의 투자율은?

㉮ 12.5×10^{-7}[H/m]　　㉯ 15.2×10^{-9}[H/emu]
㉰ 9.5×10^{-7}[Wb^{2}/N]　　㉱ 10.5×10^{-7}[Wb^{2}/N · m]

11. 안테나에서 파장 40〔cm〕의 평면파가 자유공간에 방사될 때 발신주파수는 몇 〔MHz〕인가?

㉮ 650　㉯ 700　㉰ 750　㉱ 800

12. 15〔MHz〕의 전자파의 파장은 몇 〔m〕인가?

㉮ 8　　㉯ 15　　㉰ 20　　㉱ 25

13. 전계 $E=\sqrt{2}E_e \sin\omega\left(t-\frac{z}{V}\right)$[V/m]의 평면전자파가 있다, 진공 중에서 실효값이 E_e인 평면 전자파가 있다. 자계의 실효값 H_e[A/m]는 약 얼마인가?

㉮ $0.13\times10^{-2}E_e$　㉯ $0.27\times10^{-2}E_e$　㉰ $0.4\times10^{-2}E_e$　㉱ $0.54\times10^{-2}E_e$

14. 전계 $\mathbf{E}$[V/m], $\mathbf{H}$[AT/m]의 전계가 평면파를 이루고, 자유 공간으로 전파될 때 단위 시간에 단위 면적당 에너지 [W/m^2]는?

㉮ $\frac{1}{2}\mathbf{EH}$　㉯ $\frac{1}{2}\mathbf{EH}^2$　㉰ $\mathbf{EH}^2$　㉱ $\mathbf{EH}$

15. 자계 실효값이 1〔mA/m〕인 평면 전자파가 공기 중에서 이에 수직되는 수직 단면적 10[m^2]을 통과하는 전력〔W〕은?

㉮ 3.77×10^{-3}　㉯ 3.77×10^{-4}　㉰ 3.77×10^{-5}　㉱ 3.77×10^{-6}

부 록

1. 지 수

$a^m \times a^n = a^{(m+n)}$

$(a^m)^n = a^{mn}$

$a^{-n} = \frac{1}{a^n}$

$a^0 = 1(a \neq 0)$

2. 대 수

$y = \log_a x (x = a^y)$

$\log_a a = 1$

$\log_a 1 = 0(a>0, a \neq 1)$

$\log_a (xy) = \log_a x + \log_a y$

$\log_a \left(\frac{x}{y}\right) = \log_a x - \log_a y$

$\log_a x^n = \log_a x$

$\log_a x = \frac{1}{M} \log_{10} x$

$\frac{1}{M} = 2.3026$

3. 자연 대수

e(또는 ε) = 2.7182818285를 밑수로 하는 대수

4. 상용 대수

10을 밑수로 하는 대수 $\log_{10}2 = 0.301$이라는 것을 안다면,

$\log_{10}20 = 1.301$

$\log_{10}200 = 2.301$

$\log_{10}0.2 = -1 + 0.301 = -0.699$

$\log_{10}0.02 = -2 + 0.301 = -1.699$

5. 2차 방정식

$ax^2 + bx + c = 0$의 근 $x = \dfrac{-b \pm \sqrt{b^2 - 4ac}}{2a}$

$ax^2 + 2bx + c = 0$의 근 $x = \dfrac{-b \pm \sqrt{b^2 - ac}}{a}$

6. 삼각함수

$$\sin^2\alpha + \cos^2\alpha = 1$$

$$\sin(\alpha + \beta) = \sin\alpha\cos\beta \pm \cos\alpha\sin\beta$$

$$\cos(\alpha + \beta) = \cos\alpha\cos\beta \mp \sin\alpha\sin\beta$$

$$\tan(\alpha \pm \beta) = \frac{\tan\alpha \pm \tan\beta}{1 \mp \tan\alpha\tan\beta} \cdot \cot(\alpha \pm \beta) = \frac{\cot\alpha\cot\beta \mp 1}{\cot\beta \pm \cot\alpha}$$

$$\sin\alpha \pm \sin\beta = 2\sin\frac{\alpha \pm \beta}{2}\cos\frac{\alpha \mp \beta}{2}$$

$$\cos\alpha + \cos\beta = 2\cos\frac{\alpha + \beta}{2}\cos\frac{\alpha - \beta}{2}$$

$$\cos\alpha - \cos\beta = -2\sin\frac{\alpha + \beta}{2}\sin\frac{\alpha - \beta}{2}$$

$$\sin 2\alpha = 2\sin\alpha\cos\alpha, \quad \tan 2\alpha = \frac{2\tan\alpha}{1 - \tan^2\alpha}$$

$$\cos 2\alpha = \cos^2\alpha - \sin^2\alpha = 1 - 2\sin^2\alpha = 2\cos^2\alpha - 1$$

$$\sin\frac{\alpha}{2} = \pm\sqrt{\frac{1-\cos\alpha}{2}}\,,\quad \cos\frac{\alpha}{2} = \pm\sqrt{\frac{1+\cos\alpha}{2}}$$

$$\sin\alpha\cos\beta = \frac{1}{2}[\sin(\alpha+\beta) + \sin(\alpha-\beta)]$$

$$\sin\alpha\cos\beta = \frac{1}{2}[\cos(\alpha-\beta) - \cos(\alpha+\beta)]$$

$$A cos a + B\sin\alpha = \sqrt{A^2+B^2}\sin\left(\alpha + \tan^{-1}\frac{A}{B}\right)$$

7. 역삼각함수

$$\sin^{-1}x = n\pi + (-1)^n \sin^{-1}x$$

$$\cos^{-1}x = 2n\pi \pm \cos x$$

$$\tan^{-1}x = n\pi + \tan^{-1}x$$

단, $-\pi/2 \leq \sin^{-1}x \leq \pi/2$

$0 \leq \cos^{-1}x \leq \pi$

$-\pi/2 \leq \tan^{-1}x \leq \pi/2$

8. 급수와 근사 계산

(1) Maclaurin의 급수

$$f(x) = f(0) + \frac{f'(0)}{1!}x + \frac{f''(0)}{2!}x^2 + \cdots\cdots$$

$$(1+x)^a = 1 + \frac{a}{1!}x + \frac{a(a-1)}{2!}x^2 + \frac{a(a-1)(a-2)}{3!}x^3\cdots\cdots$$

$$e^x = 1 + \frac{x}{1!} + \frac{x^2}{2!} + \cdots\cdots$$

$$\sin x - x \quad \frac{x^3}{3!} + \frac{x^5}{5!} - \cdots\cdots$$

$$\sin hx = x + \frac{x^3}{3!} + \frac{x^5}{5!} + \cdots\cdots$$

$$\cos x = 1 - \frac{x^2}{2!} + \frac{x^4}{4!} - \cdots\cdots$$

$$\cos hx = x + \frac{x^2}{2!} + \frac{x^4}{4!} + \cdots\cdots$$

$$\tan x = x + \frac{x^3}{3} + \frac{2}{15}x^5 - \cdots\cdots$$

$$\tan hx = x - \frac{x^2}{2} + \frac{x^3}{3} - \cdots\cdots$$

$$\log(1+x) = x - \frac{x^2}{2} + \frac{x^3}{3} - \cdots\cdots$$

(2) 근사식 ($|x| < 1$)

$$(1+x)^n \fallingdotseq 1 + nx$$

$$e^x \fallingdotseq x$$

$$\cos hx \fallingdotseq 1 - x$$

$$\sin x \fallingdotseq x - \frac{x^3}{6}$$

$$\cos x \fallingdotseq 1 - \frac{x^2}{2}$$

9. 복 소 수

$$a + jb = \sqrt{a^2 + b^2} \angle \tan^{-1}\frac{b}{a} \quad (j = \sqrt{-1})$$

$$r\angle\alpha = r(\cos\alpha + j\sin\alpha)$$

$$e^{j\alpha} = \cos\alpha + j\sin\alpha \text{(Euler의 정리)}$$

$$\cos Z = \frac{1}{2}(\varepsilon^{jk} + \varepsilon^{-jk}), \quad \sin Z = \frac{1}{2j}(\varepsilon^{jz} - \varepsilon^{-jz})$$

$$a = \varepsilon^{j2x/3} = \cos\frac{2\pi}{3} + j\sin\frac{2\pi}{3} = -\frac{1}{2} + j\frac{\sqrt{3}}{2}$$

$$(\cos\alpha + j\sin\alpha)^n = \cos n\alpha + j\sin n\alpha$$

10. 지수함수

$$\cos hx = \frac{1}{2}(\varepsilon^{x} + \varepsilon^{-x}) \qquad \cos x = \frac{1}{2}(\varepsilon^{jx} + \varepsilon^{-jx})$$

$$\sin hx = \frac{1}{2}(\varepsilon^{x} - \varepsilon^{-x}) \qquad \sin x = \frac{1}{2j}(\varepsilon^{jx} - \varepsilon^{-jx})$$

$$\varepsilon^{x} = \cos hx + \sin hx \qquad \varepsilon^{jx} = \cos x + j\sin x$$

$$\varepsilon^{-x} = \cos hx - \sin hx \qquad \varepsilon^{-jx} = \cos x - j\sin x$$

11. 쌍곡선 함수

$$\sin h(-x) = -\sin hx \qquad \sin h(0) = 0 \qquad \sin h(\pm\infty) = \pm\infty$$

$$\cos h(-x) = \cos hx \qquad \cos h(0) = 1 \qquad \cos h(\pm\infty) = +\infty$$

$$\tan h(-x) = -\tan hx \qquad \tan h(0) = 0 \qquad \tan h(\pm\infty) = \pm 1$$

$$\cos h^2x - \sin h^2x = 1 \qquad \sin h2x = 2\sin hx\cos hx$$

$$1 - \tan h^2x = \sec h^2x \qquad \cos h2x = \cos h^2x + \sin h^2x$$

$$1 - \cot h^2x = -\operatorname{cosec} h^2x \qquad \tan h2x = \frac{2\tan hx}{1 + \tan h^2x}$$

$$\sin h(x \pm y) = \sin hx\cos hy \pm \cos hx\sin hy$$

$$\cos h(x \pm y) = \cos hx\cos hy \pm \sin hx\sin hy$$

$$\tan h(x \pm y) = \frac{\tan hx \pm \tan hy}{1 \pm \tan hx\tan hy}$$

$$\sin hx + \sin hy = 2\sin h\frac{x+y}{2}\cos\frac{x-y}{2}$$

$$\sin hx - \sin hy = 2\cos h\frac{x+y}{2}\sin\frac{x-y}{2}$$

$$\cos hx + \cos hy = 2\cos h\frac{x+y}{2}\cos\frac{x-y}{2}$$

$$\cos hx - \cos hy = -2\sin h\frac{x+y}{2}\sin\frac{x-y}{2}$$

$$\sin hx\sin hy = \frac{1}{2}[\cos h(x+y) - \cos h(x-y)]$$

$$\cos hx\cos hy = \frac{1}{2}[\cos h(x+y) + \cos h(x-y)]$$

$$\sin hx\cos hy = \frac{1}{2}[\sin h(x+y) + \sin h(x-y)]$$

$$\sin h\frac{x}{2} = \sqrt{\frac{1}{2}(\cos hx - 1)}$$

$$\cos h\frac{x}{2} = \sqrt{\frac{1}{2}(\cos hx + 1)}$$

$$\tan h\frac{x}{2} = \frac{\cos hx - 1}{\sin hx} = \frac{\sin hx}{\cos hx + 1}$$

12. 삼각함수와 쌍곡선 함수

$\sin hjx = j\sin x,\qquad \sin hx = -j\sin jx$

$\cos hjx = \cos x,\qquad \cos hx = \cos jx$

$\tan hjx = j\tan x,\qquad \tan hx = -j\tan jx$

$\sin h(x \pm jy) = \sin hx\cos y \pm j\cos hx\sin y = \pm j\sin(y \mp jx)$

$\cos h(x \pm jy) = \cos hx\cos y \pm j\sin hx\sin y = \cos(y \mp jx)$

$\sin(x \pm jy) = \sin x\cos hy \pm j\cos x\sin hy = \pm j\sin h(y \mp jx)$

$\cos(x \pm jy) = \cos x\cos hy \pm j\sin x\sin hy = \cos h(y \mp jx)$

13. 역쌍곡선 함수 공식

$$\sin h^{-1}x = \cos h^{-1}\sqrt{x^2+1} = \log(x + \sqrt{x^2+1}) = \int\frac{dx}{\sqrt{x^2+1}}$$

$$\cos h^{-1}x = \sin h^{-1}\sqrt{x^2-1} = \log(x + \sqrt{x^2-1}) = \int\frac{dx}{\sqrt{x^2-1}}$$

$$\tan h^{-1}x = \frac{1}{2}\log\frac{1+x}{1-x} = \int\frac{dx}{1-x^2} \qquad (x^2<1)$$

$$\cot h^{-1}x = \frac{1}{2}\log\frac{x+1}{x-1} = \int\frac{dx}{1-x^2} \qquad (x^2>1)$$

14. 미 분

(1) 기본 공식

$$\frac{d(u \pm v)}{dx} = \frac{du}{dx} \pm \frac{dv}{dx}$$

$$\frac{d(u \cdot v)}{dx} = \frac{du}{dx}v + \frac{dv}{dx}u$$

$$\frac{d\left(\frac{u}{v}\right)}{dx} = \frac{\frac{du}{dx}v - \frac{dv}{dx}u}{v^2}$$

$$\frac{dy}{dx} = 1/\frac{dx}{dy}$$

(2) 기초 함수

$$\frac{d}{dx}x^n = nx^{n-1}$$

$$\frac{d}{dx}e^x = e^x$$

$$\frac{d}{dx}\left(\frac{1}{x}\right) = -\frac{1}{x^2}$$

$$\frac{d}{dx}\log x = \frac{1}{x}$$

$$\frac{d}{dx}\sin x = \cos x$$

$$\frac{d}{dx}\cos x = -\sin x$$

$$\frac{d}{dx}\tan x = \sec^2 x$$

$$\frac{d}{dx}\cot x = -\mathrm{cosec}^2 x$$

$$\frac{d}{dx}\sin ax = a\cos ax$$

$$\frac{d}{dx}\cos ax = -a\cos ax$$

$$\frac{d}{dx}\sin^{-1}x = \pm\frac{1}{\sqrt{1-x^2}}$$

+부호는 $2n\pi - \frac{\pi}{2} < \sin^{-1}x < 2n\pi + \frac{\pi}{2}$

−부호는 $2n\pi + \frac{\pi}{2} < \sin^{-1}x < 2n\pi + \frac{3\pi}{2}$

$$\frac{d}{dx}\cos^{-1}x = \mp\frac{1}{\sqrt{1-x^2}}$$

−부호는 $2n\pi < \cos^{-1}x < (2n+1)\pi$

+부호는 $(2n+1)\pi < \cos^{-1}x < (2n+2)\pi$

$$\frac{d}{dx}\tan^{-1}x = \frac{1}{1+x^2}$$

$$\frac{d}{dx}\sin hx = \cos hx$$

$$\frac{d}{dx}\cos hx = \sin hx$$

$$\frac{d}{dx}\tan hx = \sec h^2 x$$

$$\frac{d}{dx}\cos h^{-1}x = -\operatorname{cosec} h^2 x$$

$$\frac{d}{dx}\sin^{-1}x = \frac{1}{\sqrt{1+x^2}}$$

$$\frac{d}{dx}\cos h^{-1}x = \pm\frac{1}{\sqrt{x^2-1}}(x^2>1)$$

$$\frac{d}{dx}\tan h^{-1}x = \frac{1}{1-x^2}(1>x^2)$$

$$\frac{d}{dx}\cot h^{-1}x = -\frac{1}{x^2-1}(x^2>1)$$

15. 적 분

(1) 기본 공식

$\frac{dF(x)}{dx} = f(x)$라 하면

$\int f(x)dx = F(x) + C$ (C는 적분상수)

$$\int (u \pm v)dx = \int udx \pm \int vdx$$

$\int af(x)dx = a\int f(x)dx$ (a는 상수)

$$\int udv = uv - \int vdv$$

(2) 기초 함수

$$\int x^n dx = \frac{x^{n+1}}{n+1} + C$$

$$\int dx = x + C$$

$$\int \frac{dx}{x} = \log x + C$$

$$\int e^x dx = e^x + C$$

$$\int e^{ax}dx = \frac{1}{a}e^{ax} + C$$

$$\int e^{-x}dx = -e^{-x} + C$$

$$\int a^x dx = \frac{a^x}{\log a} + C$$

$$\int \log x dx = x(\log x - 1) + C$$

$$\int \sin x dx = -\cos x + C$$

$$\int \cos x dx = \sin x + C$$

$$\int a \sin ax dx = -\frac{1}{a}\cos ax + C$$

$$\int \cos ax dx = \frac{1}{a}\sin ax + C$$

$$\int \tan x dx = -\log \cos x + C$$

$$\int \cos x dx = \log \sin x + C$$

$$\int \frac{dx}{\sin x} = \log \tan \frac{x}{2} + C$$

$$\int \frac{dx}{\cos x} = \log \tan\left(\frac{\pi}{4} + \frac{x}{2}\right) + C$$

$$\int \frac{dx}{\sin} x = \tan^{-1} x + C$$

$$\int \frac{dx}{1 + x^2} = \tan^{-1} x + C$$

$$\int \frac{dx}{\sqrt{1 - x^2}} = \sin^{-1} x + C = -\cos^{-1} x + C$$

$$\int \sin^2 x dx = \frac{x}{2} - \frac{1}{2}\cos x \sin x + C$$

$$\int \cos^2 x dx = \frac{x}{2} + \frac{1}{2}\sin x \cos x + C$$

$$\int \sin^{-1} x dx = x \sin^{-1} x + \sqrt{1 - x^2} + C$$

$$\int \cos^{-1} x dx = x \sin^{-1} x - \sqrt{1 - x^2} + C$$

$$\int \sin hx dx = \cos hx + C$$

$$\int \cos hx dx = \sin hx + C$$

$$\tan hx dx = \log \cos hx + C$$

$$\int \cot hx dx = \log \sin hx + C$$

16. 정 적 분

$$\int_a^b f(x)dx = F(b) - F(a)$$

$$\int_a^c f(x)dx = \int_a^b f(x)dx + \int_b^c f(x)dx$$

$$\int_0^x \sin^2 axdx = \int_0^x \cos^2 axdx = \frac{\pi}{2}$$

17. 미분방정식

$$\frac{dy}{dx} + Py - Q$$

$$y = e^{-\int pdx}[\int Qe^{\int pdx}dx + C]$$

$$\frac{d^2y}{dx^2} + n^2y = Q$$

$y = A\sin nx + B\cos nx$ (A, B는 상수)

$$\frac{d^2y}{dx^2} - n^2y = 0$$

$$y = Ae^{nx} + Be^{-nx}$$

$$a\frac{d^2y}{dx^2} + b\frac{dy}{dx} + c = 0$$

$am^2 + bm + c = 0$의 근을 m_1, m_2라 하면,

$b^2 - 4ac > 0$: $y = C_1e^{m1x} + C_2e^{m2x}$

$b^2 - 4ac = 0$: $y = e^{mx}(A + Bx)$

단, $m = m_1 = m_2 = \dfrac{-b}{2a}$

$b^2 - 4ac < 0$: $y = e^{px}(A\cos qx + B\sin qx)$

단, $m_1 = p + jq$, $m_2 = p - jq$

18. 행 렬

(1) 행 렬

다음 식으로 나타나는 행렬(matrix)

$$[A] = \begin{bmatrix} a_{11} & a_{12} & \cdots & a_{1n} \\ a_{21} & a_{22} & \cdots & a_{2n} \\ \cdot & \cdot & \cdots & \cdot \\ a_{m1} & a_{m2} & \cdots & a_{mn} \end{bmatrix} \tag{1}$$

에 있어서 a_{jk}를 행렬의 요소(element)라 한다. a_{jk}의 첨자 jk는 처음의 문자 j가 줄을 나타내고 다음의 문자 k가 열을 나타낸다. 즉, a_{jk}는 j째 줄, k째 열의 요소이다.

$m = n$인 행렬을 정방 행렬(square matrix)이라 하고 n을 행렬의 차수라 한다. 또 $j = k$인 요소를 대각 요소(diagonal element)라 한다.

$$[0] = \begin{bmatrix} 0 & 0 & \cdots & 0 \\ 0 & 0 & \cdots & 0 \\ \cdot & \cdot & \cdots & \cdot \\ 0 & 0 & \cdots & 0 \end{bmatrix} \tag{2}$$

을 영 행렬이라 한다. 또, 대각 요소 이외의 모든 요소가 0인 행렬

$$\begin{bmatrix} a_{11} & 0 & 0 & \cdots & 0 \\ 0 & a_{22} & 0 & \cdots & 0 \\ \cdot & \cdot & \cdot & \cdots & \cdot \\ 0 & 0 & 0 & \cdots & a_{nn} \end{bmatrix}$$

을 대각행렬(diagonal matrix)이라 한다. 특히

$$a_{11} = a_{22} = \cdots\cdots = a_{nn} = 1$$

인 행렬

$$[U] = \begin{bmatrix} 1 & 0 & 0 & \cdots & 0 \\ 0 & 1 & 0 & \cdots & 0 \\ \cdot & \cdot & \cdot & \cdots & \cdot \\ 0 & 0 & 0 & \cdots & 1 \end{bmatrix} \tag{3}$$

을 단위행렬(unit matrix)이라 한다.

단위행렬의 요소는 Kronecker의 기호

$$\sigma_{jk} = \begin{bmatrix} 0 & j \neq k\text{일 때} \\ 1 & j = k\text{일 때} \end{bmatrix} \tag{4}$$

로 표시된다. 두 개의 행렬

$$[A] = \begin{bmatrix} a_{11} & a_{12} & \cdots & a_{1n} \\ a_{21} & a_{22} & \cdots & a_{2n} \\ \cdot & \cdot & \cdots & \cdot \\ a_{n1} & a_{n2} & \cdots & a_{nn} \end{bmatrix}$$

$$[B]=\begin{bmatrix} b_{11} & b_{12} & \cdots & b_{1n} \\ b_{21} & b_{22} & \cdots & b_{2n} \\ \cdot & \cdot & \cdots & \cdot \\ b_{n1} & b_{n2} & \cdots & b_{nn} \end{bmatrix} \tag{5}$$

에 있어서

$$a_{jk}=b_{jk},\ j,\ k=1,\ 2,\ \cdots\cdots,\ n \tag{6}$$

이면

$$[A]=[B] \tag{7}$$

(2) 행렬의 셈

세 개의 행렬을

$$[A]=\begin{bmatrix} a_{11} & a_{12} & \cdots & a_{1n} \\ a_{21} & a_{22} & \cdots & a_{2n} \\ \cdot & \cdot & \cdots & \cdot \\ a_{n1} & a_{n2} & \cdots & a_{nn} \end{bmatrix}$$

$$[B]=\begin{bmatrix} b_{11} & b_{12} & \cdots & b_{1n} \\ b_{21} & b_{22} & \cdots & b_{2n} \\ \cdot & \cdot & \cdots & \cdot \\ b_{n1} & b_{n2} & \cdots & b_{nn} \end{bmatrix} \tag{8}$$

$$[C]=\begin{bmatrix} c_{11} & c_{12} & \cdots & c_{1n} \\ c_{21} & c_{22} & \cdots & c_{2n} \\ \cdot & \cdot & \cdots & \cdot \\ c_{n1} & c_{n2} & \cdots & c_{nn} \end{bmatrix}$$

로 표시할 때

① $a_{jk}\pm b_{jk}$**이면**

$$[A]\pm[B]=[C] \tag{9}$$

$$[A]+[B]=[B]+[A] \tag{10}$$

$$[A]+([B]+[C])=([A]+[B])+[C] \tag{11}$$

② $\alpha[A]=[A]\alpha=\alpha\begin{bmatrix} a_{11} & a_{12} & \cdots & a_{1n} \\ a_{21} & a_{22} & \cdots & a_{2n} \\ \cdot & \cdot & \cdots & \cdot \\ a_{n1} & a_{n2} & \cdots & a_{nn} \end{bmatrix}$

$$=\begin{bmatrix} aa_{11} & aa_{12} & \cdots & aa_{1n} \\ aa_{21} & aa_{22} & \cdots & aa_{2n} \\ \cdot & \cdot & \cdots & \cdot \\ aa_{n1} & aa_{n2} & \cdots & aa_{nn} \end{bmatrix} \tag{12}$$

또

$$\alpha[A]+\alpha[B]=\alpha([A]+[B]) \tag{13}$$

$$\alpha[A] + \beta[A] = (\alpha + \beta)[A] \tag{14}$$

③ $[A][B] = [C]$**라 하면**

$$c_{jk} = \sum_{i=1}^{n} a_{ji} b_{ik}$$

$$= a_{j1}b_{1k} + a_{j2}b_{2k} + \cdots\cdots + a_{jn}b_{nk} \tag{15}$$

일반적으로

$$[A][B] \neq [B][A] \tag{16}$$

또

$$[A]([B] + [C]) = [A][B] + [A][C] \tag{17}$$

$$[A]([B][C]) = ([A][B])[C] \tag{18}$$

행렬 $[A]$가 대각 행렬

$$[A] = \begin{bmatrix} a_1 & 0 & \cdots & 0 \\ 0 & a_2 & \cdots & 0 \\ \cdot & \cdot & \cdots & \cdot \\ 0 & 0 & \cdots & a_n \end{bmatrix}$$

인 경우에는

$$[A][B] = \begin{bmatrix} a_1 & 0 & \cdots & 0 \\ 0 & a_2 & \cdots & 0 \\ \cdot & \cdot & \cdots & \cdot \\ 0 & 0 & \cdots & a_n \end{bmatrix} \begin{bmatrix} b_{11} & b_{12} & \cdots & b_{1n} \\ b_{21} & b_{22} & \cdots & b_{2n} \\ \cdot & \cdot & \cdots & \cdot \\ b_{n1} & b_{n2} & \cdots & b_{nn} \end{bmatrix}$$

$$= \begin{bmatrix} a_1b_{11} & a_1b_{12} & \cdots & a_1b_{1n} \\ a_2b_{21} & a_2b_{22} & \cdots & a_2b_{2n} \\ \cdot & \cdot & \cdots & \cdot \\ a_nb_{n1} & a_nb_{n2} & \cdots & a_nb_{nn} \end{bmatrix} \tag{19}$$

$$[B][A] = \begin{bmatrix} a_1b_{11} & a_1b_{12} & \cdots & a_1b_{1n} \\ a_2b_{21} & a_2b_{22} & \cdots & a_2b_{2n} \\ \cdot & \cdot & \cdots & \cdot \\ a_nb_{n1} & a_nb_{n2} & \cdots & a_nb_{nn} \end{bmatrix} \tag{20}$$

또, 단위 행렬과의 곱은

$$[A][U] = [A] = [U][A] \tag{21}$$

(3) 전치 행렬

행렬 $[A]$의 줄과 열을 교환한 행렬을 전치 행렬(transposed matrix)이라 하며 $[A]'$로 표시한다.

$$[A] = \begin{bmatrix} a_{11} & a_{12} & \cdots & a_{1n} \\ a_{21} & a_{22} & \cdots & a_{2n} \\ \cdot & \cdot & \cdots & \cdot \\ a_{n1} & a_{n2} & \cdots & a_{nn} \end{bmatrix}$$

이면

$$[A]' = \begin{bmatrix} a_{11} & a_{21} & \cdots & a_{n1} \\ a_{12} & a_{22} & \cdots & a_{n2} \\ \cdot & \cdot & \cdots & \cdot \\ a_{1n} & a_{2n} & \cdots & a_{nn} \end{bmatrix} \tag{22}$$

$[A] = [A]'$일 때 $[A]$를 대칭 행렬(symmetric matrix)이라 하며 $a_{jk} = a_{kj}$이다. 또,

$$([A][B])' = [B]'[A]' \tag{23}$$

(4) 행렬의 방정식(determinant)

$$\begin{bmatrix} a_{11} & a_{12} & \cdots & a_{1n} \\ a_{21} & a_{22} & \cdots & a_{2n} \\ \cdot & \cdot & \cdots & \cdot \\ a_{n1} & a_{n2} & \cdots & a_{nn} \end{bmatrix}$$

을 행렬이라 하고,

$$[A] = \begin{vmatrix} a_{11} & a_{12} & \cdots & a_{1n} \\ a_{21} & a_{22} & \cdots & a_{2n} \\ \cdot & \cdot & \cdots & \cdot \\ a_{n1} & a_{n2} & \cdots & a_{nn} \end{vmatrix}$$

을 행렬식이라 하며 절 A절 또는 det $[A]$로 표시한다.

$|A| = 0$일 때 $[A]$를 특이 행렬(singular matrix)

$|A| \neq 0$일 때 $[A]$를 통상 행렬(normal matrix)

이라 한다.

$[A][B] = [C]$이면 $|A||B| = |C|$

(5) 역 행 렬

$[A][B] = [U]$일 때 행렬 $[B]$를 행렬 $[A]$의 역행렬(inverse matrix)이라 하며

$[B] = [A]^{-1}$

로 표시한다. 식 (14), (3)으로부터

$$\sum_{i=1}^{n} a_{jk} b_{ij} = \sigma_{jk} = \begin{bmatrix} 0 & j \neq k\text{일 때} \\ 1 & j = k\text{일 때} \end{bmatrix} \tag{25}$$

로 될 것이므로 $|A| \neq 0$이면

$$b_{jk} = \frac{A_{ki}}{|A|} \tag{26}$$

단, A_{kj}는 $|A|$에 있어서의 a_{kj}의 여인자(cofactor)이며

$$A_{kj} = \frac{\partial |A|}{\partial a_{kj}} \tag{27}$$

$$([A][B])^{-1} = [B]^{-1}[A]^{-1} \tag{28}$$

19. 벡터 공식

$$(A\times B)\cdot C\equiv(B\times C)\cdot A\equiv(C\times A)\cdot B$$

$$A\times(B\times C)\equiv(A\cdot C)B-(A\cdot B)C$$

$$\nabla\cdot(A+B)\equiv\nabla\cdot A+\nabla\cdot B$$

$$\nabla(V+W)\equiv\nabla V+\nabla W$$

$$\nabla\times(A+B)\equiv(\nabla\times A)+(\nabla\times B)$$

$$\nabla\cdot(VA)\equiv A\cdot\nabla V+V\nabla\cdot A$$

$$\nabla(VW)\equiv V\nabla W+W\nabla V$$

$$\nabla\times(VA)\equiv\nabla V\times A+V(\nabla\times A)$$

$$\nabla\cdot(A\times B)\equiv B\cdot(\nabla\times A)-A\cdot(\nabla\times B)$$

$$\nabla(A\cdot B)\equiv(A\cdot\nabla)B+(B\cdot\nabla)A+A\times(\nabla\times B)+B\times(\nabla\times A)$$

$$\nabla\times(A\times B)\equiv A\nabla\cdot B-B\nabla\cdot A+(B\cdot\nabla)A-(A\cdot\nabla)B$$

$$\nabla\cdot\nabla V\equiv\nabla^2V$$

$$\nabla\cdot\nabla\times A\equiv 0$$

$$\nabla\times\nabla V\equiv 0$$

$$\nabla\times\nabla\times A\equiv\nabla(\nabla\cdot A)-\nabla^2A$$

20. 그리스 문자

그리스 문자		호 칭		그리스 문자		호 칭	
대문자	소문자	영 문	국 문	대문자	소문자	영 문	국 문
A	α	alpha	알파	N	ν	nu	뉴
B	β	beta	베타	Ξ	ξ	xi	크사이
Γ	γ	gamma	감마	O	o	omicron	오미크론
Δ	δ	delta	델타	Π	π	pi	파이
E	ε	epsilon	입실론	P	ρ	rho	로우
Z	ζ	zeta	제타	Σ	σ	sigma	시그마
H	η	eta	에타	T	τ	tau	타우
Θ	θ	theta	시타	Υ	υ	upsilon	웁실론
I	ι	iota	이오타	Φ	φ	phi	파이
K	κ	kappa	카파	X	χ	chi	카이
Λ	λ	lambda	람다	Ψ	ψ	psi	프사이
M	μ	mu	뉴	Ω	ω	omega	오메가

21. 배 율 표

배 수	명 칭	기 호	배 수	명 칭	기 호
10^{12}	tera	T	10^{-1}	deci	d
10^{9}	giga	G	10^{-2}	centi	c
10^{6}	mega	M	10^{-3}	milli	m
10^{3}	kilo	k	10^{-6}	micro	μ
10^{2}	hecto	h	10^{-9}	nano	n
10^{1}	deca	da	10^{-12}	pico	p
			10^{-15}	femto	f
			10^{-18}	atto	a

22. 삼각함수값

θ / 함수	0°	30°	45°	60°	90°	120°	135°	150°	180°
$\sin\theta$	0	$\frac{1}{2}$	$\frac{1}{\sqrt{2}}$	$\frac{\sqrt{3}}{2}$	1	$\frac{\sqrt{3}}{2}$	$\frac{1}{\sqrt{2}}$	$\frac{1}{2}$	1
$\cos\theta$	1	$\frac{\sqrt{3}}{2}$	$\frac{1}{\sqrt{2}}$	$\frac{1}{2}$	0	$-\frac{1}{2}$	$-\frac{1}{\sqrt{2}}$	$-\frac{\sqrt{3}}{2}$	-1
$\tan\theta$	0	$\frac{1}{\sqrt{3}}$	1	$\sqrt{3}$	∞	$-\sqrt{3}$	-1	$-\frac{1}{\sqrt{3}}$	0
$\cot\theta$	∞	$\sqrt{2}$	1	$\frac{1}{\sqrt{3}}$	0	$-\frac{1}{\sqrt{3}}$	-1	$-\sqrt{3}$	∞
$\sec\theta$	1	$\frac{2}{\sqrt{3}}$	$\sqrt{2}$	2	∞	-2	$-\sqrt{2}$	$-\frac{2}{\sqrt{3}}$	-1
$\mathrm{cosec}\,\theta$	∞	2	$\sqrt{2}$	$\frac{2}{\sqrt{3}}$	1	$\frac{2}{\sqrt{3}}$	$\sqrt{2}$	2	∞

23. 물리 정수

량	값
전자의 전하량	$e=(1.6021892 \pm 0.0000046) \times 10^{-19}$C
전자의 질량	$m=(9.109534 \pm 0.000047) \times 10^{-31}$Kg
자속공간 유전율	$\varepsilon_0=(8.854187818 \pm 0.000000071) \times 10^{-12}$F/m
자속공간 투자율	$\mu_0=4\pi \times 10^{-7}$H/m
광속도	$c=(2.997924574 \pm 0.000000011) \times 10^{8}$m/s

24. 전기 및 자기단위(1)

기 호	량	단 위	약 호
v	속도	meter/second	m/s
F	힘	Newton	N
Q	전하	Coulomb	C
r, R	길이	meter	m
ε_0	유전율	Farad/meter	F/m
E	전계의 세기	Volt/meter	V/m
ρ	체적전하밀도	Coulomb/meter^3	C/m^3
v	체적	meter^3	m^3
ρ_L	선전하밀도	Coulomb/meter	C/m
ρ_s	면전하밀도	Coulomb/meter^2	C/m^2
Ψ	전속	Coulomb	C
D	전속밀도	Coulomb/meter^2	C/m^2
S	면적	meter^2	m^2
W	일, 에너지	Joule	J
L	길이	meter	m
V	전위	Volt	V
P	쌍극자 모멘트	Coulomb-meter	C · m
I	전류	Ampere	A
J	전류밀도	Ampere/meter^2	A/m^2
μ_e, μ_h	이동도	meter^2/volt-second	m^2/V · s
σ	도전율	Mho/meter	℧/m
R	저항	Ohm	Ω
P	전기분극	Coulomb/meter^2	C/m^2
C	정전용량, 커패시턴스	Farad	F
H	자계 세기	Ampere/meter	A/m

25. 전기 및 자기단위(2)

기 호	량	단 위	약 호
K	표면전류밀도	Ampere/meter	A/m
B	자속밀도	Weber/meter^2(tesla)	Wb/n^2(or T)
μ_0	투자율	Henry/meter	H/m
A	벡터 자기 포텐셜	Weber/meter	Wb/m
T	회전력, 토오크	Newton-meter	N · m
m	자기 모멘트	Ampere-meter^2	A · m^2
M	자화, 자화의 세기	Ampere/meter	A/m
$\mathcal{R}$	리액턴스, 자기저항	Ampere-turn/weber	A · T/Wb
L	인덕턴스	Henry	H
M	상호 인덕턴스	Henry	H
ω	각주파수	Radian/second	rad/s
c	광속도	Meter/second	m/s
λ	파장	meter	m
γ	고유 임피던스	Ohm	Ω
η	전파정수	Complex neper/meter	m^{-1}
α	감쇠정수	Neper/meter	Np/m
β	위상정수	Radian/meter	rad/m
f	주파수	Hertz	Hz
P	전력	Watt	W
δ	표피두께	meter	m
G	컨덕턴스	Mho	℧
Z	임피던스	Ohm	Ω
Y	어드미턴스	Mho	℧
$\mathcal{R}$	Poynting 벡터	Watt/meter^2	W/m^2
Γ	반사계수		
S	정재파비		

26. 국제단위와 Gauss 및 기타 단위와의 변환계수

량	1MKS 단위	GAUSS단위	기타 단위
d	1m	10^{2}Cm	39.37 In.
F	1N	10^{5}Dyne	0.2248Lb_f
W	1J	10^{7}Erg	0.7376Ft-lb_f
Q	1C	10cStatC	0.1AbC
ρ	$1C/m^{3}$	10^{-5}cStatC/cm^{3}	10^{-7}AbC/cm^{3}
D	$1C/m^{2}$	$4\pi 10^{-3}$c(esu)	$4\pi 10^{-5}$(emu)
E	1V/m	10^{4}/cStatV/cm	10^{6}AbV/cm
V	1V	10^{6}/cStatV	10^{8}AbV
I	1A	0.1AbA	10cStatA
H	1A/m	$4\pi 10^{-3}$Oersted	0.4π c(esu)
V_m	1A · T	0.4π Gilbert	40π c(esu)
B	$1Wb/m^{2}$	10^{4}Gauss	100/c(esu)
Φ	1Wb	10^{8}Maxwell	10^{6}/c(esu)
A	1Wb/m	10^{9}Maxwell/cm	
R	1Ω	10^{9}AbΩ	$10^{5}/c^{2}$StatΩ
L	1H	10^{9}AbH	$10^{5}/c^{2}$StatH
C	1F	$10^{-5}c^{2}$StatF	10^{-9}AbF
σ	1℧/m	10^{-11}Ab℧/cm	$10^{-7}c^{2}$Stat℧/cm
μ	1H/m	$10^{7}/4\pi$ (emu)	$10^{3}/4\pi c^{2}$(esu)
ε	1F/m	$4\pi 10^{-7}c^{2}$(esu)	$4\pi 10^{-11}$(emu)

연습문제 풀이

제1장 벡터

■ 주관식 ■

1. 벡터 **A**=2**i**-3**j**+4**k**의 크기 $A=\sqrt{2^2+(-3)^2+4^2}=\sqrt{29}$

   단위 벡터 $\mathbf{a}_A=\frac{\mathbf{A}}{A}=\frac{2\mathbf{i}-3\mathbf{j}+4\mathbf{k}}{\sqrt{29}}$

2. $\mathbf{A}\cdot\mathbf{B}=(5\mathbf{i}+2\mathbf{j}+3\mathbf{k})\cdot(2\mathbf{i}-3\mathbf{j}+4\mathbf{k})$
   $=10-6+12$
   $=16$

   두 벡터의 사이각 θ를 구하기 위해서 $\mathbf{A}\cdot\mathbf{B}=AB\cos\theta$

   $\cos\theta=\frac{\mathbf{A}\cdot\mathbf{B}}{AB}$ 에서

   $A=\sqrt{5^2+2^2+3^2}=\sqrt{25+4+9}=\sqrt{38}$

   $B=\sqrt{2^2+(-3)^2+4^2}=\sqrt{4+9+16}=\sqrt{29}$이므로

   $\cos\theta=\frac{16}{\sqrt{38}\sqrt{29}}$

   $\theta=\cos^{-1}\frac{16}{\sqrt{38}\sqrt{29}}$
   $\fallingdotseq 61.2°$

3. $\mathbf{A}=\mathbf{i}-\mathbf{j}+\mathbf{k}$, $\mathbf{B}=3\mathbf{i}+4\mathbf{j}-5\mathbf{k}$이므로

$$\mathbf{C}=\mathbf{A}\times\mathbf{B}=\begin{vmatrix}\mathbf{i} & \mathbf{j} & \mathbf{k}\\ 1 & -1 & 1\\ 3 & 4 & -5\end{vmatrix}=\mathbf{i}(5-4)-\mathbf{j}(-5-3)+\mathbf{k}(4+3)$$
$$=\mathbf{i}+8\mathbf{j}+7\mathbf{k}$$

   크기 $C=\sqrt{1^2+8^2+7^2}=\sqrt{114}$

   단위 벡터 $\mathbf{a}_c=\frac{\mathbf{C}}{C}=\frac{\mathbf{i}+8\mathbf{j}+7\mathbf{k}}{\sqrt{144}}$

   C의 x축 성분은 **I**의 계수이므로 $C_x=1$

4. $\mathbf{A}=2\mathbf{i}+2\mathbf{j}-4\mathbf{k}$, $\mathbf{B}=-3\mathbf{i}+2\mathbf{j}+3\mathbf{k}$, $\mathbf{C}=2\mathbf{i}-4\mathbf{j}-5\mathbf{k}$이므로

$$(\mathbf{A}\times\mathbf{B})\cdot\mathbf{C}=\begin{vmatrix}i & j & k\\ 2 & 2 & -4\\ -3 & 2 & 3\end{vmatrix}\cdot(2\mathbf{i}-4\mathbf{j}-5\mathbf{k})$$
$$=\left(\mathbf{i}\begin{vmatrix}2 & -4\\ 2 & 3\end{vmatrix}-\mathbf{j}\begin{vmatrix}2 & -4\\ -3 & 3\end{vmatrix}+\mathbf{k}\begin{vmatrix}2 & 2\\ -3 & 2\end{vmatrix}\right)\cdot(2\mathbf{i}-4\mathbf{j}-5\mathbf{k})$$
$$=\{\mathbf{i}(6+8)-\mathbf{j}(6-12)+\mathbf{k}(4+6)\}\cdot(2\mathbf{i}-4\mathbf{j}-5\mathbf{k})$$
$$=(14\mathbf{i}+6\mathbf{j}+10\mathbf{k})\cdot(2\mathbf{i}-4\mathbf{j}-5\mathbf{k})$$
$$=14\times2+6\times(-4)+10\times(-5)$$
$$=28-24-50$$
$$=-46$$

5. 점 $A(3, -2, 4)$[m]에서 점 $B(2, 4, -3)$[m]에 이르는 변위벡터를 **C**라 하면

$$\mathbf{C}=\mathbf{B}-\mathbf{A} =(2\,\mathbf{i}+4\,\mathbf{j}-3\,\mathbf{k})-(3\,\mathbf{i}-2\,\mathbf{j}+4\,\mathbf{k})$$
$$=-\,\mathbf{i}+6\,\mathbf{j}-7\,\mathbf{k}$$

6. $\mathbf{A}=2\,\mathbf{i}-6\,\mathbf{j}-4\,\mathbf{k}$, $\mathbf{B}=-\,\mathbf{i}+3\,\mathbf{j}+5\,\mathbf{k}$이므로

(a) $$\mathbf{A}+\mathbf{B} =(2\,\mathbf{i}-6\,\mathbf{j}-4\,\mathbf{k})+(-\,\mathbf{i}+3\,\mathbf{j}+5\,\mathbf{k})$$
$$=-\,\mathbf{i}+6\,\mathbf{j}-7\,\mathbf{k}$$

(b) $$2\,\mathbf{A}-\mathbf{B} =2(2\,\mathbf{i}-6\,\mathbf{j}-4\,\mathbf{k})-(-\,\mathbf{i}+3\,\mathbf{j}+5\,\mathbf{k})$$
$$=5\,\mathbf{i}-15\,\mathbf{j}-13\,\mathbf{k}$$

(c) $$|\,\mathbf{A}-\mathbf{B}\,| =|(2\,\mathbf{i}-6\,\mathbf{j}-4\,\mathbf{k})-(-\,\mathbf{i}+3\,\mathbf{j}+5\,\mathbf{k})|$$
$$=|3\,\mathbf{i}-9\,\mathbf{j}-9\,\mathbf{k}|$$
$$=\sqrt{3^2+(-9)^2+(-9)^2}$$
$$=\sqrt{9+81+81}$$
$$=\sqrt{171}$$

7. 일 $W=$(힘 **F**)·(변위벡터 $\overrightarrow{PQ}$)

$$=(-6\,\mathbf{i}+4\,\mathbf{j}+2\,\mathbf{k})\cdot\{(5\,\mathbf{i}+2\,\mathbf{j}+\mathbf{k})-(2\,\mathbf{i}+3\,\mathbf{j}+4\,\mathbf{k})\}$$
$$=(-6\,\mathbf{i}+4\,\mathbf{j}+2\,\mathbf{k})\cdot(3\,\mathbf{i}-\mathbf{j}-3\,\mathbf{k})$$
$$=(-6)\times3+4\times(-1)+2\times(-3)$$
$$=-18-4-6$$
$$=-28[J]$$

8. 평행사변형의 면적 $S=\frac{1}{2}\,|\,\mathbf{P}\times\mathbf{Q}\,|=\frac{1}{2}\,PQ\sin\theta$

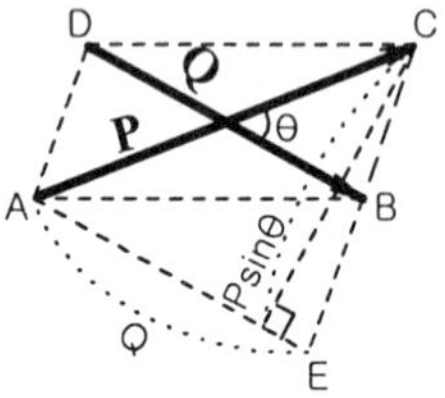

($\because \triangle AEB=\triangle BDA=\triangle ACB$ 또는 $\triangle AEB=\triangle ABC=\triangle ACD$)

$\mathbf{P}=-3\,\mathbf{i}+4\,\mathbf{j}+\mathbf{k}$(평행사변형의 한 대각선 벡터)

$\mathbf{Q}=2\,\mathbf{i}-3\,\mathbf{j}+2\,\mathbf{k}$(평행사변형의 다른 대각선 벡터)이므로

$$\therefore S=\frac{1}{2}\left|\left(\begin{vmatrix} i & i & k \\ -3 & 4 & 1 \\ 2 & -3 & 2 \end{vmatrix}\right)\right| =\frac{1}{2}\,|[\,\mathbf{i}\,(8+3)-\,\mathbf{j}\,(-6-2)+\,\mathbf{k}\,(9-8)]|$$
$$=\frac{1}{2}\,|11\,\mathbf{i}+8\,\mathbf{j}+\mathbf{k}|$$
$$=\frac{1}{2}\sqrt{11^2+8^2+1^2}$$
$$=\frac{1}{2}\sqrt{121+64+1}$$
$$=\frac{1}{2}\sqrt{186}$$

9. $\phi=x^2y^2z^2$이므로 점 $P(3, 4, 5,)$ 에서의 $\nabla\phi_{(3,4,5)}$를 구하기 위해서

$$\nabla\phi =\left(\frac{\partial}{\partial x}\,\mathbf{i}+\frac{\partial}{\partial y}\,\mathbf{j}+\frac{\partial}{\partial z}\,\mathbf{k}\right)x^2y^2z^2$$
$$=\frac{\partial}{\partial x}(x^2y^2z^2)\,\mathbf{i}+\frac{\partial}{\partial y}(x^2y^2z^2)\,\mathbf{j}+\frac{\partial}{\partial z}(x^2y^2z^2)\,\mathbf{k}$$
$$=2xy^2z^2\,\mathbf{i}+2x^2yz^2\,\mathbf{j}+2x^2y^2z\,\mathbf{k}$$

이므로

$$\nabla\phi_{(3,4,5)} = 2\times3\times4^2\times5^2\,\mathbf{i}+2\times3^2\times4\times5^2\,\mathbf{j}+2\times3^2\times4^2\times5\,\mathbf{k} = 2400\,\mathbf{i}+1800\,\mathbf{j}+1440\,\mathbf{k}$$

10. 벡터 $\mathbf{A}=2x\,\mathbf{i}-y^2\,\mathbf{j}+3z^{2x}\,\mathbf{k}$일 때 $P(2,\ 2,\ 2)$에서의 벡터 $\mathbf{A}$의 발산을 구하기 위해서

$$div\,\mathbf{A}=\nabla\cdot\mathbf{A}=\left(\frac{\partial}{\partial x}\,\mathbf{i}+\frac{\partial}{\partial y}\,\mathbf{j}+\frac{\partial}{\partial z}\,\mathbf{k}\right)\cdot(2x\,\mathbf{i}-y^2\,\mathbf{j}+3z^2x\,\mathbf{k})$$

$$=\frac{\partial}{\partial x}(2x)+\frac{\partial}{\partial y}(-y^2)+\frac{\partial}{\partial z}(3z^2x)$$

$$=2-2y+6zx$$

$$\therefore div\,\mathbf{A}_{(2,2,2)}=2-2\times2+6\times2\times2=2-4+24=22$$

11. 벡터 $\mathbf{A}=3x\,\mathbf{i}+2xy\,\mathbf{j}-3xyz^2\,\mathbf{k}$로 주어질 때, $P(3,\ 2,\ 1)$에서의 $\mathbf{A}$를 구하기 위해서

$$rot\,\mathbf{A}=\nabla\times\mathbf{A}=\begin{bmatrix}\mathbf{i} & \mathbf{j} & \mathbf{k}\\ \frac{\partial}{\partial x} & \frac{\partial}{\partial y} & \frac{\partial}{\partial z}\\ 3x & 2xy & -3xyz^2\end{bmatrix}$$

$$=\mathbf{i}\begin{vmatrix}\frac{\partial}{\partial y} & \frac{\partial}{\partial z}\\ 2xy & -3xyz^2\end{vmatrix}-\mathbf{j}\begin{vmatrix}\frac{\partial}{\partial x} & \frac{\partial}{\partial z}\\ 3x & -3xyz^2\end{vmatrix}+\mathbf{k}\begin{vmatrix}\frac{\partial}{\partial x} & \frac{\partial}{\partial y}\\ 3x & 2xy\end{vmatrix}$$

$$=\mathbf{i}\left\{\frac{\partial}{\partial y}(-3xyz^2)-\frac{2}{2z(2xy)}\right\}-\mathbf{j}\left\{\frac{\partial}{2x}(-3xyz^{2)}-\frac{\partial}{\partial z}(3x)\right\}+\mathbf{k}\left\{\frac{\partial}{\partial x}(2xy)-\frac{2}{2y}(3x)\right\}$$

$$=-3xz^2\,\mathbf{i}+3yy^2\,\mathbf{j}+2y\,\mathbf{k}$$

$$rot\,\mathbf{A}_{(3,2,1)}=\mathbf{i}(-3\times3\times1^2)+\mathbf{j}(3\times2\times1^2)+\mathbf{k}(2\times2)=-9\,\mathbf{i}+6\,\mathbf{j}+4\,\mathbf{k}$$

12.

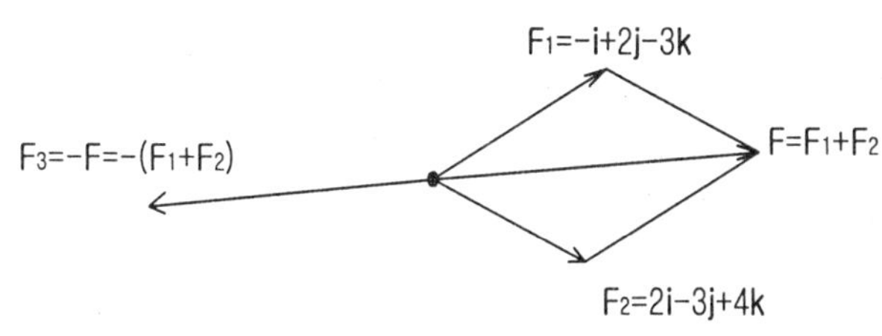

$$\therefore\ \mathbf{F}_3=-\mathbf{F}=-(\mathbf{F}_1+\mathbf{F}_2)=-\{(-\mathbf{i}+2\,\mathbf{j}-3\,\mathbf{k})+(2\,\mathbf{i}-3\,\mathbf{j}+4\,\mathbf{k})\}=-(\mathbf{i}-\mathbf{j}+\mathbf{k})=-\mathbf{i}+\mathbf{j}-\mathbf{k}$$

■ 객관식 ■

1. ㉮ **2.** ㉯ **3.** ㉮ **4.** ㉰ **5.** ㉰ **6.** ㉰ **7.** ㉰ **8.** ㉰

제2장 정 전 계

■ 주관식 ■

1. 전하량간의 흡인력 F_A와 F_B는 다같은 방향이며 $F=F_A+F_B$이다.

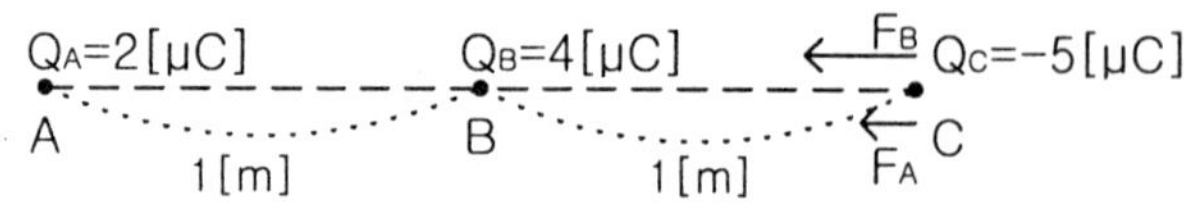

$$F_A = \frac{Q_A \cdot Q_C}{4\pi\varepsilon_0 r_A^2} = 9\times10^9 \times \frac{2\times10^{-6}\times(-5)\times10^{-6}}{2^2} = \frac{-9\times10^{-2}}{4} = -2.25\times10^{-2}\,[\mathrm{N}]$$

(흡인력이며 점 C에서 왼쪽 방향)

$$F_B = \frac{Q_B \cdot Q_C}{4\pi\varepsilon_0 r_B^2} = 9\times10^9 \times \frac{4\times10^{-6}\times(-5)\times10^{-6}}{1^2} = -18\times10^{-2}\,[N]$$

$$\therefore F = F_A + F_B = -20.25\times10^{-2}\,[\mathrm{N}]$$

2.

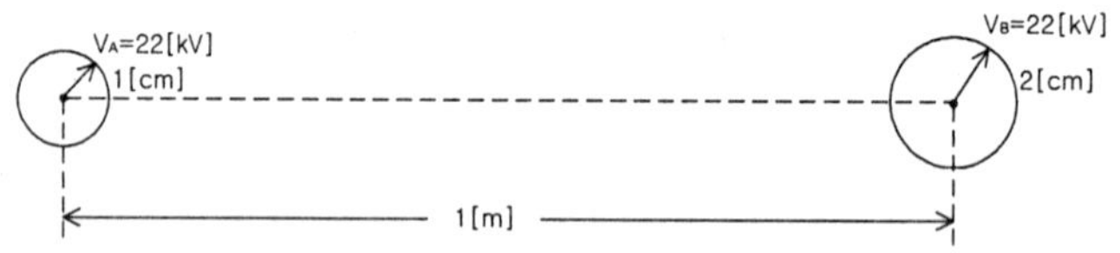

$Q=CV$ 에서 $C=4\pi\varepsilon_0 a$ 이므로 $Q=4\pi\varepsilon_0 aV$ 에서

$Q_A = 4\pi\varepsilon_0\times1\times10^{-2}\times22\times10^3$, $Q_B = 4\pi\varepsilon_0\times2\times10^{-2}\times22\times10^3$

$$F = \frac{Q_A Q_B}{4\pi\varepsilon_0\times1^2} = \frac{4\pi\varepsilon_0\times22\times10\times4\pi\varepsilon_0\times44\times10}{4\pi\varepsilon_0} = \frac{1}{9\times10^9}\times22\times44\times100 \fallingdotseq 107.6\times10^{-7} = 1.076\times10^{-5}\,[\mathrm{N}]$$

3. A점의 전위는,

$$V_A = \frac{Q}{4\pi\varepsilon_0 r_A} = 9\times10^9\times\frac{2\times10^{-6}}{1} = 18\times10^3\,[\mathrm{V}]$$

B점의 전위는,

$$V_B = \frac{Q}{4\pi\varepsilon_0 r_B} = 9\times10^9\times\frac{2\times10^{-6}}{2} = 9\times10^3\,[\mathrm{V}]$$

∴ 전위차 $V_{AB} = V_A - V_B = 9\times10^3\,[\mathrm{V}]$

또 A점의 전계

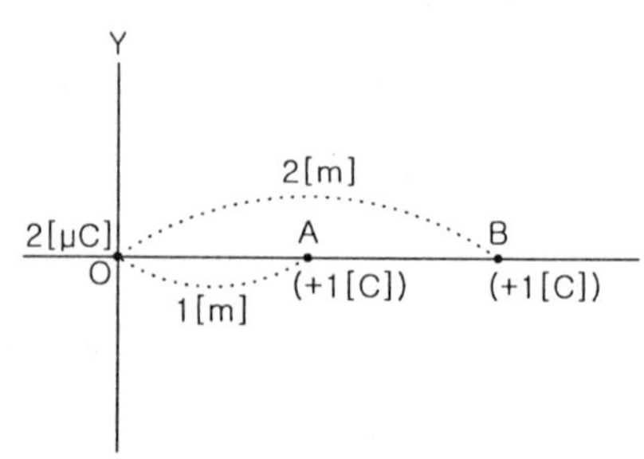

$$E_A = \frac{Q}{4\pi\varepsilon_0 r_A^2} = 9\times10^9\times\frac{2\times10^{-6}}{1^2} = 18\times10^3\,[\mathrm{V/m}]$$

$$E_B = \frac{Q}{4\pi\varepsilon_0 r_B^2} = 9\times10^9\times\frac{2\times10^{-6}}{2^2} = 4.5\times10^3\,[\mathrm{V/m}]$$

4.

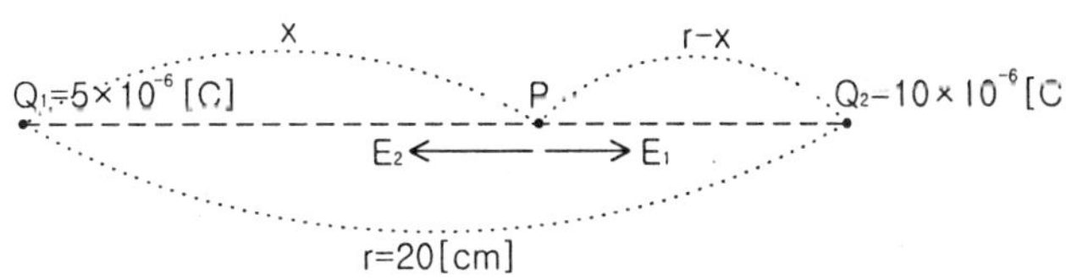

전계의 세기가 0이 되는 점을 P라 하면, P점에 +1[C]이 있다고 가정한다.

$E = E_1 - E_2 = 0 \rightarrow E_1 = E_2$조건에서

$$E_1 = \frac{5\times10^{-6}}{4\pi\varepsilon_0 x^2},\quad E_2 = \frac{10\times10^{-6}}{4\pi\varepsilon_0 (20\times10^{-2}-x)^2}$$

$$\therefore\ 2x^2 = (20\times10^{-2}-x)^2 = 400\times10^{-4} - 40\times10^{-2}x + x^2$$

$$x^2 + 40\times10^{-2}x - 400\times10^{-4} = 0$$

$$100x^2 + 40x - 4 = 0$$

$$25x^2 + 10x - 1 = 0$$

$$x = \frac{-10\pm\sqrt{100+100}}{50} = \frac{-1\pm\sqrt{2}}{5}$$

$$\therefore\ x = \frac{-1+\sqrt{2}}{5} \fallingdotseq 0.0828\,[\mathrm{m}]$$

Q_1에서 Q_1 방향으로 약 8.28[cm] 떨어진 곳

5. 전기력선 방정식은 $\frac{d_x}{E_x} = \frac{d_y}{E_y}$로 표현되므로

$$\frac{d_x}{\frac{x}{x^2+y^2}} = \frac{d_y}{\frac{y}{x^2+y^2}}$$

에서 양변에 (x^2+y^2)을 곱하면 $\frac{d_x}{x} = \frac{d_y}{y}$이고, 부정적분을 하면

$$\int\frac{d_x}{x} = \int\frac{d_y}{y}$$

$$\ln x = \ln y + \ln C = \ln Cy$$

$$\therefore x = Cy$$

점 (3, 2,-1)을 지나는 전기력선 방정식은 x, y를 대입하여 C를 대입하여 구하면

$$3 = C\times2$$

$$C = \frac{3}{2}$$

$$\therefore x = \frac{3}{2}y$$

6. $E=\dfrac{\lambda}{2\pi\varepsilon_0 r}$ [V/m]의 공식에 따라

$$E=2\times9\times10^{9}\frac{10^{-4}}{20\times10^{-2}}$$
$$=9\times10^{6}\ [\text{V/m}]$$

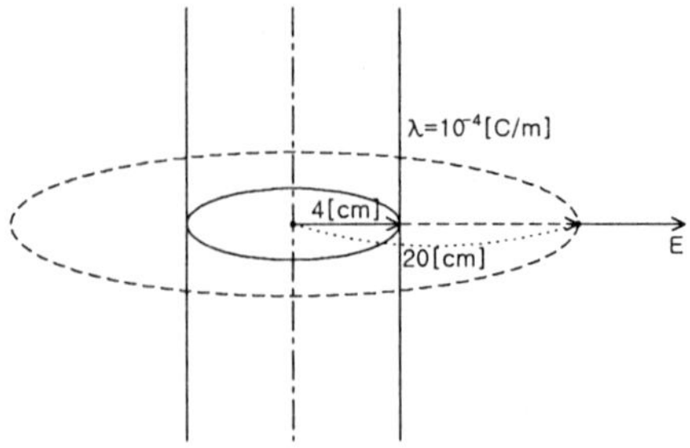

7. 접촉시키면 양 도체구의 전위는 같게 되며, 전하량은 용량에 비례하여 분배된다.

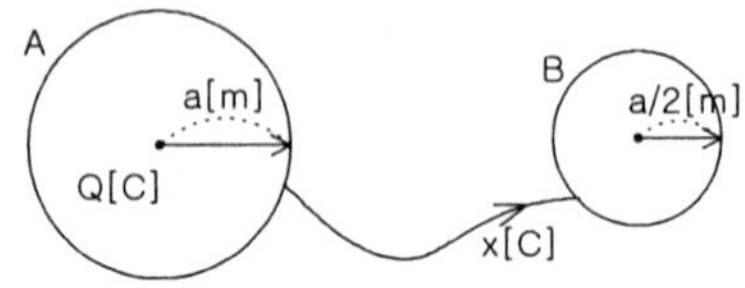

$$C_A=4\pi\varepsilon_0 a,\quad C_B=4\pi\varepsilon_0\frac{a}{2}=2\pi\varepsilon_0 a$$
$$(Q-x):x=4\pi\varepsilon_0 a:2\pi\varepsilon_0 a=2:1$$
$$\therefore\ 2x=Q-x$$
$$3x=Q$$
$$x=\frac{Q}{3}\ [\text{C}]$$

또는, $V_A=\dfrac{Q-X}{4\pi\varepsilon_0}=V_B=\dfrac{x}{4\pi\varepsilon_0\times\dfrac{a}{2}}$ 에서

$$(Q-x)\times\frac{a}{2}=ax$$
$$Q-x=2x$$
$$\therefore x=\frac{Q}{3}$$

8. V_P와 E_P를 구하기 위해서

코일의 선전하 밀도

$$\lambda=\frac{\text{전체전하}Q}{\text{전체길이}L}=\frac{5\times10^{-6}}{2\pi a}=\frac{5\times10^{-6}}{2\pi\times1}\ [\text{C/m}]$$

(코일상의 미소길이) $dl=a\,d\phi=d\phi$ (미소각)

코일의 미소부분에서 P점까지의 거리

$$R=\sqrt{a^2+z}=\sqrt{1^2+2^2}=\sqrt{5}\,[\text{m}]$$

중심에소 본 코일 전체 각도 변화 $\phi=0\sim2\pi$ [rad]

미소길이 dl에 있는 전하량 $dQ=\lambda dl$

$$dV_P=\frac{\lambda dl}{4\pi\varepsilon_0 R}$$

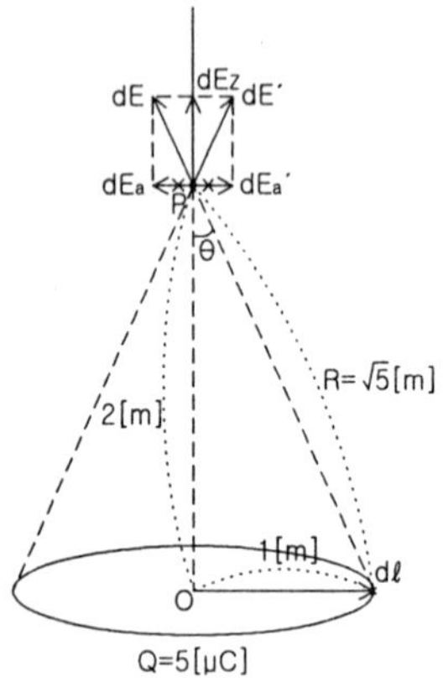

전체 코일에 의한 P점의 전위

$$V_P=\int_l\frac{\lambda dl}{4\pi\varepsilon_0 R}=\int_0^{2\pi}\frac{\lambda d\phi}{4\pi\varepsilon_0\times\sqrt{5}}$$
$$=\frac{\dfrac{5\times10^{-6}}{2\pi}}{4\sqrt{5}\,\pi\varepsilon_0}\ [\phi]_0^{2\pi}$$
$$=\frac{5\times10^{-6}}{4\sqrt{5}\,\pi\varepsilon_0}\times[2\pi-0]$$
$$=9\times10^{9}\times\sqrt{5}\times10^{-6}\ [\text{V}]$$
$$=9\sqrt{5}\times10^{3}\ [\text{V}]$$

$$dE_z = dE\cos\theta = \frac{\lambda dl}{4\pi\varepsilon_0 R^2}\cdot\frac{z}{R} = \frac{\lambda za\,d\varnothing}{4\pi\varepsilon_0 R^3}$$

$$\therefore E_z = \int_0^{2\pi}\frac{\lambda za\,d\varnothing}{4\pi\varepsilon_0(a^2+z^2)^{\frac{3}{2}}} = \frac{\lambda za}{2\varepsilon_0\,(a^2+z^2)^{\frac{3}{2}}} = E_P \quad (\because E_a = 0)$$

$$\text{즉 } E_P = \frac{\frac{5\times10^{-6}}{2\pi}\times2\times1}{2\varepsilon_0(1^2+2^2)^{\frac{3}{2}}} = \frac{10\times10^{-6}}{4\pi\varepsilon_0\sqrt{5^3}} = 9\times10^9\times\frac{10^{-5}}{5\sqrt{5}}$$

$$\fallingdotseq 0.8\times10^4\,[\text{V/m}]$$

$$\therefore V_P = 9\sqrt{5}\times10^3\,[\text{V}],\quad E_P = 0.8\times10^4\,[\text{V/m}]$$

9. 정삼각형 중심의 전위를 V_0라 놓으면, 각 꼭지점에서 중심에 이르는 거리 r은 모두 같으며

$$2 : \sqrt{3} = r : 10$$

$$r = \frac{20}{\sqrt{3}}\,[\text{cm}]$$

$$\therefore V_0 = \frac{Q}{4\pi\varepsilon_0 r}\times3$$

$$= 9\times10^9\times\frac{\sqrt{3}\times10^{-9}}{\frac{20}{\sqrt{3}}}\times3$$

$$= 4.05\,[\text{V}]$$

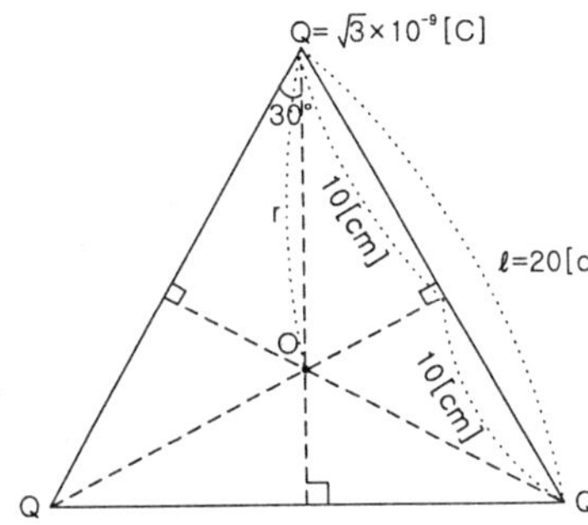

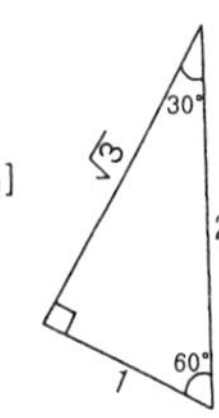

10. 도체구에 최고로 줄 수 있는 전위를 V라 하면, 절연내력=전계이므로

$$E_a = \frac{Q}{4\pi\varepsilon_0 a^2} = 3\times10^6\,[\text{V/m}]$$

$$V = \frac{Q}{4\pi\varepsilon_0 a} = E_a\times a = 3\times10^6\times2$$

$$= 6\times10^6\,[\text{V}]$$

11. 전자의 질량에 의해서 낙하하는 힘을 Fg, 전계에 의해서 올라가는 힘을 Fe라 하면,

$V = E\cdot d$이고, $Fe = gE = eE = 1.602\times10^{19}\times E$

$Fe = Fg = me\cdot g$(중력가속도)$= 9.1\times10^{-31}\times9.8$에서

$$E = \frac{9.1\times10^{31}\times9.8}{1.602\times10^{-19}} \fallingdotseq 55.67\times10^{-12}$$

$$V = 55.67\times10^{-12}\times2\times10^{-2} = 111.34\times10^{-14=1.113}4\times10^{-12}\,[\text{V}]$$

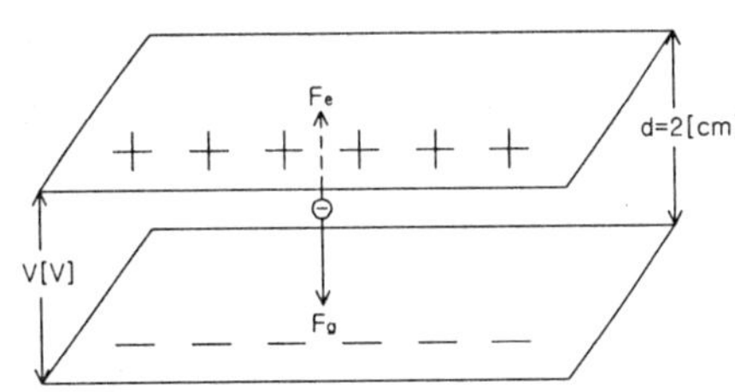

12. 동축 원통 도체간의 전위차 $V_{12} = \frac{\lambda}{2\pi\varepsilon_0}\cdot\ln\frac{r_2}{r_1}$ [V]에 따라

$$\lambda = V_{12}\cdot2\pi\varepsilon_0\cdot\frac{1}{\ln\frac{r_2}{r_1}}$$

$$= 200\times\frac{1}{2}\times\frac{1}{9}\times10^{-9}\times\frac{1}{\ln\frac{20\times10^{-2}}{10\times10^{-2}}}$$

$$\fallingdotseq 11.1\times10^{-9}\times3.32$$

$$= 3.69\times10^{-8}\,[\text{C/m}]$$

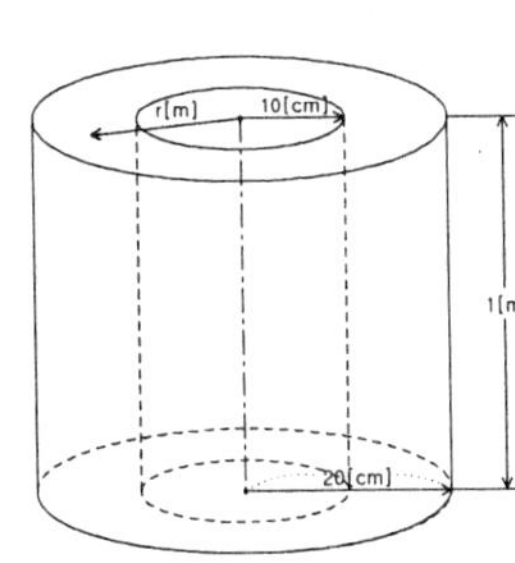

∴내부도체의 1[m]당의 표면적 $S_1 = 2\pi r \times h = 2\pi \times 0.1 \times 1 = 0.2\pi$ [m^2]

$$S_1 = \frac{\lambda}{S_1} = \frac{3.69\times10^{-8}}{0.2\pi} \fallingdotseq 5.87\,[\mathrm{C/m^2}]$$

13. $\frac{4}{3}\pi a^3 + \frac{4}{3}\pi a^3 = \frac{4}{3}\pi b^3$

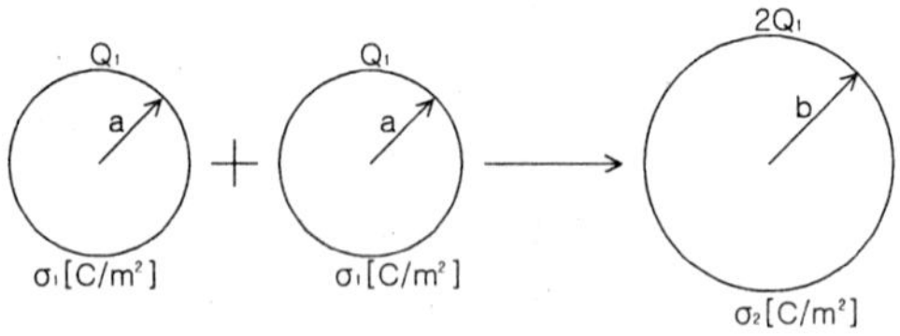

$2a^3 = b^3$

$b = \sqrt[3]{2}a$

$\sigma_1 = \frac{Q_1}{4\pi a^2}$

$\sigma_2 = \frac{2Q_1}{4\pi b^2} = \frac{2Q_1}{4\pi(\sqrt[3]{2}a)^2}$

$\therefore\ \sigma_1 : \sigma_2 = \frac{Q_1}{4\pi a^2} : \frac{2Q_1}{4\pi\ \sqrt[3]{2}a^2}$

$= 1 : \frac{2}{\sqrt[3]{4}}$

$\fallingdotseq 1 : 1.26$

14. 전위경도 $= \nabla V = \left(\frac{2}{2x}\mathbf{i} + \frac{2}{2y}\mathbf{j} + \frac{2}{2z}\mathbf{k}\right)\frac{20}{x^2+y^2}$

$$= \frac{\partial}{\partial x}\left(\frac{20}{x^2+y^2}\right)\mathbf{i} + \frac{\partial}{\partial y}\left(\frac{20}{x^2+y^2}\right)\mathbf{j} + \frac{\partial}{\partial z}\left(\frac{20}{x^2+y^2}\right)\mathbf{k}$$

$\left(\frac{u}{v}\right)' = \frac{u'v - uv'}{v^2}$ 의 미분공식에 따라

i) $\frac{\partial}{\partial x}\left(\frac{20}{x^2+y^2}\right) = \frac{0-2x}{(x^2+y^2)^2} = \frac{-2x}{(x^2+y^2)^2}$

ii) $\frac{\partial}{\partial x}\left(\frac{20}{x^2+y^2}\right) = \frac{0-2y}{(x^2+y^2)^2} = \frac{-2y}{(x^2+y^2)^2}$

iii) $\frac{\partial}{\partial x}\left(\frac{20}{x^2+y^2}\right) = \frac{0-0}{(x^2+y^2)^2} = 0$

∴전위경도 $= \nabla U = -\frac{2x}{(x^2+y^2)^2}\mathbf{i} - \frac{2y}{(x^2+y^2)^2}\mathbf{j}$ [V/m]

또, 점 (1, 1, 1)에서의 전위경도는

$$\nabla V_{(1,1,1)} = -\frac{2\times1}{(1^2+1^2)^2}\mathbf{i} - \frac{2\times1}{(1^2+1^2)^2}\mathbf{j}$$

$$= -\frac{2}{4}\mathbf{i} - \frac{2}{4}\mathbf{j}$$

$$= -\frac{1}{2}\mathbf{i} - \frac{1}{2}\mathbf{j}$$

15. $V = \frac{L}{4\pi\varepsilon_0}\omega$ [V] 의 식에서,

(여기서, 전기 이중층의 세기 L[C/m] $= \sigma\cdot\delta$는 단위면적당 모멘트이며,
P점에서 전기 이중층을 바라보는 입체각 ω는

$$\omega = \frac{S}{r^2} = 2\pi(1-\cos\theta)\,[\mathrm{Sterad}])$$

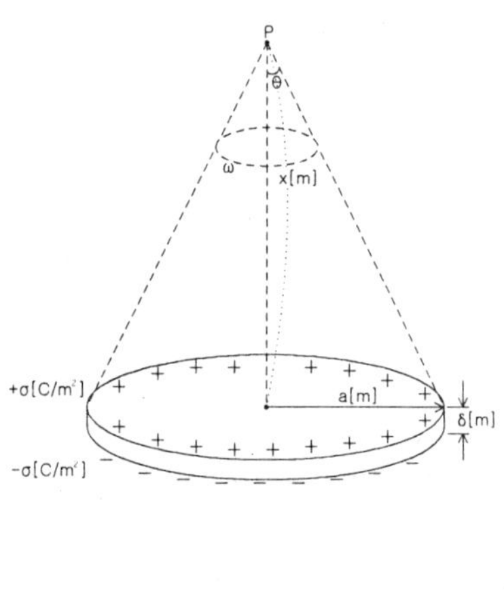

$\therefore$ P점에서의 전위 $V_P = \frac{\sigma\cdot\delta}{4\pi\varepsilon_0}\cdot 2\pi(1-\cos\theta)$

$$= \frac{\sigma\cdot\delta}{4\pi\varepsilon_0}\cdot 2\pi\left(\frac{1-x}{\sqrt{x^2+a^2}}\right)$$

$$= \frac{\sigma\cdot\delta}{2\varepsilon_0}\left(\frac{1-x}{\sqrt{x^2+a^2}}\right)[\mathrm{V}]$$

16. $\bigtriangledown^2 V = -\frac{\rho}{\varepsilon_0}$ (프와송의 방정식)에서 $V = 3x^2 + 4y^2$ [V]이므로

$$\bigtriangledown^2 V = \frac{\partial^2 V}{\partial x^2} + \frac{\partial^2 V}{\partial y^2} + \frac{\partial^2 V}{\partial z^2}$$

$$= 6 + 8 + 0 = -\frac{\rho}{\varepsilon_0}$$

$\rho = -14\,\varepsilon_0\,[\mathrm{C/m^3}]$

∴ $8\,[\mathrm{m^3}]$ 내의 전하는

$$Q = -14\,\varepsilon_0 \times 8$$

$$= -112\,\varepsilon_0\,[\mathrm{C}]$$

17. 전위함수 $V = 2xy^2 + x^2yz^2$ [V]일 때 점 (1, 1, 1) [m]의 전하밀도[$\mathrm{C/m^3}$]는

프와송의 방정식, $\bigtriangledown^2 V = -\frac{\rho}{\varepsilon_0}$ 에서

$$\bigtriangledown^2 V = \frac{\partial^2 V}{\partial x^2} + \frac{\partial^2 V}{\partial y^2} + \frac{\partial^2 V}{\partial z^2}$$

$$= \frac{\partial^2}{\partial x^2}(2xy^2 + x^2yz^2) + \frac{\partial^2}{\partial y^2}(2xy^2 + x^2yz^2) + \frac{\partial^2}{\partial z^2}(2xy^2 + x^2yz^2)$$

$$= 2yz^2 + 4x + 2x^2y = -\frac{\rho}{\varepsilon_0}$$

$\rho = -\varepsilon_0\,(2yz^2 + 4x + 2x^2y)$

$\rho_{(1,1,1)} = -8\,\varepsilon_0\,[\mathrm{C/m^3}]$

18. 전하가 없는 곳의 전위와 체적전하밀도 사이의 관계식은 라플라스 방정식 $\bigtriangledown^2 V = 0$에 따라 계산한다.

$$\bigtriangledown^2 V = \bigtriangledown \cdot \bigtriangledown V = \bigtriangledown \cdot (-E)$$

$$= \left(\frac{\partial}{\partial x}\,\mathbf{i} + \frac{\partial}{\partial y}\,\mathbf{j} + \frac{\partial}{\partial z}\,\mathbf{k}\right) \cdot (-3x\,\mathbf{i} - y^2\,\mathbf{j} + 5(x)z\,\mathbf{k})$$

$\therefore 5(x) = 3 + 2y$

■ 객관식 ■

1. ㉮ **2.** ㉱ **3.** ㉰ **4.** ㉮ **5.** ㉮ **6.** ㉱ **7.** ㉱ **8.** ㉮ **9.** ㉮ **10.** ㉰ **11.** ㉰ **12.** ㉰
13. ㉯ **14.** ㉱ **15.** ㉱ **16.** ㉮ **17.** ㉱ **18.** ㉮ **19.** ㉱ **20.** ㉯ **21.** ㉮ **22.** ㉮ **23.** ㉯ **24.** ㉯
25. ㉰ **26.** ㉮ **27.** ㉰

제3장 도체계와 정정용량

■ 주관식 ■

1. $Q = 200\,[\mu\mathrm{C}]$

극판간의 전위경도 $E = \frac{V}{d}$ 에서

$$V = \frac{Q}{C} = \frac{200 \times 10^{-6}}{5 \times 10^{-6}}$$

$$= 40\,[\mathrm{V}]$$

∴ 전위경도 $= \frac{40}{1 \times 10^{-3}} = 4 \times 10^4\,[\mathrm{V/m}]$

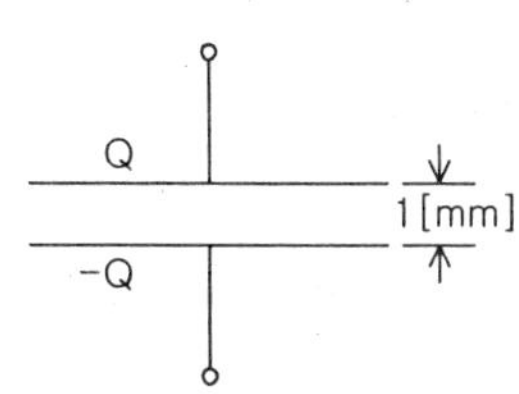

2. $\begin{cases} V_1 = P_{11}Q_1 + P_{12}Q_2 \\ V_2 = P_{21}Q_1 + P_{22}Q_2 \end{cases}$

여기서 $Q_2 = Q$, $Q_1 = 0$인 상태에서 두 도체를 접속하면

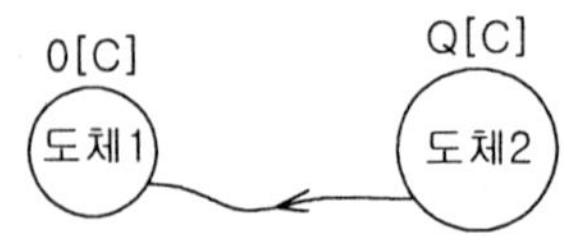

$V_1 = V_2 = V$가 되고 $Q_1 = Q'$, $Q_2 = Q - Q'$인 상태가 된다.

$\therefore \; P_{11}Q_1 + P_{12}Q_2 = P_{21}Q_1 + P_{22}Q_2$

$$P_{11}Q' + P_{12}(Q - Q') = P_{21}Q + P_{22}(Q - Q')$$

도체 1이 얻는 전하 Q'는

$$(P_{11} - P_{12} - P_{21} + P_{22})Q' = -P_{12}Q + P_{22}Q$$

$$(P_{11} - 2P_{12} + P_{22})Q' = (P_{22} - P_{12})Q$$

$$Q' = \frac{P_{22} - P_{12}}{P_{11} - 2P_{12} + P_{22}} Q$$

3. ① 직렬연결인 경우

직렬합성 정전용량,

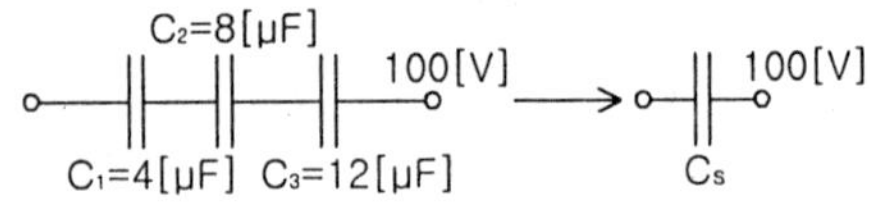

$$C_s = \frac{1}{\frac{1}{C_1} + \frac{1}{C_2} + \frac{1}{C_3}} = \frac{C_1C_2C_3}{C_2C_3 + C_1C_3 + C_1C_2}$$

$$= \frac{4\times8\times12}{8\times12 + 4\times12 + 4\times8} = \frac{384}{176} = \frac{24}{11} \,[\mu\text{F}]$$

저축에너지, $W_S = \frac{1}{2}CV^2$

$$= \frac{1}{2} \times \frac{24}{11} \times 10^{-6} \times 100^2$$

$$= \frac{12}{11} \times 10^{-2}\,[\text{J}]$$

② 병렬연결인 경우

병렬합성 정전용량,

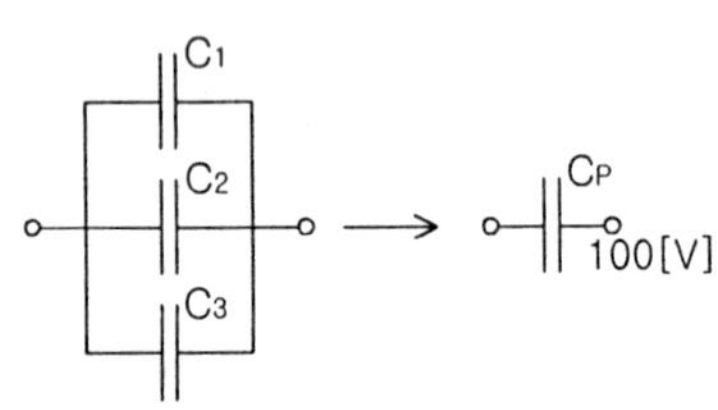

$C_P = C_1 + C_2 + C_3 = 4 + 8 + 12 = 24\,[\mu\text{F}]$

저축에너지,

$W_P = \frac{1}{2}CV^2 = \frac{1}{2} \times 24 \times 10^{-6} \times 100^2 = 12 \times 10^{-2}\,[\text{J}]$

4.

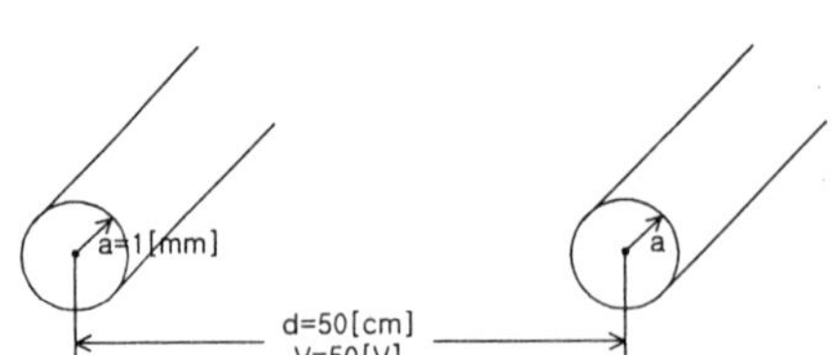

① 단위길이당 정전용량 C_0는 $d \gg a$이므로

$$C_0 = \frac{\pi\varepsilon_0}{\ln\frac{d}{a}} = \frac{\frac{1}{4}\times\frac{1}{9}\times10^{-9}}{\ln\frac{50\times10^{-2}}{1\times10^{-3}}} = \frac{\frac{1}{36}\times10^{-9}}{\ln500} \fallingdotseq \frac{\frac{1}{36}\times10^{-9}}{6.2}$$

$\fallingdotseq 4.5\times10^{-3}\times10^{-9}$

$= 4.5\times10^{-12}\,[\text{F}]$

② 단위길이당 에너지 $W_0 = \frac{1}{2} C_0 V^2$

$$= \frac{1}{2} \times 4.5 \times 10^{-12} \times 50^{-2}$$

$$= 5.625 \times 10^{-9}\ [\mathrm{J}]$$

③ $W_0 = \frac{1}{2} C_0 V^2 = \frac{1}{2} \frac{\pi \varepsilon_0}{\ln \frac{d}{a}} \cdot V^2$에서

단위길이당 정전력 $F_0 = -\frac{\partial}{\partial d} w_0 = \frac{1}{2} \cdot \pi \varepsilon_0 \cdot v^2 \frac{\cdot 1}{\frac{d(d/a)}{(d/a)}}$

$$= \frac{1}{2} \pi \varepsilon_0 v^2 d$$

$$= \frac{1}{2} \times \frac{1}{4} \frac{\times 1}{9} \times 10^{-9} \times 50^2 \times 50 \times 10^{-2}$$

$$\fallingdotseq 1.74 \times 10^{-8}\ [N]$$

5. $C = \frac{\varepsilon_0 S}{d}$의 식에서 d를 변화시켜서 C의 최대값을 구할 때 공기의 절연내력 $E = 3 \times 10^3\ [\mathrm{V/mm}]$를 초과하지 않아야 되므로 $V = E \cdot d$에서 한계치 d의 값을 구하면

$$1 \times 10^3\ [\mathrm{V}] = 3 \times 10^6\ [\mathrm{V/m}] \cdot d_{max}$$

$$d_{max} = \frac{1 \times 10^3}{3 \times 10^6} = \frac{1}{3} \times 10^{-3}\ [\mathrm{m}]$$

∴ 커패시터 용량의 최대값

$$C_{max} = \frac{\varepsilon_0 S}{d_{max}} = \frac{8.855 \times 10^{-12} \times 20 \times 10^{-4}}{\frac{1}{3} \times 10^{-3}}$$

$$= 5.313 \times 10^{-11}\ [\mathrm{F}]$$

$$= 53.13\ [\mathrm{pF}]$$

6. 직렬합성용량은

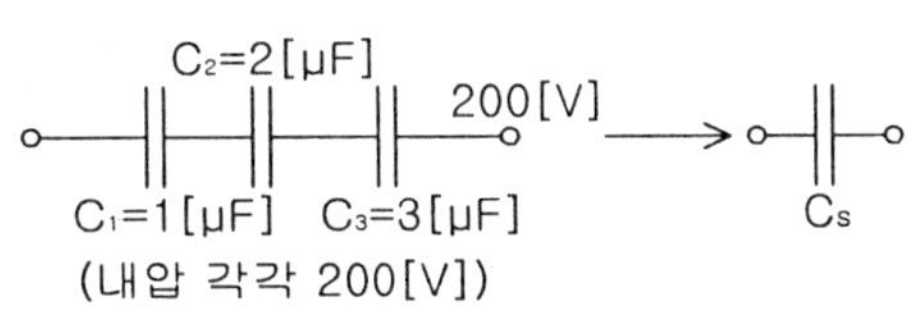

$$C_S = \frac{C_1 C_2 C_3}{C_2 C_3 + C_1 C_3 + C_1 C_2} = \frac{1 \times 2 \times 3}{2 \times 3 + 1 \times 3 + 1 \times 2}$$

$$= \frac{6}{11}\ [\mu \mathrm{F}]$$

Q는 일정하므로

$$Q = C_1 V_1 \rightarrow V_1 = \frac{Q}{C_1} = \frac{C_S}{C_1} V$$

$$Q = C_2 V_2 \rightarrow V_2 = \frac{Q}{C_2} = \frac{C_S}{C_2} V$$

$$Q = C_3 V_3 \rightarrow V_3 = \frac{Q}{C_3} = \frac{C_S}{C_3} V$$

제일 작은 커패시터에 먼저 내압 한계치가 걸리므로 실제허용전압 V_2, V_3는

$\therefore V_1 : V_2 : V_3 = \frac{1}{C_1} : \frac{1}{C_2} : \frac{1}{C_3} \rightarrow 200 : V_2 : V_3 = \frac{1}{1} : \frac{1}{2} : \frac{1}{3} = 6 : 3 : 2$ 에서

$V_2 = 100\ [\mathrm{V}]$, $V_3 = \frac{200}{3}\ [\mathrm{V}]$이다.

∴ 전체내압, $V = V_1 + V_2' + V_3'\ \ 200 + 100 + \frac{200}{3} \fallingdotseq 367\ [\mathrm{V}]$

7. 접지된 도체의 전위는 0[V]

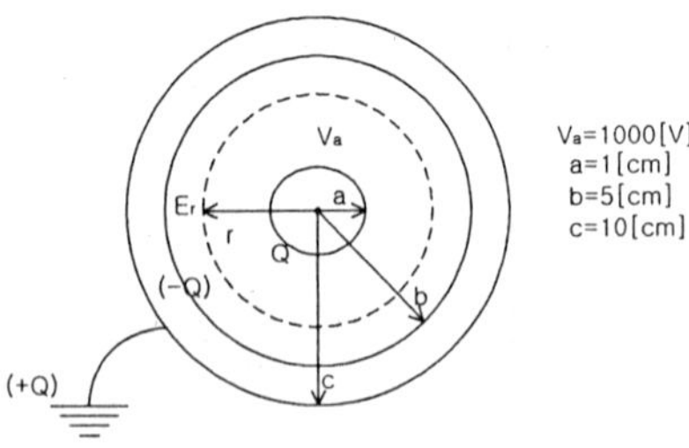

$$V_a = -\int_b^a E_r dr = -\int_b^a \frac{Q}{4\pi\varepsilon_0 r^2} dr$$

$$= -\frac{Q}{4\pi\varepsilon_0}\left[-\frac{1}{r}\right]_b^a = -\frac{Q}{4\pi\varepsilon_0}\left[\frac{1}{a}-\frac{1}{b}\right]$$

의 관계식에서

$$1000 = 9\times10^9\times Q\times\left[\frac{1}{1\times10^{-2}}-\frac{1}{5\times10^{-2}}\right]$$

$$Q = 1000\times\frac{1}{9}\times10^{-9}\times\frac{5\times10^{-2}}{4} \fallingdotseq 138.9\times10^{-11}\,[\text{C}]$$

$$= 1389\,[\text{pC}]$$

8. 각 도체구에 Q_a[C], Q_b[C]이 있으면 $V_a = \dfrac{Q_a}{4\pi\varepsilon_0 a}$, $V_b = \dfrac{Q_b}{4\pi\varepsilon_0 b}$의 식에 의해서 $Q_a = 4\pi\varepsilon_0 a\cdot V_a$, $Q_b = 4\pi\varepsilon_0 b\cdot V_b$이 된다. 가는 도선으로 연결하면 전하량은 각 도체의 용량에 따라 분배되며 두 도체의 전위는 같게 된다.

$$Q_a' : Q_b' = C_a : C_b = 4\pi\varepsilon_0 a : 4\pi\varepsilon_0 b = a : b = 1 : 5$$

$$Q_a' = (Q_a+Q_b)\times\frac{1}{6} = 4\pi\varepsilon_0(aV_a+bV_b)\times\frac{1}{6}$$

$$\therefore\ V_a' = \frac{Q_a'}{4\pi\varepsilon_0 a} = \frac{4\pi\varepsilon_0(aV_a+bV_b)\times\frac{1}{6}}{4\pi\varepsilon_0\cdot a} = \frac{(1\times10^{-2}\times10+5\times10^{-2}\times20)}{1\times10^{-2}}$$

$$= (10+100)\times\frac{1}{6} \fallingdotseq 18.3\,[\text{V}]$$

$$\left(\text{또},\ V_b' = \frac{Q_b'}{4\pi\varepsilon_0 b} = \frac{4\pi\varepsilon_0(aV_a+bV_b)\times\frac{5}{6}}{4\varepsilon_0\times5\times10^{-2}} \fallingdotseq 18.3\,[\text{V}]\right)$$

$$\therefore\ V_a' = V_b' = 18.3\,[\text{V}]$$

9. 먼저 $C = 4\pi\varepsilon_0 a$에 의해서 $C = \frac{1}{9}\times10^{-9}\times10\times10^{-2}$[F], 구의 표면전위 V_a를 구하기 위해서 $W = \frac{1}{2}CV_a^2$로부터

$$W = \frac{1}{2}\times\frac{1}{9}\times10^{-9}\times10\times10^{-2}\times V_a^2$$

$$V_a^2 = 2.0\times10^{-6}\times2\times9\times10^9\times\frac{1}{10}\times10^2 = 36\times10^4$$

$$V_a = 6\times10^2[\text{V}] = 600[\text{V}]$$

10.

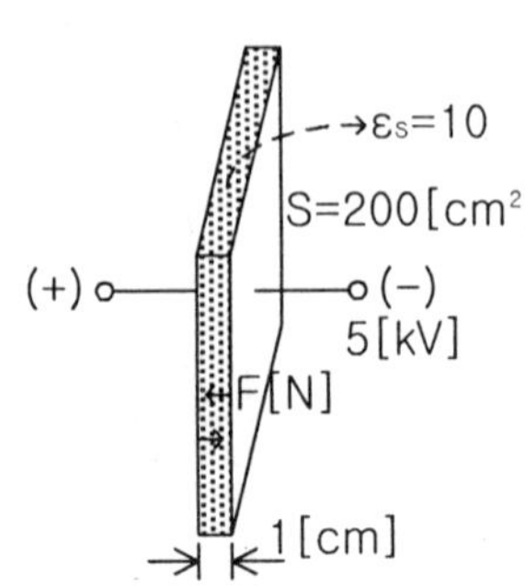

$$W = \frac{1}{2}CV^2$$

$$= \frac{1}{2}\frac{\varepsilon_0\varepsilon_S S}{d}V^2$$

$$F = \frac{\partial W}{\partial d}$$

$$= -\frac{1}{2}\varepsilon_0\varepsilon_S S V^2\frac{\partial}{\partial d}\left(\frac{1}{d}\right)$$

$$= -\frac{1}{2}\varepsilon_0\varepsilon_S S V^2\frac{\partial}{\partial d}(d^{-1})$$

$$=\frac{1}{2}\varepsilon_0\varepsilon_S S V^2 d^{-2}$$

$$=\frac{1}{2}\times 8.855\times 10^{-12}\times 10\times 200\times 10^{-4}\times(5000)^2(1\times 10^{-2})^{-2}$$

$$=2.21375\times 10^{-1}[N]$$

$$=0.221375[N]$$

11. 구의 정전용량을 구하면 $C=4\pi\varepsilon_0 a=\frac{1}{9}\times 10^{-9}\times 20\times 10^{-2}$이다. 따라서 도체에 저장되는 에너지는, $W=\frac{1}{2}QV=\frac{Q^2}{2C}=\frac{1}{2}CV^2$이므로

$$\therefore W=\frac{1}{2}\times\frac{1}{9}\times 10^{-9}\times 20\times 10^{-2}\times(10^6)^2$$

$$\fallingdotseq 11.1[J]$$

12. $Q=C_1V_1$과 $Q=C_2(200-V_1)$로부터

$$C_1V_1=C_2(200-V_1)$$

$$(C_1+C_2)\ V_1=C_2\times 200$$

$$V_1=\frac{C_2}{C_1+C_2}\times 200$$

$$=\frac{20}{10+20}\times 200=\frac{2}{3}\times 200\fallingdotseq 133.3[V]$$

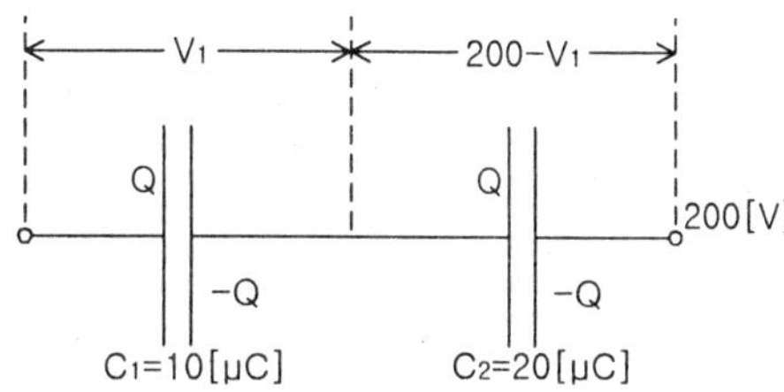

■ 객관식 ■

1. ㉯ **2.** ㉯ **3.** ㉰ **4.** ㉰ **5.** ㉱ **6.** ㉱ **7.** ㉮ **8.** ㉯ **9.** ㉮ **10.** ㉮ **11.** ㉰

제4장 유 전 체

■ 주관식 ■

1. $C=\frac{\varepsilon S}{d}=\frac{\varepsilon_0\varepsilon_s S}{d}$

평행 평판 커패시터에서 절연내압과 절연 내력과의 관계식은 $V=E\cdot d$ 이다.

$$\therefore d=\frac{V}{E}=\frac{20\times 10^3[V]}{4\times 10^6[V/m]}=5\times 10^{-3}[m]$$

$\therefore C=\frac{\varepsilon_0\varepsilon_s S}{d}$에서

$$S=C\frac{d}{\varepsilon_0\varepsilon_s}=100\times 10^{-12}\times\frac{5\times 10^{-3}}{8.855\times 10^{-12}\times 4}$$

$$\fallingdotseq 0.14\times 10^{-1}[m^2]$$

$$=0.14\times 10^3[cm^2]$$

$$=140[cm^2]$$

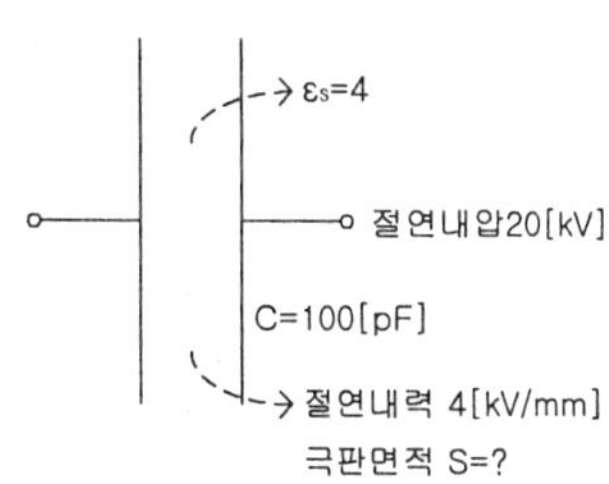

2. 구의 정전용량은 $C=4\pi\varepsilon a=4\pi\varepsilon_0\varepsilon_s a$에서,

대기중의 반구의 정전용량 $C_1=\frac{1}{2}\times 4\pi\varepsilon_0\times 1\times 1$

기름중의 반구의 정전용량 $C_2=\frac{1}{2}\times 4\pi\varepsilon_0\times 2\times 1$이므로

전체 구의 정전용량

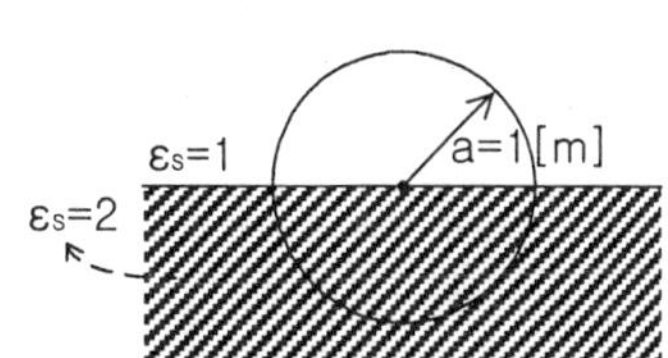

$$C_t = C_1 + C_2 = \frac{1}{2} \times 4\pi\varepsilon_0 \times 3$$
$$= \frac{1}{2} \times \frac{1}{9} \times 10^{-9} \times 3$$
$$= 0.17 \times 10^{-9} \text{ [F]}$$
$$= 170 \text{ [pF]}$$

3. 500[V]를 가할 때의 저축 에너지 W 는

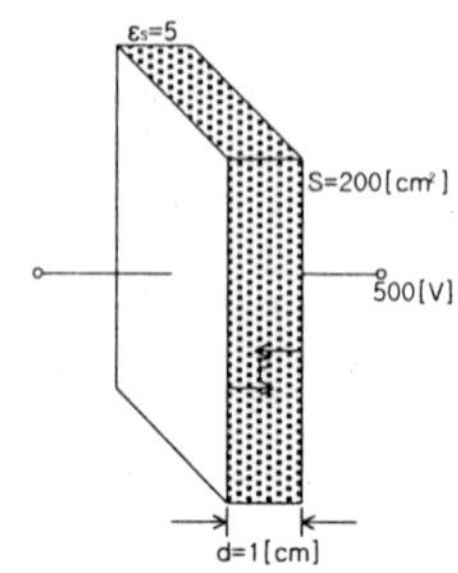

$$W = \frac{1}{2} CV^2 = \frac{1}{2} \frac{\varepsilon_0 \varepsilon_s S}{d\cdot} V^2$$
$$F = -\frac{\partial W}{\partial d} = -\frac{1}{2} \varepsilon_0 \varepsilon_s S V^2 \frac{\partial}{\partial d}\left(\frac{1}{d}\right)$$
$$= \frac{1}{2} \varepsilon_0 \varepsilon_s S V^2 \frac{1}{d^2}$$
$$= \frac{1}{2} \times 8.855 \times 10^{-12} \times 5 \times 200 \times 10^{-4} \times (500)^2 \times \left(\frac{1}{1 \times 10^{-2}}\right)^2$$
$$= 1106.875 \times 10^{-6} \text{ [N]}$$

4. 도체구에 Q[C]이 있으면

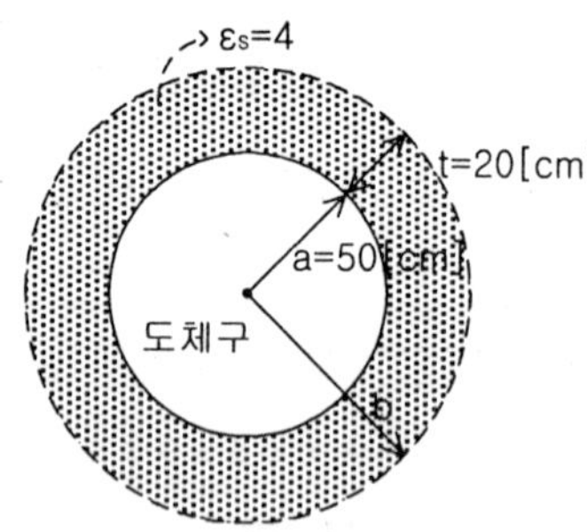

도체구의 전위 $V_a = -\int_\infty^b E_r \cdot dr - \int_b^a E r' \cdot dr$

$$= -\int_\infty^b \frac{Q}{4\pi\varepsilon_0 r^2} \cdot dr - \int_b^a \frac{Q}{4\pi\varepsilon_0\varepsilon_s r^2} \cdot dr$$
$$= -\frac{Q}{4\pi\varepsilon_0}\left[-\frac{1}{r}\right]_\infty^b - \frac{Q}{4\pi\varepsilon_0\varepsilon_s}\left[-\frac{1}{r}\right]_b^a$$
$$= \frac{Q}{4\pi\varepsilon_0}\left(\frac{1}{b} - \frac{1}{\infty} + \frac{1}{\varepsilon_s a} - \frac{1}{\varepsilon_s b}\right)$$

$$C = \frac{Q}{V_a} = \frac{4\pi\varepsilon_0}{\frac{1}{b} - \frac{1}{\infty} + \frac{1}{\varepsilon_s a} - \frac{1}{\varepsilon_s b}}$$
$$= \frac{\frac{1}{9} \times 10^{-9}}{\frac{1}{70 \times 10^{-2}} - 0 + \frac{1}{4 \times 50 \times 10^{-2}} - \frac{1}{4 \times 70 \times 10^{-2}}}$$
$$= \frac{\frac{1}{9} \times 10^{-9}}{\frac{1}{0.7} + \frac{1}{2} - \frac{1}{2.8}} \fallingdotseq 0.07 \times 10^{-9} \text{ [F]}$$
$$= 70 \text{ [pF]}$$

5.

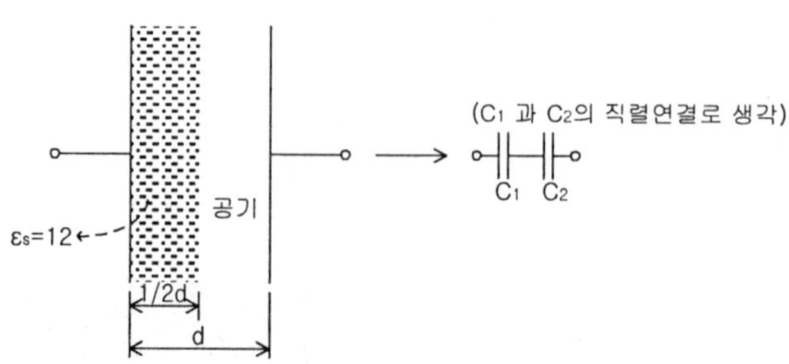

공기 커패시터의 용량, $C_0 = 0.2$ [μF]

유전체를 넣었을 때의 정전용량 C_S는

$$C_S=\frac{1}{\frac{1}{C_1}+\frac{1}{C_2}}=\frac{C_1 C_2}{C_1+C_2}$$

$$C_0=\frac{\varepsilon_0 S}{d}=0.2\times10^{-6}$$

$$C_1=\frac{\varepsilon_0\varepsilon_s S}{\frac{d}{2}}=\frac{2\varepsilon_0\varepsilon_s S}{d}=2\times12\times0.2\times10^{-6}=4.8\times10^{-6}\ [F]$$

$$C_2=\frac{\varepsilon_0 S}{\frac{d}{2}}=\frac{2\varepsilon_0 S}{d}=2\times0.2\times10^{-6}=0.4\times10^{-6}\ [F]$$

$$\therefore\ C_S=\frac{4.8\times10^{-6}\times0.4\times10^{-6}}{4.8\times10^{-6}+0.4\times10^{-6}}\fallingdotseq0.37\times10^{-6}\,[F]$$

$$=0.37\ [\mu F]$$

6.

$$C_0=\frac{\varepsilon_0 S}{d}=10\ [\mu F]$$

$$C_1=\frac{\varepsilon_0 S\times\frac{1}{3}}{d}=\frac{10}{3}\ [\mu F]$$

$$C_2=\frac{\varepsilon_0\varepsilon_s S\times\frac{2}{3}}{d}=10\times10\times\frac{2}{3}=\frac{200}{3}\ [\mu F]$$

선체용량 $C_P=C_1+C_2=\frac{10}{3}+\frac{200}{3}=\frac{210}{3}=70\ [\mu F]$

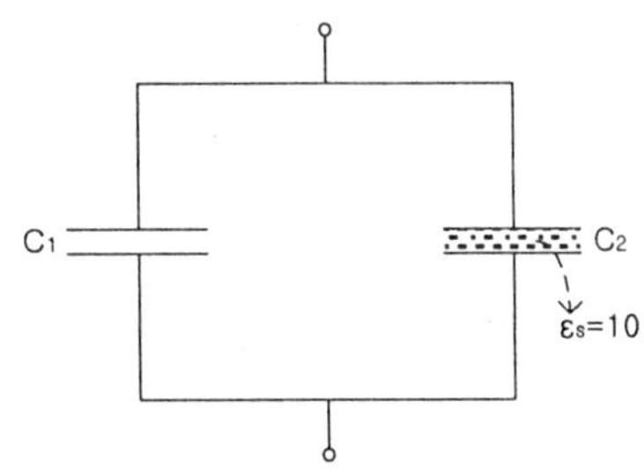

7. 경계조건에서 $\begin{cases} E_1\sin\theta_1=E_2\sin\theta_2 & \cdots\cdots ① \\ D_1\cos\theta_1=D_2\cos\theta_2 & \cdots\cdots ② \end{cases}$

그리고 굴절법칙 $\frac{\tan\theta_1}{\tan\theta_2}=\frac{\varepsilon_1}{\varepsilon_2}$ 에서

$$\frac{\tan30°}{\tan\theta_2}=\frac{\varepsilon_0}{\varepsilon_0\varepsilon_s}=\frac{1}{2}$$

$$\frac{\frac{1}{\sqrt{3}}}{\tan\theta_2}=\frac{1}{2}$$

$$\tan\theta_2=\frac{2}{\sqrt{3}}$$

$$\therefore\ \theta_2=\tan^{-1}\frac{2}{\sqrt{3}}\fallingdotseq49.1°$$

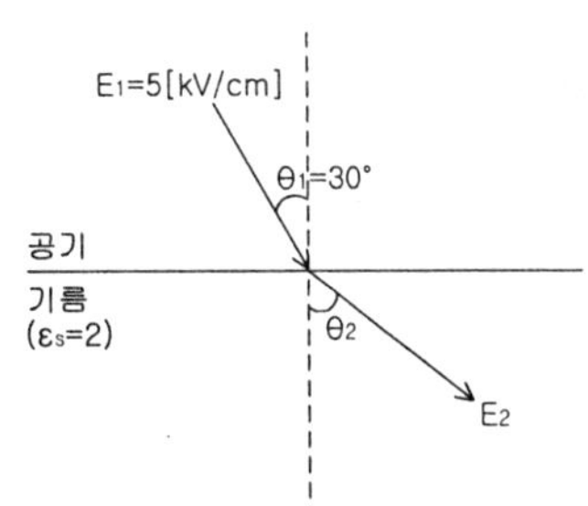

①식에서

$$E_1\sin\theta_1=E_2\sin\theta_2$$

$$5\times\sin30°=E_2\times\sin49.1°\fallingdotseq E_2\times0.756$$

$$\therefore E_2\fallingdotseq\frac{5\times\frac{1}{2}}{0.756}=\frac{2.5}{0.756}\fallingdotseq3.3\ \ [KV/㎝]$$

8. $\begin{cases} D=\varepsilon_0 E+P \quad (\text{또는 } D=\varepsilon_0\varepsilon_s E) \\ P=\varepsilon_0(\varepsilon_s-1)E \end{cases}$

$$D = \varepsilon_0 \frac{P}{\varepsilon_0(\varepsilon_s - 1)} + P = P\left(\frac{1}{\varepsilon_s - 1} + 1\right)$$

$$P = \frac{D}{\frac{1}{\varepsilon_s - 1} + 1} = \frac{4\times10^{-6}}{\frac{1}{6-1} + 1} \fallingdotseq 3.33\times10^{-6}\,[\mathrm{C/m^2}]$$

9. 분극의 세기 P와 전속밀도 D를 구하면, $P = \varepsilon_0(\varepsilon_s - 1)E$와 $D = \varepsilon_0 E + P$에 의해서

$$\therefore P = 8.855\times10^{-12}\times(10-1)\times10^3 = 79.695\times10^{-9}\,[\mathrm{C/m^2}]$$

$$\fallingdotseq 7.97\times10^{-8}\,[\mathrm{C/m^2}]$$

$D = \varepsilon_0 E + P = \varepsilon_0 E + \varepsilon_0(\varepsilon_s - 1)E = \varepsilon_0 \varepsilon_s E$에 의해서

$$\therefore D = 8.855\times10^{-12}\times10\times10^3 = 8.855\times10^{-8}\,[\mathrm{C/m^2}]$$

10. 도체가 가지고 있는 에너지 W는 $W = \frac{1}{2}CV^2\,[\mathrm{J}]$의 식을 이용한다. 도체구의 정전용량은 $C = 4\pi\varepsilon_0 a$이므로

$$\therefore W = \frac{1}{2}\times4\pi\varepsilon_0 a\times V^2$$

$$= \frac{1}{2}\times\frac{1}{9}\times10^{-9}\times1\times(1000)^2$$

$$\fallingdotseq 5.56\times10^{-5}\,[\mathrm{J}]$$

■ 객관식 ■

1. ㉯ **2.** ㉮ **3.** ㉮ **4.** ㉰ **5.** ㉱ **6.** ㉮ **7.** ㉰ **8.** ㉰ **9.** ㉰ **10.** ㉰ **11.** ㉰ **12.** ㉯
13. ㉱ **14.** ㉱ **15.** ㉯ **16.** ㉮ **17.** ㉱ **18.** ㉮ **19.** ㉱ **20.** ㉮

제5장 전 류

■ 주관식 ■

1. 1[A] = 1[C/s], 5[mA] = 5×10^{-3} [C/s](1초 동안에 5×10^{-3}[C]이 통과됨)
   ∴ 1초 동안에 통과되는 전자의 개수 n은

$$n = \frac{5\times10^{-3}}{1.602\times10^{-19}} = 3.12\times10^{16}\ [\text{개}]$$

2. $RC = \varepsilon\rho$의 식에 의해서 저항 R을 구하면

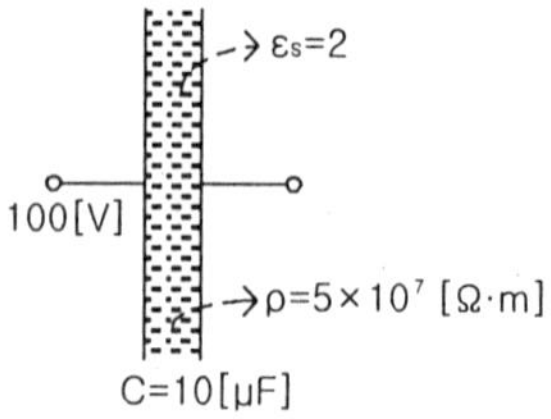

$$R = \frac{\varepsilon\rho}{C} = \frac{\varepsilon_0\varepsilon_s\rho}{C}$$

$$= \frac{8.855\times10^{-12}\times2\times5\times10^7}{10\times10^{-6}}$$

$$= 8.855\times10$$

$$= 88.55\,[\Omega]$$

$$I = \frac{V}{R} = \frac{100\ [\mathrm{V}]}{88.55\ [\Omega]} \fallingdotseq 1.13\,[\mathrm{A}]$$

3. 1[kW] = 1000[J/s]
   물 5[ℓ] = 5×10^3 [$\mathrm{cm^2}$] = 5×10^3[g]
   질량 m[kg], 비열 C, 상승온도 T[℃]에 소요되는 열량은 mCK[kcal]이고, 1[cal]=4.185[J]이므로, 100[℃] 만큼 높이는 데 걸리는 시간 t[분]은

$$5\times10^3\times1\times100\ [cal]=1000\times\frac{90}{100}\times\frac{1}{4.185}\times t\times60$$

$$\therefore\ t \fallingdotseq \frac{1}{12903}\times5\times10^5 \fallingdotseq 38.75\ \ [\text{분}]$$

4. 두 도체구에 $+Q$[C], $-Q$[C]이 있다고 하면, 두 도체구 사이 P점에서의 전계 E를 이용하여 V_{AB}를 구한다.

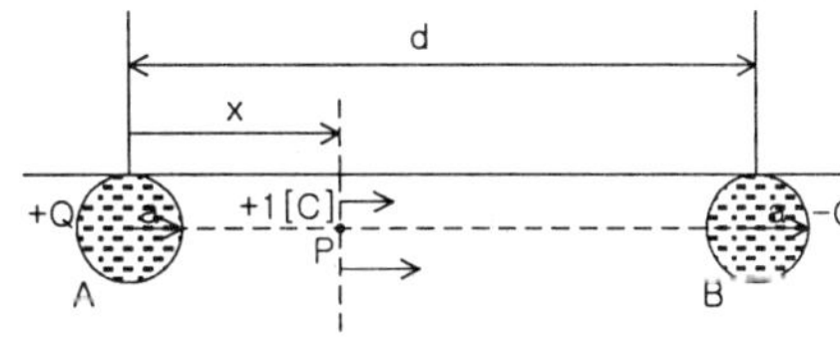

$$E_x=\frac{Q}{4\pi\varepsilon x^2}+\frac{Q}{4\pi c\,(d\ \ x)^2}$$

$$V_{AB}=-\int_{d-a}^{a}E_x dx$$

$$=-\int_{d-a}^{a}\left\{\frac{Q}{4\pi\varepsilon x^2}+\frac{Q}{4\pi\varepsilon\,(d-x)^2}\right\}dx$$

$$=-\frac{Q}{4\pi\varepsilon}\left\{-\frac{1}{x}+\frac{1}{d-x}\right\}_{d-a}^{a}$$

$$=-\frac{Q}{4\pi\varepsilon}\left\{-\frac{1}{a}+\frac{1}{d-a}+\frac{1}{d-a}-\frac{1}{d-(d-a)}\right\}$$

$$=-\frac{Q}{4\pi\varepsilon}\left\{-\frac{2}{a}+\frac{2}{d-a}\right\}$$

$$=\frac{Q}{2\pi\varepsilon}\left(\frac{1}{a}-\frac{1}{d-a}\right)$$

$$C=\frac{Q}{V_{AB}}=\frac{2\pi\varepsilon}{\left(\frac{1}{a}-\frac{1}{d-a}\right)}\qquad(\text{여기서 } d\gg a \text{ 이므로})$$

$$=2\pi\varepsilon a$$

또, $RC=\varepsilon\rho$의 관계식에서 양 도체구간의 저항 R을 구하면

$$\therefore\ R=\frac{\varepsilon\rho}{C}=\frac{\varepsilon\rho}{2\pi\varepsilon a}=\frac{\rho}{2\pi a}\ [\Omega]$$

5. 먼저 내부도체에 λ[C/m], 외부도체에 $-\lambda$[C/m]가 있다고 생각하고 단위길이당의 정전용량을 구하여서 $R_0C_0=\varepsilon\rho$의 관계식에서 R_0값을 계산한다. 중심축에서 x[m] 떨어진 점의 전계를 구하면

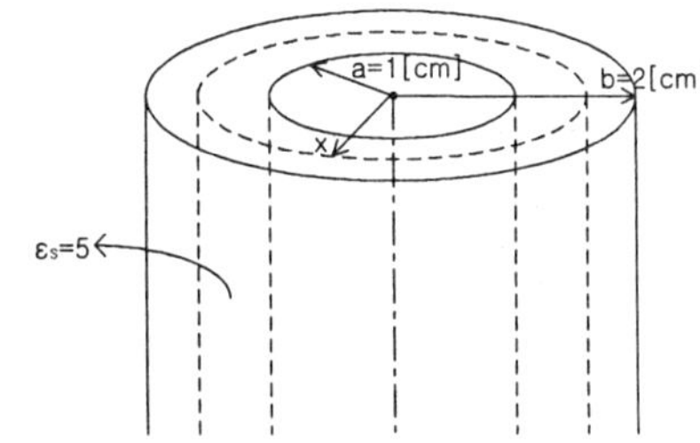

$$E_x=\frac{\lambda}{2\pi\varepsilon x}$$

두 도체간의 전위차 V는

$$V=-\int_b^a E_x\,dx=-\int_b^a\frac{\lambda}{2\pi\varepsilon x}\,dx$$

$$=-\frac{\lambda}{2\pi\varepsilon}[\ln x]_b^a$$

$$=\frac{\lambda}{2\pi\varepsilon}\ln\frac{b}{a}$$

$$C_0=\frac{\lambda}{V}=\frac{2\pi\varepsilon}{\ln\frac{b}{a}}$$

$R_0C_0=\varepsilon\rho$에서

$$R_0=\frac{\varepsilon\rho}{C_0}=\frac{\varepsilon\rho}{\frac{2\pi\varepsilon}{\ln\frac{b}{a}}}=\frac{\rho}{2\pi}\ln\frac{b}{a}\ [\Omega/\text{m}]$$

$$\therefore\ R_0 = \frac{2\times10^5}{2\pi}\times\ln\frac{2\times10^{-2}}{1\times10^{-2}} \fallingdotseq 2.206\times10^4\,[\Omega/\text{m}]$$
$$=0.02\,[\text{M}\Omega/\text{m}]$$

6. 전지 한 개의 내부저항을 구하는 문제인데

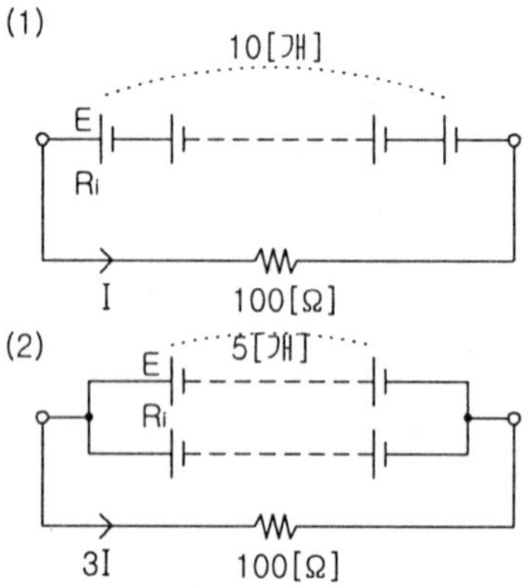

$$\frac{10E}{10R_i+100}=1.5\,I \qquad (1)$$

$$\frac{5E}{\dfrac{5R_i\cdot5R_i}{5R_i+5R_i}+100}=I \qquad (2)$$

$$\therefore\ \frac{10E}{10R_i+100}=\frac{1.5\times5E}{\dfrac{5R_i\cdot5R_i}{5R_i+5R_i}+100}$$

$$\frac{2}{10R_i+100}=\frac{1.5}{\dfrac{5R_i}{2}+100}$$

$$15R_i+150=5R_i+200$$

$$10R_i=50$$

$$R_i=5\,[\Omega]$$

7. $R_{1t}=R_1(1+\alpha_1 t) \qquad R_{2t}=R_2(1+\alpha_2 t)$

$$R_{st}=R_{1t}+R_{2t}=R_1(1+\alpha_1 t)+R_2(1+\alpha_2 t)$$
$$=R_1+R_2+(R_1\alpha_1+R_2\alpha_2)t$$
$$=(R_1+R_2)\left\{1+\frac{(R_1\alpha_1+R_2\alpha_2)t}{R_1+R_2}\right\}=R_s(1+\alpha_s t)$$

$$\therefore\ \alpha_s=\frac{(R_1\alpha_1+R_2\alpha_2)}{R_1+R_2}$$

8. 체적 $V_1=\pi\ r_1^2\cdot l_1$

체적 $V_2=\pi\ r_2^2\cdot l_2=10\,\pi\ r_2^2\, l_1$

$$\therefore\ \pi\ r_1^2\cdot l_1=10\pi\ r_2^2\cdot l_1$$

$$\pi\ r_2^2=\frac{1}{10}\times\pi\ r_1^2$$

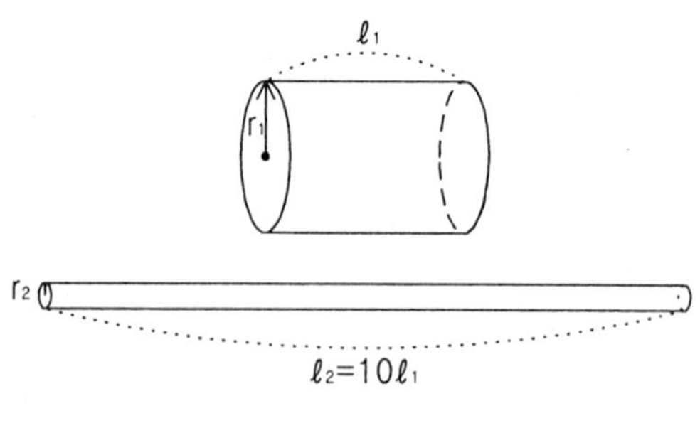

$R_1=\rho\cdot\dfrac{l_1}{S_1}=\rho\cdot\dfrac{l_1}{\pi\ r_1^2}$ 이고,

$R_2=\rho\cdot\dfrac{l_2}{S_2}=\rho\cdot\dfrac{10\,l_1}{\dfrac{1}{10}\times\pi\ r_1^2}=100\,R_1$ 이므로,

∴ 저항은 100배

9. 대각선 CAB를 대칭축으로 두 삼각형으로 나누어 생각하면

$$R_{AB}=\frac{1}{2}R_{A'B'}=\frac{1}{2}R_{A''B''}$$

$$r'=R_{A_1'D}=\frac{(\sqrt2+1)r\cdot\frac{1}{\sqrt2}r}{(\sqrt2+1)r+\frac{1}{\sqrt2}r}=\frac{\left(1+\frac{1}{\sqrt2}\right)r}{\sqrt2+1+\frac{1}{\sqrt2}}$$

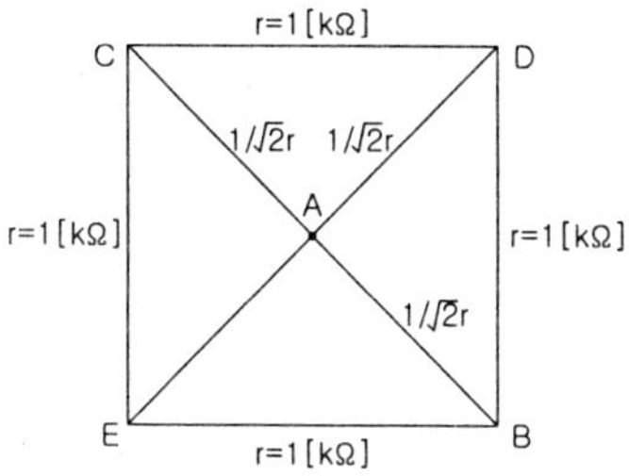

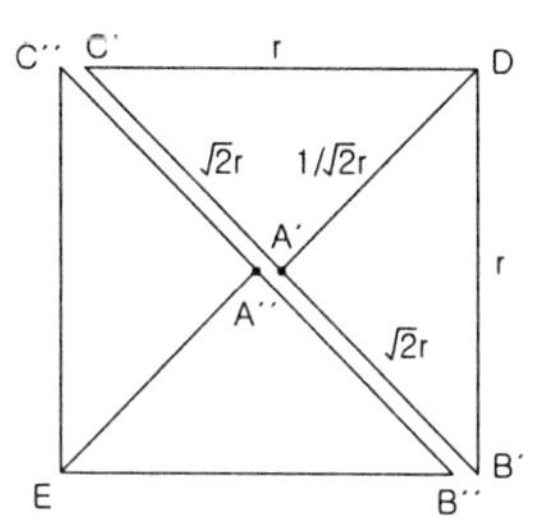

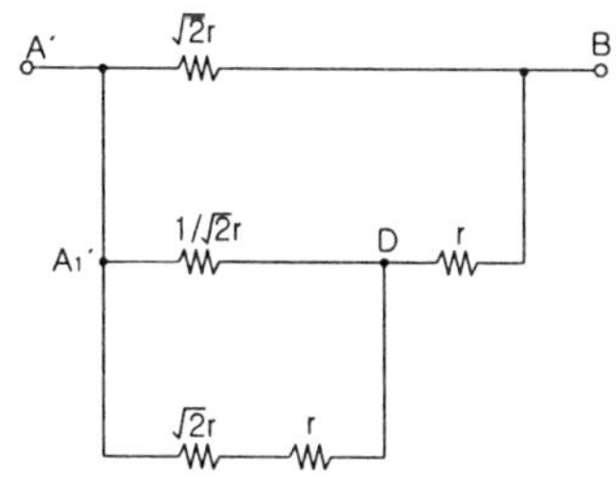

$$R_{A'B'}=\frac{(r'+r)\cdot\sqrt{2}\,r}{(r'+r)+\sqrt{2}\,r}=\frac{\left\{\dfrac{\left(1+\frac{1}{\sqrt{2}}\right)r}{\sqrt{2}+1+\frac{1}{\sqrt{2}}}+r\right\}\cdot\sqrt{2}\,r}{\left\{\dfrac{\left(1+\frac{1}{\sqrt{2}}\right)r}{\sqrt{2}+1+\frac{1}{\sqrt{2}}}+r\right\}+\sqrt{2}\,r}$$

$$=\frac{\dfrac{(\sqrt{2}+1+2+\sqrt{2}+1)r}{\sqrt{2}+1+\frac{1}{\sqrt{2}}}}{\dfrac{1+\frac{1}{\sqrt{2}}+\sqrt{2}+1+\frac{1}{\sqrt{2}}+2+\sqrt{2}+1}{\sqrt{2}+1+\frac{1}{\sqrt{2}}}}$$

$$=\frac{(4+2\sqrt{2})\,r}{5+\frac{2}{\sqrt{2}}+2\sqrt{2}}$$

$$=\frac{4+2\sqrt{2}}{5+3\sqrt{2}}\times 1$$

$$\fallingdotseq 0.74\ \ [k\Omega]$$

$$\therefore\ R_{AB}=\frac{1}{2}R_{A'B'}=\frac{1}{2}\times 0.74=0.37\ [\mathrm{k\Omega}]$$

■ 객관식 ■

1. ㉮ **2.** ㉱ **3.** ㉮ **4.** ㉮ **5.** ㉱ **6.** ㉯ **7.** ㉯ **8.** ㉱ **9.** ㉮ **10.** ㉮ **11.** ㉯ **12.** ㉮ **13.** ㉯ **14.** ㉱ **15.** ㉰

제6장 정 자 계

■ 주관식 ■

1.

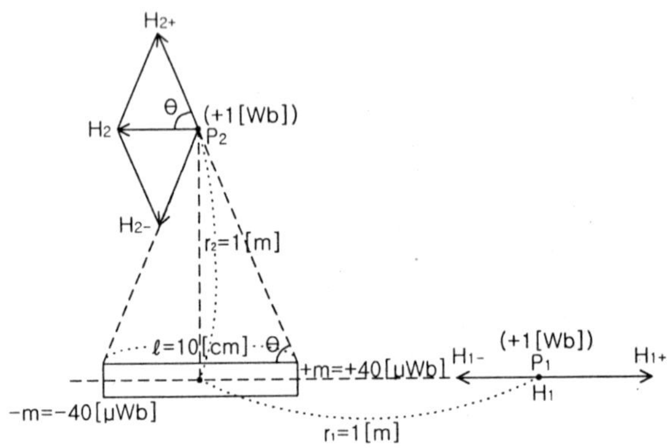

① P_1 점에서의 자계 $H_1 = H_{1+} - H_{1-} = \dfrac{m}{4\pi\mu(r_1 - \frac{l}{2})^2} - \dfrac{m}{4\pi\mu_0(r_1 + \frac{l}{2})^2}$

$$= \frac{m}{4\pi\mu_0}\left\{\frac{1}{\left(r_1 - \frac{l}{2}\right)^2} - \frac{1}{\left(r_1 + \frac{l}{2}\right)^2}\right\}$$

$$= 6.33 \times 10^4 \times 40 \times 10^{-6} \times \left\{\frac{1}{(0.95)^2} - \frac{1}{(1.05)^2}\right\}$$

$$\fallingdotseq 253.2 \times 10^{-2} \times (1.108 - 0.907)$$

$$= 0.509\,[\text{AT/m}]$$

② P_2 점에서의 자계 $H_2 = H_{2+}\cos\theta \times 2 = H_{2+} \times \dfrac{\frac{l}{2}}{r_2'} \times 2$

$$= \frac{m}{4\pi\mu_0(r_2'\ )^2} \times \frac{\frac{l}{2}}{r_2'} \times 2$$

$$= 6.33 \times 10^4 \times 40 \times 10^{-6} \times \frac{0.05}{(\sqrt{1^2 + 0.05^2})^3} \times 2$$

$$\fallingdotseq 6.33 \times 10^4 \times 40 \times 10^{-6} \times \frac{0.05}{1.00375} \times 2$$

$$= 0.2523\,[\text{AT/m}]$$

2.

$$U_P = \frac{M\cos\theta}{4\pi\mu_0 r^2} = 6.33 \times 10^4 \times \frac{10 \times 0.2 \times \cos 45^\circ}{2^2}$$

$$= \frac{6.33 \times 10^4 \times \sqrt{2}}{4}$$

$$\fallingdotseq 2.24 \times 10^4\,[\text{AT}]$$

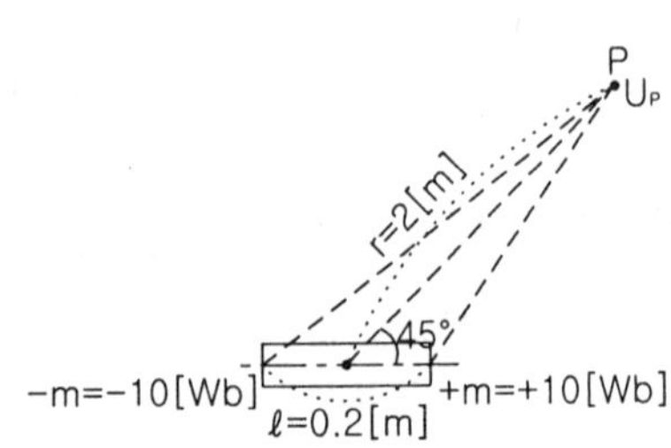

3.

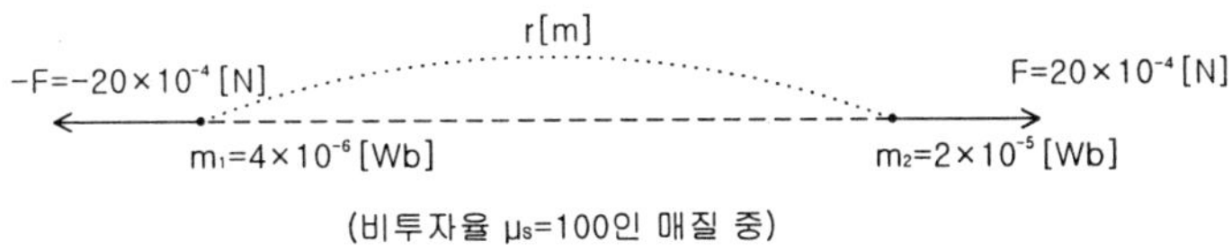

$$F = \frac{m_1 m_2}{4\pi \mu r^2} = \frac{m_1 m_2}{4\pi \mu_0 \mu_s r^2}$$

$$6.33\times10^4\times\frac{4\times10^{-6}\times2\times10^{-5}}{100\times r^2} = 20\times10^{-4}$$

$$r^2 = \frac{6.33\times10^4\times4\times10^{-6}\times2\times10^{-5}}{100\times20\times10^{-4}} = 25.32\times10^{-6}$$

$$\therefore\ r \fallingdotseq 5.03\times10^{-3}\,[\mathrm{m}]$$

4.

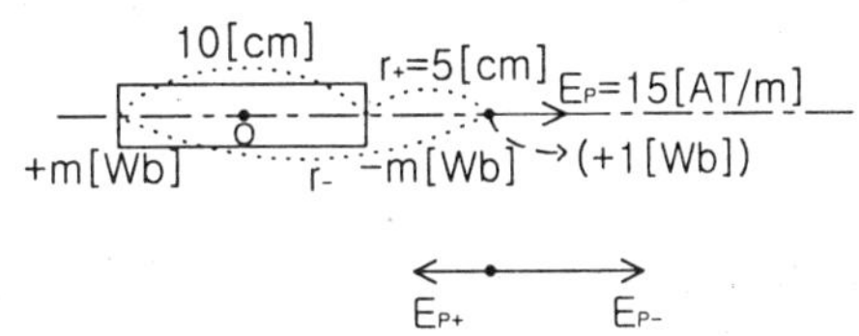

$$E_P = E_P^{+} + E_P^{-}$$
$$= \frac{m}{4\pi\mu_0 r_+^2} - \frac{m}{4\pi\mu_0 r_-^2}$$
$$= \frac{m}{4\pi\mu_0}\left(\frac{1}{r_+^2} - \frac{1}{r_-^2}\right)$$
$$= 6.33\times10^4\times m\times\left\{\frac{1}{(5\times10^{-2})^2} - \frac{1}{(15\times10^{-2})^2}\right\}$$

$E_P = 15\,[\mathrm{AT/m}]$이므로

$$m = \frac{15}{6.33\times10^4\times356} = 6.66\times10^{-7}\,[\mathrm{Wb}]$$

■ 객관식 ■

1. ㉮ **2.** ㉱ **3.** ㉮ **4.** ㉰ **5.** ㉱ **6.** ㉱ **7.** ㉯ **8.** ㉰ **9.** ㉯ **10.** ㉰

제7장 전류에 의한 자계

■ 주관식 ■

1. ① 도선수 $N=1$개일 때 $H=\frac{I}{2\pi r}=\frac{2}{2\pi\times2}=\frac{1}{2\pi}$ [AT/m](혹은 $H \fallingdotseq 0.16$ [AT/m])

   ② 도선수 $N=5$일 때는 $H=\frac{NI}{2\pi r}=\frac{5\times2}{2\pi\times2}=\frac{5}{2\pi}$ [AT/m](혹은 $H \fallingdotseq 0.8$ [AT/m])

2. $H=\frac{I}{4\pi a}(\cos\alpha_1+\cos\alpha_2)$에 의해서

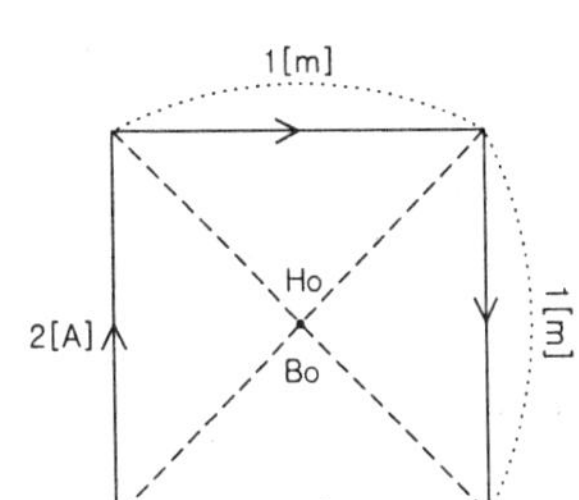

$$H_0 = 4\times H = 4\times\frac{2}{4\pi\times0.5}\ (\cos45^\circ + \cos45^\circ)$$
$$= \frac{4}{\pi}\left(\frac{1}{\sqrt{2}} + \frac{1}{\sqrt{2}}\right)$$
$$= \frac{4\sqrt{2}}{\pi}\,[\mathrm{AT/m}]$$

$$B_0 = \mu_0 H_0 = 4\pi\times10^{-7}\times\frac{4\sqrt{2}}{\pi} = 16\sqrt{2}\times10^{-7}\,[\mathrm{Wb/m^2}]$$

3. 미소길이 dl[m]에 흐르는 전류에 의한 P점의 자계는 Biot-Savart의 법칙 $dH=\dfrac{Idl\sin\theta}{4\pi r^2}$ 에서

$$dH=\frac{Idl\times\sin 90^\circ}{4\pi(\sqrt{x^2+a^2})^2}$$

$$dH_x=dH\cdot\sin\theta=\frac{Idl}{4\pi(x^2+a^2)}\cdot\frac{a}{\sqrt{x^2+a^2}}$$

$$H=\int_0^{2\pi a}dH_x=\int_0^{2\pi a}\frac{Idl}{4\pi(x^2+a^2)}\cdot\frac{a}{\sqrt{x^2+a^2}}$$

$$=\frac{I\cdot 2\pi a^2}{4\pi(x^2+a^2)^{\frac{3}{2}}}\text{ [AT/m] 에서}$$

$$\therefore\ H=\frac{2\times(0.1)^2}{2\times(1^2+0.1^2)^{\frac{3}{2}}}=\frac{0.01}{(1.01)^{\frac{3}{2}}}\fallingdotseq 9.85\times10^{-3}\text{ [AT/m]}$$

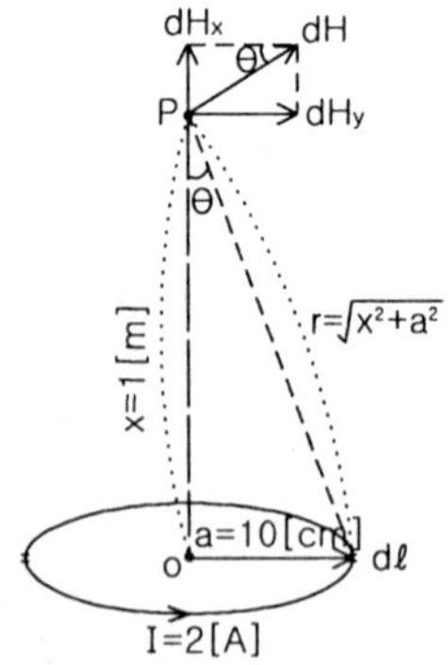

4. 무한장 솔레노이드 내의 자계 $H_i=\dfrac{NI}{\rho}=nI$

$$\therefore\ H_i=1000\times2=2000\text{ [AT/m]}$$

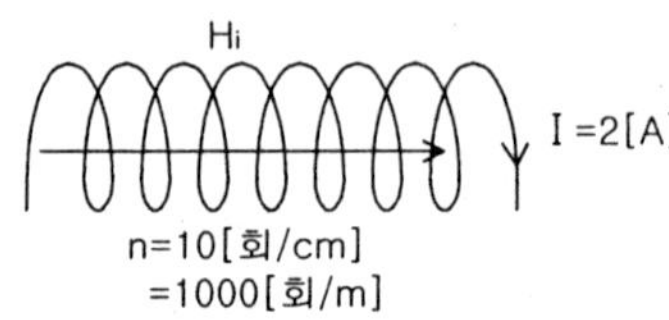

5. Biot-Savart의 법칙 $dH=\dfrac{Idl\sin\theta}{4\pi r^2}$ 에서 dl과 r이 만드는 각이 0° 이고, $\sin\theta=0$

$$dH_{AB}=dH_{CD}=0$$

반원 BC에 의한 O점의 자계 H_{BC}

$$H_{BC}=\frac{I}{2a}\times\frac{1}{2}=\frac{5}{2\times2}\times\frac{1}{2}=\frac{5}{8}\text{ [AT/m]}$$

$$\therefore\ H_O=H_{AB}+H_{BC}+H_{CD}=0+\frac{5}{8}+0=\frac{5}{8}\text{ [AT/m]}$$

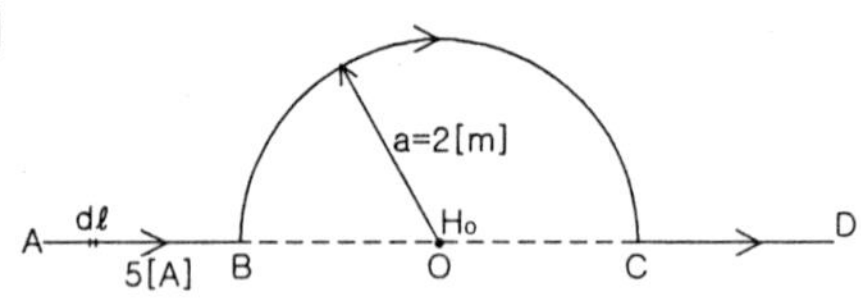

6. 단위길이당 받는 힘 F_0 $F_0=\mu_0H_1I_2=\dfrac{\mu_0I_1I_2}{2\pi r}$ 이므로 간격을 20[cm]에서 40[cm]로 하기 위해 필요한 W[J]은

$$W=\int_{0.2}^{0.4}F_0\cdot dr$$

$$=\int_{0.2}^{0.4}\frac{\mu_0I_1I_2}{2\pi r}dr$$

$$=\frac{\mu_0I_1I_2}{2\pi}[\ln r]_{0.2}^{0.4}$$

$$=\frac{4\pi\times10^{-7}\times10\times10}{2\pi}[\ln0.4-\ln0.2]$$

$$\fallingdotseq 200\times10^{-7}\times0.693$$

$$=138.6\times10^{-7}\text{ [J]}$$

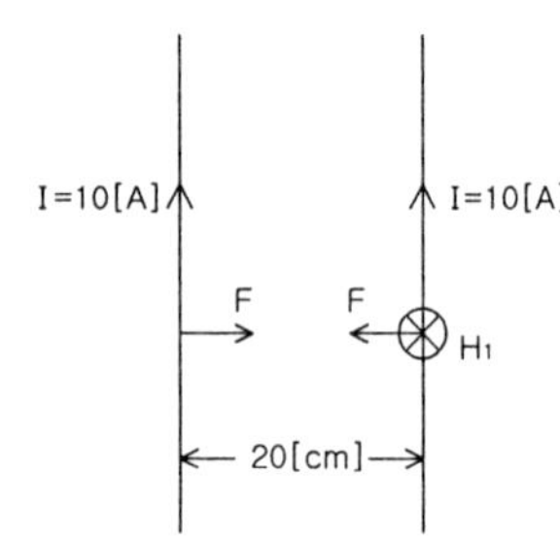

7.

$$F_0=\mu_0H_1I_2=\mu_0\frac{I_1}{2\pi d}\cdot I_2$$

$$=4\pi\times10^{-7}\times\frac{100}{2\pi\times5\times10^{-2}}\times100$$

$$=4\times10^{-2}\text{ [N/m]}$$

■ 객관식 ■

1. ㉣ **2.** ㉣ **3.** ㉮ **4.** ㉰ **5.** ㉰ **6.** ㉯ **7.** ㉰ **8.** ㉣ **9.** ㉯ **10.** ㉣ **11.** ㉯ **12.** ㉮
13. ㉰

제8장 자 성 체

■ 주관식 ■

1. 자기 모멘트를 구하면 $M=ml$[Wb·m], 자화의 세기 J는 자성체의 자화정도를 나타내며 자성체 양단면에 유도된 자기량 밀도(단위 면적당 자기량)로 정의되며 $J=\frac{m}{A}$ [Wb/m²]이다.

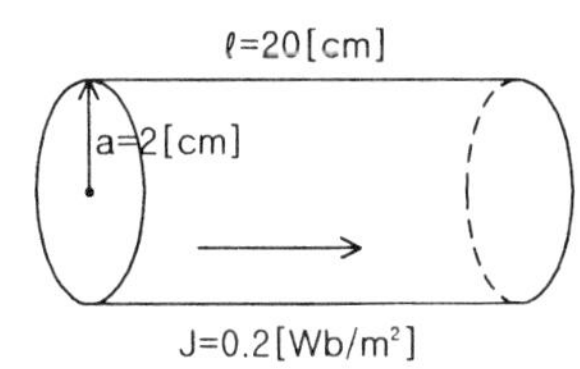

단면적 $A=\pi r^2=\pi\times(2\times10^{-2})^2=4\pi\times10^{-4}$ [m²]

$J=\frac{m}{A}$ 에서

$m=J\cdot A=0.2\times4\pi\times10^{-4}=0.8\pi\times10^{-4}$ [Wb]

∴ 자기 모멘트 $M=ml$에서

$M=0.8\pi\times10^{-4}\times20\times10^{-2}=1.6\pi\times10^{-5}$ [Wb·m](혹은 $M=5.03\times10^{-5}$ [Wb·m])

2. 공기중의 단위체적당 저축 에너지 $w_1=\frac{1}{2}BH=\frac{1}{2}\mu_0H^2=\frac{B^2}{2\mu_0}$ [J/m³]

흡인력에 의해서 자성체가 그 자리에 채워졌을 때의 저축 에너지 w_2는

$$w_2=\frac{1}{2}BH=\frac{1}{2}\mu H^2=\frac{B^2}{2\mu}\ [\mathrm{J/m^3}]$$

단위체저당 에너지 밀도 변화량 는 dw

$$dw=w_2-w_1=\frac{B^2}{2\mu}-\frac{B^2}{2\mu_0}=\frac{B^2}{2}\left(\frac{1}{\mu}-\frac{1}{\mu_0}\right)[\mathrm{J/m^3}]$$

자성체 단면적이 S[m²]이고 dx[m]만큼 옮겨지면 에너지 변화량 dW는

$$dW=dw\cdot S\cdot dx=\frac{B^2}{2}\left(\frac{1}{\mu}-\frac{1}{\mu_0}\right)\cdot S\cdot dx$$

자성체 사이에 작용하는 전자력 F_x는

$$F_x=-\frac{dW}{dx}=\frac{B^2}{2}\left(\frac{1}{\mu_0}-\frac{1}{\mu}\right)S=\frac{B^2}{2\mu_0}\left(1-\frac{1}{\mu_s}\right)$$

$$=\frac{5^2}{2\times4\pi\times10^{-7}}\times\left(1-\frac{1}{200}\right)\times20\times10^{-4}$$

$$=\frac{25}{8\pi\times10^{-7}}\times\frac{199}{200}\times20\times10^{-4}$$

$$=\frac{99500}{16\pi}\times10$$

$$\fallingdotseq 19794.9\ [\mathrm{N}]$$

3. 단위체적당 저축 에너지 w는

$$w=\frac{1}{2}BH=\frac{1}{2\mu}H^2=\frac{B^2}{2\mu}\ [\mathrm{J/m^3}]$$이므로

부피 $V=2$[m²]인 철심에 저축되는 에너지 W는

$$W=w\cdot V=\frac{B^2}{2\mu_0\mu_s}\times V=\frac{(1\times10^{-3})^2}{2\times4\pi\times10^{-7}\times200}\times2$$

$$=\frac{1}{8\pi}\times10^{-1}\ [\mathrm{J}]\ (\fallingdotseq 3.98\times10^{-3}[\mathrm{J}])$$

4. 회전력 T는 $T=MH\sin\theta$

M과 H가 같은 방향이었다가 $d\theta$만큼 회전시키는 데 필요한 일은

$$dW=T\cdot d\theta[\mathrm{J}]$$

θ가 1[rad](=0°)에서 $\frac{\pi}{2}$[rad](=90°)까지 회전하는 데 요하는 일 W는

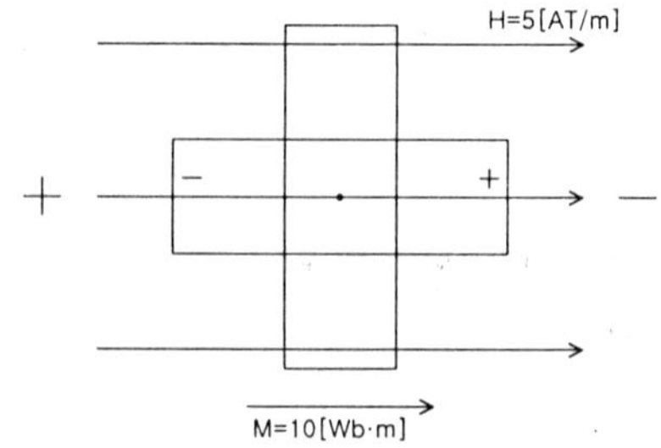

$$W=\int_0^{\frac{\pi}{2}}dW=\int_0^{\frac{\pi}{2}}T\cdot d\theta=\int_0^{\frac{\pi}{2}}MH\sin\theta\cdot d\theta$$

$$=MH\left[-\cos\theta\right]_0^{\frac{\pi}{2}}$$

$$=MH[\mathrm{J}]$$

$$\therefore\ W=10\times5=50[\mathrm{J}]$$

5.

$$R_{m1}=\frac{l}{\mu S}=\frac{l}{\mu_0\mu_s S}[\mathrm{AT/Wb}]$$

$$R_{m2}=R_c+R_g=\frac{l-l_g}{\mu S}+\frac{l_g}{\mu_0 S}[\mathrm{AT/Wb}]$$

$$\therefore\ \frac{R_{m2}}{R_{m1}}\fallingdotseq\frac{\frac{1}{\mu_0 S}\left(\frac{l}{\mu_s}+l_g\right)}{\frac{l}{\mu_0\mu_s S}}=\frac{l+l_g\mu_s}{l}$$

$$=\frac{100\times10^{-2}+1\times10^{-2}\times1000}{100\times10^{-2}}$$

$$=11[\text{배}]$$

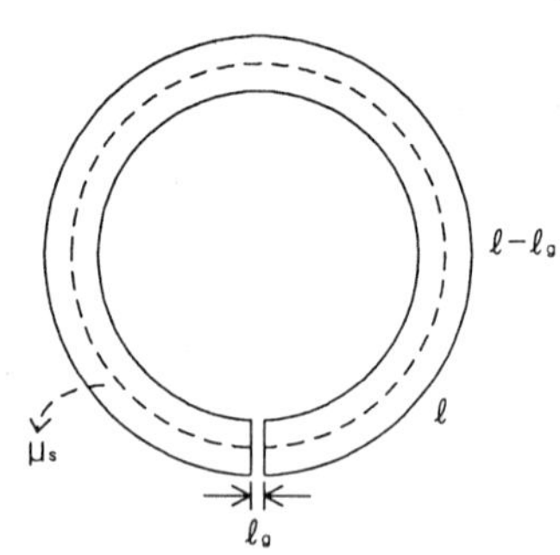

6. 아래면에서 위면까지의 자기저항 R_m은

$$R_m=\frac{l}{\mu S}=\frac{l}{\mu_0\mu_s S}\text{에서}$$

$$R_m=\frac{50\times10^{-2}}{4\pi10^{-7}\times500\times\pi\times(0.1\times10^{-2})^2}$$

$$=\frac{0.5}{2\pi^2\times10^{-10}}$$

$$=2.53\times10^8[\mathrm{AT/Wb}]$$

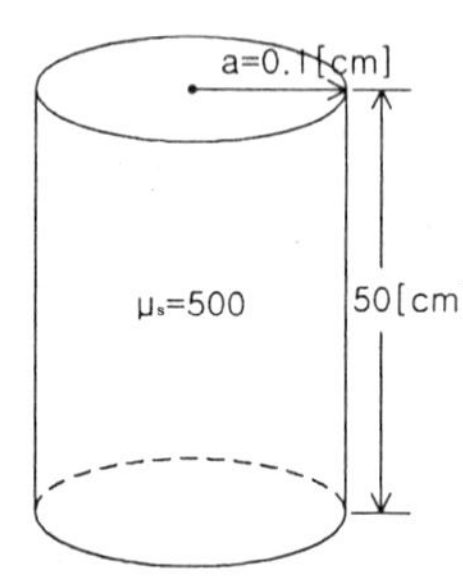

■ 객관식 ■

1. ㉣ 2. ㉢ 3. ㉣ 4. ㉢ 5. ㉢ 6. ㉯ 7. ㉢ 8. ㉣ 9. ㉣ 10. ㉣ 11. ㉢ 12. ㉮
13. ㉣ 14. ㉯ 15. ㉮ 16. ㉣ 17. ㉣ 18. ㉯

제9장 Faraday 전자유도 법칙

■ 주관식 ■

1. 운동도체에 유기되는 기전력 e는

$e = vBl\sin\theta = 20\times0.5\times1\times\sin30^\circ = 5\ [\mathrm{V}]$

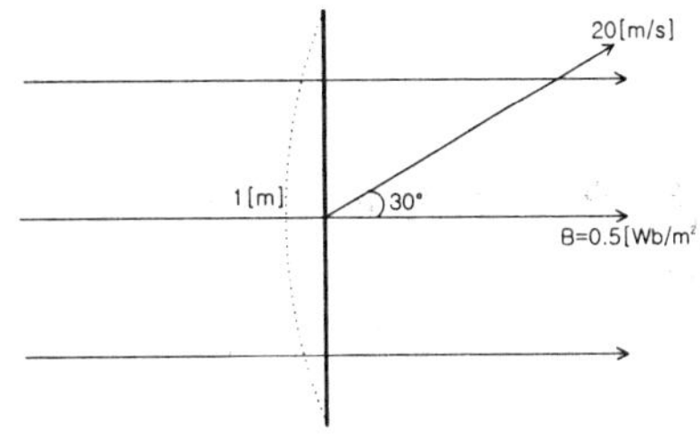

2. 원판의 회전 각속도 w는

$$w=\frac{600}{60}\times2\pi=20\pi\ [\mathrm{rad/s}]$$

원판 중심에서 r[m]만큼 떨어진 거리에 미소길이 dr[m] 부분의 움직이는 속도는 wr[m/s]이므로 미소길이 dr[m]에 발생하는 미소기전력 de는

$$de=(wr)B\,dr\sin90^\circ=wBrdr[\mathrm{V}]$$

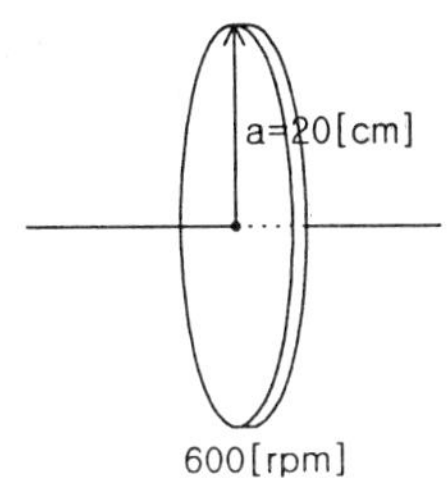

따라서 반경 a[m]의 원판의 중심과 가장자리 간에 유도되는 전 기전력은

$$e=\int_0^a de=wB\int_0^a rdr=wB\left[\frac{r^2}{2}\right]_0^a=\frac{wBa^2}{2}\ [\mathrm{V}]$$

$$B=\frac{2e}{\omega a^2}=\frac{5\times2}{20\pi\times400\times10^{-4}}\fallingdotseq3.98\ [\mathrm{Wb/m^2}]$$

$B=\mu_0H$에서

$$\therefore H=\frac{B}{\mu_0}=\frac{3.98}{4\pi\times10^{-7}}\fallingdotseq0.317\times10^7\ [\mathrm{AT/m}]$$

3. $\Phi_m=N\phi_m=NB_mS$

$V_m=wN\phi_m=wNB_mS=2\pi fNB_mS$

$10\times10^3=2\pi\times60\times N\times2.0\times200\times10^{-6}$

$$\therefore N=\frac{10\times10^3}{2\pi\times60\times2.0\times200\times10^{-6}}=\frac{10^7}{48\pi}=6.63\times10^4\ [\text{회}]$$

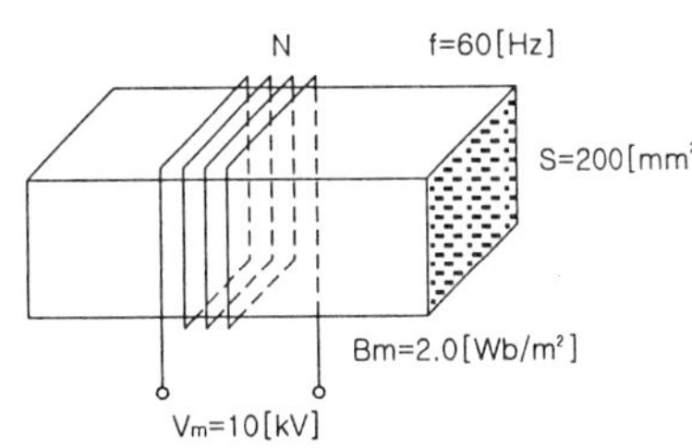

4. 표면 전류밀도의 $\frac{1}{e}$ 되는 전류밀도로 흐르는 깊이를 표피두께 δ라 하며,

$$\delta=\sqrt{\frac{2}{\omega\mu k}}=\frac{1}{\sqrt{\pi f\mu k}}=\frac{1}{\sqrt{\pi f\mu_0\mu_s k}}$$

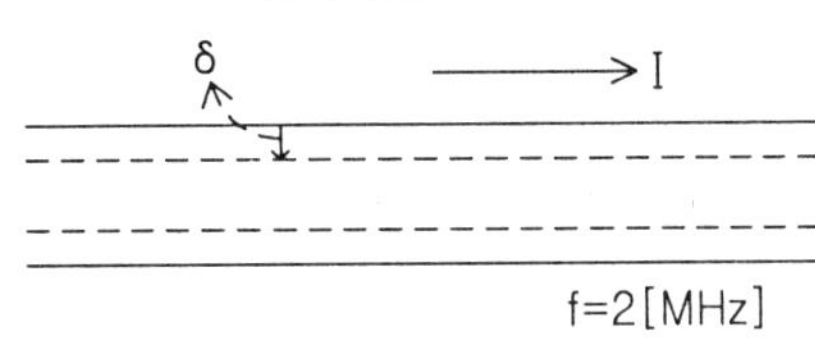

$$\therefore \delta=\frac{1}{\sqrt{\pi\times2\times10^6\times4\pi\times10^{-7}\times1\times5.5\times10^7}}$$

$$=\frac{1}{\sqrt{44\pi^2\times10^6}}$$

$$\fallingdotseq\frac{1}{20.84\times10^3}$$

$$\fallingdotseq0.048\times10^{-3}$$

$$=4.8\times10^{-5}\ [\mathrm{m}]$$

■ 객관식 ■

1. ㉯ **2.** ㉱ **3.** ㉰ **4.** ㉱ **5.** ㉰ **6.** ㉯ **7.** ㉮ **8.** ㉰ **9.** ㉮ **10.** ㉱

제10장 인덕턴스

■ 주관식 ■

1. N' 는 전체 권수 N은 1[m]당 권수이면

$$L=\frac{\Phi}{I}=\frac{N'\ \Phi}{I}=N'\ \frac{\frac{N'\ I}{R_m}}{I}=\frac{N'^{\ 2}}{R_m}=\frac{\mu SN'^{\ 2}}{l}\ [\mathrm{H}]$$

$N' = Nl$이므로

$$L=\frac{\mu S(Nl)^2}{l}=\mu SN^2 l[\mathrm{H}]$$

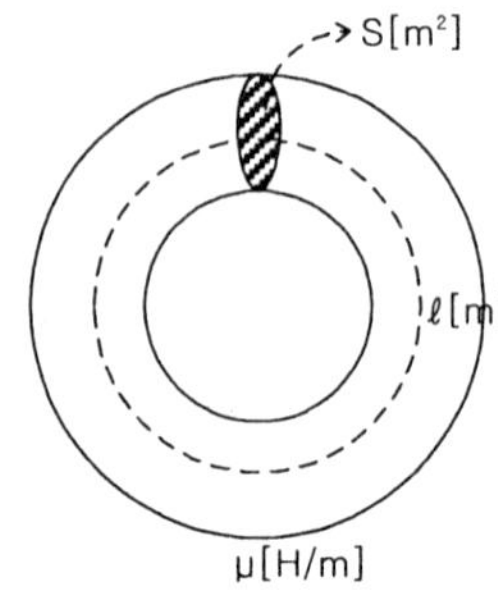

2. 결합계수 $k=\frac{\pm M}{\sqrt{L_1L_2}}$ 에서 $k=1$이므로 $M=\sqrt{L_1L_2}$

직렬합성 인덕턴스 $L_s=L_1+L_2+2M=L_1+L_2+2\sqrt{L_1L_2}$

$L_1=L_2=L$이므로

$\therefore\ L_s=L+L+2\sqrt{L\cdot L}=4L\ [\mathrm{H}]$

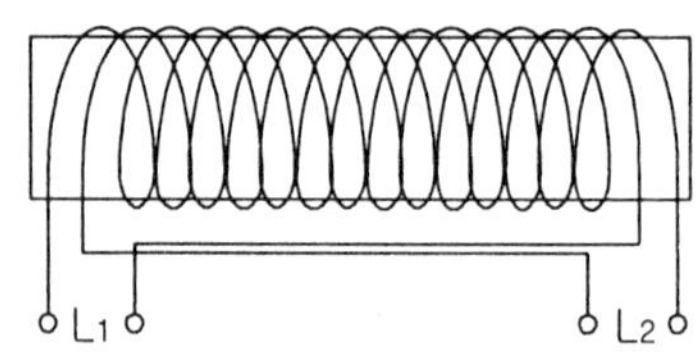

3. $L_s=L_1+L_2-2M$에서

$20=100+100-2M$

$2M=180$

$\therefore\ M=90\ [\mathrm{H}]$

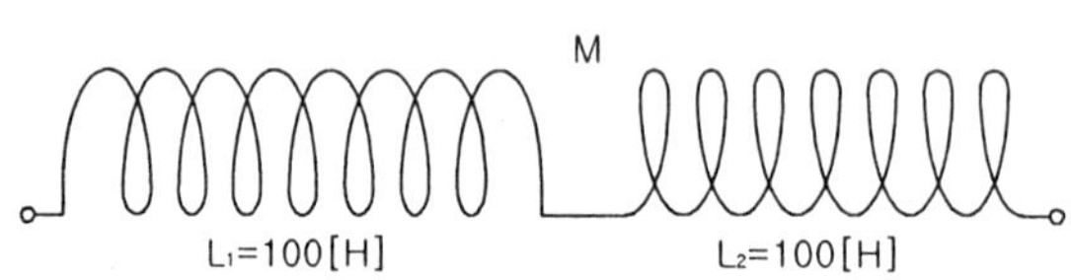

4. $L_{s+}=L_1+L_2+2M=200$ ……①

$L_{s-}=L_1+L_2-2M=50$ ……②

① − ②

$4M=150$

$\therefore\ M=\frac{150}{4}=37.5\ [\mathrm{mH}]=37.5\times10^{-3}[\mathrm{H}]$

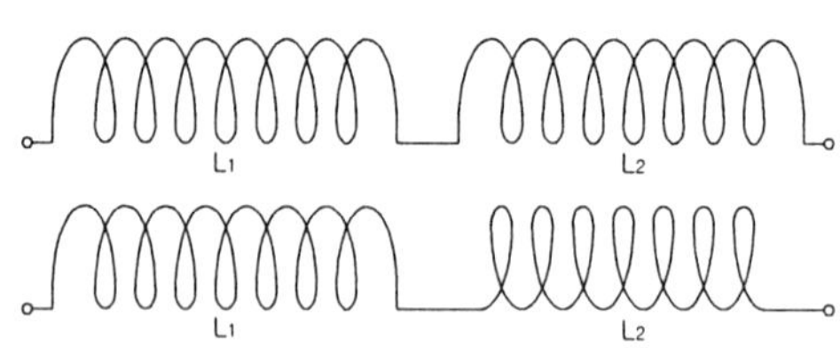

5.

$L_s=L_1+L_2+2M$

$=20+50+2\times0.5\sqrt{20\times50}$

$\fallingdotseq 101.6\ [\mathrm{mH}]$

직렬접속된 두 코일에 저축되는 에너지 W는

$W=\frac{1}{2}L_sI^2$

$=\frac{1}{2}\times101.6\times10^{-3}\times10^2$

$=5.08\ [\mathrm{J}]$

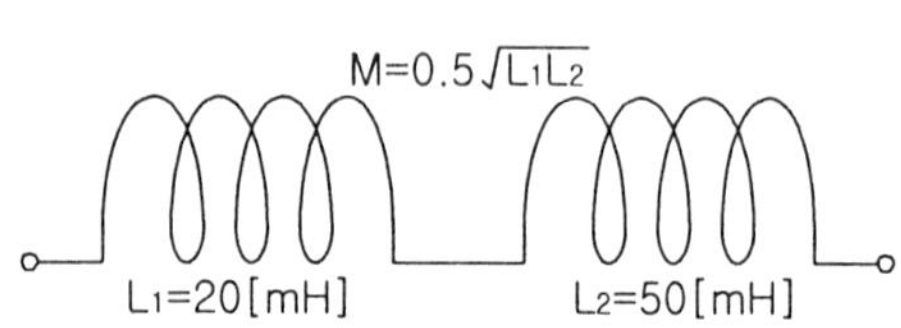

6. $k=1$

A 코일에 $\frac{dI}{dt}=10$ [A/sec]

$\begin{cases} e_A=30\text{ [V]} \\ e_B=10\text{ [V]} \end{cases}$

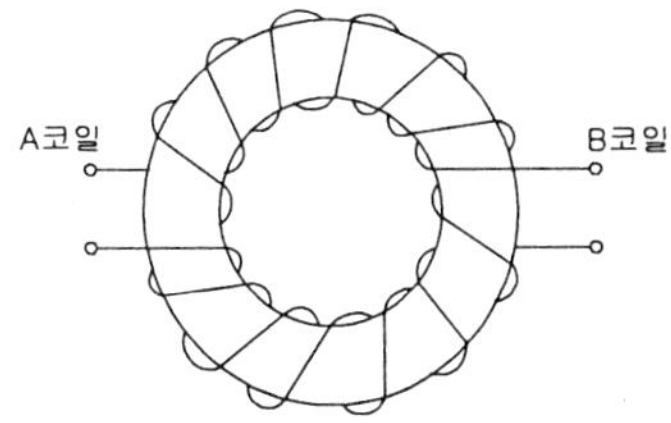

유도기전력 $e_1=-L_1\frac{di_1}{dt} \rightarrow 30=-L_1\times(-10) \quad \therefore L_1=3\text{ [H]}$

$e_{21}=-M_{21}\frac{di_1}{dt} \rightarrow 10=-M_{21}\times(-10) \quad \therefore M_{21}=1\text{ [H]}$

$k=1$ 이므로, $k=\frac{M}{\sqrt{L_1L_2}}$ 에서 $M=\sqrt{L_1L_2}$

$1=\sqrt{3\times L_2}$

$1=3L_2$

$\therefore L_2=\frac{1}{3}$ [H]

7. 전체 쇄교자속수 $\lambda=N\phi=Li$(여기서 N은 전체 권수, L은 자기 인덕턴스임)

$\therefore \lambda=50\times10^{-3}\times3$

$=0.15$ [Wb]

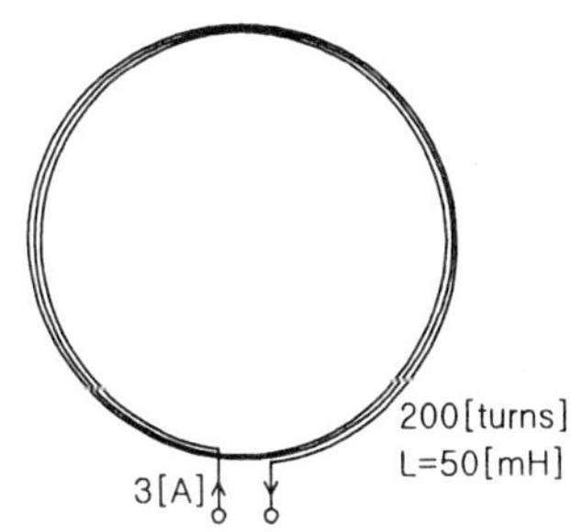

■ 객관식 ■

1. ㉱ **2.** ㉯ **3.** ㉰ **4.** ㉰ **5.** ㉱ **6.** ㉰ **7.** ㉱ **8.** ㉮ **9.** ㉯ **10.** ㉱ **11.** ㉱ **12.** ㉮ **13.** ㉯ **14.** ㉯

제11장 전 자 계

■ 주관식 ■

1. $Id=\int_S \frac{\partial D}{\partial t}\cdot dS=\frac{\omega\varepsilon S V m}{l}\sin\left(\omega t+\frac{\pi}{2}\right)$에서

변위전류의 최대값 Id_m은

$I_{dm}=\frac{\omega\varepsilon S V_m}{l}=\frac{30\pi\times\varepsilon_0\times50\times10^{-4}\times20}{1\times10^{-2}}$

$=300\pi\varepsilon_0$ [A]

$\left(\begin{array}{l} =300\pi\times8.855\times10^{-12} \\ =8.346\times10^{-9}\text{ [A]} \end{array}\right)$

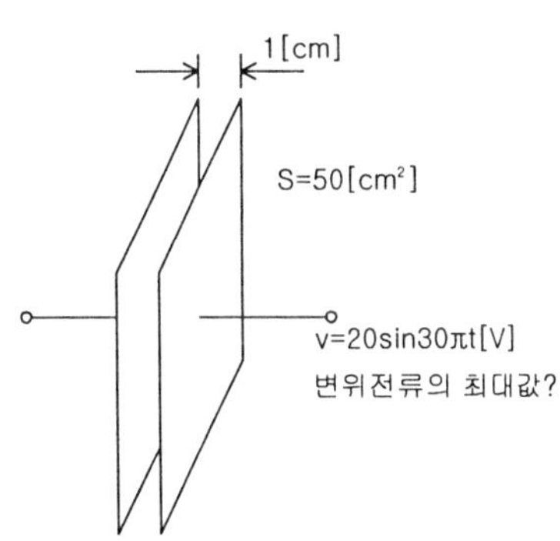

2. ① $v=\frac{1}{\sqrt{\mu\varepsilon}}$ 이고 물의 비투자율 $\mu_s=1$이다.

$$\therefore\ v=\frac{1}{\sqrt{\mu_0\mu_s\varepsilon_0\varepsilon_s}}=\frac{1}{\sqrt{4\pi\times10^{-7}\times1\times8.855\times10^{-12}\times80}}$$
$$\fallingdotseq\frac{1}{2.984\times10^{-8}}$$
$$\fallingdotseq3.35\times10^{7}\,[\mathrm{m/s}]$$

(또는 $\dfrac{1}{\sqrt{\mu_0\varepsilon_0}}=3\times10^8=c\,[\mathrm{m/s}]$ 광속)

$$\therefore\ v=\frac{1}{\sqrt{\mu\varepsilon}}=\frac{1}{\sqrt{\mu_0\mu_s\varepsilon_0\varepsilon_s}}=\frac{c}{\sqrt{\mu_s\varepsilon_s}}$$
$$=\frac{3\times10^8}{\sqrt{80}}$$
$$=3.35\times10^7\,[\mathrm{m/s}]$$

② 고유 임피던스 $Z=\dfrac{E}{H}=\sqrt{\dfrac{\mu}{\varepsilon}}$ 이므로

$$Z=\sqrt{\frac{\mu_0}{\varepsilon_0}}\cdot\sqrt{\frac{\mu_s}{\varepsilon_s}}=\sqrt{\frac{4\pi\times10^{-7}}{8.855\times10^{-12}}}\cdot\sqrt{\frac{1}{80}}\fallingdotseq377\times0.1118\fallingdotseq42.15[\Omega]$$

3. v : 전자파의 속도, $\omega=2\pi f$: 각속도, β : 위상정수, $\kappa=\dfrac{1}{\rho}$: 전도도일 때

$$v=\frac{\omega}{\beta}=\frac{1}{\sqrt{\varepsilon\mu}}\left\{\frac{1}{2}\left[\sqrt{1+\left(\frac{\kappa}{\omega\varepsilon}\right)^2}+1\right]\right\}^{-\frac{1}{2}}\text{ 에서}$$

$$\sqrt{1+\left(\frac{k}{\omega\varepsilon}\right)^2}=\sqrt{1+\left(\frac{4\pi\times9\times10^9}{2\times2\pi\times10^6\times3}\right)^2}\quad\left(\because\ \frac{1}{4\pi\varepsilon_0}=9\times10^9\right)$$
$$=\sqrt{1+9\times10^6}$$
$$\fallingdotseq3\times10^3$$

$$\therefore\ v=\frac{1}{\sqrt{\varepsilon\mu}}\left\{\frac{1}{2}[3\times10^3+1]\right\}^{-\frac{1}{2}}\fallingdotseq\frac{1}{\sqrt{\varepsilon\mu}}\times0.0258$$
$$=\frac{1}{\sqrt{\varepsilon_0\mu_0}}\cdot\frac{1}{\sqrt{\varepsilon_s\mu_s}}\times0.0258$$
$$=3\times10^8\times\frac{1}{3}\times0.0258$$
$$=2.58\times10^6\,[\mathrm{m/s}]$$

4. $\left(\begin{array}{c}E=E_m\sin\omega t\\ H=H_m\sin\left(\omega t+\dfrac{\pi}{2}\right)\end{array}\right)$ 일 때 $w=2\pi f$ 에서

$f=1\,[\mathrm{MHz}]=1\times10^6[\mathrm{Hz}]$이어도 E나 H는 전계와 자계의 실효값이고 단위시간당 단위면적을 통과하는 전자파 에너지 P는 주파수에 관계없이 $P=EH[\mathrm{W/m^2}]$이다.

$$p=\int\int_S\mathbf{P}\cdot\mathbf{n}\,dS=\int\int_S(\mathbf{E}\times\mathbf{H})\cdot\mathbf{n}\,dS$$
$$=\int\int_S(\mathbf{E}\times\mathbf{H})\cdot1\cdot\cos\theta\,dS$$
$$=\int\int_S|\mathbf{E}\times\mathbf{H}|\,dS)$$

($\because$ 평면파와 면은 수직이고, **n**은 면의 단위 법선 벡터이므로 $\theta=0^\circ$)

$$=\int\int_S EH\sin\theta'\ dS$$
$$=EHS$$

(∵평면파이므로 $\theta' = 90°$, 즉 E와 H는 서로 수직임)

∴임의 면적을 통과하는 전력

$$p = EHS = PS = 0.5\times10^3\times5 = 2.5\times10^3\,[\mathrm{W}]$$

5. $P = \dfrac{30}{4\pi\times1^2}\times\dfrac{50}{100} = \dfrac{15}{4\pi} \fallingdotseq 1.194$

$$P = EH = \sqrt{\frac{\varepsilon_0}{\mu_0}}\,E^2 = \sqrt{\frac{8.855\times10^{-12}}{4\pi\times10^{-7}}}\,E^2 = 2.655\times10^{-3}E^2$$

$$\left(\because\ \frac{E}{H} = \sqrt{\frac{\mu_0}{\varepsilon_0}} \rightarrow H = \sqrt{\frac{\varepsilon_0}{\mu_0}}\,E\right)$$

$$1.194 = 2.655\times10^{-3}E^2$$

$$E^2 = \frac{1.194}{2.655\times10^{-3}} = 449.7$$

$$\therefore\ E \fallingdotseq 21.2\,[\mathrm{V/m}]$$

6. $P = \dfrac{50\times10^3}{4\pi\times(5\times10^3)^2} \fallingdotseq 15.9\times10^{-5}\,[\mathrm{W/m^2}]$

고유 임피던스 $Z = \dfrac{E}{H} = \sqrt{\dfrac{\mu_0}{\varepsilon_0}}$의 식에서 $H = \sqrt{\dfrac{\varepsilon_0}{\mu_0}}\,E$이고

$P = EH = \sqrt{\dfrac{\varepsilon_0}{\mu_0}}\,E^2$에서

$$15.9\times10^{-5} = \sqrt{\frac{8.855\times10^{-12}}{4\pi\times10^{-7}}}\,E^2 = 2.655\times10^{-3}E^2$$

$$E^2 = \frac{15.9\times10^{-5}}{2.655\times10^{-3}} \fallingdotseq 5.99\times10^{-2}$$

$$E \fallingdotseq 2.45\times10^{-1} = 0.245\,[\mathrm{V/m}]$$

■ 객관식 ■

1. ㉯ **2.** ㉰ **3.** ㉯ **4.** ㉰ **5.** ㉮ **6.** ㉯ **7.** ㉯ **8.** ㉱ **9.** ㉱ **10.** ㉮ **11.** ㉰ **12.** ㉰
13. ㉯ **14.** ㉱ **15.** ㉮

찾아보기

전기자기학

2018년 2월 25일 3판 4쇄 발행

저 자 윤현상 · 최병수 · 김규수
발행인 남 승 우

발행처 도서출판 상尙 학學 당堂

서울시 동작구 사당로9가길 6(사당동)
TEL : 02) 595-1692～4
FAX : 02) 595-1394
E-mail : namdoo6@unitel.co.kr
신 고 : 2-155호 (1968. 11. 29)

정가 23,000원

ISBN 978-89-93383-26-3 93560